Rönz / Förster · Regressions- und Korrelationsanalyse

Bernd Rönz / Erhard Förster

Regressions- und Korrelationsanalyse

Grundlagen – Methoden – Beispiele

Dr. Bernd Rönz ist Hochschuldozent für Statistik an der Humboldt-Universität zu Berlin.

Prof. Dr. habil. Erhard Förster lehrt Statistik an der Humboldt-Universität zu Berlin. Er ist Autor zahlreicher Publikationen zu diesem Gebiet.

Die Deutsche Bibliothek – CIP-Einheitsaufnahme

Rönz, Bernd:
Regressions- und Korrelationsanalyse : Grundlagen, Methoden, Beispiele / Bernd Rönz ; Erhard Förster.- Wiesbaden : Gabler, 1992

ISBN 978-3-409-13019-6 ISBN 978-3-322-96496-0 (eBook)
DOI 10.1007/978-3-322-96496-0
NE: Förster, Erhard:

Der Gabler Verlag ist ein Unternehmen der Verlagsgruppe Bertelsmann International.

Softcover reprint of the hardcover 1st edition 1992

Lektorat: Jutta Hauser-Fahr

Vorwort

Die Untersuchung von Abhängigkeiten und Zusammenhängen in der Mikro- und Makroökonomie wird schon seit langem in großem Stil durchgeführt. So wird versucht, mittels Verbrauchs-, Produktions- und Kostenfunktionen, um nur einige zu nennen, die Faktoren zu betrachten, die wesentlich auf der Grundlage von Ursache-Wirkungs-Beziehungen den jeweiligen ökonomischen Prozeß beeinflussen. Das gilt für Entscheidungen im Rahmen der Unternehmensführung ebenso wie im Management und im Marketing. Dabei spielt nicht nur die verbale Beschreibung der Abhängigkeiten und Zusammenhänge aus wirtschaftstheoretischer Sicht eine Rolle, sondern vor allem ihre statistische Erfassung, das heißt die zahlenmäßige Messung ihrer Intensität und die Beschreibung ihrer Form. Die Regressions- und Korrelationsanalyse ist ein Teilgebiet der Statistik, das die zahlenmäßige Erfassung und Analyse von Abhängigkeiten und Zusammenhängen zum Inhalt hat. Während die Regressions- und Korrelationsanalyse in mathematisch-statistischen Büchern im allgemeinen mehr oder weniger intensiv abgehandelt wird, haben wir uns das Ziel gesetzt, eine geschlossene Einführung in die Grundzüge der Regressions- und Korrelationsanalyse anzubieten. Dabei sollen die Grundprobleme der Regressions- und Korrelationsanalyse vor allem dem in der ökonomischen Praxis Tätigen, Studenten wirtschaftswissenschaftlicher Fachbereiche und Mitarbeitern von Wirtschaftsforschungsinstituten nähergebracht werden. Die angeführten Beispiele wurden deshalb fast ausschließlich aus dem wirtschaftlichen Bereich gewählt. Das schließt nicht aus, daß Interessierte aus anderen Bereichen, wie Technik und Medizin, durch die Lektüre dieses Buches Anregungen für ihre Arbeit erhalten. Da diese Ausführungen anwendungsbezogen zu verstehen sind, wurde auf eine strenge Beweisführung in der Regel verzichtet, ohne die Exaktheit der Betrachtungen zu vernachlässigen.

Personalcomputer bzw. Zugang zu größeren EDV-Anlagen sowie ausgefeilte statistische Software erleichtern die Anwendung der Regressions- und Korrelationsanalyse mit ihren zum Teil umfänglichen Berechnungen erheblich. Um so wichtiger werden sichere Kenntnisse der theoretischen Voraussetzungen, der richtigen Auswahl der Methoden sowie der Interpretation der Ergebnisse, um einer schematischen Nutzung der Methoden und möglichen statistischen Fehlleistungen vorzubeugen. Grundlegende Begriffe und Verfahren werden deshalb ausführlich erläutert und an nachvollziehbaren Beispielen gezeigt.

Bei der Bearbeitung des Stoffes wurde auf das von den gleichen Autoren verfaßte Fachbuch "Methoden der Korrelations- und Regressionsanalyse - ein Leitfaden für Ökonomen", erschienen im Verlag Die Wirtschaft, Berlin 1979, zurückgegriffen, jedoch der Inhalt vollkommen überarbeitet, neu strukturiert und um einige Problemkreise erweitert.

Bei der Behandlung der Regressions- und Korrelationsanalyse haben wir uns von folgenden Überlegungen leiten lassen: Die Anwendung statistischer Methoden hängt grundsätzlich von der Maßskala der einbezogenen statistischen Merkmale (Variablen) ab. Schwerpunkt dieses Buches ist die Darstellung der Regressions- und Korrelationsanalyse für kardinal- bzw. metrisch skalierte Variablen (bis einschließlich Kapitel 12). Dabei dominiert die Zugrundelegung linearer Beziehungen zwischen den Variablen (bis einschließlich Kapitel 10.), da sich eine Vielzahl von ökonomischen Abhängigkeiten gut durch lineare Regressionsfunktionen erfassen bzw. hinreichend genau approximieren lassen. Die lineare Regression und Korrelation wird zunächst im Sinne der statistischen Deskription behandelt. Darauf aufbauend erfolgt in den Abschnitten 2.6., 2.7., 3.2. und vor allem im 5. Kapitel der Übergang zur induktiven Regressions- und Korrelationsanalyse (den Schätz- und Testverfahren). Dies soll Lesern mit unterschiedlichen Statistik-Vorkenntnissen ein selektives Lesen ermöglichen.

Die Kapitel 6 - 8 sind speziellen Problemen der linearen Regressions- und Korrelationsanalyse gewidmet, mit denen der Anwender häufig konfrontiert wird. Mit Kapitel 10 soll eine Brücke zur Ökonometrie geschlagen werden, um auf diese weitreichende Nutzung der Regressionsanalyse aufmerksam zu machen.

Die Kapitel 11. und 12. enthalten einen Ausblick auf die statistische Erfassung nichtlinearer Abhängigkeiten und Zusammenhänge. Im Kapitel 13 werden einige Zusammenhangsmaße für ordinalskalierte und nominalskalierte Variablen erläutert.

Im Rahmen dieser Einführung in die Regressions- und Korrelationsanalyse kann nicht das breite Spektrum dieser statistischen Methode mit ihren vielen Spezialfällen behandelt werden. Ein umfangreiches Literaturverzeichnis soll Anregung für tiefergehende Studien geben.

Bernd Rönz, Erhard Förster

Inhaltsverzeichnis

1. Grundbegriffe der Regressions- und Korrelationsanalyse

1.1. Abhängigkeiten und Zusammenhänge

Wenn Erscheinungen und Prozesse in der Mikro- und Makroökonomie zum Zwecke ihrer operationalen und zukünftigen Beherrsch- und Beeinflußbarkeit untersucht werden, dann müssen sie im Kontext ihres Umfeldes, in ihrem Zusammenhang mit bzw. in Abhängigkeit von anderen Erscheinungen und Prozessen sowohl aus fachwissenschaftlicher Sicht theoretisch als auch aus der Empirie zahlenmäßig analysiert werden. Für die Entscheidungsfindung auf Unternehmerebene, Branchenebene oder volkswirtschaftlicher Ebene ist die Kenntnis von Ursache-Wirkungsbeziehungen unerläßlich. Die Korrelations- und Regressionsanalyse als statistische Methode ist dabei ein unschätzbares Hilfsmittel.

Im weiteren soll von **Abhängigkeit** einer Erscheinung oder eines Prozesses von anderen ökonomischen, technischen, natürlichen oder anderen Einflußgrößen gesprochen werden, wenn diese Faktoren einen einseitig gerichteten Einfluß auf die abhängige Größe ausüben. Die Festlegung, welche Erscheinung die abhängige Größe und welche Erscheinungen die beeinflußenden Faktoren sind, ist in jedem Falle aus fachwissenschaftlicher Sicht zu treffen. Von einem **Zusammenhang** zwischen wirtschaftlichen, technischen oder anderen Größen soll gesprochen werden, wenn es zunächst unerheblich ist, welche Erscheinung die abhängige Größe ist und welche Erscheinungen die Einflußfaktoren sind, wenn also geprüft werden soll, ob sich Erscheinungen und Prozesse in irgendeiner Weise beeinflussen, unabhängig von der Richtung dieses Einflusses.

Jede Untersuchung von Abhängigkeiten und Zusammenhängen sollte fachwissenschaftlich fundiert sein, um von vornherein sachlogisch unsinnige Analysen zu vermeiden. Nun sind jedoch die Aussagen der Wirtschaftstheorien sehr allgemeiner Art in dem Sinne, daß sie die Existenz von Abhängigkeiten und Zusammenhängen postulieren und gegebenenfalls die Wirkungsrichtung angeben. Aus wirtschaftstheoretischer Überlegung kann zum Beispiel die Anzahl der abhängig Erwerbstätigen unter anderem aus der Abhängigkeit von den Anlageinvestitionen, dem Export, der Kapazitätsauslastung, dem privaten Verbrauch und dem Einkommen aus Arbeitnehmertätigkeit/Unternehmertätigkeit/ Vermögen erklärt werden (zum Teil mit einer gewissen zeitlichen Verzögerung), wobei bei den ersten vier Einflußgrößen eine positive Beschäftigungswirkung und bei der letzten Einflußgröße ein negativer Effekt angenommen werden kann. Wie ist aber das konkrete quantitative Ausmaß der einzelnen Einflüsse auf die abhängig Erwerbstätigen gesamtwirtschaftlich bzw. für einzelne Wirtschaftszweige und ihre Teilbereiche in einem gegebenen Zeitraum? Hier genau ist der Ansatzpunkt für die Regressions- und Korrelationsanalyse als statistische Methode. Dabei werden die wirtschaftstheoretischen Aussagen mittels der Methoden der Regressions- und Korrelationsanalyse in ein statistisches Modell überführt, das auf der Grundlage von empirischen Datenmaterial numerisch bestimmt wird.

Wie bei allen statistischen Untersuchungen liegt auch der statistischen Analyse von Abhängigkeiten und Zusammenhängen eine Menge relevanter Objekte (Merkmalsträger, statistische Einheiten), das heißt eine Gesamtheit oder eine ihrer Teilgesamtheiten, zugrunde, über die bezüglich der interessierenden ökonomischen Merkmale Daten erfaßt werden. Die im Ergebnis der Regressions- und Korrelationsanalyse erzielten Ergebnisse sind statistische (zahlenmäßige) Aussagen über die Beziehungen zwischen Erscheinungen und Prozessen, die im Mittel aller erfaßten Objekte bzw. im Mittel des beobachteten Gesamtzeitraumes Gültigkeit haben, jedoch nicht zwangsläufig für das Einzelobjekt oder den Einzelzeitraum zutreffen. Da das Wirtschaftsgeschehen auf menschlichem Verhalten beruht und "trotz der Willensfreiheit ...menschliche Individuen, ohne daß sie voneinander gewußt oder sich gegenseitig abgesprochen hätten, Entscheidungen getroffen haben, die in ihrer Gesamtheit zu einer <u>Regelmäßigkeit</u> führen" (MENGES [157], S. 38), kann diese gefundene Regelmäßigkeit (die im Durchschnitt geltende Abhängigkeit bzw. der Zusammenhang) berechtigt zur Entscheidungsfindung herangezogen werden.

Andererseits soll deutlich darauf hingewiesen werden, daß mit einem numerisch aufgezeigten Zusammenhang noch kein Nachweis über die wirkliche Existenz solcher Beziehungen erbracht ist (siehe Nonsense-Regression weiter unten). Mit diesem Problem wird man vor allem konfrontiert, wenn Zeitreihen die Basis von Regressions- und Korrelationsanalysen sind. Für zwei ökonomische Erscheinungen, die jeweils einen ausgeprägten Trend aufweisen, wird im Ergebnis der Korrelationsberechnungen ein enger Zusammenhang ausgewiesen, obwohl ein solcher überhaupt nicht existieren muß.

Ein wesentlicher Aspekt, der bei der Erforschung der Zusammenhänge zu berücksichtigen ist, besteht darin, daß eine Beziehung zwischen Erscheinungen nicht immer und nicht überall auftreten muß, sondern erst, wenn bestimmte Bedingungen dafür vorhanden sind. Veränderungen in den Bedingungen können auch zu Veränderungen in den Zusammenhängen führen. Soll zum Beispiel der Lohn der Arbeitnehmer unter anderem auch von seinem Qualifikationsgrad abhängen, so sind im Lohnsystem Bedingungen zu schaffen, die diese Abhängigkeit des Lohnes von der Qualifikation ermöglichen. Wenn die Einnahmen des Staates unter anderem von der Höhe der Einkommen aus Unternehmertätigkeit und Vermögen bzw. aus Arbeitnehmertätigkeit abhängen sollen, muß ein entsprechendes Steuersystem die notwendigen Bedingungen dafür schaffen. Diese Bedingungen sind in dem durch die Regressions- und Korrelationsanalyse zu spezifizierenden statistischen Modell zu berücksichtigen. In diesem Sinne ist die Regressions- und Korrelationsanalyse nicht nur eng mit der Wirtschaftstheorie, sondern auch mit der Wirtschaftspolitik verbunden.

Da "ökonomische Prozesse durch menschliche Verhaltensweisen geprägt sind, die einem nicht unbeträchtlichen Wandel unterliegen...(,) kann es nur darum gehen, Zusammenhänge aufzuzeigen, die einen gewissen Grad an Stabilität aufweisen, gemessen an den Variablen, die der jeweiligen Beziehung zugrundeliegen" (HÜBLER [107], S. 3). Daher ist es bereits im Ansatz der Regressions- und Korrelationsanalyse erforderlich, systematische Einflüsse (und dabei wiederum Hauptfaktoren von Nebenfaktoren) von unsystematischen, zufälligen Einflüssen, die eine Erscheinung oder einen Prozeß beeinflussen, zu unterscheiden, da ein ökonomischer Ursachen-Wirkungskomplex kaum vollständig erfaßt werden kann, entweder weil es zuviele Einflußfaktoren gibt und/oder wegen ungenügend umfangreichen Datenmaterials. Die nicht erfaßten Einflußfaktoren werden in der Regressions- und Korrelationsanalyse in einer Restkomponente zusammengefaßt, das heißt die Einflüsse bekannter (unwesentlicher) Faktoren, die Einflüsse zufälliger Erscheinungen, die Einflüsse zahlenmäßig nicht erfaßbarer oder unbekannter Faktoren lassen sich nur global erfassen.

Je nach Untersuchungsziel wird es sich um einfachere oder kompliziertere Ursachen-Wirkungskomplexe handeln, die mit der Regressions- und Korrelationsanalyse zu bearbeiten sind und die sich in vereinfachter Weise schematisch folgendermaßen beschreiben lassen:

a) Eine Erscheinungen Y wird von einem Faktor X beeinflußt:
$X \rightarrow Y$.
Beispiele: die Abschreibungen (Y) in Abhängigkeit vom Bruttowert des Anlagebestandes (X); die Konsumausgaben der privaten Haushalte in Abhängigkeit vom verfügbaren Einkommen dieser Haushalte.
b) Zwei Erscheinungen Y und X beeinflussen sich wechselseitig:
$Y \leftrightarrow X$.
Ein solcher Zusammenhang besteht zum Beispiel zwischen dem Arbeitslohn und der Arbeitsproduktivität.
c) Eine Erscheinung X beeinflußt mehrere andere Erscheinungen Y_1, Y_2 usw.:

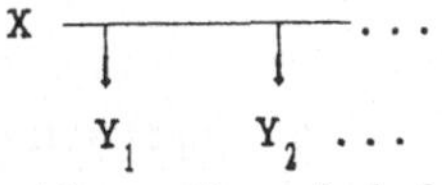

$$X \longrightarrow Y_1,\; Y_2,\; \ldots$$

Im monetären Bereich beeinflußt das reale Bruttosozialprodukt (X) den Bargeldumlauf (Y_1), den Kapitalmarktzins (Y_2), die Sichteinlagen (Y_3) (vgl. POHL, ZWIENER [176]).

d) Mehrere Erscheinungen X_1, X_2, X_3 usw. beeinflussen eine Erscheinung Y:

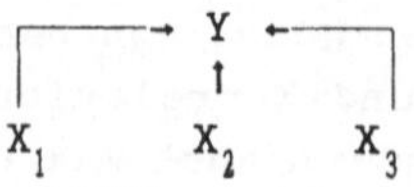

Y

X_1 X_2 X_3 ...

Die Tariflöhne hängen von der Stundenproduktivität, dem Preisindex des privaten Verbrauchs, der Arbeitslosenquote usw. ab (vgl. WALELU, HORN, ZWIENER [231]).

e) Die Erscheinungen Y, X_1, X_2, X_3 ... sind stufenweise verbunden, zum Beispiel

$$X_3 \rightarrow X_2 \rightarrow X_1 \rightarrow Y$$

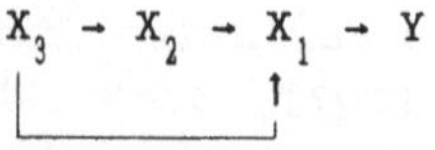

So ist der Mechanisierungsgrad in der Industrie verbunden mit der Arbeitsproduktivität, die Arbeitsproduktivität ihrerseits beeinflußt die Kosten und diese wiederum die Produktion. Außerdem hat der Mechanisierungsgrad direkten Einfluß auf die Kosten.

f) Die Erscheinungen Y, X_1, X_2 usw. sind durch Wechselbeziehungen miteinander verbunden, zum Beispiel

$$X_3 \rightarrow X_2 \rightarrow X_1 \rightarrow Y$$

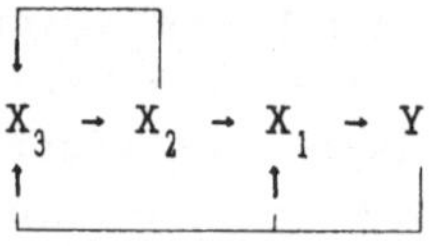

Diese unter a) bis f) beschriebenen Beziehungen sind im wesentlichen die Grundlage für die verschiedenen Arten der Korrelation und Regression und der damit verbundenen statistischen Methoden.

1.2. Begriff der Regression

Es gibt zwei Arten von Abhängigkeiten zwischen Erscheinungen und Prozessen:

a) die funktionale Abhängigkeit oder kurz die Funktion,
b) die stochastische Abhängigkeit.

Eine funktionale Abhängigkeit liegt vor, wenn eine eindeutige Abbildung einer Menge A auf eine Menge B gegeben ist. Die Menge A heißt Definitionsbereich und die Menge B Wertevorrat der Funktion. Ist y_i bei einer Funktion f das Bild von x_i, wobei y_i Element von B und x_i Element von A ist, so ist y_i der Wert der Funktion an der Stelle x_i und die Notation ist $y = f(x)$. Eine mathematische Funktion ist zum Beispiel $y = 2x$. Mit Y wird die abhängige Veränderliche, die abhängige Variable, die erklärte Variable oder die zu erklärende Variable und mit X die unabhängige Veränderliche, die unabhängige Variable oder die erklärende Variable bezeichnet. Wenn für X, also die erklärende Variable, Werte vorgegeben werden, so lassen sich in eindeutiger Weise für jeden Einzelfall die Werte für Y bestimmen. Setzt man in der obigen Funktion x = 3, so erhält man y = 6.

Ein funktionaler Zusammenhang wird beispielsweise durch das Gesetz des freien Falls beschrieben, denn unter der Bedingung des luftleeren Raumes gilt stets, daß die Fallgeschwindigkeit das Produkt aus Fallbeschleunigung und Fallzeit ist. Die Kapitalproduktivität (Y) ist eine Funktion des Bruttoinlandsproduktes zu Marktpreisen (X_1) und dem durchschnittlichen Bruttoanlagevermögen (X_2) nach der Vorschrift $y = x_1/x_2$.

Ein funktionaler Zusammenhang beinhaltet eine deterministische Beziehung zwischen den Variablen. Ganz anders ist das bei einer stochastischen Abhängigkeit. Das Wort "stochastisch" wird dabei im Sinne von "wahrscheinlichkeitstheoretisch" verwendet. Eine stochastische Abhängigkeit zwischen Erscheinungen liegt vor, wenn bei gegebenen Werten der erklärenden Variablen die Werte der zu erklärenden Variablen zufallsbedingt in einem Intervall streuen. In diesem Falle gehört zu jedem Wertetupel der erklärenden Variablen eine bestimmte Wahrscheinlichkeitsverteilung der Werte der zu erklärenden Variablen, das heißt, zu jedem Wertetupel der erklärenden Variablen gehören mehrere, mitunter viele Werte der zu erklärenden Variablen. Die Werte der zu erklärenden Variablen, die zu einem Wertetupel der erklärenden Variablen gehören, treffen jetzt nicht mehr mit Sicherheit, sondern nur mit gewissen Wahrscheinlichkeiten ein. Damit wird die zu erklärende Variable eine Zufallsvariable und ihre Werte sind Realisationen dieser Zufallsvariablen. Unter einer Zufallsvariablen ist eine reellwertige Funktion zu verstehen, deren Werte mit Wahrscheinlichkeiten auftreten. Stochastische Abhängigkeiten können unter anderem dadurch bedingt sein, daß die zu erklärende Variable noch von weiteren Variablen abhängt, die aber unberücksichtigt bleiben, oder auch dadurch, daß die Messungen der Einzelwerte der Variablen nicht exakt vorgenommen wurden oder daß gewisse Zufallseinflüsse wirksam sind. So ist die Zahl der Ausschußstücke, die sich in verschiedenen Zeiträumen bei einem Fertigungsverfahren ergeben, eine Zufallsvariable im Sinne der Statistik. Die Produktionswerte der Unternehmen, die Kosten usw. lassen sich als Zufallsvariable auffassen.

Der Begriff der **Regression** kann nun wie folgt beschrieben werden: Die Regression ist eine einseitig gerichtete stochastische Abhängigkeit. Sie charakterisiert die Abhängigkeit einer Zufallsvariablen von einer oder mehreren anderen (zufälligen) Variablen. Diese einseitige stochastische Abhängigkeit soll durch eine Funktion approximiert werden, die im Unterschied zu den streng mathematischen Funktionen als **Regressionsfunktion** bezeichnet wird. Für eine Regressionsfunktion ist charakteristisch, daß die zu erklärende Variable Y eine Zufallsvariable ist. Wird zum Beispiel untersucht, in welcher Weise die Höhe des Energieverbrauchs (Y) von der Höhe des Produktionsvolumens (X) abhängt, so handelt es hierbei um eine einseitige Abhängigkeit, wobei der Energieverbrauch für gleiche Produktionsvolumina verschiedene Werte annehmen kann. Das heißt, diese stochastische Abhängigkeit ist als eine Regressionsfunktion zu spezifizieren. Zu jedem Produktionswert existieren verschiedene mögliche Werte des Energieverbrauchs, die sich mit bestimmten Wahrscheinlichkeiten realisieren.

Für die Regression kann die Funktion als Grenzfall angesehen werden, in dem Sinne, daß für ein gegebenes Wertetupel der erklärenden Variablen die zu erklärende Variable einen Wert mit Wahrscheinlichkeit Eins annimmt.

Im Gegensatz zu einer mathematischen Funktion (funktionalen Abhängigkeit) ist eine Regressionsfunktion nicht umkehrbar. Bei einer funktionalen Abhängigkeit läßt sich mit der gleichen Funktion entweder bei vorgegebenem x-Wert der Wert für Y oder bei vorgegebenem y-Wert der Wert für X berechnen, je nachdem, nach welcher Variablen die Funktion entwickelt wird. Bei funktionaler Abhängigkeit ist eine Funktion also umkehrbar. So ist $x = \frac{1}{2}y$ die Umkehrung zu der Funktion $y = 2x$. Wird $x = 3$ vorgegeben, so erhält man $y = 6$; wird für die Umkehrfunktion $y = 6$ vorgegeben, so erhält man $x = 3$. Bei einer Regressionsfunktion ist diese Umkehrung **nicht statthaft**. Das ist auf die Streuung der zu erklärenden Variablen Y bei gegebenen Werten der erklärenden Variablen zurückzuführen. Für ein vorgegebenes Produktionsvolumen ergibt sich nicht mehr eindeutig ein Wert des Energieverbrauchs und einem realisierten Wert des Energieverbrauchs können verschiedene mögliche Produktionsvolumina zugrunde gelegen haben.

Demzufolge ergibt sich eine einseitige stochastische Abhängigkeit der Variablen Y von der Variablen X, die als "Regression von Y bezüglich X" bezeichnet wird und, falls fachwissenschaftlich sinnvoll, andererseits eine einseitige stochastische Abhängigkeit der Variablen X von der Variablen Y, die "Regression von X bezüglich Y".

Wird der Preis mit Y und die Nachfrage nach einem bestimmten Produkt mit X bezeichnet, so ergibt sich für die Abhängigkeit des Preises von der Nachfrage die "Regression Y bezüglich X". Preisveränderungen wirken auch auf die Nachfrage zurück, die sachlogische Umkehrung der Regressionsbeziehung ist also möglich. Die statistische Bestimmung der Abhängigkeit der Nachfrage vom Preis kann nun nicht durch eine einfache Umkehrung der Regressionsfunktion erreicht werden. Es ist unbedingt eine zweite Regressionsfunktion, die "Regression X bezüglich Y", zu berechnen. Obwohl somit eine Wechselwirkung zwischen

Preis und Nachfrage existiert, ist eine Umkehrung der Regressionsfunktionen nicht statthaft.

Nicht selten treten Beziehungen zwischen zwei oder mehreren Variablen auf, bei denen nur eine einseitige Abhängigkeit, also nur eine Regression sinnvoll ist. So existiert in der Landwirtschaft offensichtlich eine Abhängigkeit des Ernteertrages (Y) von der Niederschlagsmenge (X_1) und der Düngung (X_2). Hier liegt eine Regression von Y bezüglich X_1 und X_2 vor. Weitere Regressionen verbieten sich hier aus sachlich-logischen Gründen, denn die Niederschlagsmenge beispielsweise ist nicht abhängig vom Ernteertrag und der Düngung. In vielen Fällen tritt also das Problem der Umkehrbarkeit der Regression auch aus sachlich-logischen Gründen nicht auf.

Bezüglich der Arten der Regression unterscheidet man:

a) hinsichtlich der Anzahl der bei einer Regression berücksichtigten Erscheinungen (Variablen)
   aa) einfache Regression
   Sie ist eine Regression zwischen zwei Variablen, zum Beispiel zwischen Werbekosten (erklärende Variable) und Jahresumsatz eines Unternehmens (zu erklärende Variable); zwischen Wohnfläche (erklärende Variable) und Mietpreis (zu erklärende Variable).
   ab) mehrfache oder multiple Regression
   Sie ist eine Regression zwischen einer zu erklärenden Variablen Y und mehreren erklärenden Variablen X_1, X_2, ..., X_n. So liegt eine multiple Regression zwischen den Variablen Ausrüstungsinvestitionen (zu erklärende Variable), Anlageinvestitionen, Export, privater Verbrauch, Bruttoeinkommen aus Arbeitnehmertätigkeit, Abschreibungen, Nettoeinkommen aus Unternehmertätigkeit und Vermögen und Realzins (erklärende Variablen) vor (vgl. ZWIENER [247], Anhang).

b) hinsichtlich der Form der Regression
   ba) lineare Regression
   Bei dieser Regression bestehen zwischen den untersuchten Variablen lineare Beziehungen.
   bb) nichtlineare Regression
   Bei dieser Regression bestehen zwischen den untersuchten Erscheinungen nichtlineare Beziehungen.

c) hinsichtlich des Charakters der Regression
   ca) positive Regression
   Sie liegt vor, wenn mit steigenden (fallenden) Werten der erklärenden Variablen die Werte der zu erklärenden Variablen ebenfalls steigen (fallen). Eine positive Regression besteht

zwischen den Variablen Kosten und Produktionsvolumen.

cb) negative Regression

Sie liegt vor, wenn mit steigenden (fallenden) Werten der erklärenden Variablen die Werte der zu erklärenden Variablen fallen (steigen). Eine solche Regression liegt in der Beziehung Kosten je Erzeugniseinheit und Produktionsvolumen vor.

Positive und negative Regression sind Begriffe der Regressionstheorie. Eine Wertung in diese Begriffe hineinzulegen, wie etwa positive Regression ist erwünscht, negative Regression ist unerwünscht, ist nicht zulässig.

Weiterhin ist zu bemerken, daß die Begriffe positive und negative Regression im allgemeinen nur für die einfache Regression sinnvoll sind, weil nur eine erklärende Variable in der Regressionsfunktion auftritt. Anders ist das jedoch im allgemeinen bei multiplen Regressionen; es können Erscheinungen auftreten, von denen ein Teil einen positiven, ein anderer Teil einen negativen Einfluß auf die zu erklärende Variable ausübt. Hier wird dann "positiv" bzw. "negativ" auf die einzelne Variable bezogen interpretiert und zwar entsprechend der Richtung ihres Einflusses auf die Variable Y.

d) hinsichtlich der Verbundenheit der Erscheinungen

da) unmittelbare Regression

Sie liegt vor, wenn die Erscheinungen direkt verbunden sind, wenn die zu erklärende Variable unmittelbar durch die erklärenden Variablen beeinflußt wird. Unmittelbare Regressionen sind die oben gegebenen Beispiele für Regressionen.

db) mittelbare Regression

Sie liegt vor, wenn in einer Regression die erklärende Variable nicht direkt auf die zu erklärende Variable einwirkt, sondern wenn diese erklärende Variable erst über eine dritte oder weitere Variablen ihren Einfluß auf Y wirksam macht. Die mittelbare Regression ist also nicht von sich heraus erklärbar, sondern wird erst unter Zuhilfenahme weiterer Erscheinungen logisch verständlich. Bei mittelbaren Regressionen ist oft die Gefahr der Scheinregression gegeben. Ein sehr anschauliches Beispiel für eine mittelbare und in diesem Sinne Scheinregression lieferte die Statistik des zaristischen Rußlands. Dort stellte man eine enge Regression zwischen der Zahl der Brände auf dem Lande und dem Ernteertrag fest. In Jahren schlechter Ernten war die Anzahl der Brände ziemlich hoch. Es wäre offensichtlich falsch, die niedrigen Ernteerträge als Einflußgröße für die Anzahl der Gebäudebrände anzunehmen und folglich die Brände mit der Verbesserung der Technik in der Landwirtschaft und demzufolge mit der Erhöhung der Ernteerträge bekämpfen zu wollen. In Wirklichkeit liegt hier nur eine mittelbare Abhängigkeit vor. Sowohl die Ernteerträge als auch die Anzahl der Brände werden von einer dritten Erscheinung wesentlich beeinflußt, nämlich von den Witterungsverhältnissen des Jahres. Eine schlechte Ernte trat vor allem dann ein, wenn eine besonders starke Dürre herrschte. Die große Dürre begünstigte gleichzeitig das Entstehen von Bränden. Zwischen Ernteertrag und Zahl der Brände besteht also nur deshalb eine Regression, weil beide von einer dritten Erscheinung, den Witterungsverhältnissen, abhängen. An diesem Beispiel erkennt man, daß die sachlogische Erklärung einer Regression und ihre richtige Deutung in jedem Falle notwendig ist. Was TSCHUPROW in dieser Hinsicht für die statistische Forschung sagt, gilt uneingeschränkt für die Regressions- und Korrelationsanalyse: "Die Wichtigkeit der richtigen Deutung der beobachteten Zusammenhänge kann nicht stark genug betont werden. Auf dem Gebiete der statistischen Forschung, welche stets mit einem verwickelten Durcheinander von ursächlich zusammenhängenden und ursachlos zusammentreffenden Erscheinungen zu tun hat, darf der Forscher beim Feststellen, daß zwischen seinem X und Y ein Zusammenhang besteht, nie stehen bleiben; er soll stets nach Möglichkeit danach streben, zu ergründen, was der beobachtete Zusammenhang eigentlich bedeutet, worauf er letzten Endes beruht. In den Fällen, wo die vom Statistiker erzielten Ergebnisse für praktische Ratschläge und Entschlüsse verwertet werden, ist das halbe Wissen von Zusammenhängen, welche ohne Deutung bleiben oder gar unrichtig gedeutet werden, oft schlimmer als Nichtwissen" ([227], S.17/18)

dc) Nonsense-Regression

Das wichtigste Erfordernis der Spezifikation von Regressionsfunktionen ist ihre fachwissenschaftliche Fundierung, da andernfalls sogenannte Nonsense-Regressionen auftreten können, bei denen sich statistisch (zahlenmäßig) eine Abhängigkeit zeigen läßt, die jedoch inhaltlich völlig unsinnig sind. Ein immer wieder zitiertes charakteristisches Beispiel für eine Nonsens-Regression ist die scherzhalber berechnete Abhängigkeit zwischen der Anzahl der in verschiedenen Jahren in Südschweden nistenden Störche und der Geburtenhäufigkeit in diesen Jahren in Schweden. Nonsense-Regressionen können sich somit sehr leicht dadurch ergeben, wenn die Abhängigkeit von Erscheinungen untersucht wird, die in ihrer zeitlichen Entwicklung stark gleich- oder gegenläufig sind, d.h. einen ausgeprägten Trend aufweisen. Eine weitere Möglichkeit für Nonsense-Regressionen ist dann gegeben, wenn Erscheinungen, ausgedrückt in Prozentzahlen, regressiert werden, vor allem dann, wenn die Prozentzahlen zweier Variablen sich zu 100 ergänzen. Das würde zum Beispiel eintreten, wenn der Anteil der Kosten am Erlös und der Anteil des Gewinnes am Erlös regressiert würde. Mit dem Ansteigen des einen Anteils muß automatisch der andere Anteil zurückgehen und es wäre falsch, hieraus eine Abhängigkeit abzuleiten. Nonsense-Regressionen können sich auch ergeben, wenn die Prozentzahlen der Variablen sich nicht zu 100 ergänzen, sondern aus einer größeren Reihe von Prozentzahlen stammen.

Die möglichen Unterscheidungen der Regression wurden nebeneinander dargestellt. In der Praxis treten sie jedoch kombiniert auf. So existieren einfache lineare Regressionen, einfache nichtlineare Regressionen, multiple lineare Regressionen usw.

1.3. Begriff der Korrelation

Korrelation bedeutet im allgemeinen Sprachgebrauch, also im weiteren Sinne des Wortes, eine Beziehung, ein Zusammenhang zwischen Erscheinungen und Prozessen. Für die Untersuchung und Erforschung von Zusammenhängen reicht jedoch diese allgemeine inhaltliche Bestimmung des Begriffs Korrelation nicht aus. Er muß präzisiert werden. Liegt ein Zusammenhang vor, so muß die Art und die Form der Beziehung möglichst genau bestimmt werden. Außerdem können die Zusammenhänge zwischen den Erscheinungen und Prozessen unterschiedlich stark sein. Die Erfassung der zahlenmäßigen Stärke (Strammheit, Enge, Intensität) eines Zusammenhanges soll im weiteren als Korrelation im engeren Sinne oder kurz Korrelation bezeichnet werden, wobei die Richtung der Beeinflussung keine Rolle spielt.

Die Begriffe Regression und Korrelation hängen unmittelbar miteinander zusammen. Während mit der Korrelation die Intensität eines stochastischen Zusammenhanges betrachtet wird, wird mit Hilfe der Regression die Form einer stochastischen Abhängigkeit untersucht. Es besteht also folgende Beziehung:

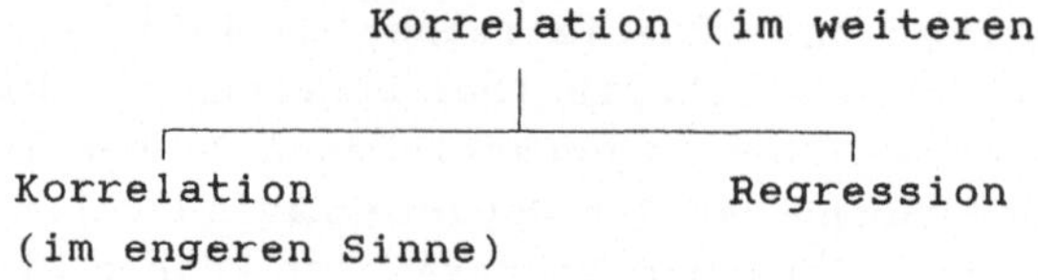

Korrelation (im weiteren Sinne)

Korrelation (im engeren Sinne) | Regression

Es sollen nun einige Beispiel für Korrelationen genannt werden.
Die Höhe der Kosten hängt offensichtlich von der Höhe des Produktionsvolumens ab. Wie sich leicht feststellen läßt, haben Industriebetriebe mit gleicher Produktionshöhe nicht gleiche Kosten. Vielmehr streuen die Kosten bei einem gegebenen Produktionsvolumen. Das ist dadurch bedingt, daß neben dem Produktionsvolumen noch andere Faktoren, wie die Ausschußquote, das Produktionssortiment, Fertigungsver-

fahren, verwendete Rohstoffe, Preisstruktur usw. auf die Kosten einwirken. Außerdem werden die Kosten von zufälligen Faktoren beeinflußt. Im allgemeinen gilt für den Zusammenhang zwischen Kosten und Produktionsvolumen: je höher das Produktionsvolumen, um so höher sind auch die Kosten. Doch gilt diese Beziehung nur als Tendenz. Im Einzelfall ist es durchaus möglich, daß ein Unternehmen A mit höherem Produktionsvolumen als Unternehmen B, niedrigere Kosten ausweist als Unternehmen B. In Einzelfällen kann sich ein buntes Bild von Einzelbeziehungen ergeben.

Ein weiterer korrelativer Zusammenhang besteht zwischen der Höhe der Nettoeinkommen der privaten Haushalte und der Höhe ihrer Ausgaben für bestimmten Güter. Der relative Verbrauch an Nahrungsmitteln geht mit steigendem Einkommen zurück. Auch das gilt nur als Tendenz, nicht im Einzelfall. Unterschiedliche Verbrauchsgewohnheiten, unterschiedliches Angebot an Nahrungsmitteln usw. können dazu führen, daß in Einzelfällen mit steigendem Einkommen der relative Verbrauch an Nahrungsmitteln ebenfalls steigt.

Zwischen dem Niveau der Arbeitsproduktivität und dem technischen Niveau der Produktion besteht eine Korrelation. Doch wurde mit dem technischen Niveau nur ein Faktor ausgewählt, der das Niveau der Arbeitsproduktivität beeinflußt. Auf die Arbeitsproduktivität wirken eine Reihe anderer Faktoren ein und beeinflussen teils positiv, teils negativ das Produktivitätsniveau. Der auf diese Weise festgestellte Zusammenhang wird folglich mehr oder weniger intensiv sein. Je umfassender der Faktorenkomplex erfaßt wird, desto stärker wird der zu untersuchende Gesamtzusammenhang ausgeprägt sein.

Ein Zusammenhang zwischen Erscheinungen wird andererseits um so stärker sein, je mehr die Nebenfaktoren eliminiert sind und je weniger Zufallseinflüsse vorliegen, je homogener das Untersuchungsmaterial ist. Dann nähert sich der korrelative Zusammenhang einem funktionalen Zusammenhang. Der funktionale Zusammenhang kann deshalb als Grenzfall eines korrelativen Zusammenhangs aufgefaßt werden. In der Wirtschaft äußern sich aber die zwischen den Erscheinungen existierenden vielfältigen Zusammenhänge überwiegend als korrelative Zusammenhänge.

Ferner ist es wichtig zu beachten, daß Funktionen praktisch als Korrelationen erscheinen können. So gilt das Gesetz des freien Falls exakt nur unter der Bedingung des luftleeren Raumes. Wird diese Bedingung nicht eingehalten, so setzt es sich infolge unterschiedlicher Realisierungsbedingungen in Form einer Korrelation durch. Andererseits kann bei der Untersuchung von Zusammenhängen der Fall eintreten, daß ein existierender funktionaler Zusammenhang zwischen Erscheinungen durch einen korrelativen Zusammenhang verdeckt sein kann. Derartige Fälle können vor allem durch Meßfehler, allgemein durch Fehler in der Datenermittlung und durch nicht richtiges Erkennen des Faktorenkomplexes auftreten.

Ein Zusammenhang existiert als funktionaler oder als korrelativer Zusammenhang. Aber umgekehrt deutet nicht jede Funktion oder Korrelation notwendig auf einen Zusammenhang hin. Aus der Definition der Funktion und der Korrelation geht schon hervor, daß es sich in beiden Fällen um die Widerspiegelung der zahlenmäßigen Verbundenheit von Erscheinungen bzw. um die Beurteilung ihrer Verbundenheit auf Grund von Beobachtungsdaten handelt. Das liegt im Wesen statistischer Untersuchungen. Der Nachweis der zahlenmäßigen Verbundenheit von Erscheinungen ist jedoch nur ein Indiz für die Existenz des Zusammenhanges. Ohne sachlich-logische Begründung wird er auch trotz starker Ausgeprägtheit für Analysen nicht verwendbar sein. Diese fachwissenschaftliche Begründung sollte nach Möglichkeit einer Korrelationsanalyse vorangehen.

Grundsätzlich kann die gleiche Einteilung der Korrelation vorgenommen werden, wie sie bei der Regression erfolgte. Lediglich bei der Einteilung hinsichtlich der Anzahl der bei der Korrelation berücksichtigten Erscheinungen (Fall b) ist neben der einfachen und der multiplen Korrelation noch die partielle Korrelation zu unterscheiden. Sie ist eine Korrelation zwischen zwei Variablen unter der Bedingung, daß die beiden Variablen im Kontext eines multiplen Zusammenhanges auftreten und daß zu ihrer Untersuchung der Einfluß aus den Beziehungen der übrigen Variablen des Gesamtzusammenhanges ausgeschaltet ist. Dadurch kann mit Hilfe der partiellen Korrelation die innere Beziehungsstruktur der Variablen aufgedeckt werden. Das ist bedeutsam, da in der Praxis oft mehrere Faktoren gleichzeitig zusammenwirken und eine Erscheinung gemeinsam beeinflussen. Würde nun die zu erklärende Variable mit jeder erklärenden Variablen einzeln korreliert, so würden in diese Korrelationen auch zum Teil die Einflüsse aus den übrigen zu betrachtenden erklärenden Variablen mit einbezogen werden. Das kann zu Fehlschlüssen führen. So ergab eine Korrelation des Dampfverbrauchs mit dem Produktionsvolumen in einem Betrieb, der Betonfertigteile unter freiem Himmel herstellt, eine negative Korrelation. Daraus wäre der Schluß zu ziehen, daß mit steigendem Produktionsvolumen der Dampfverbrauch zurückgeht. Das ist jedoch paradox. Eine weitere Größe beeinflußte den Dampfverbrauch wesentlich, nämlich die Lufttemperatur. Die Korrelation zwischen Dampfverbrauch und Lufttemperatur war im gegebenen Beispiel so stark negativ, daß dadurch auch die einfache Korrelation zwischen Dampfverbrauch und Produktionsvolumen offensichtlich falsch ausgewiesen wurde. Es ist also notwendig, vorher bei der Korrelation zwischen Dampfverbrauch und Produktionsvolumen den Einfluß der Lufttemperatur auf den Dampfverbrauch auszuschalten. Ebenso ist bei der Korrelation zwischen Lufttemperatur und Dampfverbrauch der Einfluß aus der unterschiedlichen Höhe des Produktionsvolumens auf den Dampfverbrauch auszuschalten. Dadurch ergeben sich partielle Korrelationen zwischen Dampfverbrauch und Produktionsvolumen (Einfluß aus der Lufttemperatur ausgeschaltet) und zwischen Dampfverbrauch und Lufttemperatur (Einfluß aus dem Produktionsvolumen ausgeschaltet), die die "reine" stochastische Beziehung jeweils zwischen den zwei betrachteten Variablen angeben.

1.4. Aufgaben der Korrelations- und Regressionsanalyse

Für die Entscheidungsfindung im Rahmen der Unternehmensführung, im Management, Marketing usw. sowie für analytische Untersuchungen genügt es nicht, allgemein festzustellen, ob ein korrelativer oder funktionaler Zusammenhang zwischen Erscheinungen oder eine einseitige stochastische Abhängigkeit vorliegt. Die Zusammenhänge müssen näher untersucht werden. Die Untersuchung von korrelativen Zusammenhängen wird als Korrelationsanalyse, die Untersuchung von einseitigen stochastischen Abhängigkeiten als Regressionsanalyse bezeichnet. Sowohl für die Korrelations- als auch für die Regressionsanalyse stehen eine Reihe von Methoden der deskriptiven und induktiven Statistik zur Verfügung, deren Darstellung Gegenstand der weiteren Kapitel ist.

Da die Korrelations- und Regressionsanalyse die Aufdeckung der zahlenmäßigen Beziehungen zwischen den Erscheinungen beinhaltet, sind für die Untersuchung und Deutung der Korrelationen und Regressionen die bei der Abhandlung der Korrelations- und Regressionsbegriffes angestellten Überlegungen stets zu beachten. Mancherlei Beziehungen sind durch Meßfehler, Beobachtungsfehler, Erfassungsfehler und Zurechnungsschwierigkeiten mehr oder weniger dem Blick verdeckt. Es ist daher notwendig, diese existierenden Zusammenhänge unter anderem mittels statistischer Methoden sichtbar zu machen. Dabei muß von Nebensächlichem, von Unwichtigkeiten möglichst abstrahieren werden und eine Konzentration nur auf die wichtigsten, für einen Zusammenhang wesentlichsten Erscheinungen erfolgen.

Die Korrelationsanalyse hat in der Wirtschaftstheorie und -praxis vor allem folgende Aufgaben zu lösen:

a) Messung des Grades des korrelativen Zusammenhanges (Enge, Stärke, Strammheit) zwischen zwei oder mehreren Erscheinungen. Die allgemeine Kenntnis über existierende Zusammenhänge soll durch die fundierte statistische Berechnung, durch die Kenntnis über die Strammheit des Zusammenhanges ergänzt werden. Hierbei handelt es sich im wesentlichen um eine statistische Verifikation bereits theoretisch erkannter Zusammenhänge.

b) Messung des Grades des korrelativen Zusammenhangs zwischen zwei oder mehreren Erscheinungen, um die Faktoren aufzudecken, die eine Erscheinung oder einen Prozeß wesentlich beeinflussen. Hiernach können aus der Vielzahl wirkender Faktoren die wichtigsten Faktoren gefunden und für die weitere Analyse ausgewählt werden. Die wichtigsten Faktoren sind im Rahmen der Korrelationsanalyse im allgemeinen diejenigen, die mit der zu untersuchenden Erscheinung am stärksten korrelieren. Durch gezielte Veränderung dieser Faktoren wird es möglich, den größten Effekt bei der Veränderung der zu untersuchenden Erscheinung zu erzielen. Desweiteren wird es durch die Aufdeckung der wesentlich wirkenden Faktoren möglich, die Einflußvariablen für die Regressionsanalyse zielstrebig auszuwählen.

c) Mithilfe bei der Aufdeckung noch unbekannter Zusammenhänge. Bei der Lösung dieser Aufgabe ist besonders die Eigenart statistischer Untersuchungen zu beachten, die sich im wesentlichen auf die zahlenmäßigen Beziehungen zwischen den Erscheinungen stützen. Es gilt bei dieser Aufgabenstellung, auf mögliche Nonsense- und Schein-Korrelationen bei den zu ziehenden Schlüssen zu achten.

Die Regressionsanalyse hat im wesentlichen folgende Aufgaben zu lösen:

A) Ermittlung der Form des Verlaufs des Zusammenhangs
Es wurde bereits festgestellt, daß es dem Charakter und dem Verlauf nach lineare und nichtlineare stochastische Zusammenhänge zu unterscheiden gilt. Diese Zusammenhänge können sich in den in Abbildung 1.1. dargestellten Grundformen von Regressionen äussern.

Zu Ia: Positive lineare Regression oder gleichmäßige Gleichläufigkeit.
Sie tritt zum Beispiel auf, wenn der Gesamtmaterialverbrauch in Abhängigkeit von der Höhe des Produktionsvolumens betrachtet wird oder bei der Abhängigkeit des Energieverbrauchs vom Produktionsvolumen. Viele Abhängigkeiten in der Wirtschaft verlaufen linear oder approximativ linear.

Zu Ib: Positive progessive Regression oder auch beschleunigte Gleichläufigkeit.
Sie tritt beispielsweise bei der Abhängigkeit der Lohnsteuer (Einkommenssteuer) vom Einkommen auf.

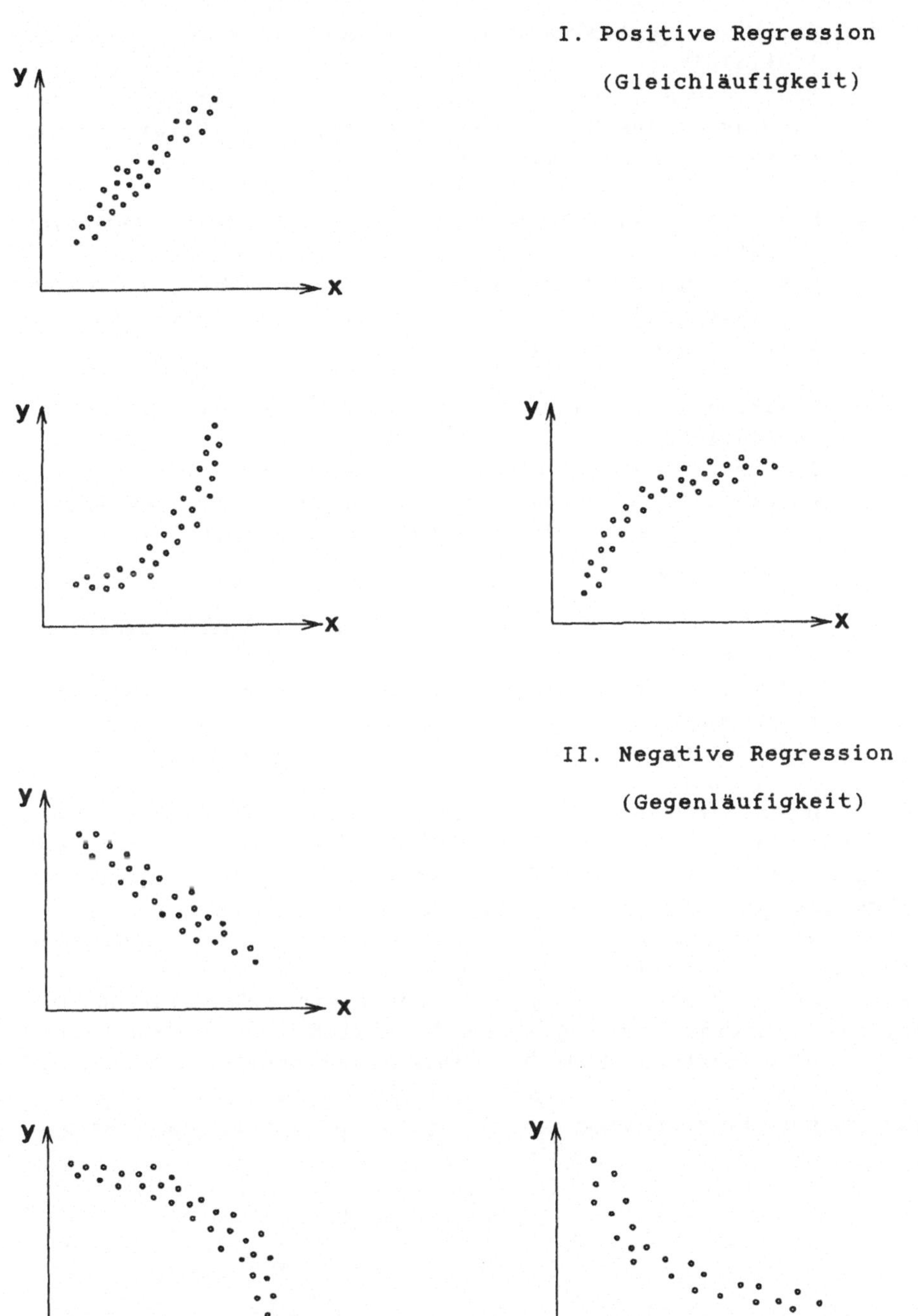

Abbildung 1.1.: Grundformen der Regression

Zu Ic: Positive degressive Regression oder verzögerte Gleichläufigkeit.
Eine solche Regression tritt im allgemeinen bei der Abhängigkeit des Niveaus der Arbeitsproduktivität von der Anzahl der Berufsjahre auf.

Zu IIa: Negative lineare Regression oder gleichmäßige Gegenläufigkeit.
Eine solche Regression tritt bei der Abhängigkeit der Bevölkerungsdichte vom Anteil der in der Landwirtschaft beschäftigten Personen an den Gesamtbeschäftigten auf.

Zu IIb: Negative progressive Regression oder beschleunigte Gegenläufigkeit.
Sie kann in bestimmten Grenzen auftreten, wenn die Abhängigkeit der Besucherzahlen in Kinos von der Anzahl der in Gebrauch befindlichen Fernsehgeräte untersucht wird.

Zu IIc: Negative degressive Regression oder verzögerte Gegenläufigkeit.
Sie liegt vor, wenn man die Kosten pro Erzeugniseinheit in Abhängigkeit vom Produktionsvolumen betrachtet. Sie ist auch zu erwarten, wenn die Abhängigkeit der Nachfrage von der Preishöhe untersucht wird.

Mit den Grundformen des Verlaufs der Regression ist zugleich ein Kriterium gegeben, mit dessen Hilfe auch eine Korrelation eingeschätzen werden kann. Liegt eine lineare Regression vor (gleichmäßige Gleichläufigkeit oder gleichmäßige Gegenläufigkeit), so spricht man analog von einer linearen Korrelation; liegt eine nichtlineare Regression vor (progressiv-beschleunigte oder degressiv-verzögerte), so von einer nichtlinearen Korrelation. Die Form des Verlaufs einer Regression kann sich auch aus den Grundformen zusammensetzen. Zwei Beispiele zeigt Abbildung 1.2.

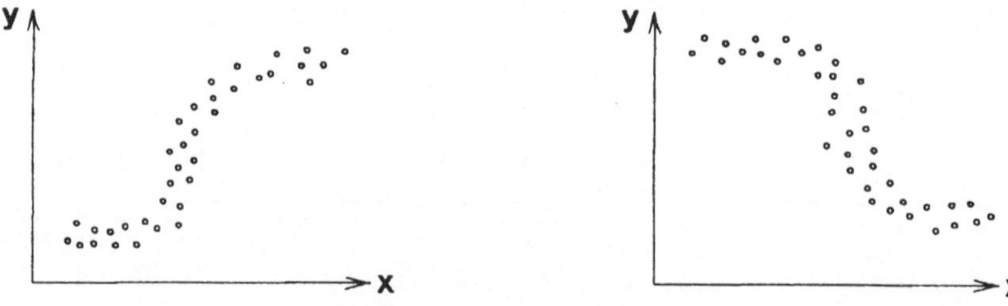

Abbildung 1.2.: Zusammengesetzte Formen der Regression

B) Feststellung des Einflusses, den eine oder mehrere Erscheinungen auf die zu erklärende Variable haben.
Wie aus den Abbildungen bereits hervorgeht und wie bei der Beschreibung der Begriffe Korrelation und Regression allgemein hervorgehoben wurde, sind stochastische Abhängigkeiten dadurch gekennzeichnet, daß zu jedem Wert der erklärenden Variablen mehrere Werte der zu erklärenden Variablen existieren können, die in einem gewissen Intervall streuen. Es besteht nun das praktische Bedürfnis und die Aufgabe, die Form des Verlaufs nicht nur allgemein anzugeben, sondern den Einfluß eines Faktors oder mehrerer bestimmter Faktoren ungestört, also unbeeinflußt von Nebenfaktoren und unbeeinflußt vom Zufall nachzuweisen. Zu diesem Zwecke müssen die Beobachtungswerte zu einer Regressionsfunktion ausgeglichen werden. Die Ermittlung der Regressionsfunktionen und damit des durchschnittlichen Einflusses der erklärenden Variablen auf die zu erklärenden Variable ist eine wesentliche Aufgabe der Regressionsanalyse.

C) Schätzung noch unbekannter Werte der zu erklärenden Variablen
Ist die Regressionsfunktion bestimmt, so lassen sich in bestimmten Grenzen unbekannte Werte der zu erklärenden Variablen durch Interpolation oder Extrapolation bei Vorgabe der Werte der erklärenden Variablen berechnen (schätzen). Hierdurch wird die Regressionsanalyse ein nützliches Mittel der Vorausschau.

1.5. Historische Entwicklung der Korrelations- und Regressionsanalyse

Es soll noch kurz auf die historische Herausbildung des Korrelations- und Regressionsbegriffs hinwiesen werden. Der Begriff Korrelation in der beschriebenen Bedeutung tritt etwa Mitte des 19. Jahrhunderts auf und geht vor allem auf Sir Francis Galton und Karl Pearson zurück. Galton verwendete für Korrelation auch folgende Schreibweise: Co-Relation, woraus die Bedeutung des Wortes als Zusammenhang offenkundig wird. Zuerst wurden die Korrelationsuntersuchungen im Bereich der Naturwissenschaften, vor allem in der Biologie, angewandt. Erst später hat sich ihr Anwendungsgebiet auch auf die Wirtschaft erweitert, wo sie zu nützlichen Ergebnissen geführt haben.

Der Begriff Regression geht ebenfalls auf Galton zurück. Nachdem er das Buch von Charles Darwin "Der Ursprung der Arten" 1859 gelesen hatte, beschäftigte ihn der Gedanke, warum die Menschen von Generation zu Generation ihrer äußeren Erscheinung nach nicht stärker variieren, da die Kinder den Eltern jeweils sehr ähnlich sein sollen. Dieser Gedanke beschäftigte ihn besonders bezüglich der Vererbung der Körpergröße. Große Eltern hätten angeblich große Kinder und kleine Eltern angeblich kleine Kinder. Wenn man das über Generationen betrachte, so müsse sich bald ein Geschlecht von Riesen auf der einen Seite und ein Geschlecht von Zwergen auf der anderen Seite zu entwickeln beginnen. Galton erkannte auf Grund umfangreicher statistischer Untersuchungen und an Tierversuchen sehr bald, daß diese Tendenz nicht eintrat, sondern daß sich vielmehr die Körpergrößen der Kinder immer wieder auf Mittelmaße entwickeln, da die Abweichungen der Körpergröße der Kinder von der durchschnittlichen Körpergröße aller Personen nicht so groß ist wie die Abweichung der Körpergröße der Eltern dieser Kinder von der durchschnittlichen Körpergröße aller Personen. Dieses Zurückdrücken auf das Mittelmaß bezeichnet Galton mit "to regress" und den Vorgang selbst als Regression. 1885 veröffentlichte er seine berühmte Arbeit über das Thema "Die Regression in Richtung auf das allgemeine Mittelmaß bei der Vererbung der Körpergröße", in der er zu dem Schluß kommt, daß sich im allgemeinen die Eigenschaften der Eltern nicht vollständig vererben. "Das Gesetz der Regression spricht gewichtig gegen eine vollständige Vererbung irgendeiner Eigenschaft. Von vielen Kindern werden nur wenige soweit vom Durchschnitt abweichen wie der außergewöhnliche Elternteil. Je reicher die Begabung eines Elternteils von Natur aus ist, um so seltener wird er das Glück haben, daß sein Sohn ebenso reich ausgestattet ist, und noch seltener, daß dieser noch höher begabt ist. Aber das Gesetz ist unparteiisch, weil es die Vererbung von guten und schlechten Eigenschaften gleichmäßig steuert. Es zerstört nicht nur die übertriebenen Erwartungen eines begabten Elternteils, daß seine Kinder alle seine Fähigkeiten erben müßten; es behebt auch übertriebene Befürchtungen, daß sie alle Schwächen und Krankheiten erben müßten.

Diese Behauptungen stehen, wohlverstanden, nicht mit der allgemeinen Lehre in Widerspruch, wonach Kinder begabter Eltern mit weit größerer Wahrscheinlichkeit begabt sein werden als die Kinder durchschnittlicher Eltern. Sie drücken bloß die Tatsache aus, daß das begabteste aller Kinder von wenigen, hochbegabten Elternpaaren wahrscheinlich nicht so klug sein wird wie das begabteste aller Kinder sehr vieler durchschnittlich begabter Elternpaare." (zitiert bei WALKER [232], S. 226)

Der Begriff der Regression, ursprünglich nur für Vorgänge verwendet, die die Tendenz haben, auf ein Mittelmaß zurückzudrücken, wurde im Laufe der Zeit immer mehr verallgemeinert und dient heute zur Kennzeichnung einer einseitigen stochastischen Abhängigkeit, worin der ursprüngliche Fall mit eingeschlossen ist. Bei diesen Verallgemeinerungen kommen vor allem K. Pearson, Ch. Spearman, A. Bravais, G. U. Yule, A. A. Tschuprow, S. M. Bartlett, R. A. Fisher, M. G. Kendall, S. Koller, M. Ezekiel und vielen anderen Verdienste zu.

2. Lineare Regression

Im vorangegangenen Kapitel wurde bereits erläutert, daß unter **Regression** eine **einseitige stochastische Abhängigkeit** einer Variablen von einer oder mehreren anderen Variablen verstanden wird. Die Regression dient somit der Untersuchung und Auswertung von Abhängigkeiten zwischen Erscheinungen.

Bevor mit einer Regressionsanalyse begonnen werden kann, muß vom fachwissenschaftlichen Standpunkt inhaltlich festgelegt werden, welche der Variablen als die abhängige oder durch die Regressionsfunktion zu erklärende Variable (Wirkung) und welche Variable(n) als unabhängige oder erklärende Variable(n) (Ursachen) im Verlaufe der Analyse anzusehen sind. Die Ursache(n) und die Wirkung müssen von der Wirtschaftstheorie (Volkswirtschaftslehre, Betriebswirtschaftslehre u.a.) definiert werden, ansonsten läuft man Gefahr, daß eine Regressionsanalyse und die Interpretation der Ergebnisse strittig werden können.

Im weiteren sollen die **zu erklärende Variable** mit Y und die **erklärenden Variablen** mit X_k (k = 1,..., m) bezeichnet werden. Die Variable Y ist somit eine Funktion der Variablen X_k (k = 1,..., m). Da sich der Einfluß der Nebenfaktoren bzw. des Zufalls nicht aus dem empirischen Beobachtungsmaterial eliminieren läßt, das heißt die (ökonomische) Abhängigkeit sich als eine statistische (stochastische) Abhängigkeit zu erkennen gibt, kann es keine eindeutige funktionale Abhängigkeit geben (außer sogenannten Definitionsgleichungen). Es kann deshalb nur eine mittlere Abhängigkeit der zu untersuchenden Variablen aufgedeckt und auf der Basis der Daten für die Variablen numerisch bestimmt werden. Diese Aufgabe erfüllt die **Regressionsfunktion**

$$\hat{y}_i = f\,(x_{i1}, x_{i2}, \ldots, x_{im})\,, \qquad i = 1, \ldots, n\,. \qquad (2.1.)$$

Der Begriff der Regressionsfunktion ist somit stets an gewisse Durchschnittsbedingungen geknüpft.

Die erklärenden Variablen X_1, X_2,..., X_m können ökonomische, aber auch außerökonomische Variablen sein, zum Beispiel sozialökonomische Erscheinungen, technische oder natürliche Faktoren.

Statistische Abhängigkeiten können bei einmaligem Eintreffen der Ereignisse nicht erkannt werden, sondern erst, wenn sie wiederholt auftreten. Deshalb wird davon ausgegangen, daß für die m + 1 Variablen n gemeinsame Beobachtungen vorliegen, zum Beispiel für n Unternehmen, n Haushalte, n Wirtschaftszweige oder für n Zeiträume. Das Beobachtungsmaterial läßt sich in Form einer Tabelle (siehe Tabelle 2.1.) angeben. Eine Spalte der Tabelle stellt die Beobachtungsreihe für eine Variable, zum Beispiel die Beobachtungen aus n = 52 Unternehmen für die Höhe des Produktionsvolumens, dar. Der Spaltenindex k = 1,..., m bezeichnet demnach die erklärenden Variablen.

Tabelle 2.1.: Tabelle der Beobachtungsdaten der Variablen

Nr. der Beobachtung	Variable						
	Y	X_1	...	X_k	...	X_m
1	y_1	x_{11}	...	x_{1k}	...	x_{1m}
2	y_2	x_{21}	...	x_{2k}	...	x_{2m}
.	.	.		.		.
.	.	.		.		.
i	y_i	x_{i1}	...	x_{ik}	...	x_{im}
.	.	.		.		.
.	.	.		.		.
n	y_n	x_{n1}	...	x_{nk}	...	x_{nm}

Die Zeilen geben die gemeinsamen Beobachtungen der m+1 Variablen an, z.B. der Jahresumsatz, die Werbungskosten, die Produktionsmenge des 1. Unternehmens in der 1. Zeile. Der Zeilenindex i = 1,..., n steht somit für die Reihenfolge der statistischen Einheiten, zum Beispiel Unternehmen oder Haushalte.

x_{ik} ist damit die i-te Beobachtung der k-ten Variablen. Die y_i und x_{ik} bezeichnet man auch als empirische Werte der Variablen Y und X_k.

Voraussetzung: Es soll im weiteren angenommen werden, daß die Variablen X_k (k = 1,..., m) ohne wesentliche Meßfehler beobachtet worden sind und fest vorgegebene Werte haben.

Da die Variable Y durch eine Vielzahl weiterer nicht näher spezifizierter Erscheinungen und durch zufällige Einflüsse zustande kommt, existiert eine Abweichung zwischen den Werten y_i der Variablen Y und der durch die Regressionsfunktion (2.1.) berechneten mittleren Werte $\hat{y}_i$. Diese Abweichungen , **Residuen** genannt, sollen mit û bezeichnet werden. Die Werte dieser Störgröße ergeben sich wie folgt:

$$y_i - \hat{y}_i = \hat{u}_i \,, \qquad i = 1, \ldots, n \,. \qquad (2.2.)$$

Die Störgröße enthält somit alle nicht in den m erklärenden Variablen enthaltenen Einflüsse auf die Variable Y und Zufallseinflüsse. Wenn man beispielsweise das Bruttosozialprodukt nur in Abhängigkeit von den Investitionen betrachtet, dann würde die Störgröße weitere Faktoren für das Zustandekommen des Bruttosozialproduktes wie Arbeitskräfteeinsatz, Zinssatz usw. und Zufallseinflüsse umfassen. Daraus folgt, daß sich die Werte der Variablen Y wie folgt ergeben:

$$y_i = \hat{y}_i + \hat{u}_i , \qquad i = 1, \ldots, n . \tag{2.3.}$$

bzw. unter Berücksichtigung von (2.1.) als

$$y_i = f\ (x_{i1}, x_{i2}, \ldots, x_{im}) + \hat{u}_i , \qquad i = 1, \ldots, n . \tag{2.4.}$$

Aus dieser Schreibweise wird deutlich, daß die Störgröße als **Fehler der** spezifizierten **Regressionsgleichung** im statistischen Sinne zu interpretieren ist.

Durch die Einführung der Störgröße kann der Variablen Y bei gegebenen Werten der erklärenden Variablen X_1, X_2, ..., X_m kein eindeutiger Wert mehr zugeordnet werden. Wird zum Beispiel die Abhängigkeit der Produktionskosten von der Produktionsmenge in Unternehmen untersucht, so können die Produktionskosten bei gegebenem Produktionsvolumen auf Grund des Wirkens weiterer Variablen und von Zufallseinflüssen in einem gewissen Bereich streuen. Während also für die zu erklärende Variable und die erklärenden Variablen gemeinsame Beobachtungswerte vorliegen, ist die Störgröße nicht direkt beobachtbar, da sie ein Konglomerat vieler verschiedener Einflüsse darstellt. Die wahren Werte dieser Störgröße sind nicht bekannt. Es können jedoch die Abweichungen zwischen den empirischen Werten der Variablen Y und den Werten der Regressionsfunktion nach (2.2.) berechnet werden.

Der erste Schritt jeder numerischen Bestimmung (Schätzung) der Regressionsfunktion (2.1.) ist die **Festlegung des Typs der Regressionsfunktion**. Das Problem besteht darin, eine solche Funktion zu finden, die möglichst gut die mittlere Abhängigkeit der Variablen charakterisiert. Grundlage dieser Bestimmung ist eine eingehende fachwissenschaftliche Analyse der zu untersuchenden Abhängigkeit der Variablen, als deren Ergebnis eine Hypothese über den Funktionstyp formuliert werden muß, deren Plausibilität dann anhand des empirischen Beobachtungsmaterials statistisch geprüft werden kann.

In den nachfolgenden Ausführungen erfolgt zunächst eine Beschränkung auf die **lineare Regression**. Eine Begründung für dieses Vorgehen wird vor allem darin gesehen, daß sich eine Vielzahl von ökonomischen statistischen Abhängigkeiten gut durch lineare Regressionsfunktionen erfassen lassen und daß eine Reihe von nichtlinearen Abhängigkeiten hinreichend genau durch eine lineare Regressionsfunktion approximiert werden kann. Eine weitere Begründung für die Beschränkung auf die lineare Funktion ist ihre einfache Darstellung und Interpretation sowie ihre verhältnismäßig leichte Berechnung.

2.1. Streuungsdiagramm

Im Falle der Analyse der Abhängigkeit von zwei Variablen kann eine erste Information über die Art der Abhängigkeit aus dem Streuungsdiagramm gewonnen werden. Das Streuungsdiagramm vermittelt einen graphischen Eindruck von der zu untersuchenden Abhängigkeit und gibt die Möglichkeit der graphischen Bestimmung des Typs der Regressionsfunktion.

Zur Anfertigung eines Streuungsdiagrammes wird das kartesische Koordinatensystem verwendet. Die Werte der erklärenden Variablen werden auf der x-Achse (Abszissenachse) und die Werte der zu erklärenden Variablen auf der y-Achse (Ordinatenachse) abgetragen. Die gemeinsamen Beobachtungswerte der Variablen werden in das Streuungsdiagramm eingetragen und ergeben Punkte in einer Ebene. Die Gesamtheit dieser Punkte wird als **Punkteschwarm** bezeichnet. Durch diesen Punkteschwarm erhält man ein Bild von der Form der Abhängigkeit der beiden Variablen. Aus der Breite oder Streuung des Punkteschwarms lassen sich Schlüsse auf die Stärke (Strammheit) eines Zusammenhanges ziehen. Ist der Punkteschwarm sehr schmal, so liegt ein relativ starker Zusammenhang vor; ist er dagegen mehr kreisförmig, so liegt ein schwacher Zusammenhang vor.

Beispiel:
Es soll untersucht werden, ob eine Abhängigkeit der Höhe der wertmäßigen Produktion (Y) von der Höhe des eingesetzten Kapitals (X) in Unternehmen eines Wirtschaftszweiges besteht. Zur Untersuchung stehen Beobachtungen aus n = 52 Unternehmen zur Verfügung, die in der Tabelle 2.2. angegeben sind.

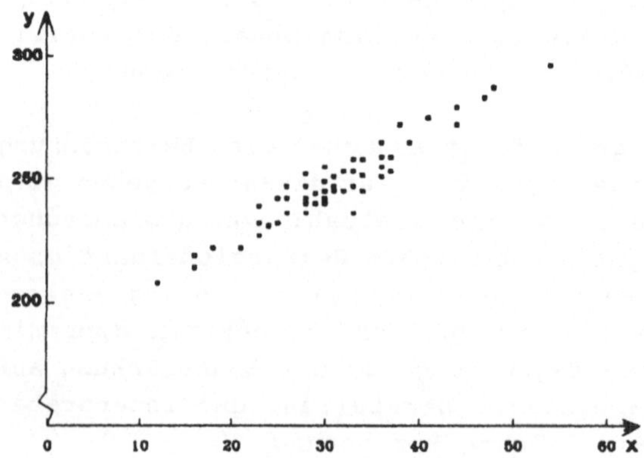

Abbildung 2.1.: Streuungsdiagramm

Tabelle 2.2.: Angaben über eingesetztes Kapital (x_i, in 10^5 DM) und wertmäßiges Produktionsvolumen (y_i, in 1000 DM) eines Quartals sowie über bedingte Mittelwerte des Produktionsvolumens ($\overline{y}_p$) von 52 Unternehmen, geordnet nach der Höhe des eingesetzten Kapitals

i	x_i	y_i	$\overline{y}_p$	i	x_i	y_i	$\overline{y}_p$
1	12	208	208	27	31	245	
2	16	214		28	31	247	247,7
3	16	219	216,5	29	31	251	
4	18	222	222	30	32	245	
5	21	222	222	31	32	253	249
6	23	227		32	33	236	
7	23	232	232,7	33	33	247	
8	23	239		34	33	253	248,5
9	24	231	231	35	33	258	
10	25	232		36	34	245	
11	25	242	237	37	34	251	251,3
12	26	236		38	34	258	
13	26	242	241,7	39	36	251	
14	26	247		40	36	255	
15	28	236		41	36	259	257,5
16	28	240		42	36	265	
17	28	242	243,4	43	37	253	
18	28	247		44	37	259	256
19	28	252		45	38	272	272
20	29	240		46	39	265	265
21	29	244	242	47	41	275	275
22	30	240		48	44	272	
23	30	242		49	44	279	275,5
24	30	245	246,2	50	47	283	283
25	30	249		51	48	287	287
26	30	255		52	54	296	296

In Abbildung 2.1. ist ein Streuungsdiagramm gegeben, in dem die Werte für das wertmäßige Produktionsvolumen und für das eingesetzte Kapital dieser 52 Unternehmen eingetragen sind. Es ist anhand des Punkteschwarms leicht ersichtlich, daß mit zunehmendem Wert des eingesetzten Kapitals (X) im Prinzip auch das wertmäßige Produktionsvolumen (Y) zunimmt. Darüberhinaus ist ersichtlich, daß mit der Erhöhung des Kapitals das Produktionsvolumen annähernd gleichmäßig zunimmt. Demzufolge kann eine lineare positive Regression angenommen und diese Abhängigkeit des Produktionsvolumens von dem Kapital durch eine lineare Regressionsfunktion approximiert werden. Allerdings wird diese Tendenz durch Unregelmäßigkeiten gestört. Sie bestehen darin, daß zu einem Wert des Kapitals mehrere Werte des Produktionsvolumens gehören können, so daß die beobachteten Werte nicht total auf einer Geraden liegen. Die zu den einzelnen Kapitalwerten gehörenden Produktionsvolumina unterliegen also Schwankungen, die durch das Wirken von weiteren ökonomischen und zufälligen Faktoren bedingt sind, die neben dem Kapital auf die Höhe der Produktionsvolumina Einfluß nehmen.

Im wesentlichen lassen sich mit Hilfe des Streuungsdiagrammes nur Abhängigkeiten von zwei Variablen veranschaulichen. Bei der Darstellung der Abhängigkeiten von drei Variablen ist das Streuungsdiagramm noch möglich, seine Deutung verlangt in diesem Falle aber bereits einige Erfahrung. Abhängigkeiten von mehr als drei Variablen sind mit Hilfe eines Streuungsdiagrammes nicht mehr darstellbar.

2.2. Methode der bedingten Mittelwerte

Ein Mittelwert, der an eine bestimmte Voraussetzung, an eine bestimmte Bedingung gebunden ist, ist ein bedingter Mittelwert. Die bedingten Mittelwerte bei den Variablen X und Y lassen sich durch folgende Formeln ausdrücken, wobei $\overline{x}_j$ der bedingte Mittelwert der Variablen X für die Gruppe j der Variablen Y, $\overline{y}_p$ der bedingte Mittelwert der Variablen Y für die Gruppe p der Variablen X, n_j bzw. n_p die Anzahl der Einzelwerte in der Gruppe j bzw. p sind.

$$\overline{x}_j = \frac{\Sigma_{i=1}^{n_j} x_{ij}}{n_j} \; ; \qquad j = 1 \, , \, \ldots \, , \, q \, , \qquad (2.5.)$$

$$\overline{y}_p = \frac{\Sigma_{i=1}^{n_p} y_{ip}}{n_p} \; ; \qquad p = 1 \, , \, \ldots \, , \, s \, . \qquad (2.6.)$$

Es gilt $\Sigma_j n_j = \Sigma_p n_p = n$.

In Tabelle 2.2. sind die bedingten Mittelwerte der Variablen Y enthalten. Diese Mittelwerte sind an eine bestimmte Höhe des eingesetzten Kapitals gebunden, sind also durch eine bestimmte Höhe des eingesetzten Kapitals bedingt. Gehört zu einem Wert des eingesetzten Kapitals nur ein Wert des Produktionsvolumens, so ist letzterer gleich dem bedingten Mittelwert. Gehören zu einem Wert des eingesetzten Kapitals mehrere Werte des Produktionsvolumens, so ist der bedingte Mittelwert das arithmetische Mittel aus den Produktionswerten, die zu einem Wert des eingesetzten Kapitals gehören. Die bedingten Mittelwerte gleichen also die zu einem Wert des Kapitals gehörenden unterschiedlichen Werte des Produktionsvolumens zu einem durchschnittlichen Wert aus. Analog ergeben sich die bedingten Mittelwerte der Variablen X in Tabelle 2.3. Sie sind Mittelwerte des

Tabelle 2.3.: Wertmäßiges Produktionsvolumen (y_i, in 1000 DM) eines Quartals, eingesetztes Kapital (x_i, in 10^5 DM) und bedingte Mittelwerte des Kapitals von 52 Unternehmen, geordnet nach der Höhe des Produktionsvolumens

i	y_i	x_i	$\overline{x}_j$	i	y_i	x_i	$\overline{x}_j$
1	208	12	12	27	247	28	
2	214	16	16	28	247	31	29,5
3	219	16	16	29	247	33	
4	222	18		30	249	30	30
5	222	21	19,5	31	251	31	
6	227	23	23	32	251	34	33,7
7	231	24	24	33	251	36	
8	232	23		34	252	28	28
9	232	25	24	35	253	32	
10	236	26		36	253	33	34
11	236	28	29	37	253	37	
12	236	33		38	255	30	
13	239	23	23	39	255	36	33
14	240	28		40	258	33	
15	240	29	29	41	258	34	33,5
16	240	30		42	259	36	
17	242	25		43	259	37	36,7
18	242	26		44	265	36	
19	242	28	27,3	45	265	39	37,5
20	242	30		46	272	38	
21	244	29	29	47	272	44	41
22	245	30		48	275	41	41
23	245	31		49	279	44	44
24	245	32	31,8	50	283	47	47
25	245	34		51	287	48	48
26	247	26		52	296	54	54

eingesetzten Kapitals, die an jeweils einen Wert des Produktionsvolumens gebunden sind.

Bei der Methode der bedingten Mittelwerte vergleicht man die Werte der Variablen X mit den ihnen entsprechenden bedingten Mittelwerten der Variablen Y (vgl. Tabelle 2.2.). Der Vorteil besteht unter anderem darin, daß sich der Vergleich jetzt nicht mehr über 52 Wertepaare erstreckt, sondern nur noch über 24 Wertepaare, wodurch das Vergleichen erleichtert wird. Eine gute Vorstellung von der Abhängigkeit erhält man, wenn man die bedingten Mittelwerte graphisch darstellt. Abbildung 2.2. enthält sowohl die bedingten Mittelwerte des Produktionsvolumens $\overline{y}_p$ als auch die bedingten Mittelwerte des eingesetzten Kapitals $\overline{x}_j$.

Die Linie, die durch Verbindung der bedingten Mittelwerte entsteht, wird im allgemeinen als empirische Regressionslinie bezeichnet. Die empirischen Regressionslinien lassen erkennen, daß mit zunehmenden x-Werten auch die bedingten Mittelwerte $\overline{y}_p$ zunehmen bzw. daß mit zunehmenden y-Werten die bedingten Mittelwerte $\overline{x}_j$ ebenfalls zunehmen. Des weiteren ist der Verlauf der Abhängigkeit recht gut ersichtlich. Eine positive lineare Regression zwischen Produktionsvolumen und Kapital ist deutlich zu beobachten. Beide empirischen Regressionslinien lassen Schwankungen der bedingten Mittelwerte erkennen. Das ist auf das Wirken von Nebenfaktoren und zufälligen Faktoren zurückzuführen.

In Abbildung 2.2. sind zwei empirische Regressionslinien enthalten. Diese beiden empirischen Regressionslinien ergeben sich dadurch, daß einmal bedingte Mittelwerte $\overline{y}_p$ gebildet werden, die an bestimmte x-Werte gebunden sind, und zum anderen bedingte Mittelwerte $\overline{x}_j$, die an bestimmte y-Werte gebunden sind. Bereits hier wird ersichtlich, daß beide Regressionslinien sich nicht decken. Geht man von X als der erklärenden Variablen aus, so erhält man einen entsprechenden bedingten mittleren y-Wert der zu erklärenden Variablen. Betrachtet man dagegen Y als erklärende Variable, so erhält man zu jedem y-Wert einen entsprechenden bedingten mittleren x-Wert. Die bedingten Mittelwerte $\overline{y}_p$ und $\overline{x}_j$ liegen bei bestehender Regression nicht auf ein und derselben Regressionslinie. Aus diesem Grund ist es wichtig, die Regression von Y bezüglich X (Y als zu erklärende Variable) und die Regression von X bezüglich Y (X als zu erklärende Variable) zu unterscheiden. Dieser Gesichtspunkt spielt allerdings nur bei fachwissenschaftlich umkehrbaren Regressionen eine Rolle und wird im Kapitel 10. behandelt. Ist eine Regression fachwissenschaftlich nicht umkehrbar, wie das beim Zusammenhang zwischen Ernteertrag und Witterungsverhältnissen der Fall ist, wird dieser Gesichtspunkt zweier Regressionslinien irrelevant. In diesem Zusammenhang kann nur der Ernteertrag als zu erklärende Variable auftreten.

Die Aussage der bedingten Mittelwerte, die die empirischen Regressionslinien bilden, kann unterschiedlich stabil sein. Das hängt wesentlich von der Variabilität der Einzelwerte und von der Anzahl der Werte ab, die in die Bildung eines bedingten Mittelwertes einbezogen wurden. Wird ein bedingter Mittelwert nur aus einem einzigen Wert gebildet, so kann er in hohem Maße vom Zufall beeinflußt sein. Die Aussagekraft eines bedingten Mittelwertes, berechnet aus mehreren Einzelwerten, kann erhöht werden, wenn zu den Mittelwerten jeweils die Variationsbreite oder direkt der maximale und minimale Einzelwert angegeben werden. Diese Einzelwerte lassen sich schließlich auch zur Ergänzung der empirischen Regressionslinie in der Abbildung graphisch darstellen. Sie geben in vereinfachter Form den Umriß des Punkteschwarms an.

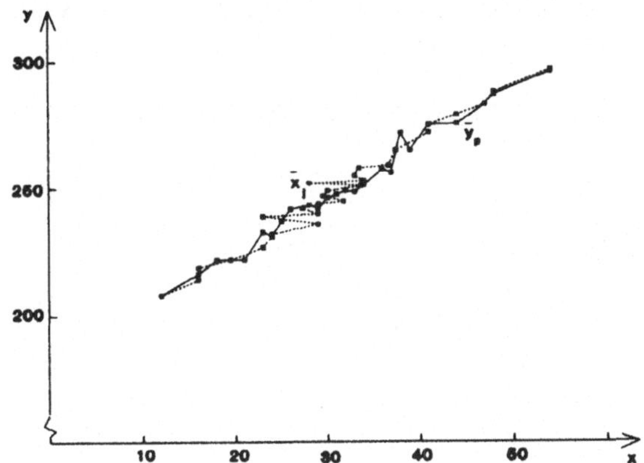

Abbildung 2.2.: Empirische Regressionslinien

2.3. Einfache lineare Regression

Mit Hilfe des Streuungsdiagramms und der Methode der bedingten Mittelwerte wurden bereits zwei einfache Möglichkeiten zur Bestimmung der linearen Regressionsfunktion aufgezeigt. Es soll jetzt die einfache lineare Regression beschrieben und die Bedeutung der einzelnen Komponenten der Regressionsfunktion erläutert werden.

Unter einer **einfachen** Regression wird eine einseitige stochastische Abhängigkeit der zu erklärenden (abhängigen) Variablen Y von nur einer erklärenden (unabhängigen) Variablen X verstanden:

$$\hat{y}_i = f\,(\,x_i\,)\ . \tag{2.7.}$$

Von einer einfachen **linearen** Regression spricht man, wenn sich die Abhängigkeit der zu erklärenden Variablen von einer erklärenden Variablen durch eine lineare Funktion zwischen diesen Variablen ausdrücken läßt. (2.7.) nimmt somit folgende Gestalt an:

$$\hat{y}_i = b_0 + b_1\,x_i\ . \tag{2.8.}$$

Dies ist die allgemeine Gleichung für die einfache lineare Regression. In dieser Gleichung bedeuten:
X ist die zu erklärende Variable. Für sie liegen n feste Werte x_i (i = 1,2,...,n) vor.

b_0 und b_1 sind die mittels eines bestimmten Verfahrens zu ermittelnden **Regressionsparameter**.

b_0 ist die **Regressionskonstante**. Für sie kann man sich eine künstliche Größe X_0 eingeführt denken, die für alle $i = 1,\ldots,n$ den Wert 1 annimmt. Die Regressionskonstante gibt den Schnittpunkt der Regressionsgeraden mit der Ordinatenachse an (vgl. Abb. 2.3.). Sie hat die Maßeinheit der zu erklärenden Variablen Y.

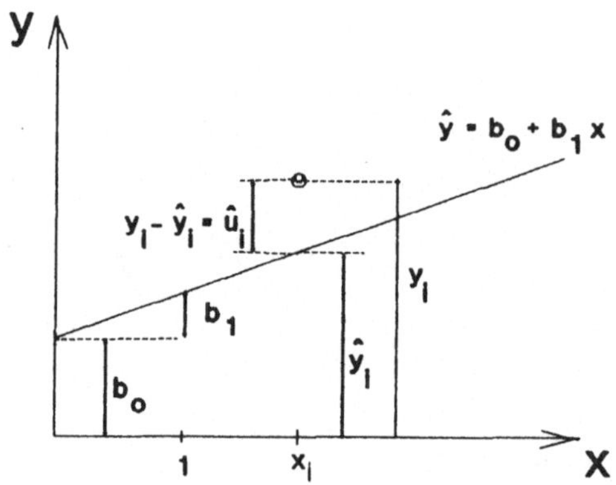

Abbildung 2.3.: Regressionsgerade und ihre Parameter

Da b_0 der mittlere Wert von Y an der Stelle $x_i = 0$ ist, läßt sich sofort erkennen, daß eine ökonomische Interpretation von b_0 oft sehr schwierig, wenn nicht unmöglich ist. Betrachtet man zum Beispiel wieder die Abhängigkeit des wertmäßigen Produktionsvolumens vom Kapitaleinsatz (beide in 1000 DM) und habe sich auf Grund von Beobachtungen die Regressionsfunktion

$$\hat{y}_i = 84{,}56 + 2{,}47x_i$$

ergeben, so führt die Interpretation von b_0 zu dem paradoxen Ergebnis, daß bei nicht eingesetztem Kapital ($x_i = 0$) das wertmäßige Produktionsvolumen im Mittel $\hat{y}_i = 84{,}56$ 1000 DM beträgt. b_0 müßte theoretisch in diesem Falle gleich Null sein. Praktisch reichen aber die in den empirischen Beobachtungen enthaltenen Informationen nicht aus, um ein solches paradoxes Schätzergebnis zu verhindern. b_0 dient hier somit nur als Ausgleichskonstante. Es muß aber an dieser Stelle betont werden, daß dadurch nicht die berechnete Regressionsfunktion falsch ist. Sie ist nur im Bereich des Punkteschwarms, also nur zwischen dem kleinsten und dem größten gegebenen Wert der Variablen X interpretierbar. Bei den meisten praktischen Untersuchungen ist nicht b_0 die interessierende Größe, sondern b_1 bzw. die geschätzten Werte der Variable Y, die $\hat{y}_i$.

b_1 heißt **linearer Regressionskoeffizient** (im weiteren kurz Regressionskoeffizient genannt). Er gibt allgemein den Anstieg der Geraden an (vgl. Abb. 2.3.). Der Regressionskoeffizient ist ein Maß für die mittlere Abhängigkeit der Variablen Y von der Variablen X bzw. ein Maß für den Einfluß, den die Veränderungen der Variablen X im Mittel auf die Variable Y zahlenmäßig ausüben. In seiner numerisch bestimmten Form gibt der Regressionskoeffizient b_1 an, um welchen Wert sich die zu erklärende Variable Y **im Mittel** verändert, wenn sich die erklärende Variable X um eine Einheit verändert. Die Maßeinheit des Regressionskoeffizienten ergibt sich somit als Quotient aus der Maßeinheit der zu erklärenden Variablen Y und der Maßeinheit der erklärenden Variablen X. Das Vorzeichen von b_1 gibt die Richtung dieser Veränderung an. Die Plausibilität des Vorzeichens ist stets aus fachwissenschaftlichen Erwägungen heraus zu überprüfen. Bei positivem Regressionskoeffizienten liegt eine positive Regression vor und die Regressionsgerade steigt. Bei negativem Regressionskoeffizienten fällt die Regressionsgerade und es handelt sich um eine negative Regression.

Wenn die Werte der Regressionsparameter b_0 und b_1 vorliegen, ist die Regressionsfunktion numerisch bestimmt, wobei die Parameter linear in die Beziehung eingehen. Nun kann für jeden gegebenen Wert x_i der erklärenden Variablen der Wert $\hat{y}_i$ (i = 1,..., n) berechnet werden. $\hat{y}_i$ (i = 1,..., n) sind die Funktionswerte der Regressionsgeraden, die auch als **Regreßwerte** bezeichnet werden. Da für jeden Wert x_i mehrere empirische Werte y_i beobachtet werden können, ergibt sich, daß der Regreßwert $\hat{y}_i$ ein Mittelwert der Variablen Y an der Stelle x_i darstellt.

Aus dieser Bestimmung der Regreßwerte ist sofort ihre ökonomische Interpretation ableitbar. $\hat{y}_i$ gibt den mittleren Wert der Variablen Y bei vorgegebenem Wert x_i der erklärenden Variablen X an unter der Voraussetzung, daß nur die Variable X als Einflußfaktor für die Veränderungen der Variablen Y angesehen wird und auch keine Störeinflüsse auftreten. Weitere nicht erfaßte Ursachen und Zufallseinflüsse lassen die empirischen Werte der Variablen Y um die Regreßwerte schwanken, was zu den numerischen Werten $\hat{u}_i$ der Störgröße, den Residuen, führt (vgl. Abb. 2.3.).

Wie zu erkennen ist, konzentriert sich das Problem nunmehr darauf, die unbekannten Regressionsparameter b_0 und b_1 auf der Grundlage eines bestimmten Kriteriums und unter Verwendung der Beobachtungen der Variablen numerisch zu bestimmen und die Regreßwerte sowie Residuen anschließend zu berechnen.

2.3.1. Regressionsgerade nach der Methode der kleinsten Quadrate (nicht gruppiertes Material)

Für die zu untersuchende Abhängigkeit der Variablen Y von der Variablen X ist zunächst die Frage zu beantworten, ob eine lineare Beziehung zwischen ihnen vorliegt. Dies muß auf Grund sachlich-logischer Überlegungen und einer ökonomischen Analyse erfolgen. Ein Hilfsmittel ist dabei der Verlauf des Punkteschwarms im Streuungsdiagramm. Kann eine lineare Beziehung angenommen werden, so besteht die nächste Aufgabe in der numerischen Bestimmung der linearen Regressionsfunktion, der Regressionsgeraden.

Soll eine Regressionsgerade bestimmt werden, die sich auf alle vorliegenden empirischen Werte stützt, so soll es eine Gerade sein, die sich möglichst gut an die beobachteten Werte anpaßt. Dieser allgemeinen Bedingung wird offensichtlich genügt, wenn die Fehler bei der Formulierung (Spezifikation) der Regressionsgeraden möglichst klein gehalten werden. Diese Fehler manifestieren sich aber in den Abweichungen der empirischen Werte y_i von den theoretischen Werten $\hat{y}_i$, das heißt in den Werten der Störgröße $\hat{u}_i$. Aus der graphischen Darstellung (Abb. 2.3.) geht hervor, daß die $\hat{u}_i$ die vertikalen Abweichungen der empirischen Werte von der Regressionsgeraden

$$y_i - \hat{y}_i = \hat{u}_i \, , \qquad i = 1, \ldots, n \, . \tag{2.2.}$$

sind.

Eine **erste Bedingung** für die numerische Bestimmung der Regressionsgeraden, die auf Grund der allgemeinen Forderung sofort verständlich wird, ist:

Die Summe der Abweichungen aller empirischen Werte y_i von den Werten der Regressionsfunktion (Regreßwerten) $\hat{y}_i$ soll Null sein. Es soll also gelten:

$$\sum_{i=1}^{n} (y_i - \hat{y}_i) = \sum_{i=1}^{n} \hat{u}_i = 0 \, . \tag{2.9.}$$

Diese Bedingung läßt sich auch so interpretieren, daß die Summe der positiven Abweichungen der empirischen Werte von den Regreßwerten gleich der Summe der negativen Abweichungen sein soll. Würde man nur diese Bedingung stellen, so wäre die Regressionsgerade noch nicht eindeutig bestimmt, da es praktisch unendlich viele Geraden gibt, die die Bedingung (2.9.) erfüllen, nämlich alle diejenigen, die durch den Punkt gehen, der durch die Mittelwerte beider Variablen $(\overline{x}, \overline{y})$ bestimmt ist.

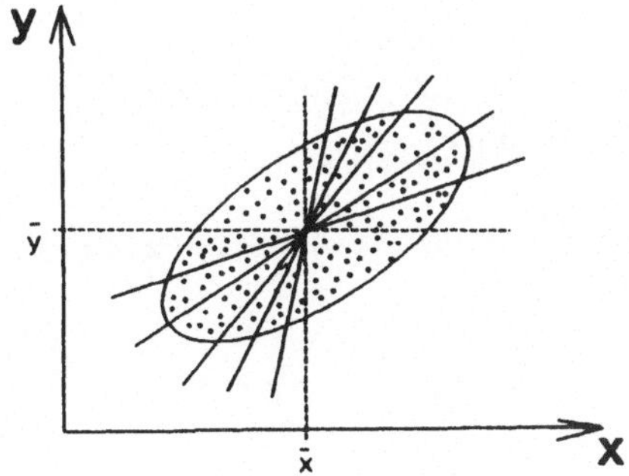

Abbildung 2.4.: Mögliche Regressionsgeraden nach Kriterium (2.9.)

Es muß deshalb eine weitere Bedingung gestellt werden, die nur noch von einer der Geraden erfüllt wird, die auch der Bedingung (2.9.) genügen. Diese **zweite Bedingung** lautet:

Es soll eine solche Regressionsgerade bestimmt werden, um die die empirischen Beobachtungen y_i ein Minimum an Streuung aufweisen, verglichen mit der Streuung um jede andere mögliche Regressionsgerade.

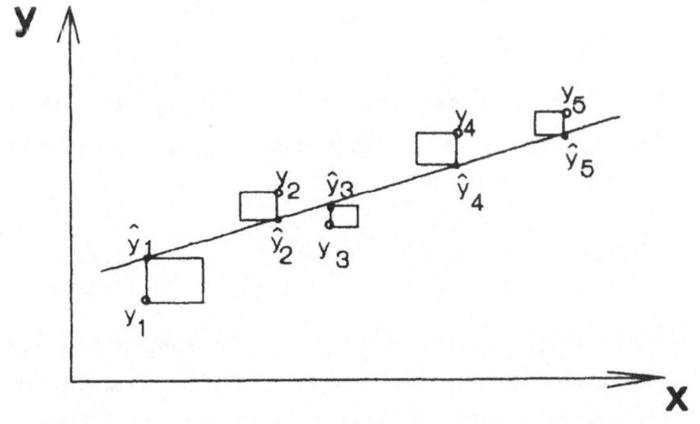

Abbildung 2.5.: Forderung der kleinsten Quadratsumme der Residuen

Entsprechend den Streuungsbetrachtungen in der Statistik muß die mittlere quadratische Abweichung (Varianz) zwischen den empirischen Werten von Y und den Regreßwerten, das heißt die Varianz der Residuen $\hat{u}_i$, berechnet werden.Da die Bedingung (2.9.) gilt, ist auch

$$\bar{\hat{u}} = \frac{\sum_{i=1}^{n} \hat{u}_i}{n} = 0 \ . \qquad (2.10.)$$

Somit ergibt sich für die Varianz der Residuen:

$$s_{\hat{u}}^2 = \frac{\sum_{i=1}^{n} (\hat{u}_i - \bar{\hat{u}})^2}{n-2} = \frac{\sum_{i=1}^{n} (\hat{u}_i - 0)^2}{n-2} = \frac{\sum_{i=1}^{n} \hat{u}_i^2}{n-2} \qquad (2.11.)$$

und wegen (2.2.)

$$s_{\hat{u}}^2 = \frac{\sum_{i=1}^{n} \hat{u}_i^2}{n-2} = \frac{\sum_{i=1}^{n} (y_i - \hat{y}_i)^2}{n-2} \ . \qquad (2.12.)$$

Der im Nenner stehende Ausdruck gibt die Anzahl der Freiheitsgrade an. Sie ergibt sich (frei interpretiert) als die Anzahl der Beobachtungen vermindert um die Anzahl der zu berechnenden Regressionsparameter. Da für die einfache lineare Regression die Anzahl der erklärenden Variablen m gleich Eins ist und somit ein Regressionskoeffizient (b_1) sowie eine Regressionskonstante (b_0) zu berechnen sind, folgt für die Anzahl der Freiheitsgrade

$$n - (m + 1) = n - (1 + 1) = n - 2 \qquad (2.13.)$$

$s_{\hat{u}}$ als die positive Wurzel aus (2.12.) ist die Standardabweichung der Residuen. Auf diese Standardabweichung wird später noch eingegangen (vgl. Abschnitt 3.2.).

Die Varianz $s_{\hat{u}}^2$ soll auf Grund der zweiten Bedingung ein Minimum werden. Da die Anzahl der Freiheitsgrade n - 2 bei gegebenem n feststeht, ist die zweite Bedingung identisch mit

$$\sum_{i=1}^{n} (y_i - \hat{y}_i)^2 \rightarrow \min \ , \qquad (2.14.)$$

das heißt, die Summe der quadratischen Abweichungen der empirischen Werte der Variablen Y von den Regreßwerten soll ein Minimum werden. Graphisch ist diese Bedingung in Abbildung (2.5.) dargestellt. Wegen dieser Bedingung heißt dieses Verfahren Methode der kleinsten Quadratsumme oder oft kurz Methode der kleinsten Quadrate (Abkürzung: MKQ). Es ist ein Verfahren, daß alle gegebenen empirischen Werte unter der angeführten Bedingung zu einer Regressionslinie ausgleicht. Bei linearer Beziehung zwischen den beiden Variablen ist diese Linie eine Gerade, die Regressionsgerade.

Die beiden Bedingungen (2.9.) und (2.14.) können auch in folgender Weise erklärt werden: Das arithmetische Mittel einer Variablen hat zwei wesentliche Eigenschaften, die Nulleigenschaft und die quadratische Minimumseigenschaft. Da $\hat{y}_i$ für jedes gegebene x_i als ein solcher Mittelwert bestimmt werden soll, werden diese beiden Eigenschaften als Bedingung für die Bestimmung von $\hat{y}_i$ gesetzt: (2.9.) als die Nulleigenschaft und (2.14.) als die quadratische Minimumseigenschaft.

Setzt man die rechte Seite von (2.8.) für $\hat{y}_i$ in (2.14.) ein und bezeichnet den gesamten Ausdruck mit $S(b_0, b_1)$, so erhält man:

$$S(b_0, b_1) = \sum_{i=1}^{n} (y_i - b_0 - b_1 x_i)^2 \rightarrow \min . \tag{2.15.}$$

In (2.15.) sind die y_i und x_i als empirische Werte statistisch erfaßt und somit bekannt. Unbekannt sind die Parameter b_0 und b_1. Die Summe der quadratischen Abweichungen in (2.15.) hängt folglich bei gegebenen y_i und x_i von diesen Parametern ab. Je nachdem, wie diese Parameter b_0 und b_1 gewählt werden, erhöht oder verringert sich diese Summe. Die Summe der quadratischen Abweichungen S ist demnach eine Funktion der gesuchten Parameter b_0 und b_1, also eine Funktion von zwei Veränderlichen: $S = f(b_0, b_1) = S(b_0, b_1)$. Damit wird das Problem der Bestimmung der Regressionsgeraden unter der Bedingung (2.14.) auf die Minimierung einer Funktion von zwei Veränderlichen zurückgeführt. Aus der mathematischen Analysis ist bekannt, daß (2.15.) nur für solche b_0 und b_1 erfüllt wird, für die die ersten partiellen Ableitungen Null und die zweiten partiellen Ableitungen nach b_0 bzw. b_1 positiv sind.

Deshalb wird (2.15.) partiell nach b_0 und partiell nach b_1 differenziert und die 1. Ableitungen gleich Null gesetzt:

$$\frac{\delta S(b_0, b_1)}{\delta b_0} = -2 \sum_{i=1}^{n} (y_i - b_0 - b_1 x_i) = 0 \tag{2.16.}$$

$$\frac{\delta S(b_0, b_1)}{\delta b_1} = -2 \sum_{i=1}^{n} (y_i - b_0 - b_1 x_i) x_i = 0 . \tag{2.17.}$$

Als partielle Ableitungen 2. Ordnung nach b_0 bzw. b_1 erhält man:

$$\frac{\delta^2 S(b_0, b_1)}{\delta b_0^2} = 2n > 0 , \tag{2.18.}$$

$$\frac{\delta^2 S(b_0, b_1)}{\delta b_1^2} = 2 \sum_{i=1}^{n} x_i^2 > 0 . \tag{2.19.}$$

Die beiden partiellen Ableitungen 2. Ordnung sind positiv. Außerdem muß als hinreichende Bedingung für die Existenz eines Minimums für die Funktion S gelten, daß die Varianz der Variablen X größer Null ist: $s_x^2 > 0$. Dies kann als erfüllt angesehen werden, denn wäre die Varianz $s_x^2 = 0$, dann würde die Variable X keine verschiedenen Werte annehmen und sich somit das Regressionsproblem erübrigen.

Folglich erreicht die Funktion $S(b_0, b_1)$ in (2.15.) ein Minimum, wenn b_0 und b_1 aus (2.16.) und (2.17.) bestimmt werden. Zu diesem Zweck werden (2.16.) und (2.17.) umgeformt. Unter Berücksichtigung des mathematischen Satzes, daß die Summe aus Differenzen gleich der Differenz aus den Summen ist, erhält man folgende Gleichungen:

$$nb_0 + b_1 \sum_{i=1}^{n} x_i = \sum_{i=1}^{n} y_i \,, \tag{2.20.}$$

$$b_0 \sum_{i=1}^{n} x_i + b_1 \sum_{i=1}^{n} x_i^2 = \sum_{i=1}^{n} x_i y_i \,. \tag{2.21.}$$

Die Gleichungen (2.20.) und (2.21.) werden als **Normalgleichungen** bezeichnet. Diese Normalgleichungen bilden gewissermaßen den Angelpunkt zur Bestimmung der Regressionsgeraden, denn die Parameter b_0 und b_1 minimieren die Funktion $S(b_0, b_1)$ dann und nur dann, wenn sie die Normalgleichungen erfüllen. In den Normalgleichungen (2.20.) und (2.21.) sind nur die Parameter b_0 und b_1 unbekannt. Sie lassen sich am günstigsten mit Hilfe von Determinanten (Cramersche Regel) bestimmen. Man erhält, wobei zur Vereinfachung der Summationsindex vernachlässigt wird:

$$b_0 = \frac{\begin{vmatrix} \Sigma y_i & \Sigma x_i \\ \Sigma x_i y_i & \Sigma x_i^2 \end{vmatrix}}{\begin{vmatrix} n & \Sigma x_i \\ \Sigma x_i & \Sigma x_i^2 \end{vmatrix}} = \frac{\Sigma y_i \Sigma x_i^2 - \Sigma x_i \Sigma x_i y_i}{n \Sigma x_i^2 - \Sigma x_i \Sigma x_i} \,, \tag{2.22.}$$

$$b_1 = \frac{\begin{vmatrix} n & \Sigma y_i \\ \Sigma x_i & \Sigma x_i y_i \end{vmatrix}}{\begin{vmatrix} n & \Sigma x_i \\ \Sigma x_i & \Sigma x_i^2 \end{vmatrix}} = \frac{n \Sigma x_i y_i - \Sigma x_i \Sigma y_i}{n \Sigma x_i^2 - \Sigma x_i \Sigma x_i} \,. \tag{2.23.}$$

Damit sind zwei Formeln gefunden, mit denen die Parameter b_0 und b_1 ermittelt werden können. Sind b_0 und b_1 bestimmt, so können mit Hilfe der Funktionsgleichung (2.8.) auch die Funktionswerte der Regressionsgeraden, also die Regreßwerte, für gegebene Werte der erklärenden Variablen x_i berechnet werden. Diese Regreßwerte bilden nach dem Kriterium der kleinsten Quadrate die beste lineare Annäherung (Approximation) für die empirischen Werte y_i, da die Streuung s_0 den kleinstmöglichen Wert hat.

Es sollen nun noch weitere Darstellungsmöglichkeiten der Regressionsparameter aufgezeigt werden, die es gestatten, zusätzliche Schlüsse zu ziehen. Dividiert man die erste Normalgleichung (2.20.) durch n, so erhält man:

$$b_0 + \frac{b_1 \sum x_i}{n} = \frac{\sum y_i}{n}$$

$$b_0 + b_1\bar{x} = \bar{y}$$

$$b_0 = \bar{y} - b_1 \bar{x} \,. \qquad (2.24.)$$

Ist b_1 bereits bestimmt worden, so kann die Regressionskonstante b_0 leicht nach Formel (2.24.) ermittelt werden.

Setzt man (2.24.) in (2.8.) ein, so ergibt sich:

$$\hat{y}_i = \bar{y} + b_1 (x_i - \bar{x}) \,. \qquad (2.25.)$$

Die Formel (2.25.) zeigt, daß die berechnete Regressionsgerade durch den Punkt $(\bar{x}, \bar{y})$, den Schwerpunkt des Punkteschwarms im Streuungsdiagramm, geht, denn für $x_i = \bar{x}$ wird $\hat{y}_i = \bar{y}$.

Durch weitere Umformungen kann gezeigt werden, daß der Regressionskoeffizient b_1 sich auch folgendermaßen darstellen läßt:

$$b_1 = \frac{\sum (x_i - \bar{x}) (y_i - \bar{y})}{\sum (x_i - \bar{x})^2} \,. \qquad (2.26.)$$

Dividiert man Zähler und Nenner durch n - 1, so erhält man im Zähler die Kovarianz der Variablen X und Y und im Nenner die Varianz der Variablen X. Der Regressionskoeffizient b_1 ist somit das Verhältnis aus der Kovarianz s_{xy} und der Varianz s_x^2:

$$b_1 = \frac{s_{xy}}{s_x^2} \,. \qquad (2.27.)$$

Mit b_1 wurde ein Maß ermittelt, das den Einfluß der Veränderungen der erklärenden Variablen X auf die zu erklärende Variable Y im Mittel angibt. Oft interessiert bei ökonomischen Analysen nicht so sehr die Regressionsgerade als vielmehr der Einfluß, den eine ökonomische Größe auf eine andere ausübt. In diesen Fällen geht es folglich vor allem um die Ermittlung des Regressionskoeffizienten b_1.

Die einfache lineare Regression soll an einem **Beispiel** gezeigt werden. Es soll die Abhängigkeit des Niveaus der Produktivität (Y), gemessen in Tonnen/Stunde, von dem Mechanisierungsgrad der Arbeit (X), gemessen in Prozent, untersucht werden. Der Mechanisierungsgrad der Arbeit wurde als erklärende Variable ausgewählt, da aus ökonomischer Sicht zu erwarten ist, daß das Niveau der Produktivität wesentlich vom Mechanisierungsgrad der Arbeit abhängt. Diese Überlegung soll anhand von Beobachtungen für 14 Firmen eines Wirtschaftszweiges mittels der einfachen Regression überprüft werden. Sowohl die Beobachtungen der Variablen Y (Spalte 2 der Tabelle 2.4.) als auch die gegebenen Werte der Variablen X (Spalte 3) sind dabei zum Zwecke des einfachen Nachvollziehens der Berechnung angenommene Werte. Das Streuungsdiagramm (vgl. Abb. 2.6.) läßt eine lineare Beziehung zwischen beiden Variablen erkennen, sodaß eine lineare Regressionsfunktion der Form (2.8.) zu berechnen ist. Dazu sind die Regressionsparameter b_0 und b_1 auf der Grundlage der Angaben der Tabelle 2.4. zu ermitteln. Diese Tabelle wurde gleichzeitig zu einer Arbeitstabelle erweitert, die auch alle notwendigen Zwischenergebnisse für die Berechnung der Regressionsparameter enthält.

Tabelle 2.4.: Arbeitstabelle für die Berechnung der Regressionsparameter für die Abhängigkeit des Niveaus der Produktivität (Y) vom Mechanisierungsgrad der Arbeit (X)

i	y_i	x_i	$x_i y_i$	x_i^2	y_i^2	$\hat{y}_i$	$\hat{u}_i$
1	20	32	640	1024	400	24,4276	-4,4276
2	24	30	720	900	576	23,3406	0,6594
3	28	36	1008	1296	784	26,6016	1,3984
4	30	40	1200	1600	900	28,7756	1,2244
5	31	41	1271	1681	961	29,3186	1,6814
6	33	47	1551	2209	1089	32,5806	0,4194
7	34	56	1904	3136	1156	37,4716	-3,4716
8	37	54	1998	2916	1369	36,3846	0,6154
9	38	60	2280	3600	1444	39,6456	-1,6456
10	40	55	2200	3025	1600	36,9276	3,0724
11	41	61	2501	3721	1681	40,1896	0,8104
12	43	67	2881	4489	1849	43,4496	-0,4496
13	45	69	3105	4761	2025	44,5376	0,4624
14	48	76	3648	5776	2304	48,3416	-0,3416
Σ	492	724	26907	40134	18138		

In Tabelle 2.4. sind auch die Werte y_i^2 enthalten, die zur Berechnung von b_0 und b_1 nicht, aber später benötigt werden. Weiterhin sind

$\bar{x} = 51,7143$ $\quad s_x = 14,3925$

$\bar{y} = 35,1429$ $\quad s_y = 8,0752$

Zur Ermittlung von b_0 und b_1 werden die Formeln (2.24.) und (2.23.) verwendet.

$$b_1 = \frac{14\ 26907 - 724\ 492}{14 \cdot 40134 - 724 \cdot 724} = \frac{20490}{37700} = 0{,}5435$$

$$b_0 = 35{,}14 - 0{,}5435 \cdot 51{,}71 = 7{,}0356\ .$$

Die berechnete Regressionsfunktion hat somit folgendes Aussehen:

$$\hat{y}_i = 7{,}0356 + 0{,}5435\ x_i\ .$$

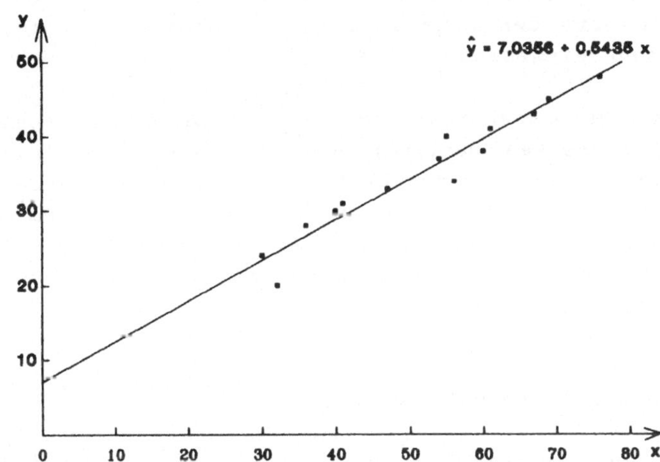

Abbildung 2.6.: Streuungsdiagramm und Regressionsfunktion für die Abhängigkeit des Niveaus der Produktivität vom Mechanisierungsgrad der Arbeit für 14 Firmen

Mit Hilfe dieser Funktion lassen sich die Regreßwerte $\hat{y}_i$ errechnen, wenn für x_i nacheinander die in Tabelle 2.4 gegebenen Werte eingesetzt werden, z.B. für die 5. Firma

$$\hat{y}_5 = 7{,}0356 + 0{,}5435 \cdot 41 = 7{,}0356 + 22{,}283 = 29{,}3186\ .$$

Alle Regreßwerte sind in der Tabelle 2.4 in der vorletzten Spalte enthalten. Sie liegen auf der Regressionsgeraden, die die Abhängigkeit des Niveaus der Produktivität vom Mechanisierungsgrad der Arbeit unter der Bedingung angibt, daß keine weiteren ökonomischen Größen und keine zufälligen Einflüsse auf das Niveau der Produktivität wirken.

Die Regressionsgerade schneidet die Ordinatenachse in dem Punkt $b_0 = 7{,}0356$ und hat den Anstieg $b_1 = 0{,}5435$. Der Regressionskoeffizient b_1 sagt in diesem Beispiel aus, daß bei den 14 erfaßten Firmen das

Niveau der Produktivität im Mittel um 0,5435 Tonnen/Stunde zunimmt, wenn sich der Mechanisierungsgrad der Arbeit um ein Prozent erhöht. Nachdem die Regressionsparameter b_0 und b_1 sowie die Regreßwerte $\hat{y}_i$ berechnet worden sind, lassen sich unter Anwendung der Formel (2.2.) auch die Residuen $\hat{u}_i$ ermitteln, z.B. für die 5. Firma

$$\hat{u}_i = 31 - 29,3186 = 1,6814.$$

Alle Residuen sind ebenfalls in der Tabelle 2.4. enthalten. Diese Residuen spielen für die Beurteilung der berechneten Regressionsfunktion bezüglich der Güte der Anpassung eine bedeutende Rolle, worauf im Kapitel 3. noch eingegangen wird.

Mit Hilfe der Residuen lassen sich aber auch wesentliche ökonomische Aussagen treffen, denn diese Residuen sind Abweichungen der empirischen Werte der Variablen Y von den durchschnittlich zu erwartenden Werten. Zum Beispiel kann die Frage beantwortet werden, ob Firmen mit extrem großen Abweichungen vom Mittel auftreten. Hier wären die Firmen 1, 7 und 10 zu nennen, die durch größere positive bzw. negative Abweichungen gekennzeichnet sind.

2.3.2. Regressionsgerade bei gruppierten Daten

Soll die Abhängigkeit von ökonomischen Größen aus einer großen Anzahl von Einzelwerten errechnet werden, so empfiehlt es sich, das Material zu gruppieren. Hierbei können die Daten für eine oder mehrere Variable gruppiert werden. Am häufigsten wird jedoch bei der Untersuchung von Abhängigkeiten eine kombinierte Gruppierung angewandt. Hierbei werden die Ausgangsdaten sowohl hinsichtlich der zu erklärenden als auch der erklärenden Variablen gruppiert. Die Einzelwerte ordnet man den entsprechenden Gruppen zu. Dadurch entsteht eine **Korrelationstabelle**. Unter Verwendung der nachfolgender Symbole läßt sich eine Korrelationstabelle allgemein darstellen (vgl. Tabelle 2.5.):

- x_j die Gruppenmitte der j-ten Gruppe der erklärenden Variablen, $j = 1, \ldots, t$;
- y_k die Gruppenmitte der k-ten Gruppe der zu erklärenden Variablen, $k = 1, \ldots, s$;
- h_{kj} die Häufigkeit der k-ten Gruppe der zu erklärenden Variablen und der j-ten Gruppe der erklärenden Variablen;
- h_k die Randhäufigkeit der k-ten Gruppe der zu erklärenden Variablen;
- g_j die Randhäufigkeit der j-ten Gruppe der erklärenden Variablen.

Tabelle 2.5.: Allgemeine Form einer Korrelationstabelle

Gruppenmitten y_k	Gruppenmitten $x_1 \quad x_2 \quad \dots \quad x_j \quad \dots \quad x_t$	Randhäufigkeiten
y_1	$h_{11} \; h_{12} \; \dots \; h_{1j} \; \dots \; h_{1t}$	h_1
y_2	$h_{21} \; h_{22} \; \dots \; h_{2j} \; \dots \; h_{2t}$	h_2
.	. . . .	.
.	. . . .	.
y_k	$h_{k1} \; h_{k2} \; \dots \; h_{kj} \; \dots \; h_{kt}$	h_k
.	. . . .	.
.	. . . .	.
y_s	$h_{s1} \; h_{s2} \; \dots \; h_{sj} \; \dots \; h_{st}$	h_s
Randhäufigkeiten	$g_1 \quad g_2 \quad \dots \quad g_j \quad \dots \quad g_t$	n

Für die Zwecke der Regressionsuntersuchungen sind die Gruppen bei einer Variablen möglichst gleich breit zu bilden, um so fehlerhafte Vorstellungen bei der Beurteilung der Regression zu vermeiden. Bei der Untersuchung von Abhängigkeiten unter Verwendung gruppierten Datenmaterials ist auf eine genügend große Anzahl von Gruppen zu achten.

Aus der Korrelationstabelle lassen sich ebenfalls die Regressionsparameter und damit die Regressionsgerade berechnen. Allerdings stellen die dabei erzielten Ergebnisse im Vergleich zur Regressionsgeraden auf der Basis des nichtgruppierten Datenmaterial nur mehr oder weniger starke Näherungswerte dar. Diese Beschränkung in der Genauigkeit der Ergebnisse muß bei gruppiertem Material in Kauf genommen werden, denn mit der Gruppierung der Ausgangsdaten ist bereits ein Informationsverlust verbunden.

Im Prinzip werden die Regressionsparameter bei gruppiertem Datenmaterial in der gleichen Weise berechnet wie aus nichtgruppierten Daten. Der Unterschied zwischen beiden Berechnungen besteht darin, daß bei gruppiertem Material von den Gruppenmitten ausgegangen wird und in jedem Falle die entsprechenden Häufigkeiten zu berücksichtigen sind.

Aus der Korrelationstabelle ergeben sich folgende Beziehungen:

$$\sum_{j=1}^{t} h_{kj} = h_k \quad ; \qquad (2.28.)$$

$$\sum_{k=1}^{s} h_{kj} = g_j \quad ; \qquad (2.29.)$$

$$\sum_{k=1}^{s}\sum_{j=1}^{t} h_{kj} = \sum_{k=1}^{s} h_k = \sum_{j=1}^{t} g_j = n. \qquad (2.30.)$$

Die Mittelwerte $\overline{y}$ und $\overline{x}$ sind bei gruppiertem Material als gewogene arithmetische Mittel aus den Gruppenmitten, gewichtet mit den Randhäufigkeiten, zu berechnen. Es ist folglich:

$$\overline{x} = \frac{\sum_{j=1}^{t} x_j g_j}{\sum_{j=1}^{t} g_j} = \frac{\sum_{j=1}^{t} x_j g_j}{n} \; ; \qquad (2.31.)$$

$$\overline{y} = \frac{\sum_{k=1}^{s} y_k h_k}{\sum_{k=1}^{s} h_k} = \frac{\sum_{k=1}^{s} y_k h_k}{n} \; . \qquad (2.32.)$$

Die Regressionsparameter erhält man leicht, wenn in den Formeln (2.22.) und (2.23.) anstelle der Einzelwerte die Gruppenmitten und die entsprechenden Häufigkeiten einsetzt werden. Für die Formeln (2.22.) und (2.23.) ergibt sich bei gruppiertem Datenmaterial:

$$b_0 = \frac{\sum_k y_k h_k \sum_j x_j^2 g_j - \sum_j x_j g_j \sum_k \sum_j x_j y_k h_{kj}}{n \sum_j x_j^2 g_j - (\sum_j x_j g_j)^2} \; , \qquad (2.33.)$$

$$b_1 = \frac{n \sum_k \sum_j x_j y_k h_{kj} - \sum_j x_j g_j \sum_k y_k h_k}{n \sum_j x_j^2 g_j - (\sum_j x_j g_j)^2} \; . \qquad (2.34.)$$

Beispiel:
Es soll die Abhängigkeit des wertmäßigen Produktionsvolumens von der Höhe des Kapitaleinsatzes anhand von gruppiertem Datenmaterial untersucht werden. Dieses Zahlenmaterial beruht auf Einzeldaten von 52 Unternehmen, die in Tabelle 2.2. bzw. 2.3. zusammengestellt wurden. Die Gruppen des wertmäßigen Produktionsvolumens sind dabei:

200 bis unter 210, 210 bis unter 220, ..., 290 bis unter 300 [10^3 DM]

und die Gruppen des eingesetzten Kapitals

10 bis unter 15, 15 bis unter 20, ..., 50 bis unter 55 [10^5 DM].

Tabelle 2.6. stellt die Korrelationstabelle für die genannte Abhängigkeit dar. In den Feldern der Tabelle 2.6. ist die Anzahl der Unternehmen, die zur jeweiligen Gruppe gehören, angegeben. Die besetzten Felder ergeben einen Besetzungsstreifen. Am Verlauf des Besetzungsstreifens läßt sich der Charakter der Abhängigkeit erkennen. In dem Beispiel verläuft der Besetzungsstreifen von links oben nach rechts unten, das heißt, ein Steigen der Werte des Kapitaleinsatzes ist von zunehmenden Werten des Produktionsvolumens begleitet. Daraus ist eine positive Abhängigkeit ablesbar. Von der Breite des Besetzungsstreifens lassen sich außerdem Schlüsse auf den Grad der Abhängigkeit ziehen. Sind nur die Felder um die Diagonale besetzt, ist also der Besetzungsstreifen schmal, so liegt eine relativ enge Abhängigkeit vor. Je stärker die besetzten Felder um die Diagonale streuen, je breiter also der Besetzungsstreifen ist, um so schwächer wird die Abhängigkeit sein. Es wird hier folglich analog wie bei der Beurteilung des Streuungsdiagramms vorgegangen. Zur Berechnung der Regressionsparameter ist es wiederum zweckmäßig, mit einer Arbeitstabelle zu arbeiten.

Es ist nach den Formeln (2.31.) und (2.32.):

$$\overline{x} = \frac{1635}{52} = 31,4; \quad \overline{y} = \frac{12930}{52} = 248,7.$$

Nach Formel (2.33.) und (2.34.) ergeben sich b_0 und b_1 wie folgt:

$$b_0 = \frac{12930 \cdot 54575 - 1635 \cdot 413250}{52 \cdot 54575 - 1635 \cdot 1635} = 182,122;$$

$$b_1 = \frac{52 \cdot 413250 - 1635 \cdot 12930}{52 \cdot 54575 - 1635 \cdot 1635} = 2,116.$$

Somit ist die lineare Regressionsfunktion für die Abhängigkeit des wertmäßigen Produktionsvolumens vom Kapitaleinsatz:

$$\hat{y}_i = 182,122 + 2,116\ x_i$$

Für das gleiche Datenmaterial in nichtgruppierter Form ergibt sich:

$$\hat{y}_i = 183,06 + 2,095\ x_i$$

In diesem Beispiel weichen somit die Ergebnisse nicht wesentlich voneinander ab. Der Unterschied resultiert aus der Gruppierung der Daten.

Tabelle 2.6.: Korrelationstabelle für das wertmäßige Produktionsvolumen (Y, in 1000 DM) und das eingesetzte Kapital (X, in 10^5 DM) von 52 Unternehmen

y_k	x_j									h_k
	12,5	17,5	22,5	27,5	32,5	37,5	42,5	47,5	52,5	
205	1									1
215		2								2
225		1	2							3
235			3	3	1					7
245				8	9					17
255				1	7	5				13
265						2				2
275						1	3			4
285								2		2
295									1	1
g_j	1	3	5	12	17	8	3	2	1	52

Tabelle 2.7.: Arbeitstabelle

$y_k h_k$	$x_j g_j$	x_j^2	$x_j^2 g_j$	$x_j y_k h_{kj}$
205	12,5	156,25	156,25	2562,5
430	52,5	306,25	918,75	7525,0
675	112,5	506,25	2531,25	3937,5
1645	330,0	756,25	9075,00	10125,0
4165	552,5	1056,25	17956,25	15862,5
3315	300,0	1406,25	11250,00	19387,5
530	127,5	1806,25	5418,75	53900,0
1100	95,0	2256,25	4512,50	7012,5
570	52,5	2756,25	2756,25	7637,5
295				71662,5
				58012,5
				47812,5
				19875,0
				10312,5
				35062,5
				27075,0
				15487,5
12930	1635,0		54575,00	413250,0

2.4. Multiple lineare Regression

In den meisten Fällen wird eine Erscheinung nicht nur durch eine einzige, sondern durch mehrere Ursachen, oft durch einen Ursachenkomplex hervorgerufen. Das gemeinsame Wirken vieler Ursachen kann sich unterschiedlich in der Folge niederschlagen. So können verschiedene Ursachen gleichläufig, d.h. in ein und derselben Richtung, auf die Folgeerscheinung wirken. Sie können aber auch eine gegenläufige Wirkung auf die Folgeerscheinung haben, d.h. die einen Ursachen schwächen die Wirkung anderer Ursachen ab, da sie in umgekehrter Richtung wirksam werden. Es ist also notwendig, die Wirkung verschiedener Ursachen, das heißt die Abhängigkeit einer Erscheinung von den sie verursachenden Erscheinungen zu erforschen.

Es leuchtet ein, daß nicht alle Ursachen und Faktoren untersucht werden können, die auf eine zu beobachtende Erscheinung in irgendeinem Maße einwirken. Bei der Analyse muß man sich auf die wesentlichen Ursachen beschränken.

Ökonomische Erscheinungen werden in der Regel von mehreren Ursachen hervorgebracht. Es muß deshalb die Abhängigkeit einer zu erklärenden Variablen Y von mehreren erklärenden Variablen X_1, X_2, ..., X_m untersucht werden. Diese Aufgabe läßt sich mit Hilfe der mehrfachen oder **multiplen Regressionsanalyse** lösen. Es wird wieder die Abhängigkeit zwischen den Variablen unter der Bedingung behandelt, daß eine lineare Verbundenheit zwischen der zu erklärenden Variablen und den erklärenden Variablen vorliegt. Dabei werden auch jene Fälle eingeschlossen, in denen zwar nichtlineare Beziehungen zwischen den Variablen existieren, die sich jedoch recht gut linear approximieren lassen.

Unter dieser Beschränkung geht die allgemeine Form der Regressionsfunktion (2.1.) über in:

$$\hat{y}_i = b_0 + b_1 x_{i1} + b_2 x_{i2} + \ldots + b_m x_{im}, \qquad i = 1, \ldots, n. \tag{2.35.}$$

Dies ist eine multiple lineare Regressionsfunktion. Sie gibt den **gemeinsamen, gleichzeitigen Einfluß** der Variablen X_1, ..., X_m auf die Variable Y an. Da, wie oben erwähnt, nicht alle möglichen Ursachen erfaßt werden können, zum anderen zufällige Einflüsse auf die Variable Y existieren, wird auch die multiple Regressionsfunktion von einer Störgröße überlagert, wobei eine additive Überlagerung angenommen wird. Die empirischen Werte der Variablen Y ergeben sich somit als

$$y_i = \hat{y}_i + \hat{u}_i, \qquad i = 1, \ldots, n. \tag{2.3.}$$

In der Regressionsfunktion (2.35.) sind die $\hat{y}_i$ (i = 1, ..., n) die **Regreßwerte**. Sie geben den mittleren Wert der Variablen Y an der

Stelle i bei vorgegebenen Werten x_{ik} der erklärenden Variablen X_k für $k = 1, ..., m$ unter der Voraussetzung an, daß nur diese m Variablen als Ursachen für die Veränderungen der Variablen Y betrachtet wird und keine Zufallseinflüsse wirksam werden.

Inhaltlich wird die Störgröße in der gleichen Weise interpretiert wie bei der einfachen linearen Regression. Sie steht für alle nicht in der Regressionsfunktion (2.35.) explizit erfaßten Einflüsse einschließlich zufälliger Einflüsse auf die zu erklärende Variable Y. Ihre Werte ergeben sich nach der numerischen Bestimmung der Regressionsfunktion als Abweichungen zwischen den empirischen Werten der Variablen Y und den Regreßwerten $\hat{y}_i$, den **Residuen**.

Die b_k $(k = 0, 1, ..., m)$ sind die Regressionsparameter der Funktion (2.35.), die auf der Basis der empirischen Daten der Variablen Y und X_k $(k = 1, ..., n)$ berechnet werden müssen.

b_0 kennzeichnet die **Regressionskonstante**. Sie dient als Ausgleichskonstante. Sie gibt den Schnittpunkt der Regressionshyperebene mit der Ordinatenachse an. Ihre Maßeinheit entspricht der Maßeinheit der Variablen Y.

$b_1, ..., b_m$ sind die **Regressionskoeffizienten**. Der Index bei den Regressionskoeffizienten stimmt jeweils mit dem Index der erklärenden Variablen überein. Die Maßeinheit von b_k ist der Quotient aus der Maßeinheit der Variablen Y und der Variablen X_k. Das Vorzeichen der Regressionskoeffizienten b_k $(k = 1, ..., m)$ kennzeichnet die Richtung der Veränderung der Variablen Y durch den Einfluß der Variablen X_k. So gibt b_1 an, wie sich die Variable Y im Mittel verändert, wenn sich die Variable X_1 um eine Einheit erhöht und die anderen Variablen $X_2, ..., X_m$ konstant bleiben; b_2 gibt an, um wieviel Einheiten sich die Variable Y im Mittel verändert, wenn sich die Variable X_2 um eine Einheit erhöht und die Variablen X_k $(k \neq 2)$ konstant bleiben, usw. Während also die Regressionsfunktion (2.35.) den multiplen (gleichzeitigen) Einfluß aller in der Regressionsfunktion enthaltenenen erklärenden Variablen erfaßt, geben die Regressionskoeffizienten b_k $(k = 1, ..., m)$ den jeweiligen mittleren partiellen Einfluß der Variablen X_k $(k = 1, ..., m)$ in dieser multiplen Regressionsfunktion unter der Voraussetzung an, daß die anderen erklärenden Variablen konstant bleiben. Statistisch-methodisch bestehen somit zwischen der multiplen und der partiellen Regression keine Unterschiede (siehe nächster Abschnitt). Aus diesem Grunde werden die Regressionskoeffizienten b_k in der Literatur sowohl als multiple wie auch als partielle Regressionskoeffizienten bezeichnet.

Diese inhaltliche Interpretation der Regressionskoeffizienten könnte zu dem Fehlschluß führen, daß es ausreichen würde, mehrere einfache lineare Regressionen zwischen der Variablen Y und den einzelnen Variablen X_k zu bestimmen. Wie aber gezeigt wurde und am Beispiel noch verdeutlicht wird, wird bei der multiplen Regressionsfunktion die gleichzeitige Wirkung der m erklärenden Variablen erfaßt, jedoch im Regressionskoeffizient b_k der Einfluß der übrigen erklärenden Variablen ausgeschaltet. Bei der einfachen linearen Regression ist dies nicht der Fall, wenn auch aus statistisch-methodischer Sicht die einfache lineare Regression als ein Spezialfall der multiplen linearen Regression angesehen werden kann. Bei der einfachen linearen Regression wird der Einfluß der übrigen erklärenden Variablen, die einen Einfluß über X auf die Variable Y haben, aber nicht explizit in der Regressionsfunktion enthalten sind, zum Teil im Regressionskoeffizienten mit erfaßt. Wenn man also Informationen und empirisches Datenmaterial über mehrere Ursachen für die Variable Y hat, sollte man stets versuchen, eine geeignete multiple Regressionsfunktion zu berechnen.

Auch für die multiple lineare Regressionsfunktion gilt, daß sie nicht umkehrbar ist, auch dann nicht, wenn dazu sachlich-logisch Gründe vorliegen. Interessiert nicht nur die Abhängigkeit der Variablen Y von den Variablen $X_1, \ldots, X_m$, sondern unter der Bedingung der fachwissenschaftlichen Begründung zum Beispiel auch die Abhängigkeit der Variablen X_1 von den Variablen $Y, X_2, \ldots, X_m$, so muß eine weitere Regressionsfunktion (Regressionsfunktion von X_1 bezüglich $Y, X_2, \ldots, X_m$) berechnet werden. Es soll jedoch bereits an dieser Stelle betont werden, daß durch solche fachwissenschaftlich begründeten wechselseitigen Abhängigkeiten der Variablen Y von den Variablen X_k ($k = 1, \ldots, m$) eine wesentliche Voraussetzung der Anwendung der Methode der kleinsten Quadrate verletzt wird. Dadurch werden Gesichtspunkte aufgeworfen, die erst im Kapitel 10. behandelt werden.

Zur Demonstration der Berechnung der multiplen linearen Regressionsfunktion und ihrer Parameter soll zunächst eine Regression mit zwei erklärenden Variablen betrachtet werden. Die multiple lineare Regressionsfunktion mit zwei erklärenden Variablen lautet:

$$\hat{y}_i = b_0 + b_1 x_{i1} + b_2 x_{i2}, \qquad i = 1, \ldots, n. \tag{2.36.}$$

In dieser Regressionsfunktion sind die Variablen X_k ($k = 1, 2$) durch statistische Beobachtungen gegeben. Die Regressionsparameter sind zu bestimmen. Zu diesem Zweck wendet man wieder die Methode der kleinsten Quadrate an. Hierbei wird die Bedingung gestellt, daß sich die Regressionsfunktion (2.36.) möglichst gut den empirischen Daten anpaßt. Deshalb wird aufgrund derselben Überlegungen wie im Abschnitt 2.3.1. die Forderung gestellt, daß die Summe der quadratischen Abweichungen der empirischen Werte der zu erklärenden Variablen Y von den dazugehörigen Regreßwerten, das heißt die Summe der quadrierten Residuen, minimal wird. Es soll folglich gelten:

$$S(b_0, b_1, b_2) = \sum_{i=1}^{n} (y_i - \hat{y}_i)^2 = \sum_{i=1}^{n} \hat{u}_i^2 \rightarrow \min . \tag{2.37.}$$

Für $\hat{y}_i$ wird (2.36.) eingesetzt:

$$S(b_0, b_1, b_2) = \sum_{i=1}^{n} (y_i - b_0 - b_1 x_{i1} - b_2 x_{i2})^2 \rightarrow \min . \tag{2.38.}$$

S ist wiederum eine Funktion der Regressionsparameter. Ausgehend von der Methode der kleinsten Quadrate wird nun $S(b_0, b_1, b_2)$ partiell nach b_0, b_1 und b_2 differenziert, die partiellen Ableitungen gleich Null gesetzt und anschließend umgeordnet. Dadurch erhält man die folgenden **Normalgleichungen** (der Summationsindex ist dabei jeweils von i = 1 bis n):

$$n b_0 + b_1 \Sigma x_{i1} + b_2 \Sigma x_{i2} = \Sigma y_i \tag{2.39.}$$

$$b_0 \Sigma x_{i1} + b_1 \Sigma x_{i1}^2 + b_2 \Sigma x_{i1} x_{i2} = \Sigma x_{i1} y_i \tag{2.40.}$$

$$b_0 \Sigma x_{i2} + b_1 \Sigma x_{i1} x_{i2} + b_2 \Sigma x_{i2}^2 = \Sigma x_{i2} y_i . \tag{2.41.}$$

Vergleicht man diese Normalgleichungen mit denen der einfachen linearen Regression, so zeigen sich große Ähnlichkeiten. Folglich lassen sich ohne große Mühe weitere Variable in der Regressionsfunktion berücksichtigen und dafür das Normalgleichungssystem notieren.

Die Regressionskonstante b_0 ergibt sich vereinfacht, indem die erste Normalgleichung (2.39.) durch n dividiert wird:

$$b_0 = \bar{y} - b_1 \bar{x}_1 - b_2 \bar{x}_2 . \tag{2.42.}$$

Setzt man (2.42.) in (2.36.) ein und formt in einfacher Weise um, so ergibt sich analog zu (2.25.)

$$\hat{y}_i = \bar{y} + b_1 (x_{i1} - \bar{x}_1) + b_2 (x_{i2} - \bar{x}_2) \tag{2.43.}$$

bzw.

$$\hat{y}_i - \bar{y} = b_1 (x_{i1} - \bar{x}_1) + b_2 (x_{i2} - \bar{x}_2) . \tag{2.44.}$$

Die Regressionskoeffizienten b_1 und b_2 ermittelt man, indem die Normalgleichungen nach diesen beiden Parametern aufgelöst werden:

$$b_1 = \frac{\begin{matrix}(n\sum x_{i1}y_i - \sum y_i \sum x_{i1})(n\sum x_{i2}^2 - \sum x_{i2}\sum x_{i2}) \\ -(n\sum x_{i2}y_i - \sum y_i \sum x_{i2})(n\sum x_{i1}x_{i2} - \sum x_{i2}\sum x_{i1})\end{matrix}}{\begin{matrix}(n\sum x_{i1}^2 - \sum x_{i1}\sum x_{i1})(n\sum x_{i2}^2 - \sum x_{i2}\sum x_{i2}) \\ -(n\sum x_{i1}x_{i2} - \sum x_{i1}\sum x_{i2})(n\sum x_{i1}x_{i2} - \sum x_{i2}\sum x_{i1})\end{matrix}} \qquad (2.45.)$$

$$b_2 = \frac{\begin{matrix}(n\sum x_{i1}^2 - \sum x_{i1}\sum x_{i1})(n\sum x_{i2}y_i - \sum y_i \sum x_{i2}) \\ -(n\sum x_{i1}x_{i2} - \sum x_{i1}\sum x_{i2})(n\sum x_{i1}y_i - \sum y_i \sum x_{i1})\end{matrix}}{\begin{matrix}(n\sum x_{i1}^2 - \sum x_{i1}\sum x_{i1})(n\sum x_{i2}^2 - \sum x_{i2}\sum x_{i2}) \\ -(n\sum x_{i1}x_{i2} - \sum x_{i1}\sum x_{i2})(n\sum x_{i1}x_{i2} - \sum x_{i2}\sum x_{i1})\end{matrix}} \qquad (2.46.)$$

Analog zu (2.27.) bei der einfachen linearen Regression können auch die partiellen Regressionskoeffizienten als Beziehungen zwischen den Varianzen und Kovarianzen dargestellt werden. Zunächst wird (2.39.) durch n dividiert, dann mit $\Sigma\, x_{i1}$ multipliziert und das Ergebnis von Gleichung (2.40.) subtrahiert:

$$\sum x_{i1} y_i - \bar{y} \sum x_{i1} = b_1 \left(\sum x_{i1}^2 - \bar{x}_1 \sum x_{i1} \right) + b_2 \left(\sum x_{i1} x_{i2} - \bar{x}_2 \sum x_{i1} \right)$$

Dann wird die durch n dividierte Gleichung (2.39.) mit $\Sigma\, x_{i2}$ multipliziert und das Ergebnis von Gleichung (2.41.) subtrahiert:

$$\sum x_{i2} y_i - \bar{y} \sum x_{i2} = b_1 \left(\sum x_{i1} x_{i2} - x_1 \sum x_{i2} \right) + b_2 \left(\sum x_{i2}^2 - \bar{x}_2 \sum x_{i2} \right)$$

Diese beiden Gleichungen können in der folgenden Weise geschrieben werden:

$$\sum(x_{i1} - \bar{x}_1)(y_i - \bar{y}) = b_1 \sum(x_{i1} - \bar{x}_1)^2 + b_2 \sum(x_{i1} - \bar{x}_1)(x_{i2} - \bar{x}_2) \qquad (2.47.)$$

$$\sum(x_{i2} - \bar{x}_2)(y_i - \bar{y}) = b_1 \sum(x_{i1} - \bar{x}_1)(x_{i2} - \bar{x}_2) + b_2 \sum(x_{i2} - \bar{x}_2)^2 \qquad (2.48.)$$

(2.47.) und (2.48.) werden nun durch n-1 dividiert und unter Beachtung der Definitionen der Varianzen und Kovarianzen nach den Regressionskoeffizienten b_1 und b_2 aufgelöst:

$$b_1 = \frac{s_{1y}\, s_2^2 - s_{2y}\, s_{12}}{s_1^2\, s_2^2 - s_{12}^2}, \qquad (2.49.)$$

$$b_2 = \frac{s_1^2\, s_{2y} - s_{12}\, s_{1y}}{s_1^2\, s_2^2 - s_{12}^2}. \qquad (2.50.)$$

Beispiel:
In Fortführung des Beispiels aus Abschnitt 2.3.1. werden zwei weitere Variablen, das Durchschnittsalter der Arbeitnehmer (in Jahren)

als X_2 und die durchschnittliche Kapazitätsauslastung (in Prozent) als X_3, in die Problemstellung aufgenommen. Die Variable X aus der einfachen Regression wird jetzt mit X_1 bezeichnet. Die empirischen Daten für die Variablen X_2 und X_3 (wobei es sich wiederum um angenommene Werte handelt) sowie weitere Zwischenergebnisse für die Berechnung der Regressionsparameter sind in der Tabelle 2.8. enthalten.

Tabelle 2.8.: Durchschnittsalter der Arbeitnehmer und durchschnittliche Kapazitätsauslastung für 14 Firmen eines Wirtschaftszweiges sowie Arbeitstabelle für die Berechnung der Regressionsparameter

i	x_{i2}	x_{i3}	x_{i2}^2	$x_{i2}y_i$	$x_{i1}x_{i2}$
1	33	127	1089	660	1056
2	31	120	961	744	930
3	41	116	1681	1148	1476
4	39	117	1521	1170	1560
5	46	106	2116	1426	1886
6	43	128	1849	1419	2021
7	34	109	1156	1156	1904
8	38	114	1444	1406	2052
9	42	115	1764	1596	2520
10	35	121	1225	1400	1925
11	39	110	1521	1599	2379
12	44	111	1936	1892	2948
13	40	108	1600	1800	2760
14	41	113	1681	1968	3116
Summe	546	1615	21544	19384	28533

Mittelwert und Streuung der Variablen X_2 bzw. X_3 betragen:

$\overline{x}_2$ = 39 Jahre, s_2 = 4,3853 Jahre, $\overline{x}_3$ = 115,3571 %, s_3 = 6,7323 %.

Zunächst wird nur die Variable X_2 zusätzlich in die Regressionfunktion aufgenommen. Zur Berechnung der Regressionskoeffizienten b_1 und b_2 werden die Formeln (2.45.) und (2.46.) unter Zuhilfenahme der Zwischenergebnisse aus den Tabellen 2.4. und 2.8. verwendet:

$$b_1 = \frac{\begin{array}{l}(14\cdot 26907 - 492\cdot 724)(14\cdot 21544 - 546\cdot 546)\\ -(14\cdot 19384 - 492\cdot 546)(14\cdot 28533 - 546\cdot 724)\end{array}}{\begin{array}{l}(14\cdot 40134 - 724\cdot 724)(14\cdot 21544 - 546\cdot 546)\\ -(14\cdot 28533 - 724\cdot 546)(14\cdot 28533 - 546\cdot 724)\end{array}} = \frac{60305448}{114661046}$$

$$= 0{,}5259$$

$$b_2 = \frac{\begin{array}{c}(14\ 40134 - 724\ 724)(14\ 19384 - 492\ 546)\\ -(14\cdot 28533 - 724\cdot 546)(14\cdot 26907 - 492\cdot 724)\end{array}}{\begin{array}{c}(14\cdot 40134 - 724\cdot 724)(14\cdot 21544 - 546\cdot 546)\\ -(14\cdot 28533 - 724\cdot 546)(14\cdot 28533 - 546\cdot 724)\end{array}} = \frac{18251380}{114661046}$$

$$= 0.1591$$

Für die Regressionskonstante ergibt sich gemäß (2.42.):

$$b_0 = 35,14 - 0,5259\cdot 51,71 + 0,1591\cdot 39 = 1,7408\ .$$

Für das Beispiel lautet somit die numerisch spezifizierte Regressionsfunktion (2.36.):

$$\hat{y}_i = 1,7408 + 0,5259\cdot x_{i1} + 0,1591\cdot x_{i2}.$$

Betrachtet man die multiple Abhängigkeit des Niveaus der Produktivitat vom Mechanisierungsgrad der Arbeit und vom Durchschnittsalter der Arbeitnehmer, so verändert sich das Niveau der Produktivität im Mittel um 0,5259 Tonnen/Stunde, wenn sich der Mechanisierungsgrad der Arbeit um ein Prozent erhöht unter Ausschluß des Einflusses des Durchschnittsalters der Arbeitnehmer. Wenn der Einfluß des Mechanisierungsgrades der Arbeit ausgeschaltet bleibt (d.h. konstant gehalten wird), verändert sich das Niveau der Produktivität im Mittel um 0,1591 Tonnen /Stunde bei einer Erhöhung des Durchschnittsalters der Arbeitnehmer um ein Jahr.

Gegenüber dem einfachen Regressionskoeffizienten ($b_1 = 0,5435$) geht der partielle Regressionskoeffizient b_1 etwas zurück. Der Grund hierfür liegt darin, daß die Variable X_2 mit der Variablen X_1 korreliert ist, was numerisch in einem späteren Kapitel noch nachgewiesen wird. Das bedeutet, die Variable X_1 wirkt über die Variable X_2 auf die Variable Y ein. Wird in der multiplen Regression die Abhängigkeit der Produktivität vom Mechanisierungsgrad frei vom Einfluß aus dem Durchschnittsalter dargestellt, so muß folglich die Stärke dieser Abhängigkeit im gegebenen Fall etwas zurückgehen. Die Abhängigkeiten zwischen den erklärenden Variablen werfen hinsichtlich der Regressionsberechnung besondere Probleme auf, die im Kapitel 6. behandelt werden.

Werden die gegebenen Werte der Variablen X_1 und X_2 in die berechnete Regressionsfunktion eingesetzt, so ergeben sich die Regreßwerte und durch Subtraktion der Regreßwerte von den empirischen Werten der Variablen Y die Residuen, z.B. für die erste Firma

$$\hat{y}_1 = 1,7408 + 0,5259\cdot 32 + 0,1591\cdot 33 = 23,8199 \text{ Tonnen/Stunde}$$

$\hat{u} = y_1 - \hat{y}_1 = 20 - 23{,}8199 = -3{,}8199$ Tonnen/Stunde

und analog für alle 14 Firmen:

$\hat{y}_1 = 23{,}8199$ $\quad \hat{u}_1 = -3{,}8199$
$\hat{y}_2 = 22{,}4499$ $\quad \hat{u}_2 = 1{,}5501$
$\hat{y}_3 = 27{,}1963$ $\quad \hat{u}_3 = 0{,}8037$
$\hat{y}_4 = 28{,}9817$ $\quad \hat{u}_4 = 1{,}0183$
$\hat{y}_5 = 30{,}6213$ $\quad \hat{u}_5 = 0{,}3787$
$\hat{y}_6 = 33{,}2994$ $\quad \hat{u}_6 = -0{,}2994$
$\hat{y}_7 = 36{,}6006$ $\quad \hat{u}_7 = -2{,}6006$
$\hat{y}_8 = 36{,}1852$ $\quad \hat{u}_8 = 0{,}8148$
$\hat{y}_9 = 39{,}9770$ $\quad \hat{u}_9 = -1{,}9770$
$\hat{y}_{10} = 36{,}2338$ $\quad \hat{u}_{10} = 3{,}7662$
$\hat{y}_{11} = 40{,}0256$ $\quad \hat{u}_{11} = 0{,}9744$
$\hat{y}_{12} = 43{,}9765$ $\quad \hat{u}_{12} = -0{,}9765$
$\hat{y}_{13} = 44{,}3919$ $\quad \hat{u}_{13} = 0{,}6081$
$\hat{y}_{14} = 48{,}2323$ $\quad \hat{u}_{14} = -0{,}2323$

Vergleicht man diese Residuen mit denen der einfachen Regression, so ergibt sich im Prinzip auch für die multiple Regression die dort getroffene Auswertung.

Bereits die Formeln (2.45.) und (2.46.) sowie das Beispiel lassen erkennen, daß die formelmäßige Darstellung für die multiple Regression um so komplizierter wird, je mehr erklärende Variable in der Regressionsfunktion enthalten sind. Die Verallgemeinerung der multiplen Regression auf m erklärende Variable und ihre formelmäßige Darstellung verlangt die Verwendung der Vektor- und Matrizenschreibweise.

Ausgangspunkt der Herleitungen ist die multiple Regressionsfunktion (2.35.). Bei der Regressionskonstanten wird wieder die Scheinvariable X_0 eingeführt, die für alle i = 1, ..., n den Wert 1 annimmt:

$x_{i0} \equiv 1$ für alle i.

Die empirischen Werte der Variablen Y ergeben sich somit zu:

$$y_i = b_0 x_{i0} + b_1 x_{i1} + \ldots + b_m x_{im} + \hat{u}_i \,. \qquad (2.51.)$$

Die empirischen Werte der Variablen Y werden in dem $[n \cdot 1]$-Vektor $\mathbf{y}$, die Regreßwerte in dem $[n \cdot 1]$-Vektor $\hat{\mathbf{y}}$, die Werte bzw. empirischen Daten der erklärenden Variablen X_0, X_1, ..., X_m in der $[n \cdot (m+1)]$-Matrix $\mathbf{X}$ und die Residuen der Regressionsfunktion (2.51.) in dem $[n \cdot 1]$-Vektor $\hat{\mathbf{u}}$ erfaßt. Die Regressionsparameter b_0, b_1, ..., b_m bilden den [(m+1) 1]-Vektor **b**. Es ist folglich:

$$y = \begin{pmatrix} y_1 \\ y_2 \\ . \\ . \\ y_n \end{pmatrix}; \quad \hat{y} = \begin{pmatrix} \hat{y}_1 \\ \hat{y}_2 \\ . \\ . \\ \hat{y}_n \end{pmatrix}; \quad X = \begin{pmatrix} x_{10} & x_{11} & . & . & . & x_{1m} \\ x_{20} & x_{21} & . & . & . & x_{2m} \\ . & . & . & . & . & . \\ . & . & . & . & . & . \\ x_{n0} & x_{n1} & . & . & . & x_{nm} \end{pmatrix};$$

$$\hat{u} = \begin{pmatrix} \hat{u}_1 \\ \hat{u}_2 \\ . \\ . \\ \hat{u}_n \end{pmatrix}; \quad b = \begin{pmatrix} b_0 \\ b_1 \\ . \\ . \\ b_m \end{pmatrix}$$

Damit kann die Regressionsfunktion (2.35.) geschrieben werden als

$$\hat{\mathbf{y}} = \mathbf{Xb} \qquad (2.52.)$$

und die Funktion (2.51.) geht über in

$$\mathbf{y} = \mathbf{Xb} + \hat{\mathbf{u}} \qquad (2.53.)$$

Wie leicht zu sehen ist, enthalten (2.52.) und (2.53.) für den Fall von k = 1 erklärenden Variablen auch die einfache lineare Regression.

Zur Bestimmung des unbekannten Parametervektors **b** in (2.52.) wird wieder die Methode der kleinsten Quadrate angewandt. Die fundamentale Forderung, daß die Summe der quadratischen Abweichungen der empirischen Werte der Variablen Y von den Regreßwerten ein Minimum ergeben soll, stellt sich unter Anwendung der Matrizenschreibweise wie folgt dar, wobei für **y** (2.52.) eingesetzt wird:

$$\begin{aligned} S(\mathbf{b}) &= (\mathbf{y} - \hat{\mathbf{y}})'(\mathbf{y} - \hat{\mathbf{y}}) = \hat{\mathbf{u}}'\hat{\mathbf{u}} \quad \rightarrow \min. \qquad (2.54.) \\ &= \hat{\mathbf{u}}'\hat{\mathbf{u}} = (\mathbf{y} - \mathbf{Xb})'(\mathbf{y} - \mathbf{Xb}) \quad \rightarrow \min. \\ &= \mathbf{y}'\mathbf{y} - 2\mathbf{b}'\mathbf{X}'\mathbf{y} + \mathbf{b}'\mathbf{X}'\mathbf{Xb} \quad \rightarrow \min. \end{aligned}$$

(2.54.) wird partiell nach den Elementen des Vektors **b** differenziert und die Ableitungen gleich Null gesetzt:

$$\frac{\delta S(\mathbf{b})}{\delta \mathbf{b}} = -2\mathbf{X}'\mathbf{y} + 2\mathbf{X}'\mathbf{Xb} = 0 \ . \qquad (2.55.)$$

Daraus ergeben sich die Normalgleichungen, denen der Vektor **b** bei Einhaltung von (2.54.) genügen muß:

$$\mathbf{X}'\mathbf{X}\mathbf{b} = \mathbf{X}'\mathbf{y} \ . \qquad (2.56.)$$

Wenn die Matrix **X'X** invertierbar ist, erhält man als Lösung der Normalgleichungen den gesuchten Parametervektor:

$$\mathbf{b} = (\mathbf{X}'\mathbf{X})^{-1}\mathbf{X}'\mathbf{y} \ . \qquad (2.57.)$$

Die Matrix **X'X** und der Vektor **X'y** haben unter Berücksichtigung von $x_{i0} \equiv 1$ (für alle i) die folgende Gestalt:

$$X'X = \begin{pmatrix} n & \Sigma x_{i1} & \ldots & \Sigma x_{im} \\ \Sigma x_{i1} & \Sigma x_{i1}^2 & \ldots & \Sigma x_{i1} x_{im} \\ . & . & \ldots & . \\ . & . & \ldots & . \\ \Sigma x_{im} & \Sigma x_{im} x_{i1} & \ldots & \Sigma x_{im}^2 \end{pmatrix} ; \quad X'y = \begin{pmatrix} \Sigma y_i \\ \Sigma x_{i1} y_i \\ . \\ . \\ \Sigma x_{im} y_i \end{pmatrix}$$

Sind statt der Beobachtungswerte der Variablen die Abweichungen der Variablen X_k (k = 1,..., m) und Y von ihrem jeweiligen Mittelwert gegeben, so soll deren Zusammenfassung in der Matrix $\mathbf{X}^*$ und dem Vektor $\mathbf{y}^*$ erfolgen. Der * bedeutet dabei, daß durch die Bildung der Abweichungen vom Mittelwert sich die Matrix **X** und der Vektor **y** um die Scheinvariable X_0 reduziert). Die Matrix $\mathbf{X}^{*\prime}\mathbf{X}^*$ und der Vektor $\mathbf{X}^{*\prime}\mathbf{Y}^*$ beinhalten dann die Summen der Abweichungsquadrate und Abweichungsprodukte der Variablen X_k (k = 1, ...,m) und Y

$$\sum_i (x_{ik} - \bar{x}_k)(x_{ij} - \bar{x}_j) = \sum_i x_{ik} x_{ij} - n \bar{x}_k \bar{x}_j \ ; \qquad k, j = 1, \ldots, m$$

$$\sum_i (x_{ik} - \bar{x}_k)(y_i - \bar{y}) = \sum_i x_{ik} y_i - n \bar{x}_k \bar{y} \ ; \qquad k = 1, \ldots, m \ . \qquad (2.58.)$$

Entsprechend (2.57.) folgt für die Berechnung der Regressionskoeffizienten (ohne die Regressionskonstanten):

$$\mathbf{b}^* = (\mathbf{X}^{*\prime}\mathbf{X}^*)^{-1}\mathbf{X}^{*\prime}\mathbf{y}^* \ . \qquad (2.59.)$$

Die Regressionskonstante ermittelt man in Verallgemeinerung von (2.24.) als

$$b_0 = \bar{y} - b_1 \bar{x}_1 - \ldots - b_m \bar{x}_m \ . \qquad (2.60.)$$

Beispiel:
Betrachtet man wieder das Beispiel, wobei jetzt die Abhängigkeit des Niveaus der Produktivität vom Mechanisierungsgrad der Arbeit, vom Durchschnittsalter der Arbeitnehmer und zusätzlich von der durch-

schnittlichen Kapazitätsauslastung untersucht werden soll. Aus den Tabellen 2.4. und 2.8. ergeben sich der Vektor **y** und die Matrix **X** und daraus folgend **X'X** und **X'y** als:

$$
y = \begin{pmatrix} 20 \\ 24 \\ 28 \\ 30 \\ 31 \\ 33 \\ 34 \\ 37 \\ 38 \\ 40 \\ 41 \\ 43 \\ 45 \\ 48 \end{pmatrix}; \qquad
X = \begin{pmatrix} 1 & 32 & 33 & 127 \\ 1 & 30 & 31 & 120 \\ 1 & 36 & 41 & 116 \\ 1 & 40 & 39 & 117 \\ 1 & 41 & 46 & 106 \\ 1 & 47 & 43 & 128 \\ 1 & 56 & 34 & 109 \\ 1 & 54 & 38 & 114 \\ 1 & 60 & 42 & 115 \\ 1 & 55 & 35 & 121 \\ 1 & 61 & 39 & 110 \\ 1 & 67 & 44 & 111 \\ 1 & 69 & 40 & 108 \\ 1 & 76 & 41 & 113 \end{pmatrix}
$$

$$
X'X = \begin{pmatrix} 14 & 724 & 546 & 1615 \\ 724 & 40134 & 28533 & 82884 \\ 546 & 28533 & 21544 & 62840 \\ 1615 & 82884 & 62840 & 186891 \end{pmatrix}; \qquad
X'y = \begin{pmatrix} 492 \\ 26907 \\ 19384 \\ 56389 \end{pmatrix}
$$

Der unbekannte Vektor der Parameter wird nach (2.57.) berechnet:

$$
b = \begin{pmatrix} 52,88929 & -0,06869 & -0,26929 & -0,33603 \\ -0,06869 & 0,00052 & -0,00034 & 0,00048 \\ -0,26929 & -0,00034 & 0,00489 & 0,00083 \\ -0,33603 & 0,00048 & 0,00083 & 0,00242 \end{pmatrix} \begin{pmatrix} 492 \\ 26907 \\ 19384 \\ 56389 \end{pmatrix} = \begin{pmatrix} 5,05729 \\ 0,52123 \\ 0,15092 \\ -0,02389 \end{pmatrix}
$$

Nach (2.52.) ergibt sich der Vektor der Regreßwerte $\hat{\mathbf{y}}$ und dann der Vektor der Residuen $\hat{\mathbf{u}}$ als Differenz $\hat{\mathbf{u}} = \mathbf{y} - \hat{\mathbf{y}}$:

$$
\hat{y} = \begin{pmatrix} 23,6829 \\ 22,5058 \\ 27,2379 \\ 28,9971 \\ 30,8376 \\ 32,9866 \\ 36,7733 \\ 36,2151 \\ 39,9222 \\ 36,1163 \\ 40,1101 \\ 43,9682 \\ 44,4786 \\ 48,1587 \end{pmatrix}; \qquad
\hat{u} = \begin{pmatrix} -3,6829 \\ 1,4942 \\ 0,7621 \\ 1,0029 \\ 0,1624 \\ 0,0134 \\ -2,7733 \\ 0,7849 \\ -1,9222 \\ 3,8837 \\ 0,8899 \\ -0,9682 \\ 0,5214 \\ -0,1587 \end{pmatrix}
$$

Die Regressionsfunktion für die Abhängigkeit der Produktivität vom Mechanisierungsgrad, dem Durchschnittsalter der Arbeitnehmer und der durchschnittlichen Kapazitätsauslastung hat somit folgendes Aussehen:

$$\hat{y}_i = 5{,}05729 + 0{,}52123 \cdot x_{i1} + 0{,}15092 \cdot x_{i2} - 0{,}02389 \cdot x_{i3} .$$

Obwohl es sich bei diesem Beispiel nicht um eine reale Untersuchung handelt, sondern mit fiktiven Zahlenwerten gerechnet wurde, soll doch die Auswertung der erhaltenen Regressionsfunktion demonstriert werden.

Die partiellen Regressionskoeffizienten geben die Abhängigkeit des Niveaus der Produktivität jeweils von der bei ihnen stehenden X-Variablen an, wobei der Einfluß aus den beiden anderen Variablen auf die Produktivität ausgeschaltet ist. Während die partiellen Regressionskoeffizienten b_1 und b_2 bezüglich der Richtung der Beeinflussung die ökonomisch zu erwartenden Ergebnisse aufweisen, nimmt in dem Beispiel der Regressionskoeffizient $b_3 = - 0{,}02389$ (Tonnen/Stunde) pro Prozent ein Vorzeichen an, das ökonomisch nicht akzeptabel ist. Diesem Ergebnis nach würde sich zwischen Produktivität und durchschnittlicher Kapazitätsauslastung eine schwach negative Regression ergeben, das heißt, mit zunehmender Kapazitätsauslastung geht die Arbeitsproduktivität zurück.

Was sind die Gründe für das Ergebnis von b_3 ? Auf Grund der zahlenmäßigen Beziehungen, die zwischen den vorliegenden statistischen Reihen über die Produktivität, den Mechanisierungsgrad, das Durchschnittsalter und die Kapazitätsauslastung bestehen, ergeben sich die ausgewiesenen Regressionskoeffizienten eindeutig. Fehler in der Berechnung können folglich nicht als Grund für das Ergebnis von b_3 angeführt werden.

Zunächst sollte deshalb die Spezifikation der Regressionsfunktion aus betriebswirtschaftlicher Sicht nochmals überdacht werden, zum Beispiel: Sind die "ökonomisch richtigen" erklärenden Variablen, vor allem hinsichtlich der durchschnittlichen Kapazitätsauslastung, in die Regressionsfunktion aufgenommen worden oder gibt es andere Variablen, die einen wesentlichen Einfluß auf die Produktivität ausüben? Ist aus fachwissenschaftlichen Überlegungen die lineare Regressionsfunktion der geeignete Funktionstyp?

Das Ergebnis von b_3 kann jedoch dadurch bedingt sein, daß zwischen den erklärenden Variablen X_1, X_2 und X_3 Abhängigkeiten existieren, die in der obigen Regressionsfunktion nicht berücksichtigt wurden. Wie bereits bei der Auswertung der Ergebnisse der multiplen Regressionsfunktion $\hat{y} = f(x_1, x_2)$ erwähnt wurde, kommt es durch solche

Beziehungen zwischen den erklärenden Variablen (statistisch als Multikollinearität bezeichnet, siehe Kapitel 6.) zu Verzerrungen der Regressionskoeffizienten, da eine X-Variable über andere X-Variablen auf die Variable Y einen Einfluß ausübt.

Bei multiplen Regressionsfunktionen empfiehlt es sich, eine Transformation der Variablen vorzunehmen, da dadurch zum einen eine Vereinfachung der Berechnung erreicht, zum anderen ein Vergleich der berechneten Regressionskoeffizienten ermöglicht wird. Als Transformation wird die folgende Standardisierung der Variablen Y und X_k (k = 1, ..., m) gewählt:

$$y_i' = \frac{y_i - \bar{y}}{s_y} \; ; \qquad x_{ik}' = \frac{x_{ik} - \bar{x}_k}{s_k} \qquad (k = 1, \ldots, m) \tag{2.61.}$$

s_y und s_k sind die Standardabweichungen der Variablen Y bzw. X_k. Wie leicht nachzuprüfen ist, wird durch diese Standardisierung die Scheinvariable X_0 und damit die Regressionskonstante b_0 aus der Regressionsfunktion eliminiert, was zu einer Rechenvereinfachung führt. Die lineare Regressionsfunktion der standardisierten Variablen lautet somit

$$\hat{y}_i' = b_1' \, x_{i1}' + b_2' \, x_{i2}' + \ldots + b_m' \, x_{im}' \, . \tag{2.62.}$$

Die b_k'-Koeffizienten sind die Regressionskoeffizienten der Funktion (2.62.) und werden **standardisierte Regressionskoeffizienten** genannt. Die in (2.62.) unbekannten standardisierten Regressionskoeffizienten lassen sich in bekannter Weise mit Hilfe der Methode der kleinsten Quadrate berechnen. Dies geschieht analog zu den Formeln (2.52.) bis (2.57.), wenn y_i durch y_i' und x_{ik} durch x_{ik}' ersetzt wird und man beachtet, daß x_{i0} und b_0 herausfallen. Wegen der Analogie der Berechnungsweise soll auf eine gesonderte Darstellung verzichtet werden.

Wichtig ist dagegen, an dieser Stelle eine Beziehung zwischen den ursprünglichen Regressionskoeffizienten b_k und den standardisierten Regressionskoeffizienten b_k'anzugeben. Es ist

$$b_k' = \frac{s_k}{s_y} \, b_k \qquad \text{bzw.} \qquad b_k = \frac{s_y}{s_k} \, b_k' \, . \tag{2.63.}$$

Die standardisierten Regressionskoeffizienten b_k' lassen sich mit Hilfe der Regressionskoeffizienten b_k berechnen und umgekehrt.

Die standardisierten Regressionskoeffizienten eignen sich besonders für Vergleichszwecke. Wie schon mehrfach darauf hingewiesen wurde, weisen die Regressionskoeffizienten b_k Maßeinheiten auf, die an die jeweiligen Maßeinheiten der Variablen Y und der Variablen X_k gebunden sind. In dem angegebenen Beispiel wird der Regressionskoeffizient b_1 in der Maßeinheit (Tonnen/Stunde)/Prozent ausgewiesen, der Regressionskoeffizient b_2 in (Tonnen/Stunde)/Jahr usw. Allgemein wird der Regressionskoeffizent b_k ausgewiesen in Einheiten der Variablen Y pro Einheit der Variablen X_k. Jede Veränderung der Maßeinheiten der Variablen wirkt sich somit auf den Regressionskoeffizienten aus. Durch die Standardisierung (2.61.) werden die Variablen Y' und X_k' und damit die standardisierten Regressionskoeffizienten b_k' dimensionslos. Dadurch wird ein Vergleich zwischen den standardisierten Regressionskoeffizienten ermöglicht.

Dieser Vergleich betrifft vor allem die Beurteilung der Bedeutung der Variablen in der Regressionsfunktion. Soll eingeschätzt werden, wie intensiv die betrachteten erklärenden Variablen auf die zu erklärende Variable einwirken, so kann das offensichtlich wegen der unterschiedlichen Maßeinheiten der einzelnen Variablen und der Regressionskoeffizienten sowie der unterschiedlichen Niveaus (Mittelwerte) der m X-Variablen nicht auf Grund der Regressionskoeffizienten b_k geschehen. Um die Intensität des Einflusses der einzelnen Variablen auf die zu erklärende Variable vergleichen zu können, muß auf die standardisierten Regressionskoeffizienten zurückgegriffen werden. Kleinen Regressionskoeffizienten b_k kann durchaus eine große Bedeutung zukommen und umgekehrt. Das ist vor allem auf die unterschiedliche Streuung (Variation) der Variablen X_k zurückzuführen. Deshalb wird diese Streuung (Standardabweichung) bei der Standardisierung (2.61.) berücksichtigt.

In dem **Beispiel** sind die standardisierten Regressionskoeffizienten der Abhängigkeit des Niveaus der Produktivität vom Mechanisierungsgrad der Arbeit, dem Durchschnittsalter der Arbeitsnehmer und der durchschnittlichen Kapazitätsauslastung nach (2.63.) wie folgt:

$$b_1' = (14{,}3925/8{,}0752)\cdot 0{,}52123 \quad = \quad 0{,}92899$$

$$b_2' = (\ 4{,}3853/8{,}0752)\cdot 0{,}15092 \quad = \quad 0{,}08196$$

$$b_3' = (\ 6{,}7323/8{,}0752)\cdot(-0{,}02389) = -0{,}01992.$$

Die Regressionsfunktion der standardisierten Variablen (2.62.) ist somit für das Beispiel:

$$\hat{y}_i' = 0{,}92899\cdot x_{i1}' + 0{,}08196\cdot x_{i2}' - 0{,}01992\cdot x_{i3}'.$$

Der Vergleich der standardisierten Regressionskoeffizienten ist nunmehr möglich. Er unterstützt die Auswertung der Regressionskoeffizienten b_k in der Hinsicht, daß es notwendig ist zu prüfen, ob die

Variablen X_2 und X_3 tatsächlich wesentliche erklärende Variable für die Arbeitsproduktivität der untersuchten 14 Firmen darstellen. Unabhängig von dieser notwendigen Prüfung sind die Ergebnisse mittels der standardisierten Regressionskoeffizienten wie folgt zu werten: Die Variable Mechanisierungsgrad der Arbeit wirkt mit 0,929 am stärksten auf die Produktivität, dann folgen mit Abstand das Durchschnittsalter der Arbeitnehmer mit 0,082 und die durchschnittliche Kapazitätsauslastung mit -0,02.

2.5. Partielle lineare Regression

Bei der multiplen Regression wurde untersucht, wie eine zu erklärende Variable von mehreren erklärenden Variablen gleichzeitig abhängt. Bei der Interpretation der Regressionskoeffizienten b_k wurde deutlich, daß dieser den partiellen Einfluß nur der Variablen X_k unter Ausschaltung des Einflusses der anderen erklärenden Variablen angibt. Somit besteht statistisch-methodisch kein Unterschied zwischen multipler und partieller Regression, was nun gezeigt werden soll.

Betrachtet man eine Regression dreier miteinander verbundener Variablen Y, X_1 und X_2, so interessiert die Frage, wie die Variable Y von der Variablen X_1 abhängt, wenn der Einfluß der Variablen X_2 ausgeschaltet ist, und wie die Variable Y von der Variablen X_2 abhängt, wenn der Einfluß der Variablen X_1 ausgeschaltet ist. Es soll dabei wieder unterstellt werden, daß die Variable Y mit den Variablen X_1 und X_2 linear verbunden ist. Es genügt zum allgemeinen Verständnis, die partielle Regression von Y bezüglich X_1 unter Eliminierung von X_2 darzustellen. Hierfür werden zunächst die einfachen Regressionen von Y bezüglich X_2 und von X_1 bezüglich X_2 berechnet. Sie lassen sich durch folgende Regressionsfunktionen unter Beachtung von (2.25.) darstellen:

$$\begin{aligned} \hat{y}_i &= b_0 + b_2\, x_{i2} = \bar{y} + b_2\,(\,x_{i2} - \bar{x}_2\,)\ , \\ \hat{x}_{i1} &= b_0^+ + b_2^+\, x_{i2} = \bar{x}_1 + b_2^+\,(\,x_{i2} - \bar{x}_2)\ . \end{aligned} \qquad (2.64.)$$

Analog zu (2.24.) gilt:

$$\begin{aligned} b_0 &= \bar{y} - b_2\,\bar{x}_2\ , \\ b_0^+ &= \bar{x}_1 - b_2^+\,\bar{x}_2\ . \end{aligned} \qquad (2.65.)$$

Die Abhängigkeit der Variablen Y von der Variablen X_1 unter Eliminierung des Einflusses aus der Variablen X_2 läßt sich nun in der Weise untersuchen, daß beide Variablen Y und X_1 vom Einfluß der Variablen X_2 bereinigt werden und eine Regression mit den bereinigten Werten vorgenommen wird. Die Bereinigung der Variablen Y bzw. X_1 von der Variablen X_2 ergibt:

$$y_i^* = y_i - \hat{y}_i = y_i - b_0 - b_2\, x_{i2}$$
$$x_{i1}^* = x_{i1} - \hat{x}_{i1} = x_{i1} - b_0^* - b_2^*\, x_{i2}\,. \qquad (2.66.)$$

Unter Beachtung der Ausdrücke (2.64.) bis (2.66.) ist leicht zu erkennen, daß die beiden Mittelwerte

$$\overline{y^*} = \overline{x^*}_1 = 0$$

sind. Daher gilt für die bereinigten Werte folgende Regressionsfunktion:

$$\hat{y}_i^* = b_1\, x_{i1}^*\,. \qquad (2.67.)$$

Die Regression zwischen den Variablen, aus denen der Einfluß von X_2 eliminiert ist, ist demnach vollständig durch den Regressionskoeffizienten b_1 festgelegt, der als partieller Regressionskoeffizient bezeichnet wird. Wendet man auf (2.67.) die Methode der kleinsten Quadrate an, um den unbekannten Koeffizienten b_1 zu bestimmen, so ergibt sich:

$$b_1 = \frac{\sum_{i=1}^{n} x_{i1}^*\, y_i^*}{\sum_{i=1}^{n} x_{i1}^{*2}}\,. \qquad (2.68.)$$

Setzt man nun (2.66.) und dann (2.64.) in (2.68.) ein, löst unter Beibehaltung der Ausdrücke $(x_{i1} - \overline{x}_1)$, $(x_{i2} - \overline{x}_2)$ und $(y_i - \overline{y})$ die Klammern auf, erweitert mit $\Sigma(x_{i2} - \overline{x}_2)^2$ und formt unter Beachtung der Formel (2.26.) und der Formeln für die Berechnung der Mittelwerte um, dann erhält man folgendes Ergebnis:

$$b_1 = \frac{\begin{array}{c}(n \Sigma x_{i1} y_i - \Sigma y_i \Sigma x_{i1})(n \Sigma x_{i2}^2 - \Sigma x_{i2} \Sigma x_{i2}) \\ -\,(n \Sigma x_{i2} y_i - \Sigma y_i \Sigma x_{i2})(n \Sigma x_{i1} x_{i2} - \Sigma x_{i2} \Sigma x_{i1})\end{array}}{\begin{array}{c}(n \Sigma x_{i1}^2 - \Sigma x_{i1} \Sigma x_{i1})(n \Sigma x_{i2}^2 - \Sigma x_{i2} \Sigma x_{i2}) \\ -\,(n \Sigma x_{i1} x_{i2} - \Sigma x_{i1} \Sigma x_{i2})(n \Sigma x_{i1} x_{i2} - \Sigma x_{i2} \Sigma x_{i1})\end{array}}$$

Ein Vergleich dieses Ergebnisses mit der Formel (2.45.) ergibt völlige Übereinstimmung. Damit wurde gezeigt, daß die Fragestellung der partiellen Regression nicht zu neuen Erkenntnissen hinsichtlich der Untersuchung der Abhängigkeit führt. Bei der Regression ist folglich eine Unterscheidung von multipler und partieller Regression nicht notwendig. Im folgenden wird deshalb nur noch von partiellen Regressionskoeffizienten gesprochen, weil in diesem Begriff schon ihre inhaltliche Bedeutung enthalten ist.

Wie noch zu zeigen sein wird, ist dagegen bei der Korrelation der Unterschied zwischen multipler und partieller Korrelation bedeutsam.

2.6. Voraussetzungen der Regressionsschätzungen

Solange man die linearen Abhängigkeiten nur beschreiben will, das heißt, sich im Rahmen der deskriptiven Regressionsanalyse bewegt, ist das Gros der Arbeit mit der Berechnung der Regressionsparameter, der Regreßwerte und der Residuen getan. Eine Interpretation der Ergebnisse ist aber stets nur bezogen auf die zugrundeliegenden statistischen Einheiten erlaubt. Die noch zu beantwortende Frage nach der Güte der Anpassung der berechneten Regressionsfunktion an die beobachteten Daten wird im Kapitel 3. behandelt.

Für die Berechnung von Regressionsfunktionen müssen einige wichtige Voraussetzungen eingehalten werden. Diese Voraussetzungen gelten allgemein, das heißt, sie sind nicht an eine bestimmte Anzahl von Beobachtungen und an eine bestimmte Anzahl von erklärenden Variablen gebunden. Wegen ihrer Bedeutung auch für die Anwendung der Methode der kleinsten Quadrate sollen die wesentlichsten Voraussetzungen kurz dargestellt werden.

Annahme 1:
Die Werte x_{ik} der erklärenden Variablen X_k ($i=1,...,n$; $k=1,..., m$) sind feste (nichtzufällige) Größen.

Dies impliziert, daß diese Werte auch frei von zufälligen Meßfehlern sind.

Annahme 2:
Die erklärenden Variablen X_k ($k - 1, ..., m$) umfassen alle wesentlichen Einflußgrößen auf die Variable Y.

Gleichwertig damit ist, daß in der Störgröße neben den Zufallseinflüssen keine weiteren wesentlichen systematischen Einflüsse auf Y enthalten sind. Im Sinne der Annahmen 1 und 2 werden die Variablen X_k ($k = 1, ..., m$) auch **exogene** Variable genannt, da sie außerhalb des betrachteten Regressionsproblems entstanden sind.

Annahme 3:
Zwischen den Werten der erklärenden Variablen X_1, X_2, ..., X_m treten keine funktionalen linearen Abhängigkeiten auf.

Lineare Beziehungen zwischen den erklärenden Variablen werden in der Regressionsanalyse als **Multikollinearität** bezeichnet und Gegenstand der Betrachtung im Kapitel 6 sein.

Annahme 3 bringt somit zum Ausdruck, daß keine extreme lineare Multikollinearität vorherrscht, und demnach die erklärenden Variablen X_k ($k = 1, ..., m$) unabhängig voneinander variieren. Diese Annahme impliziert, daß die Matrix **X'X** regulär ist oder, was gleichwertig ist,

$$\text{Rang } \mathbf{X} = m + 1 \qquad (2.69.)$$

und somit

$$\det(\mathbf{X'X}) \neq 0 \qquad (2.70.)$$

ist. Damit ist die inverse Matrix $(\mathbf{X'X})^{-1}$ bestimmbar. Da die Matrix **X** eine $[n\cdot(m+1)]$-Matrix ist, bedeutet dies auch, daß die Anzahl der Beobachtungen mindestens gleich der Anzahl der erklärenden Variablen + 1 (für die Scheinvariable X_0) sein muß:

$$n \geq m + 1.$$

In der Regel sollte n wesentlich größer als m + 1 sein (siehe Kapitel 5.). Für den Fall der einfachen linearen Regression (m=1) reduziert sich diese Annahme darauf, daß die erklärende Variable X über i=1,...,n unterschiedliche Werte annimmt, das heißt es muß gelten:

$$s_X^2 > 0.$$

Stellen die Beobachtungsdaten der Variablen jedoch eine **Stichprobe** aus einer vorher definierten Grundgesamtheit dar und sollen mittels der Ergebnisse der Regressionsanalyse **Rückschlüsse auf** die (unbekannte) Abhängigkeit der betrachteten Variablen in der **Grundgesamtheit** gezogen werden (**induktive** Regressionsanalyse), dann sind weitere Überlegungen und Annahmen notwendig. Für das weitere Verständnis muß die zunächst vereinfachte Darstellung des Regressionsproblems (einleitende Ausführungen zur linearen Regression im Kapitel 2) jetzt präzisiert werden.

Im Beispiel des Abschnittes 2.1. wurde eine einfache lineare Regression des wertmäßigen Produktionsvolumens (Y) vom Kapitaleinsatz (X) betrachtet:

wertmäßiges Produktionsvolumen = f(Kapitaleinsatz).

Für alle Unternehmen des Wirtschaftszweiges, das heißt in der Grundgesamtheit, existiert eine lineare Abhängigkeit des wertmäßigen Produktionsvolumens bezüglich des Kapitaleinsatzes, die jedoch unbekannt ist. Um Kenntnisse über diese Regressionsbeziehung zu erlangen, können natürlich alle Unternehmen mit ihren Werten für diese beiden Variablen erfaßt und eine lineare Regressionsfunktion nach (2.8.) berechnet werden. Solche Gesamterhebungen sind aber oft zu teuer bzw. dauern zu lange, bei anderen Problemstellungen ist mit der Erfassung auch die Zerstörung der Elemente verbunden (z.B. bei der Ermittlung der Brenndauer von Glühlampen) oder die Grundgesamtheit ist so groß, daß nicht jedes Element dieser Gesamtheit bezüglich bestimmter Merkmale erfaßt werden kann (z.B. die Weltbevölkerung). Es ergibt sich deshalb in vielen Fällen die Notwendigkeit, einen Teil der Elemente dieser Grundgesamtheit (zufällig) auszuwählen, d.h. eine Stichprobe zu ziehen, und die Regressionsfunktion auf der Basis der erfaßten Stichprobenwerte der Variablen zu berechnen. In diesem Sinne sollen jetzt die 52 Unternehmen als eine Stichprobe aus allen existierenden Unternehmen des Wirtschaftszweiges (Grundgesamtheit) betrachtet werden, wobei angenommen wird, daß diese 52 Unternehmen zufällig ausgewählt wurden.

Die Daten der Tabelle 2.2. machen deutlich, daß es für gegebene Werte des Kapitaleinsatzes Unternehmen mit unterschiedlichem wertmäßigem Produktionsvolumen gibt. Theoretisch kann man sich vorstellen, daß in der Grundgesamtheit sehr viele Unternehmen mit gleichem Kapitaleinsatz, aber verschiedenem wertmäßigem Produktionsvolumen auftreten. Dabei werden "sehr kleine" und "sehr große" Werte des Produktionsvolumens selten, d.h. mit geringer Häufigkeit, "mittlere" Werte des Produktionsvolumens dagegen sehr oft, d.h. mit großer Häufigkeit, zu beobachten sein.

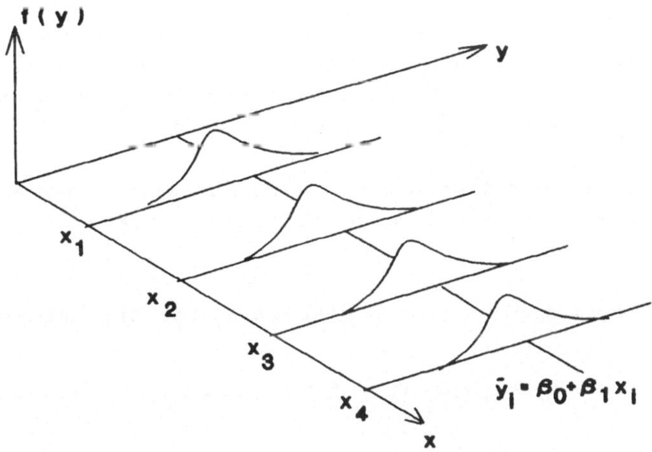

Abbildung 2.7.: Häufigkeitsverteilung der Variablen Y_i (i=1,...,n) für gegebene Werte x_i der Variablen X

Für gegebene Werte x_i des Kapitaleinsatzes X weist das Produktionsvolumen Y_i somit eine Streuung auf. Ursachen für diese Streuung wurden bereits genannt: Neben dem Kapitaleinsatz X gibt es eine ganze Reihe weiterer erklärender Variablen für das wertmäßige Produktionsvolumen. Desweiteren wirken eine Vielzahl zufälliger Einflüsse auf das

Produktionsvolumen ein, die für jedes Unternehmen unterschiedlich sein können. Alle diese weiteren Ursachen für das Zustandekommen des Produktionsvolumens für Unternehmen mit dem Kapitaleinsatz x_i werden in einer Störgröße zusammengefaßt. Auf Grund ihres Inhaltes ist diese Störgröße eine Zufallsvariable U_i, die einen Index i erhält, weil sie an das Produktionsvolumen gebunden ist, das bei einem Kapitaleinsatz x_i entsteht. Ihre Werte sind nicht beobachtbar.

Für gegebene Werte des Kapitaleinsatzes x_i setzt sich der Wert des wertmäßigen Produktionsvolumens somit aus zwei Komponenten zusammen: einem systematischen Teil und einem zufälligen Teil. Das wertmäßige Produktionsvolumen kann aber nur insgesamt erfaßt werden. Die beiden Komponenten für sich sind nicht erfaßbar, sie sind unbekannt.

Die systematische Komponente ist der Teil des Produktionsvolumens, der durch den (systematischen) Einfluß des Kapitaleinsatzes entsteht, und entspricht der spezifizierten Regressionsfunktion, in dem Beispiel eine einfache lineare Regressionsfunktion. Die "wahren" (unbekannten) Werte der Regressionsparameter dieser Regressionsfunktion werden mit β_0 und β_1 und die "wahren" (unbekannten) Werte der systematischen Komponente (die theoretischen Werte oder Funktionswerte der Variablen Y_i) mit $\tilde{y}_i$ symbolisiert.

Die zufällige Komponente ist identisch mit der Zufallsvariablen U_i. Wegen der zunächst erfolgten Beschränkung auf lineare Abhängigkeiten überlagert diese Zufallsvariable die systematische Komponente additiv, wodurch auch Y_i zu einer Zufallsvariablen wird.

Für diese Betrachtungen ändert sich nichts, wenn anstelle einer einfachen linearen Regressionsfunktion eine multiple lineare Regressionsfunktion tritt.

Allgemein kann für die zu erklärenden Variablen Y_i geschrieben werden:

$$Y_i = \beta_0 x_{i0} + \beta_1 x_{i1} + \ldots + \beta_m x_{im} + U_i \; ; \qquad i = 1, \ldots, n , \tag{2.71.}$$

$$\mathbf{Y} = \mathbf{X\beta} + \mathbf{U},$$

worin X_0 die Scheinvariable für den Achsenabschnitt im mehrdimensionalen Koordinatensystem ist, so daß x_{i0} identisch 1 für alle i gilt. Diese Notation reflektiert das oben Gesagte: kleine Buchstaben für die fest vorgegebenen Werte der erklärenden Variablen $X_1, \ldots, X_m$ und große Buchstaben für die beiden Zufallsvariablen Y_i und U_i an der Stelle i. Die Regressionsfunktion (2.71.) gilt für jedes gegebene Wertetupel der erklärenden Variablen. Somit existieren n Zufallsvariablen U_i und Y_i (i = 1, ..., n).

Das Unternehmen i mit dem Kapitaleinsatz x_i hat für das wertmäßige Produktionsvolumen den konkreten Wert y_i, der eine Realisation der Zufallsvariablen Y_i ist, und als Differenz von beobachtetem Wert y_i und (unbekannten) Wert der systematischen Komponente $\tilde{y}_i = \beta_0 + \beta_1 x_i$ einen Wert $u_i = y_i - \tilde{y}_i$ für die zufällige Komponente, d.h. eine Realisation der Zufallsvariablen U_i. Unter Verwendung der Realisationen der Zufallsvariablen Y_i und U_i geht (2.71.) über in:

$$y_i = \beta_0 x_{i0} + \beta_1 x_{i1} + \ldots + \beta_m x_{im} + u_i ; \quad i = 1, \ldots, n . \quad (2.72.)$$

Der theoretische Wert oder Funktionswert der Variablen Y_i in (2.72.) ist

$$\tilde{y}_i = \beta_0 x_{i0} + \beta_1 x_{i1} + \ldots + \beta_m x_{im} ; \quad i = 1, \ldots, n . \quad (2.73.)$$

und beinhaltet die lineare Regressionsfunktion der Variablen Y_i von den Variablen X_k (k = 1, ..., m).

Aufgabe der Regressionsanalyse ist es nun, auf der Basis der empirischen Daten für die Variablen Y und X_k (k = 1, ..., m) die unbekannten Regressionsparameter der Grundgesamtheit mittels einer geeigneten Methode, das heißt mittels einer Schätzfunktion, zu schätzen. Diese Schätzwerte der Regressionsparameter werden wie in den vorangegangenen Abschnitten mit b_0, b_1, ..., b_m symbolisiert. Sind diese Schätzwerte der Regressionsparameter berechnet, kann der Wert der Regressionsfunktion, der Regreßwert $\hat{y}_i$, und schließlich als Differenz zwischen empirischem Wert y_i und Regreßwert $\hat{y}_i$ ein Schätzwert $\hat{u}_i$ (Residuum) an jeder Stelle i = 1, ..., n ermittelt werden.

Annahme 4:
Die wahren Regressionsparameter β_k (k = 0, 1, ..., m) haben über alle n gegebene Wertetupel der erklärenden Variablen X_1, X_2, ..., X_m konstante Werte.

Der Index i bei den Regressionsparametern der Grundgesamtheit kann somit entfallen. Dies wird deutlich, wenn man (2.72.) ausführlich für alle n Wertetupel der erklärenden Variablen notiert:

$$\begin{aligned} y_1 &= \beta_0 x_{10} + \beta_1 x_{11} + \ldots + \beta_k x_{1k} + \ldots + \beta_m x_{1m} + u_1 \\ y_2 &= \beta_0 x_{20} + \beta_1 x_{21} + \ldots + \beta_k x_{2k} + \ldots + \beta_m x_{2m} + u_2 \\ &\ldots\ldots\ldots\ldots\ldots\ldots\ldots\ldots\ldots\ldots \\ y_i &= \beta_0 x_{i0} + \beta_1 x_{i1} + \ldots + \beta_k x_{ik} + \ldots + \beta_m x_{im} + u_i \\ &\ldots\ldots\ldots\ldots\ldots\ldots\ldots\ldots\ldots\ldots \\ y_n &= \beta_0 x_{n0} + \beta_1 x_{n1} + \ldots + \beta_k x_{nk} + \ldots + \beta_m x_{nm} + u_n . \end{aligned} \quad (2.74.)$$

Wird zu jedem Wertetupel (x_{i1}, ..., x_{im}) nur ein Wert der Variablen Y_i beobachtet, so steht jede Gleichung des Systems (2.74.) für eine erfaβte statistische Einheit (Unternehmen, Haushalt, Wirtschaftszweig, Land, Zeitraum). Davon soll im weiteren auch ausgegangen werden. Annahme 4 rechtfertigt auch die Interpretation der Regressionskoeffizienten als ein Maβ für den numerischen Einfluβ, den die jeweilige erklärende Variable X_k **im Mittel** auf die Variable Y ausübt.

Annahme 5:

Die Zufallsvariable U_i hat den Erwartungswert Null:

$$E\,(U_i\,|x_1, x_2, \ldots, x_m) = E(U_i) = 0\,, \qquad i = 1, \ldots, n$$

$$E(U|X) = E\,(U) = 0. \qquad (2.75.)$$

$E\,(U_i|\mathbf{x}_1, \mathbf{x}_2, \ldots, \mathbf{x}_m)$ steht für Erwartungswert der Zufallsvariablen U_i unter der Bedingung gegebener Werte der erklärenden Variablen X_k ($k = 1, \ldots, m$). **X** ist die Matrix der gegebenen Werte der erklärenden Variablen, die im Abschnitt 2.4. definiert wurde; $\mathbf{x}_1, \mathbf{x}_2, \ldots, \mathbf{x}_m$ sind die Spaltenvektoren dieser Matrix für die Werte der Variablen $X_1, X_2, \ldots, X_m$. U ist ein Spaltenvektor aus den Variablen $U_1, U_2, \ldots, U_n$, sodaβ

$$E(U) = [E(U_1), E(U_2), \ldots, E(U_n)]' = [0, 0, \ldots, 0]'$$

ist. Diese Annahme gilt auch unabhängig von den gegebenen Werten der erklärenden Variablen.

Inhaltlich bedeutet diese Annahme, daβ im Mittel zu erwarten ist, daβ die Zufallsvariable U_i den Wert Null hat, d.h. ihr Mittelwert ist gleich Null. Somit hat im Durchschnitt diese Zufallsvariable keinen Effekt auf die zu erklärende Variable Y_i. Damit steht diese Annahme in enger Verbindung zur Annahme 2. Würden in der Zufallsvariablen U_i wesentliche erklärende Gröβen für die Variable Y_i, d.h. systematische Einflüsse auf Y_i, enthalten sein, könnte kaum angenommen werden, daβ diese Zufallsvariable im Mittel keinen Effekt auf die zu erklärende Variable Y_i ausübt.

Aus dieser Annahme folgt sofort, daβ das mittlere Niveau der Variablen Y_i nur durch die systematische Komponente, die Regressionsfunktion (2.73.) bestimmt wird, d.h. der Mittelwert (Erwartungswert) der Variablen Y_i ($i = 1, \ldots, n$) ist unter der Bedingung gegebener Werte der erklärenden Variablen gleich dem Wert der Regressionsfunktion:

$$E(Y_i\,|\,x_{i1}, \ldots, x_{im}) = \tilde{y}_i\,, \qquad i = 1, \ldots, n \qquad (2.76.)$$

$$E(\mathbf{y}|X) = X\beta = \tilde{\mathbf{y}}$$

Dies läβt sich einfach zeigen. Es ist

$$E(Y_i) = E(\beta_0 + \beta_1 x_{i1} + \ldots + \beta_m x_{im} + U_i) \; ,$$

und da laut Annahme 1 die x_{ik} (i = 1, ..., n; k = 1, ..., m) fest vorgegebene Werte und die β_k entsprechend Annahme 4 konstante Werte sind, folgt

$$E(Y_i) = \beta_0 + \beta_1 x_{i1} + \ldots + \beta_m x_{im} + E(U_i)$$

und wegen Annahme 5 und (2.73.) sofort

$$E(Y_i) = \beta_0 + \beta_1 x_{i1} + \ldots + \beta_m x_{im} = \hat{y}_i \; .$$

Darin ist auch enthalten, daß die Zufallsvariable U_i nicht mit der systematischen Komponente der Variablen Y_i korrelliert ist.

Ferner gilt auf Grund der Annahme 5, daß die erklärenden Variablen X_1, X_2, ..., X_m nicht mit der Zufallsvariablen U_i korreliert sind:

$$Cov(U_i, x_{ik}) = E(U_i \, x_{ik}) = x_{ik} \, E(U_i) = 0 \; , \quad i = 1,\ldots,n; \; k = 1,\ldots,m$$

$$E(UX) = 0. \tag{2.77.}$$

Hierin kommt auch zum Ausdruck, daß die Variable X_k (k = 1, ..., n) die Variable Y_i erklärt, aber umgekehrt die Variable Y_i nicht eine der Variablen X_k erklären darf. Es wird also eine einseitige Abhängigkeit der Variablen Y_i von den Variablen X_k und die Abwesenheit von Wechselbeziehungen (interdependenten Beziehungen) vorausgesetzt.

Annahme 6:
Die Varianz der Zufallsvariablen U_i ist bei allen n statistischen Einheiten der Grundgesamtheit gleich und konstant:

$$Var\ (U_i) = \sigma_i^2 = \sigma_U^2 \; ; \qquad i = 1, \ldots, n \tag{2.78.}$$

Diese Annahme gilt unabhängig von den vorgegebenen Werten der erklärenden Variablen. Ist diese Annahme erfüllt, spricht man von **Homoskedastizität** der Zufallsvariablen U_i (i = 1, ..., n). Ist diese Annahme für mindestens ein i nicht erfüllt, d.h. gibt es ungleiche Varianzen der Zufallsvariablen U_i, so ist **Heteroskedastizität** gegeben (vgl. Kapitel 8.). Diese Annahme unterstellt, daß auf Grund des Wahrscheinlichkeitscharakters der Zufallsvariablen U_i die in ihr enthaltenen Faktoren von Beobachtungsobjekt zu Beobachtungsobjekt (Unternehmen, Haushalte usw.) bzw. bei Verwendung von Zeitreihen von Periode zu Periode in gleicher Weise wirken.

Für die zu erklärende Variable Y_i folgt daraus:

$$Var(Y_i) = Var(\beta_0 + \beta_1 x_{i1} + \ldots + \beta_m x_{im} + U_i) = Var(U_i) = \sigma_U^2 ; \quad i = 1,\ldots,n, \quad (2.79.)$$

da $(\beta_0 + \beta_1 x_{i1} + \ldots + \beta_m x_{im})$ ein konstanter Term mit Varianz Null ist. Die Varianz der zu erklärenden Variablen Y_i ist somit gleich der Varianz der Zufallsvariablen U_i und bei Vorliegen von Homoskedastizität für alle möglichen Werte der erklärenden Variablen gleich.

Annahme 7:
Die n Zufallsvariablen U_i sind nicht miteinander korreliert oder, was eine noch stärkere Voraussetzung ist, sie sind im wahrscheinlichkeitstheoretischen Sinne voneinander unabhängigig:

$$Cov(U_i U_j) = \sigma_{ij} = 0 \quad \text{für alle } i, j = 1, \ldots, n \text{ und } i \neq j. \quad (2.80.)$$

Die gemeinsame Variation der Zufallsvariablen U_i und U_j, die Kovarianz, soll gleich Null sein. Es sollen keine "inneren" Abhängigkeiten in der Reihe der Werte der Zufallsvariablen U_1, U_2, ..., U_n geben. Die Zufallsvariablen enthalten keine gemeinsamen Faktoren, d.h. keine Faktoren, die jede dieser Zufallsvariablen dominiert. Hiermit ist wieder eine Verbindung zur Annahme 2 geben, denn würden in den Zufallsvariablen U_i (i=1,..., n) wesentliche Verursachungsfaktoren für die Variable Y enthalten sein, dann kann man davon ausgehen, daß diese Faktoren bei allen statistischen Einheiten in gewisser Weise wirken und eine Korrelation der U_i bewirken würden.

Liegen Querschnittsdaten für die Variablen Y und X_k (k = 1, ..., m) vor, dann spricht von Abwesenheit von **Querschnittskorrelation** der Zufallsvariablen U_i (i = 1, ..., n).

Diese Annahme ist vor allem von Bedeutung, wenn die empirischen Daten Zeitreihen sind. Dann ist auch die Reihe der Zufallsvariablen U_i eine Zeitreihe. Annahme 7 besagt in diesem Fall, daß innere statistischen Abhängigkeiten in dieser Reihe über die Zeit, was sich u.a. durch Trend, periodische Schwankungen in dieser Reihe zeigen würde, nicht auftreten. Man spricht dann von Abwesenheit von **Autokorrelation.**

Umgekehrt kann man schlußfolgern, wenn Querschnitts- oder Autokorrelation bei den Zufallsvariablen U_i auftreten, daß dies deutliche Anzeichen dafür sind, daß die Spezifikation der Regressionsfunktion unbefriedigend in dem Sinne ist, daß wesentliche erklärende Faktoren für die Variablen Y_i nicht in der Regressionsfunktion enthalten sind.

Die Annahmen 6 und 7 können unter Verwendung der Matrizenschreibweise vereinfacht zusammengefaßt werden:

$$E(UU') = \sigma_U^2 I \,, \tag{2.81.}$$

worin I die (n·n)-Einheitsmatrix bedeutet.

E(UU') ist eine symmetrische Matrix der Ordnung n und enthält die Varianzen und Kovarianzen der Zufallsvariablen $U_1, \ldots, U_n$, wobei die Varianzen in der Hauptdiagonale und die Kovarianzen abseits der Hauptdiagonale stehen. Diese Matrix wird kurz mit Σ_U symbolisiert und als **Varianz-Kovarianz-Matrix der Zufallsvariablen** U_i (i = 1, ..., n) bezeichnet:

$$E(UU') = \Sigma_U = \begin{pmatrix} \sigma_1^2 & \sigma_{12} & \cdots & \sigma_{1n} \\ \sigma_{21} & \sigma_2^2 & \cdots & \sigma_{2n} \\ . & . & \cdots & . \\ . & . & \cdots & . \\ \sigma_{n1} & \sigma_{n2} & \cdots & \sigma_n^2 \end{pmatrix} \tag{2.82.}$$

Unter Beachtung der Annahmen 6 und 7 ergibt sich:

$$E(UU') = \Sigma_U = \begin{pmatrix} \sigma_U^2 & 0 & \cdots & 0 \\ 0 & \sigma_U^2 & \cdots & 0 \\ . & . & \cdots & . \\ . & . & \cdots & . \\ 0 & 0 & \cdots & \sigma_U^2 \end{pmatrix} = \sigma_U^2 \begin{pmatrix} 1 & 0 & \cdots & 0 \\ 0 & 1 & \cdots & 0 \\ . & . & \cdots & . \\ . & . & \cdots & . \\ 0 & 0 & \cdots & 1 \end{pmatrix} = \sigma_U^2 I \,. \tag{2.83.}$$

σ_U^2 ist ebenfalls eine unbekannte Größe und muß aus dem gegebenen Datenmaterial geschätzt werden.
Oftmals wird noch eine Annahme über die Verteilung der Zufallsvariablen U_i getroffen.

Annahme 8:
Die Zufallsvariable U_i (i = 1, ..., n) ist normalverteilt.

In dieser Annahme kommt ebenfalls zum Ausdruck, daß die Zufallsvariable U_i keine wesentlichen Einflußfaktoren der Variablen Y_i enthält, sondern eine Vielzahl von unbedeutenden, nicht korrelierten Faktoren. Diese Annahme bedeutet gleichzeitig, daß die zu erklärende Variable Y_i ebenfalls normalverteilt ist, denn Y_i wird durch die additive Überlagerung der Zufallsvariablen U_i zu einer Zufallsvariablen.

Übersicht über die Annahmen in Kurzfassung:

- Annahmen über die erklärenden Variablen $X_1, X_2, \ldots, X_m$:
  Annahme 1: x_{ik} $(i = 1, \ldots, n;\ k = 1, \ldots, m)$ sind feste Größen.
  Annahme 2: X_k umfassen alle wesentlichen Einflußfaktoren für Y.
  Annahme 3: Abwesenheit von extremer Multikollinearität.
- Annahme über die Regressionsparameter:
  Annahme 4: β_k $(k = 0, 1, \ldots, m)$ sind konstante Werte.
- Annahmen über die Zufallsvariablen U_i $(i = 1, \ldots, n)$:
  Annahme 5: $E(\mathbf{U}) = \mathbf{0}$.
  Annahme 6 und 7: $E(\mathbf{UU'}) = \mathbf{\Sigma}_U = \sigma_U^2\mathbf{I}$.
  Annahme 8: U_i ist normalverteilt.

Die Gleichung (2.72.) zusammen mit diesen Annahmen über ihre Bestandteile ergeben das sogenannte Regressionsmodell. (2.72.) mit den Annahmen 1-7 wird als **klassisches lineares Regressionsmodell** und (2.72.) mit den Annahmen 1-8 als **klassisches lineares Modell der Normalregression** bezeichnet.

Wie spiegeln sich nun diese Annahmen bzw. ein Teil von ihnen bei der praktischen Regressionsanalyse, d.h. bei der Schätzung der Regressionsparameter auf der Basis der Stichprobenwerte der Variablen, unter Verwendung der Methode der kleinsten Quadrate wider und was ist bei Verletzung der Annahmen zu tun ?

Die Methode der kleinsten Quadrate (MKQ) wurde im Abschnitt 2.3.1 hergeleitet und im Abschnitt 2.4. für den multiplen Fall verallgemeinert.

Die Annahmen 1 und 2 sind durch die Spezifikation der Regressionsfunktion (2.8.) bzw. (2.35.) oder (2.52.) erfüllt, zumindest hofft man es. Eine Verletzung der Annahme 1 führt zu Regressionsmodellen mit Fehlern in den Variablen. Zur Schätzung dieser Regressionsmodellen wird auf die Literatur verwiesen, u.a. auf SCHNEEWEIß [201] und LOMBA [147]. Die Einhaltung der Annahme 2 ist zuerst fachwissenschaftlich zu prüfen. Statistisch ergeben sich Möglichkeiten ihrer Überprüfung indirekt über die Prüfung der Annahmen 7 und 8.

Zum Problem der Multikollinearität (Annahme 3) werden im Kapitel 6. Aussagen getroffen. Zum anderen enthält das Literaturverzeichnis spezielle Hinweise für das weitere Studium dieser Problematik.

Die 1. Forderung der MKQ beinhaltete, daß die Summe der Residuen gleich Null (2.9.) sein soll. Daraus resultiert, daß auch der Mittelwert der Residuen gleich Null (2.10.) ist. Dies korrespondiert mit der Annahme 5. Die Residuen $\hat{u}_i$ sind die mittels der MKQ erzielten Schätzwerte für die unbekannten Werte u_i der Zufallsvariablen U_i und

die Regreßwerte $\hat{y}_i$ Schätzwerte für die unbekannten Werte y_i der systematische Komponente der Variablen Y_i ($i = 1, \ldots, n$).
Wegen (2.9.) folgt sofort

$$\sum y_i = \sum \hat{y}_i \tag{2.84.}$$

und der Mittelwert der Variablen Y ist gleich dem Mittelwert der Regreßwerte:

$$\bar{y} = \bar{\hat{y}} \, . \tag{2.85.}$$

Für die Herleitung der 2. Bedingung der MKQ wurde von der Varianz der Residuen s_0^2 (2.12.) ausgegangen. Diese Varianz sollte möglichst klein werden. Bei gegebener Anzahl der erfaßten statistischen Einheiten n führt das zur Minimierung des Zählers dieser Varianz, angegeben in der Formel (2.14.). Anderseits wird aber die Varianz der Residuen um so kleiner, je größer der Nenner dieser Varianz ist, was darauf hinausläuft, daß n möglichst groß gewählt werden sollte.

Im Ergebnis der partiellen Differentiation der Minimumsforderung (2.54.) ergab sich das Normalgleichungssystem $\mathbf{X'Xb} = \mathbf{X'y}$ (2.56.). Ersetzt man nun $\mathbf{y}$ durch $\mathbf{y} = \mathbf{Xb} + \hat{\mathbf{u}}$ (2.53.) ergibt sich:

$$\mathbf{X'Xb} = \mathbf{X'}(\mathbf{Xb} + \hat{\mathbf{u}}) \tag{2.86.}$$

und nach Ausrechnung

$$\mathbf{X'}\hat{\mathbf{u}} = 0. \tag{2.87.}$$

(2.87.) enthält die m+1 Gleichungen

$$\begin{array}{lll}
x_{10}\,\hat{u}_1 + \ldots + x_{n0}\,\hat{u}_n = \sum \hat{u}_i & = 0 & \text{für } k = 0 \\
x_{11}\,\hat{u}_1 + \ldots + x_{n1}\,\hat{u}_n = \sum x_{i1}\,\hat{u}_i & = 0 & \text{für } k = 1 \\
\ldots\ldots\ldots\ldots\ldots\ldots\ldots\ldots & \ldots & \\
x_{1m}\,\hat{u}_1 + \ldots + x_{nm}\,\hat{u}_n = \sum x_{im}\,\hat{u}_i & = 0 & \text{für } k = m\,.
\end{array}$$

Dies sind m+1 Bedingungen, die die Residuen erfüllen müssen, um der Minimumsfoderung (2.54.) zu genügen. Für k=0 ergibt sich wieder die schon bekannte Tatsache, daß die Summe der Residuen gleich Null ist. In den Gleichungen für k=1 bis k=m kommt zum Ausdruck, daß die Werte der erklärenden Variablen $X_1, \ldots, X_m$ nicht mit den Residuen korreliert sind. Dies korrespondiert zu (2.77.) unter Annahme 5.

In der Annahme 5 war auch enthalten, daß die Zufallsvariable U_i nicht mit der systematischen Komponente der Variablen Y_i korreliert ist. Analog kann gezeigt werden, daß die Regreßwerte nicht mit den Residuen korreliert sind:

$$\hat{y}'\hat{u} = b'X'\hat{u} = 0 \, , \tag{2.88.}$$

wenn $\hat{y}$ durch (2.52.) ersetzt und (2.87.) beachtet wird. Zur Lösung des Normalgleichungssytems wird die inverse Matrix $(X'X)^{-1}$ benötigt. Sie ist invertierbar, wenn die Determinate der Matrix $X'X$ verschieden von Null ist: $\det(X'X) \neq 0$. Nur bei Abwesenheit extremer Multikollinearität ist diese Bedingung erfüllt, was der Annahme 3 entspricht.

Bezüglich der Annahme 6 über die Homoskedastizität kann eine Parallele zur MKQ insofern gezogen werden, daß mit der Varianz der Residuen, deren Zähler minimiert wird, ein Schätzwert für die gleichgroße, aber unbekannte Varianz σ_U^2 der Zufallsvariablen U_i ermittelt werden kann (siehe Abschnitt 3.2.). Eine unmittelbare Überprüfung auf Homoskedastizität bzw. Heteroskedastizität ist dagegen nicht im vornherein möglich. Zwei Möglichkeiten werden für eine solche Überprüfung gesehen:

a) vor der Anwendung der MKQ
Es werden jeweils die Werte der zu erklärenden Variablen Y und einer erklärenden Variablen X_k in einem Streuungsdiagramm dargestellt. Wenn die Werte der Variablen Y mit größer (bzw. kleiner) werdenden Werten der Variablen X_k breiter gefächert sind (stärker streuen) als bei kleinen (bzw. großen) Werten von X_k (gedachte Begrenzungslinien der Punktwolke bilden Kurven und keine Geraden), dann kann Heteroskedastizität vermutet werden (vgl. Abbildung 2.8.).

b) nach Anwendung der MKQ
Diese zweite Möglichkeit kann in zweifacher Weise geschehen:
Zum einen gibt es wieder die graphische Darstellung, jetzt der Residuen über den Werten einer erklärenden Variablen X_k. Ist in der dabei entstehenden Punktwolke eine größer bzw. kleiner werdende Fächerung der Residuen zu erkennen, so kann ebenfalls Heteroskedastizität angenommen werden (vgl. Abbildung 2.9.).

Der Verletzung der Annahme 6 ist das Kapitel 8. gewidmet. Darüber hinaus enthält das Literaturverzeichnis spezielle Literaturangaben zur Heteroskedastizität. Die für die Prüfung auf Heteroskedastizität aufgezeigten Möglichkeiten gelten auch für die Prüfung auf Autokorrelation (Annahme 7), wenn die empirischen Daten Zeitreihen sind. In diesem Fall würde man Autokorrelation vermuten, wenn in den Punktwolken systematische Veränderungen (z.B. periodische Schwankungen) auftreten. Einige Tests auf Autokorrelation der Residuen werden im Abschnitt 7.3 behandelt. Bezüglich der Überprüfung der Annahme 8 wird auf die Literatur verwiesen.

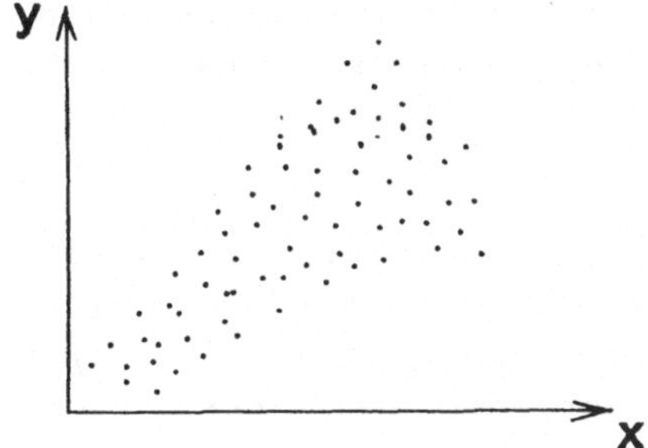

Abbildung 2.8.: Schematisches Streuungsdiadramm bei Heteroskedastizität

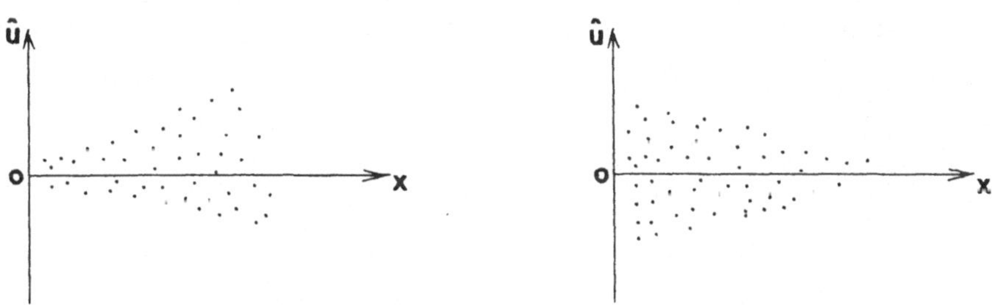

Abbildung 2.9.: Schematisches Streuungsdiagramm der Residuen über einer erklärenden Variablen X

2.7. Eigenschaften der Regressionsschätzungen

Viele Regressionsanalysen basieren auf Stichprobenerhebungen. So könnten die Werte der Variablen des Beispiels aus Abschnitt 2.4. für die 14 Firmen als eine Zufallsstichprobe aus der Grundgesamtheit aller Firmen des Wirtschaftszweiges aufgefaßt werden. Anhand der Stichprobenergebnisse der Regressionsanalyse der Abhängigkeit des Niveaus der Produktivität vom Mechanisierungsgrad der Arbeit, dem Durchschnittsalter der Arbeitnehmer und der durchschnittlichen Kapazitätsauslastung sollen dann Aussagen über diese Abhängigkeit in der Grundgesamtheit getroffen werden, d.h. von der in der Stichprobe festgestellten linearen Abhängigkeit auf eine lineare Abhängigkeit der Variablen in der Grundgesamtheit geschlossen werden. Wie im Abschnitt 2.4. gezeigt wurde, gehen alle Stichprobenwerte der Variablen in die Berechnung der Regressionsparameter ein. Werden andere

Stichproben von Firmen des gleichen Wirtschaftszweiges zum gleichen Zeitpunkt gezogen, können bedingt durch die Zufallsauswahl durchaus andere Firmen mit ihren Variablenwerten in die Stichprobe gelangen. Die daraus berechneten Regressionsparameter können dann andere Werte aufweisen. Ebenso können Stichproben mit einem anderen Stichprobenumfang gezogen werden.

Die gleiche Regressionsfunktion und die gleiche Methode zur Schätzung der Regressionskoeffizienten (hier die Methode der kleinsten Quadrate) vorausgesetzt, können sich somit unterschiedliche Werte für die geschätzten Regressionsparameter ergeben, weil verschiedene Stichproben der Variablen verwendet wurden.

Die auf der Basis von Stichproben zu ermittelnden Regressionsparameter sind somit Variablen, die verschiedene Werte annehmen können. Sie sind Zufallsvariablen, weil sie diese Werte mit bestimmten Wahrscheinlichkeiten annehmen. Berücksichtigt man diese Tatsache bei der Notierung der Regressionsfunktion, indem Zufallsvariablen mit großen Buchstaben geschrieben werden, so ergibt sich:

$$\hat{Y}_i = B_0\, x_{i0} + B_1\, x_{i1} + \ldots + B_m\, x_{im} = x_i'\, B \qquad (2.89.)$$

bzw.

$$\hat{\mathbf{Y}} = \mathbf{XB} \qquad (2.90.)$$

und

$$\mathbf{Y} = \hat{\mathbf{Y}} + \hat{\mathbf{U}} = \mathbf{XB} + \hat{\mathbf{U}}\ , \qquad (2.91.)$$

$$\hat{\mathbf{U}} = \mathbf{Y} - \hat{\mathbf{Y}}\ , \qquad (2.92.)$$

worin
$\mathbf{Y}' = (Y_1\ Y_2\ \ldots\ Y_n)'$ der Vektor der Zufallsvariablen Y_i,

$\hat{\mathbf{Y}}' = (\hat{Y}_1\ \hat{Y}_2\ \ldots\ \hat{Y}_n)'$ der Vektor der Zufallsvariablen $\hat{Y}_i$,

$\mathbf{B}' = (B_1\ B_2\ \ldots\ B_m)'$ der Vektor der Zufallsvariablen B_k,

$\hat{\mathbf{U}}' = (\hat{U}_1\ \hat{U}_2\ \ldots\ \hat{U}_n)'$ der Vektor der Zufallsvariablen $\hat{U}_i$

$\mathbf{X}$ die Matrix der fest vorgegebenen Werte der Variablen X_k

sind ($k = 1, \ldots, m$; $i = 1, \ldots, n$).

Wendet man nun die Methode der kleinsten Quadrate an, dann ergibt sich als Ergebnis eine Vorschrift, nach der die Regressionsparameter entsprechend dieser Methode zu schätzen sind:

- für die einfache lineare Regression

$$B_1 = \frac{\Sigma\ (\ x_i - \overline{x}\ )(\ Y_i - \overline{Y}\ )}{\Sigma\ (\ x_i - \overline{x}\ )^2}\ , \tag{2.93.}$$

$$B_0 = \overline{Y} - B_1\ \overline{x}\ . \tag{2.94.}$$

- für die multiple Regression

$$\mathbf{B} = (\mathbf{X'X})^{-1}\ \mathbf{X'Y}\ , \tag{2.95.}$$

Da die Werte der Variablen X_k (k = 1,..., m) entsprechend Annahme 1 fest vorgegebene Werte sind, sind B_1 in (2.93.), B_0 in (2.94.) und **B** in (2.95.) Funktionen der Zufallsvariablen Y_i (i = 1, ..., n). Damit sind auch B_1, B_0 bzw. **B** Zufallsvariable, was durch die Großbuchstaben verdeutlicht wird. Die Wahrscheinlichkeitsverteilung dieser Zufallsvariablen hängt in starkem Maße von der (gemeinsamen) Wahrscheinlichkeitsverteilung der Zufallsvariablen U_i ab, denn die Wahrscheinlichkeitsverteilung der Zufallsvariablen Y_i ist durch diejenige der Zufallsvariablen U_i bestimmt (vgl. Abschnitt 2.6.). Damit ist die Wahrscheinlichkeitsverteilung der Zufallsvariablen B_k (k=0,1,...,m) über die der Variablen Y_i von der Wahrscheinlichkeitsverteilung der U_i abhängig. Da die Ausdrücke (2.93.) bis (2.95.) zum Schätzen der Regressionsparameter verwendet werden, werden sie als **Schätzfunktionen** bezeichnet.

Liegt nun eine konkrete Stichprobe vom Umfang n vor, wie die oben erwähnten 14 Firmen des Beispiels des Abschnitts 2.4., dann werden die Realisationen y_i der Variablen Y_i in die Schätzfunktionen eingesetzt:

- für die einfache lineare Regression

$$b_1 = \frac{\Sigma\ (\ x_i - \overline{x}\ )(\ y_i - \overline{y}\ )}{\Sigma\ (\ x_i - \overline{x}\ )^2} \tag{2.26.}$$

$$b_0 = \overline{y} - b_1\ \overline{x} \tag{2.24.}$$

- für die multiple Regression

$$\mathbf{b} = (\mathbf{X'X})^{-1}\ \mathbf{X'y}\ . \tag{2.57.}$$

Diese stimmen mit den Formeln bei der Herleitung der MKQ in den Abschnitten 2.3.1. und 2.4. überein. Im Ergebnis erhält man auf der Basis dieser konkreten Stichprobe **Schätzwerte** b_k für die Regressionsparameter, die Realisationen der Zufallsvariablen B_k sind.

Wenn die Schätzwerte der Regressionsparameter von Stichprobe zu Stichprobe unterschiedliche Werte annehmen können, so folgt gleiches sofort für die Regreßwerte und die Residuen. (2.90.) ist somit die Schätzfunktion der Regreßwerte und (2.92.) die Schätzfunktion der Residuen, die sich nach der Methode der kleinsten Quadrate ergeben. Setzt man die Schätzwerte der Regressionsparameter in (2.90.) ein, so erhält man Schätzungen für die Regreßwerte

$$\hat{\mathbf{y}} = \mathbf{Xb} \tag{2.52.}$$

und durch Einsetzen dieser Schätzungen und der Realisationen **y** in (2.92.) Schätzungen für die Werte u_i der Zufallsvariablen U_i, die Residuen

$$\hat{\mathbf{u}} = \mathbf{y} - \hat{\mathbf{y}}\ . \tag{2.96.}$$

Diese Realisationen der Schätzfunktionen liegen mehr oder weniger weit von den wahren Werten der Grundgesamtheit entfernt. So ist die Differenz zwischen b_k und β_k ein Fehler, der bei der Schätzung mit der zur Verfügung stehenden Stichprobe entsteht. Diese Fehler werden deshalb als **Schätzfehler** bezeichnet. Das Ziel der Regressionsschätzung besteht darin, diesen Schätzfehler möglichst gering zu halten, das heißt, Schätzwerte der Regressionsparameter zu bestimmen, die mit großer Wahrscheinlichkeit nahe bei den wahren Werten β_k liegen. In diesem Sinne gute Schätzungen der Regressionsparameter setzen gute Schätzfunktionen voraus. Eine gute Schätzfunktion ist eine solche, die wünschenswerte Eigenschaften besitzt. Diese Eigenschaften sollen kurz genannt werden (für tiefergehende Studien über Eigenschaften von Schätzfunktionen kann jedes gute Statistik-Lehrbuch herangezogen werden).

Erwartungstreue der Schätzfunktion

Es ist

$$\mathbf{B} = (\mathbf{X'X})^{-1}\mathbf{X'Y} \tag{2.95.}$$

die Schätzfunktion des Vektors der Regressionsparameter nach der Methode der kleinsten Quadrate und

$$\mathbf{Y} = \mathbf{X}\boldsymbol{\beta} + \mathbf{U} \tag{2.97.}$$

die in der Grundgesamtheit existierende wahre Regressionsbeziehung zwischen den Variablen Y und $X_1, \ldots, X_m$ [(2.71.) in Matrizenschreibweise notiert]. (2.95.) in (2.97.) eingesetzt, führt zu

$$B = (X'X)^{-1}X'(X\beta + U)$$

$$B = \beta + (X'X)^{-1}X'U\ . \qquad (2.98.)$$

Der Erwartungswert von (2.98.) ist:

$$E(B) = E(\beta) + E[(X'X)^{-1}X'U]$$

$$E(B) = \beta + (X'X)^{-1}X'E(U) \qquad (2.99.)$$

und wegen Annahme 5

$$E(B) = \beta\ . \qquad (2.100.)$$

Für einen Regressionsparameter notiert ergibt sich:

$$E(B_k|X) = E(B_k) = \beta_k,\quad k = 0, 1, \ldots, m. \qquad (2.101.)$$

Die Schätzfunktion (2.95.) ist erwartungstreu, da ihr Erwartungswert gleich den wahren Regressionsparametern der Grundgesamtheit ist. Der Schätzfehler ist im Mittel aller möglichen Schätzwerte gleich Null. Ist die Annahme 5 nicht erfüllt, ist aus (2.99.) zu erkennen, daß dann eine systematische Verzerrung auftritt, die durch die Zufallsvariablen U bedingt ist und durch in den U_i enthaltene wesentliche Erklärungsfaktoren für die Variablen Y_i verursacht wird. Die Größe der Verzerrung wird durch den zweiten Ausdruck auf der rechten Seite bestimmt.

Da die Schätzfunktion der Regressionsparameter (2.95.) erwartungstreu ist, gilt dies auch für die Schätzfunktionen der Regreßwerte. Dies läßt sich wie folgt zeigen:

$$E(\hat{Y}) = E(XB) = XE(B) = X\beta = \tilde{y}\ , \qquad (2.102.)$$

worin $\tilde{y}$ der Vektor der wahren Funktionswerte der Regressionsbeziehung in der Grundgesamtheit entsprechend (2.73.) ist.

Der Erwartungswert der Schätzfunktion (2.92.) ist identisch mit E(U). Für die Zufallsvariablen U folgt unter Berücksichtigung von (2.97.), (2.73.) und (2.90.):

$$U = Y - X\beta = Y - \tilde{y} = (Y - \hat{Y}) + (\hat{Y} - \tilde{y}) = \hat{U} + (\hat{Y} - \tilde{y})$$
$$= \hat{U} - (XB - X\beta) = \hat{U} - X(B - \beta)$$

und somit

$$\hat{U} = U - (\hat{Y} - \tilde{y}) = U - XB + X\beta\ . \qquad (2.103.)$$

Damit ergibt sich für den Erwartungswert von $\hat{U}$:

$$E(\hat{U}) = E(U - XB + X\beta) = E(U) + X\beta - XE(B) = E(U) + X\beta - X\beta$$
$$= E(U) = 0 \;. \qquad (2.104.)$$

Das entspricht der Annahme 5.

Die genannten Schätzfunktionen sind asymptotisch erwartungstreu, wenn ihre Erwartungswerte mit wachsendem Stichprobenumfang gegen den wahren Werte der Grundgesamtheit streben, z.B.

$$\lim_{n \to \infty} E(B) = \beta \;.$$

Das bedeutet gleichzeitig, daß der Schätzfehler mit größer werdendem Stichprobenumfang immer kleiner wird.

Effizienz der Schätzfunktion

Da die Schätzfunktion (2.95.) aufgrund unterschiedlicher Stichproben unterschiedliche mögliche Werte annehmen kann, weist sie wie jede Zufallsvariable eine Streuung um den Erwartungswert β auf. Die Varianz der Schätzfunktion B_k wird mit $\sigma^2(B_k)$ ($k = 0, 1, \ldots, m$) und die Standardabweichung mit $\sigma(B_k)$ bezeichnet (vgl. auch Abschnitt 3.2.). Diese Streuung kann recht unterschiedlich sein. Abbildung 2.10. zeigt die Wahrscheinlichkeitsverteilungen zweier erwartungstreuer Schätzfunktionen eines Regressionsparameters. Der Erwartungswert dieser Schätzfunktionen stimmt mit dem Regressionsparameter der Grundgesamtheit β überein. Die unterschiedlichen Verteilungen können zum Beispiel dadurch entstanden sein, daß die Schätzfunktionen nach zwei verschiedenen Methoden entwickelt wurden. Die Schätzfunktion von B weist dabei eine kleinere Varianz als die Schätzfunktion B^* auf. Man sagt, die Schätzfunktion B ist effizienter als die Schätzfunktion B^* (vgl. Abbildung 2.10.).

Eine effiziente Schätzfunktion der Regressionsparameter ist erwartungstreu und hat eine minimale Varianz gegenüber allen anderen erwartungstreuen Schätzfunktionen der Regressionsparameter:

$$\sigma^2 (B_k) \leq \sigma^2 (B_k^*) \;, \quad k = 1 \;, \ldots , m \;. \qquad (2.105.)$$

Von allen erwartungstreuen linearen Schätzfunktionen hat die Schätzfunktion B (2.95.) nach der Methode der kleinsten Quadrate die kleinste Varianz. In diesem Sinne spricht man auch von einer **besten linearen unverzerrten Schätzfunktion**. Die englische Bezeichnung soll an dieser Stelle ebenfalls gegeben werden, da sie oft in der Literatur verwendet wird: best linear unbiased estimator oder kurz **BLUE**. Da (2.90.) eine lineare Funktion von B ist, gilt diese BLUE-Eigenschaft auch für die Schätzfunktion der Regreßwerte, d.h. sie ist eine beste lineare unverzerrte Schätzfunktion für die systematische Komponente von **Y**.

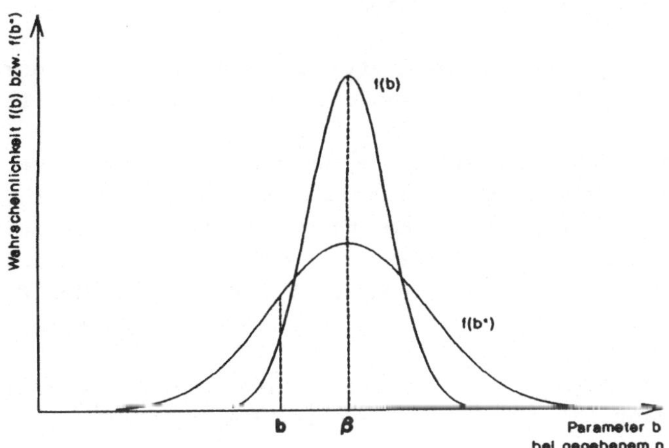

Abbildung 2.10.: Wahrscheinlichkeitsverteilungen zweier Schätzfunktionen eines Regressionsparameters bei gegebenem Stichprobenumfang

Konsistenz der Schätzfunktion

Wie bereits gezeigt wurde, kann eine Differenz zwischen den geschätzten Regressionsparametern **b** und den wahren Werten **β** auftreten. Eine weitere wünschenswerte Eigenschaft der Schätzfunktion **B** (2.95.) ist, daß die geschätzten Regressionsparameter **b** bei zunehmendem Stichprobenumfang mit Wahrscheinlichkeit gegen die wahren Werte **β** streben, der Schätzfehler also gegen Null geht:

$$\operatorname*{plim}_{n \to \infty} \mathbf{B} = \boldsymbol{\beta} \, . \tag{2.106.}$$

Diese Eigenschaft heißt Konsistenz der Schätzfunktion der Regressionsparameter. $n \to \infty$ bedeutet dabei allgemein, daß die Stichprobe letztlich so groß wird, daß sie mit der Grundgesamtheit identisch ist. Die Wahrscheinlichkeit großer Schätzfehler wird also bei wachsendem Stichprobenumfang geringer.

Die Konsistenz ist die minimalste Forderung, die man an die Güte der Schätzfunktion der Regressionsparameter **B** stellen muß, denn es muß wenigstens garantiert sein, daß mit wachsendem Stichprobenumfang die Wahrscheinlichkeit zunimmt, daß die geschätzten Regressionsparameter gegen die wahren Werte der Grundgesamtheit streben.

Normalverteilung der Schätzfunktion

Wenn die Zufallsvariablen **U** normalverteilt sind, das heißt, die Annahme 8 gilt, dann sind die Zufallsvariablen **Y** als lineare Funktionen der normalverteilten **U** ebenfalls normalverteilt.

Die Schätzfunktion der Regressionsparameter **B** (2.95.) als lineare Funktion der Zu-fallsvariablen **Y** ist dann ebenfalls normalverteilt.

Die Normalverteilungseigenschaft spielt eine wichtige Rolle, wenn die Frage zu beantworten ist, welches Vertrauen man in die geschätzten Regressionskoeffizienten und Regreßwerte setzen kann. Es handelt sich dabei um die Durchführung von Tests und die Berechnung von Konfidenz- und Prognoseintervallen, die im Kapitel 5 Gegenstand der Betrachtungen sein werden.

Hat man keine Kenntnisse über die Wahrscheinlichkeitsverteilung der Zufallsvariablen U_i, dann ist die Schätzfunktion **B** unter sehr allgemeinen Voraussetzungen über diese Verteilung asymptotisch normalverteilt, das heißt, ihre Wahrscheinlichkeitsverteilung strebt mit wachsendem Stichprobenumfang gegen die Normalverteilung.

2.8. Gesichtspunkte der praktischen Regressionsanalyse

In Zusammenfassung der bisherigen Erkenntnisse über die Regressonsanalyse kann folgendes allgemeines Vorgehen für regressionsanalytische Untersuchungen empfohlen werden:

- Formulierung der Abhängigkeiten
  Ausgehend vom Untersuchungsziel ist auf der Grundlage fachwissenschaftlicher Erkenntnisse die zu analysierende Abhängigkeit ökonomischer Erscheinungen und Prozesse festzulegen. Dazu gehören vor allem die Definition der einbezogenen ökonomischen Größen, die Festlegung der Untersuchungsobjekte (statistischen Einheiten) und die örtliche und zeitliche Abgrenzung der Untersuchung. Im Ergebnis dieser Phase müssen ökonomisch sinnvolle und plausible Hypothesen über die Abhängigkeit der Erscheinungen formuliert werden. Mit Hilfe der Regressionsanalyse werden dann diese Abhängigkeiten zahlenmäßig überprüft. Der Vorteil der Regressionsanalyse besteht darin, nicht nur allgemeine Aussagen über ein Ursache-Wirkungs-System zu treffen, sondern konkrete Auskunft darüber zu geben, welche Form und welche Art die gegebene Abhängigkeit aufgrund zahlenmäßiger Beobachtungen hat.

- Bestimmung der Variablen
  Es sind die Variablen zu bestimmen, die in die Regressionsanalyse einzubeziehen sind. Anschließend ist eine Klassifizierung der Variablen in zu erklärende und erklärende Variablen vorzunehmen.

- Beschaffung des statistischen Datenmaterials
  Aufgrund des Zieles der Regressionsanalyse ist festzulegen, ob Querschnitts- oder Zeitreihendaten verwendet werden müssen. Weiterhin ist zu entscheiden, ob die Untersuchung für eine (in dieser Phase zu definierende) Gesamtheit oder auf der Basis von Stichproben durchgeführt wird. Diese Entscheidung ist insofern von Bedeutung, ob die Regressionsanalyse deskriptiv (beschreibend) oder induktiv (schließend) durchgeführt wird. Im Fall von Stichproben ist der Stichprobenumfang festzulegen. Anschließend sind die statistischen Daten für die ausgewählten Variablen zu erheben, entweder durch Primärerfassungen oder sekundär aus Statistischen Jahrbüchern usw. Ist für festgelegte Variablen die Beschaffung des Datenmaterials nicht möglich, ist zur 2. oder sogar zur 1. Phase zurückzukehren, um nach möglichen "Stellvertreter"Variablen zu suchen.

- Spezifikation der Regressionsfunktion
  In dieser Phase erfolgt die konkrete Formulierung der Regressionsfunktion als lineare oder nichtlineare, einfache oder multiple Regression. Wenn auf der Grundlage von Stichprobenergebnissen der Regressionsanalyse Schlüsse über die Parameter der Regressionsfunktion in der Grundgesamtheit gezogen werden sollen, dann gehört zur Spezifikation des Regressionsmodells auch die Überprüfung der Annahmen der Regressionsanalyse. Aber auch bei deskriptivem Charakter der Regressionsanalyse müssen die Annahmen 1 - 3 erfüllt sein.

  Was die Wahl der Regressionsfunktion anbetrifft, so geht man im allgemeinen wie folgt vor: Entweder ist durch fachwissenschaftliche Überlegungen geklärt, welche Art der Funktion für die Abhängigkeit anzusetzen ist. Größtenteils ist das nicht der Fall. So versucht man, schrittweise den Funktionstyp zu bestimmen, entweder durch graphische Darstellung des Punkteschwarms oder durch die Berechnung und Testung verschiedener Funktionen. Letzteres Vorgehen ist bei Verwendung eines Personalcomputers und einer guten statistischen Software kaum ein Problem.

- Numerische Bestimmung der Regressionsfunktion
  In dieser Phase werden die Regressionsparameter numerisch bestimmt. Außerdem sind statistische Maßzahlen zur Beurteilung der Güte der Regressionsfunktion zu berechnen (vgl. Kapitel 3). Bei umfangreichem Datenmaterial geht das nicht ohne PC und entspre-

chende Statistik-Software, zum Beispiel SPSS, SAS, GAUSS, BMDP, XPLORE, GLIM, TSP, STATGRAPHICS.

Im Falle von Stichprobenuntersuchungen gehört die statistische Prüfung der ermittelten Regressionsergebnisse (vgl. Kapitel 5) unbedingt in diese Phase der Regressionsanalyse.

- Auswertung der Ergebnisse
  Die erzielten Ergebnisse der Regressionsanalyse sind mit den in der ersten Phase formulierten fachwissenschaftlichen Hypothesen über die Abhängigkeiten der ökonomischen Größen zu vergleichen und ihre ökonomische Plausibilität und Aussagekraft kritisch einzuschätzen.

- Ermittlung noch unbekannter Werte der zu erklärenden Variablen
  Eine wesentliche Aufgabe der Regressionsanalyse besteht darin, auf der Grundlage vorgegebener Werte der erklärenden Variablen noch unbekannte Werte der zu erklärenden Variablen Y zu berechnen. Dies gilt insbesondere bei Verwendung von Zeitreihendaten, wenn Prognosewerte der zu erklärenden Variablen ermittelt werden sollen. Bei Prognoseschätzungen ist darauf zu achten, daß sich die Bedingungen des Untersuchungszeitraumes, aus dem die Daten der Variablen für die Ermittlung der Regressionsfunktion stammen, zum Prognosezeitraum nicht wesentlich veränderten. Eine Prognose ist im Grunde genommen nur dann möglich, wenn für die zu prognostizierenden Zeiträume zumindest weitgehende Konstanz der Regressionsparameter angenommen werden darf, was durch sachlich-logische oder zusätzliche statistische Prüfungen ergründet werden muß.

3. Güte der Regression

3.1. Bestimmtheit der Regression

In den bisherigen Ausführungen ging es darum, eine lineare Regressionsfunktion zu finden, die eine möglichst gute Übereinstimmung zwischen den empirischen Werten der zu erklärenden Variablen Y und den Regreßwerten realisiert. Als Kriterium der Angleichung der Regressionsfunktion an die empirischen Werte wurde entsprechend der Methode der kleinsten Quadrate gefordert, daß

$$\Sum (y_i - \hat{y}_i)^2 = \Sum \hat{u}_i^2 \rightarrow \min . \qquad (2.14.)$$

wird. Das Kriterium (2.14.) hat jedoch den Nachteil, daß zwar seine untere Grenze mit Null festliegt, aber eine obere Grenze nicht angegeben werden kann. Ab welchem Wert von (2.14.) kann die Anpassung als gut bezeichnet werden? Diese Einschätzung wäre außerordentlich subjektiv. Je schlechter jedoch die Anpassung einer berechneten Regressionsfunktion an die empirischen Werte der Variablen Y ist, desto geringer ist die Aussagekraft dieser Regressionsfunktion und damit desto weniger für praktische Anwendungen geeignet. Außerdem ist durch den Nachteil des Kriteriums (2.14.) auch der Vergleich verschiedener Regressionsanalysen behindert, denn die zugrundeliegenden empirischen Daten der Variablen können unterschiedlich stark streuen. Daher kann es vorkommen, daß fachwissenschaftlich gleichartige, aber auf unterschiedlichen statistischen Einheiten basierende Untersuchungen zwar die gleichen Regressionsfunktionen ergeben, der Grad der Anpassung der Regressionsfunktionen jedoch unterschiedlich ist.

Daher ist das Kriterium (2.14.) für eine Einschätzung des Grades der Anpassung der Regressionsfunktion nicht vorteilhaft. Es ist deshalb eine andere Maßzahl für den Grad der Anpassung einer Regressionsfunktion an die gegebenen empirischen Werte der Variablen Y zu finden. Mit anderen Worten, es gilt zu ergründen, in welchem Maße die zu erklärende Variable Y durch die Regressionsfunktion und damit durch die in ihr enthaltenen erklärenden Variablen bestimmt ist.

Um zu einem solchem Maß zugelangen, sind folgende grundlegenden (deskriptiv-) statistischen Betrachtungen notwendig.

Die Varianz der beobachteten Werte der zu erklärenden Variablen Y ist:

$$s_y^2 = \frac{\sum_{i=1}^{n} (y_i - \bar{y})^2}{n} . \qquad (3.1.)$$

Die Varianz s_y^2 wird als Gesamtvarianz bezeichnet. Das Bestreben ist, diese Gesamtvarianz in möglichst hohem Maße durch den Einfluß der ausgewählten erklärenden Variablen X_1, X_2, ..., X_m, das heißt durch die Regressionsfunktion zu erklären. Der Einfluß der erklärenden Variablen auf die Variable Y wurde nach der Berechnung der Regressionsparameter in den Regreßwerten erfaßt. Die Abweichungen eines Wertes y_i vom Mittelwert $\overline{y}$ (das ist der Inhalt der Klammer im Zähler von (3.1.)) läßt sich dann in folgender Weise aufspalten (vgl. Abbildung 2.3.):

$$y_i - \overline{y} = (y_i - \hat{y}_i) + (\hat{y}_i - \overline{y}) , \qquad i = 1, \ldots, n . \tag{3.2.}$$

Wenn auf (3.2.) die Schrittfolge zur Berechnung der Varianz angewendet wird, also (3.2.) quadriert und der erhaltene Ausdruck über alle n Abweichungen summiert wird, so findet man folgende Gleichung:

$$\sum_{i=1}^{n} (y_i - \overline{y})^2 = \sum_{i=1}^{n} (y_i - \hat{y}_i)^2 + 2 \sum_{i=1}^{n} (y_i - \hat{y}_i)(\hat{y}_i - \overline{y}) + \sum_{i=1}^{n} (\hat{y}_i - \overline{y})^2 . \tag{3.3.}$$

Unter Beachtung von (2.88.) und (2.9.) läßt sich zeigen, daß

$$\sum_{i=1}^{n} (y_i - \hat{y}_i)(\hat{y}_i - \overline{y}) = \sum_{i=1}^{n} \hat{u}_i (\hat{y}_i - \overline{y}) = \sum_{i=1}^{n} \hat{y}_i \hat{u}_i - \overline{y} \sum \hat{u}_i = 0$$

ist, so daß (3.3.) geschrieben werden kann:

$$\sum_{i=1}^{n} (y_i - \overline{y})^2 = \sum_{i=1}^{n} (y_i - \hat{y}_i)^2 + \sum_{i=1}^{n} (\hat{y}_i - \overline{y})^2 . \tag{3.4.}$$

Dividiert man (3.4.) durch n, so ergibt sich:

$$\begin{aligned} \frac{\sum_{i}^{n} (y_i - \overline{y})^2}{n} &= \frac{\sum_{i=1}^{n} (y_i - \hat{y}_i)^2}{n} + \frac{\sum_{i=1}^{n} (\hat{y}_i - \overline{y})^2}{n} \\ &= \frac{\sum_{i=1}^{n} \hat{u}_i^2}{n} + \frac{\sum_{i=1}^{n} (\hat{y}_i - \overline{y})^2}{n} \\ \hat{s}_y^2 &= \hat{s}_u^2 + \hat{s}^2 (\hat{y}) \end{aligned} \tag{3.5.}$$

Im Ergebnis wurde eine Zerlegung der Gesamtvarianz der empirischen Werte der Variablen Y in zwei Teilvarianzen erreicht.

Wie bereits im Kapitel 2. gezeigt wurde, ergeben sich die Residuen aus der Abhängigkeit der Variablen Y von weiteren, nicht in der Regressionsfunktion enthaltenen Variablen sowie durch Zufallseinflüsse. Somit ist die Varianz $\hat{s}_u^2$ derjenige Teil der Gesamtvarianz $\hat{s}_y^2$, der nicht durch die Regressionsfunktion erklärt wird. Sie soll deshalb als "nicht erklärte" Varianz bezeichnet werden. Aus (3.5.) läßt sich ablesen, daß $\hat{s}_u^2$ umso mehr gegen Null geht, je mehr die y_i gegen $\hat{y}_i$ gehen (für alle i), je weniger also die empirischen Werte y_i von den Regreßwerten $\hat{y}_i$ abweichen.

Der zweite Ausdruck auf der rechten Seite von (3.5.) ist wegen (2.85.) die Varianz der Regreßwerte $\hat{y}_i$. Die Streuung der Regreßwerte ergibt sich jedoch nur durch die Anstiege der Regressionsfunktion auf den einzelnen X_k-Ebenen (k = 1, ..., m), die mit den berechneten Regressionskoeffizienten b_k gegeben sind. Damit läßt sich die Varianz $s^2(\hat{y})$ aus der Abhängigkeit der Variablen Y von den Variablen X_k erklären. Sind alle b_k (k = 1,..., m) gleich Null, dann ist für alle i $\hat{y}_i = b_0 = \bar{y}$ wegen (vgl. auch (2.24.) bzw. (2.42.))

$$b_0 = \bar{y} - b_1 \bar{x}_1 - \ldots - b_m \bar{x}_m$$

Aus diesem Grund soll $s^2(\hat{y})$ als die durch die Regressionsfunktion "erklärte" Varianz bezeichnet werden.

3.1.1. Einfache Bestimmtheit

Zunächst soll das Bestimmtheitsmaß für die einfache lineare Regressionsfunktion hergeleitet werden.

Auf Grund der Überlegungen im Abschnitt 3.1. ist es nun relativ leicht, ein Maß für die Bestimmtheit einer Regressionsfunktion zu finden. Die Gesamtvarianz der empirischen Werte der Variablen Y wurde in die "nicht erklärte" und die "erklärte" Varianz zerlegt. Je größer $s^2(\hat{y})$ gegenüber s_u^2 ist, desto mehr ist die Gesamtvarianz durch die Abhängigkeit der Variablen Y von der Variablen X, also durch die ermittelte Regression bedingt. Es ist deshalb einleuchtend, die Verhältniszahl

$$B_{yx} = \frac{\sum_{i=1}^{n} (\hat{y}_i - \bar{y})^2}{\sum_{i=1}^{n} (y_i - \bar{y})^2} = \frac{s^2(\hat{y})}{s_y^2} \qquad (3.6.)$$

zu bilden, die den Anteil der "erklärten" Varianz an der Gesamtvarianz angibt. Je größer der Teil der Gesamtvarianz ist, der durch $s^2(\hat{y})$ bedingt ist, also aus der berechneten Regression erklärt werden kann, desto besser paßt sich die Regressionsfunktion den empirischen Werten der Variablen Y an. Je weniger die empirischen Werte der zu erklärenden Variablen von der Regressionsgeraden abweichen, desto besser ist folglich die Regressionsfunktion bestimmt. B_{yx} wird deshalb als **Bestimmtheitsmaß** bezeichnet. Dabei kennzeichnet der Index, um welche Regression es sich handelt, wobei zunächst die zu erklärende Variable und dann die erklärende Variable genannt wird.

Da das Bestimmtheitsmaß eine Anteilzahl ist, kann es nur in den Grenzen von Null bis Eins liegen:

$$0 \leq B_{yx} \leq 1 \, . \qquad (3.7.)$$

Es ist $B_{yx} = 1$, wenn alle empirischen Werte y_i auf der Regressionsgeraden liegen, womit gilt $y_i = \hat{y}_i$ für i = 1, ..., n. In diesem Fall ist s_u^2 gleich Null und es liegt eine streng lineare Beziehung (lineare Funktion) zwischen den Variablen Y und X vor. Wenn B_{yx} gleich Null ist, dann ist die "erklärte" Varianz gleich Null und die "nicht erklärte" Varianz gleich der Gesamtvarianz. In diesem Fall sind alle $\hat{y}_i = \overline{y}$. Die Regressionsgerade ist eine Parallele zur Abszissenachse in der Höhe $\overline{y}$. Es kann keine zahlenmäßige lineare Abhängigkeit der Variablen Y von der Variablen X im Sinne der Statistik nachgewiesen werden. Die berechnete Regressionsfunktion hat in diesem Fall einen Regressionskoeffizienten b_1 gleich Null und keinerlei Erklärungswert.

Je mehr sich also B_{yx} dem Wert 1 nähert, umso besser ist die Regressionsfunktion bestimmt. B_{yx} ist dimensionslos und kann durch Multiplikation mit 100% prozentual interpretiert werden (siehe am Beispiel weiter unten). Es hängt nicht von einer Änderung der Maßeinheiten der Variablen Y und X ab (im Gegensatz zu den Regressionsparametern). Zum anderen reagiert B_{yx} nicht auf Transformationen der Variablen.

Es sollen noch einige Darstellungen des Bestimmtheitsmaßes gezeigt werden, die einerseits dem Verständnis des Bestimmtheitsmaßes dienen, andererseits praktikabler sind. Setzt man (2.25.) für $\hat{y}_i$ in (3.6.) ein, so erhält man:

$$B_{yx} = \frac{s_x^2 \, b_1^2}{s_y^2} \, . \qquad (3.8.)$$

worin $s_x^2 = [\Sigma(x_i - \overline{x})^2]/n$ die Varianz der empirischen Werte der Variablen X ist. Diese Formel verdeutlicht, daß die "erklärte" Varianz im Zähler des Bestimmtheitsmaßes proportional von der Varianz der Variablen X abhängt.

Wird b_1^2 durch (2.26.) ersetzt und beachtet man die Formeln für die Varianzen s_x^2 und s_y^2 sowie für die Mittelwerte $\overline{x}$ und $\overline{y}$, so ergibt sich als Ergebnis der Ausrechnung (Summationsindex ist i=1 bis n):

$$B_{yx} = \frac{[\,\Sigma\,(y_i - \overline{y})\,(x_i - \overline{x})\,]^2}{\Sigma\,(y_i - \overline{y})^2\,\Sigma\,(x_i - \overline{x})^2}$$

bzw.

$$B_{yx} = \frac{(\,n\,\Sigma\,x_i\,y_i - \Sigma\,x_i\,\Sigma\,y_i\,)^2}{(\,n\,\Sigma\,x_i^2 - \Sigma\,x_i\,\Sigma\,x_i\,)\,(n\,\Sigma\,y_i^2 - \Sigma\,y_i\,\Sigma\,y_i\,)} \, . \qquad (3.9.)$$

Aus (3.9.) folgt, daß stets $B_{yx} = B_{xy}$ ist.

Mit Hilfe von (3.9.) läßt sich das Bestimmtheitsmaß relativ leicht ermitteln. In dieser Formel sind vor allem Größen enthalten, die auch zur Berechnung der Regressionsparameter notwendig und somit in der Arbeitstabelle enthalten sind. Da sich (3.9.) nur auf empirische Werte stützt, ist es nicht notwendig, die Regressionsparameter und Regreßwerte vorher zu berechnen. Darin liegt zweifelsfrei ein Vorteil für die weitere Untersuchung, denn man kann vor der Durchführung einer Regressionsanalyse überprüfen, in welchem Maße die zu untersuchende Regression bzw. die angenommene Regressionsfunktion bestimmt ist (obwohl dieser Vorteil bei den verfügbaren schnellen PC's wieder relativiert wird). Ist ihr Bestimmtheitsgrad zu gering, so kann nach weiteren Faktoren gesucht werden, von denen die zu erklärende Variable Y abhängt, oder ein anderer Funktionstyp gewählt werden. Oftmals lassen sich die Ergebnisse verbessern, wenn eine grössere Anzahl von Beobachtungen in die Untersuchung einbezogen wird.

Analoge Betrachtungen können für die "nicht erklärte" Varianz s_u^2 anstellt werden. Je größer anteilmäßig diese Varianz ist, desto unbestimmter ist die Beziehung zwischen den Variablen Y und X. Folglich kann die "nicht erklärte" Varianz zur Charakterisierung der Unbestimmtheit oder Unschärfe einer Regression verwendet werden. Wird s_u^2 durch die Gesamtvarianz s_y^2 dividiert, so erhält man das **Unbestimmtheitsmaß**:

$$U_{yx} = \frac{\Sigma\,(\,y_i - \hat{y}_i\,)^2}{\Sigma\,(\,y_i - \bar{y}\,)^2} = \frac{s_u^2}{s_y^2}\,. \tag{3.10.}$$

Es ist leicht zu sehen, daß

$$B_{yx} + U_{yx} = 1 \quad \text{und} \quad B_{yx} = 1 - U_{yx} \tag{3.11.}$$

gilt, woraus ersichtlich ist, daß das Unbestimmtheitsmaß nicht gesondert nach (3.10.) berechnet werden muß, sondern sich leicht aus (3.11.) ableiten läßt.

Wurden die Regressionsparameter, Regreßwerte und Residuen auf der Basis von Stichproben geschätzt, dann müssen auch für das Bestimmtheitsmaß die Probleme der statistischen Schätztheorie berücksichtigt werden, worauf im Abschnitt 5.3.2. eingegangen wird.

Es sollen nun die Bestimmtheitsmaße für die beiden Beispiel einer einfachen linearen Regression ermittelt werden.

Beispiel des Abschnitts 2.4.: Abhängigkeit der Produktivität vom Mechanisierungsgrad der Arbeit

Zur Berechnung des Bestimmtheitsmaßes werden die Formel (3.9.) und die Zwischenergebnisse der Tabelle 2.4. verwendet.

$$B_{yx} = \frac{(14 \cdot 26907 - 724 \cdot 492)^2}{(14 \cdot 40134 - 724 \cdot 724)(14 \cdot 18138 - 492 \cdot 492)} = 0{,}938 \ .$$

Bei der einfachen linearen Regression von Produktivität und Mechanisierungsgrad für die untersuchten 14 Firmen lassen sich folglich 93,8 Prozent der Gesamtvarianz aus der Abhängigkeit des Niveaus der Produktivität vom Mechanisierungsgrad der Arbeit erklären. Damit ist diese Regression sehr hoch bestimmt. Die ermittelte Regressionsfunktion kann für weitere Analysen verwendet werden. Das Unbestimmtheitsmaß ist folglich $U_{yx} = 0{,}062$, das heißt, nur 6,2 Prozent der Gesamtvarianz der empirischen Werte der Produktivität lassen sich nicht aus der Abhängigkeit vom Mechanisierungsgrad der Arbeit erklären.

Beispiel aus Abschnitt 2.3.1.: Abhängigkeit des wertmäßigen Produktionsvolumens vom Kapitaleinsatz

Für das Bestimmtheitsmaß der Regressionsfunktion auf der Basis ungruppierter Daten $\hat{y}_i = 183{,}06 + 2{,}095\ x_i$ (vgl. Abschnitt 2.3.2.) erhält man:

$$B_{yx} = \frac{(52 \cdot 408104 - 1616 \cdot 12905)^2}{(52 \cdot 53588 - 1616 \cdot 1616)(52 \cdot 3218897 - 12905 \cdot 12905)} = 0{,}911 \ .$$

91,1 Prozent der Gesamtvarianz der empirischen Werte des wertmäßigen Produktionsvolumens der 52 Unternehmen können aus der Abhängigkeit des Produktionsvolumens vom eingesetzten Kapital erklärt werden. Das Unbestimmtheitsmaß beträgt 0,089.

3.1.2. Multiple Bestimmtheit

Wenn eine multiple Regressionsfunktion berechnet, das heißt, die Abhängigkeit der zu erklärenden Variablen Y von mehreren erklärenden Variablen X_k (k = 1, ..., n) untersucht wurde, dann muß ebenfalls die Güte der Anpassung dieser Regressionsfunktion an die empirischen Werte der Variablen Y geprüft werden. Auf Grund der Überlegungen im Abschnitt 3.1. und 3.1.1. kann die Formel (3.6.) sofort übernommen werden:

$$B_{y.1...m} = \frac{\sum_{i=1}^{n} (\hat{y}_i - \bar{y})^2}{\sum_{i=1}^{n} (y_i - \bar{y})^2} \quad . \tag{3.12.}$$

$B_{y.1...m}$ ist das multiple oder mehrfache Bestimmtheitsmaß. Der Index bei B weist darauf hin, daß Y die zu erklärende Variable ist und die Bestimmtheit der Regressionsfunktion bei gleichzeitiger Abhängigkeit von den erklärenden Variablen X_1, X_2, ..., X_m ausgedrückt wird. Die $\hat{y}_i$ in (3.12.), die Regreßwerte, ergeben sich jetzt aufgrund einer multiplen Regressionsfunktion (2.52.).

Die Aussage von $B_{y.1...m}$ ist im Prinzip die gleiche wie die des einfachen Bestimmtheitsmaßes. $B_{y.1...m}$ gibt an, wie groß der Anteil der "erklärten" Varianz an der Gesamtvarianz der empirischen Werte der Variablen Y ist, welcher Anteil der Gesamtvarianz aus der Abhängigkeit der Variablen Y von den erklärenden Variablen X_k (k = 1, ..., m) erklärt werden kann. Auch das multiple Bestimmtheitsmaß ist eine Anteilzahl und liegt in dem Intervall $0 \leq B_{y.1...m} \leq 1$.

Es ist gleich 1, wenn $\hat{y}_i = y_i$ für alle i = 1, ..., n ist, wenn also eine lineare funktionale Beziehung vorliegt; es ist gleich Null, wenn $\hat{y}_i = \bar{y}$ für alle i ist, wenn also keine lineare Abhängigkeit im Sinne der Regressionsanalyse feststellbar ist.

Es soll noch eine Formel für das multiple Bestimmtheitsmaß angegeben werden, die praktikabler für die Berechnung ist. Dabei wird zunächst die multiple Regression mit zwei erklärenden Variablen betrachtet. Es war für die multiple Regressionsfunktion:

$$\begin{aligned} \hat{y}_i &= \bar{y} + b_1 (x_{i1} - \bar{x}_1) + b_2 (x_{i2} - \bar{x}_2) \\ \hat{y}_i - \bar{y} &= b_1 (x_{i1} - \bar{x}_1) + b_2 (x_{i2} - \bar{x}_2) \quad . \end{aligned} \tag{3.13.}$$

(3.13.) wird nun quadriert, die Summe über alle Abweichungen gebildet, die Klammern aufgelöst und unter Beachtung der Formeln (2.47.) und (2.48.) aus Abschnitt 2.4. ausgerechnet. Nach Ausführung dieser Schritte ergibt sich:

$$\sum (\hat{y}_i - \bar{y})^2 = b_1 \sum (x_{i1} - \bar{x}_1) (y_i - \bar{y}) + b_2 \sum (x_{i2} - \bar{x}_2) (y_i - \bar{y}) \quad . \tag{3.14.}$$

Dieses Ergebnis wird in (3.12.) eingesetzt:

$$B_{y.12} = \frac{b_1 \sum (x_{i1} - \bar{x}_1) (y_i - \bar{y}) + b_2 \sum (x_{i2} - \bar{x}_2) (y_i - \bar{y})}{\sum (y_i - \bar{y})^2} \tag{3.15.}$$

bzw.

$$B_{y.12} = \frac{b_1 \, (n \sum x_{i1} y_i - \sum x_{i1} \sum y_i) + b_2 \, (n \sum x_{i2} y_i - \sum x_{i2} \sum y_i)}{n \sum y_i^2 - \sum y_i \sum y_i} \, . \qquad (3.16.)$$

Mit (3.16.) läßt sich das multiple Bestimmtheitsmaß für zwei erklärende Variablen relativ leicht berechnen.

Beispiel:
Im Abschnitt 2.4. wurde die multiple lineare Regressionsfunktion der Abhängigkeit des Niveaus der Produktivität vom Mechanisierungsgrad der Arbeit und dem Durchschnittsalter der Arbeitnehmer berechnet. Das multiple Bestimmtheitsmaß für diese Regressionsfunktion ist:

$$B_{y.12} = \frac{0{,}5259 \cdot (14 \cdot 26907 - 724 \cdot 492) + 0{,}1591 \cdot (14 \cdot 19384 - 546 \cdot 492)}{14 \cdot 18138 - 492 \cdot 492}$$

$$= 0{,}9447.$$

Das multiple Bestimmtheitsmaß von 0,9447 besagt, daß sich in diesem Beispiel auf Grund der berechneten Regressionsfunktion 94,47 % der Gesamtvarianz der empirischen Werte der Produktivität aus der Abhängigkeit vom Mechanisierungsgrad der Arbeit und dem Durchschnittsalter der Arbeitnehmer erklären lassen. Die Regressionsfunktion paßt sich gut den empirischen Daten an. 5,53 Prozent der Gesamtvarianz ($U_{y.12} = 0{,}0553$) sind auf den Einfluß anderer Faktoren und des Zufalls zurückzuführen.

Ausgehend von Formel (3.15.) wird die Berechnung des multiplen Bestimmtheitsmaßes für eine Regressionsfunktion mit m erklärenden Variablen verallgemeinert. Es ergibt sich offensichtlich:

$$B_{y.1...m} = \frac{b_1 \sum (x_{i1} - \overline{x}_1) (y_i - \overline{y}) + \ldots + b_m \sum (x_{im} - \overline{x}_m) (y_i - \overline{y})}{\sum (y_i - \overline{y})^2} \qquad (3.17.)$$

Eine Erweiterung von (3.17.) mit n/n führt zu:

$$B_{y.1...m} = \frac{b_1 \hat{s}_{1y} + \ldots + b_m \hat{s}_{my}}{\hat{s}_y^2} \, . \qquad (3.18.)$$

worin $\hat{s}_{ky} = (1/n) \Sigma \, (x_{ik} - \overline{x}_k)(y_i - \overline{y})$ für $k = 1, \ldots, m$ ist.

Faßt man die Kovarianzen der erklärenden Variablen X_k mit der zu erklärenden Variablen Y $\hat{s}_{ky}$ in dem Vektor $\hat{s}_{xy}$

$$\hat{s}_{xy} = \begin{pmatrix} \hat{s}_{1y} \\ . \\ . \\ \hat{s}_{my} \end{pmatrix} \tag{3.19.}$$

und die berechneten Regressionskoeffizienten b_1, ..., b_m in dem Vektor $\mathbf{b}_{(1)}$, der aus dem Vektor **b** der Regressionsparameter durch Streichung des ersten Elementes, der Regressionskonstanten b_0, entsteht,

$$b_{(1)} = \begin{pmatrix} b_1 \\ . \\ . \\ b_m \end{pmatrix} \tag{3.20.}$$

zusammen, dann geht (3.18.) über in:

$$B_{y.1...m} = \frac{\mathbf{b}'_{(1)}\hat{s}_{xy}}{\hat{s}_y^2} . \tag{3.21.}$$

Beispiel:

Im Abschnitt 2.4. wurde das Beispiel der Abhängigkeit des Niveaus der Produktivität auf drei erklärende Variable (Mechanisierungsgrad der Arbeit, Durchschnittsalter der Arbeitnehmer und durchschnittliche Kapazitätsauslastung) erweitert. Das multiple Bestimmtheitsmaß für diese multiple lineare Regressionsfunktion wird mit Hilfe von (3.21.) berechnet. Dabei sind:

$$b_{(1)} = \begin{pmatrix} 0{,}52123 \\ 0{,}15092 \\ -0{,}02389 \end{pmatrix} ; \quad \hat{s}_{xy} = \begin{pmatrix} 112{,}5824 \\ 15{,}0769 \\ -28{,}2088 \end{pmatrix} ; \quad \hat{s}_y^2 = 65{,}2088 .$$

Das Bestimmtheitsmaß $B_{y.123}$ ist dann:

$$B_{y.123} = \frac{61{,}6306}{65{,}2088} = 0{,}9451 .$$

94,51 Prozent der Gesamtvarianz der empirischen Werte der Produktivität der 14 Firmen können aus der gemeinsamen Abhängigkeit vom Mechanisierungsgrad der Arbeit, dem Durchschnittsalter der Arbeitnehmer und der durchschnittlichen Kapazitätsauslastung erklärt werden. 5,49 Prozent können nicht aus dieser Abhängigkeit aufgrund der berechneten Regressionsfunktion erklärt werden (Unbestimmtheit).

Ebenso wie beim einfachen Bestimmtheitsmaß ändert sich auch das multiple Bestimmtheitsmaß nicht, wenn die Variablen ihre Dimensionen verändern oder einer linearen Transformation unterworfen wurden. Aus letzterem ergibt sich die wichtige Erkenntnis, daß die Regressionsfunktion unter Verwendung der standardisierten Variablen (2.62.) die gleiche Bestimmtheit aufweist wie die ursprüngliche Regressionsfunktion. Da für die standardisierte Variable Y' die Varianz $\hat{s}_{y'}^2$ gleich 1 ist, ergibt sich als spezielles Ergebnis:

$$B_{y.1\ldots m} = 1 - U_{y.1\ldots m}$$

$$\hat{s}^2(\hat{y}') = 1 - \hat{s}_{u'}^2 \,, \qquad (3.22.)$$

das heißt, das Bestimmtheitsmaß ist gleich der "erklärten" Varianz und das Unbestimmtheitsmaß ist gleich der "nicht erklärten" Varianz.

Wenn die Regressionsuntersuchungen auf Stichprobenbasis erfolgen und der Stichprobenumfang n relativ klein ist, wird ein **korrigiertes Bestimmtheitsmaß** $B^*_{y.1\ldots m}$ ermittelt, da die Anzahl der erklärenden Variablen die Anzahl der Freiheitsgrade wesentlich vermindert. Das korrigierte Bestimmtheitsmaß wird also unter Berücksichtigung der Freiheitsgrade berechnet, das heißt, die Freiheitsgrade der Gesamtvarianz der Variablen Y werden in gleicher Weise zerlegt wie die Gesamtvarianz selbst:

$$n - 1 = (n - m - 1) + m \,. \qquad (3.23.)$$

Es ergibt sich dann das korrigierte Bestimmtheitsmaß als

$$\begin{aligned} B^*_{y.1\ldots m} &= 1 - \frac{s_{\hat{u}}^2}{s_y^2} = 1 - U_{y.1\ldots m} \frac{n-1}{n-m-1} \\ &= 1 - (1 - B_{y.1\ldots m}) \frac{n-1}{n-m-1} \,. \end{aligned} \qquad (3.24.)$$

Dabei ist s_y^2 die geschätzte Varianz der Variablen Y und $s_{\hat{u}}^2$ die geschätzte Varianz der Residuen, die entsprechend (3.52.) definiert ist (vgl. Abschnitt 3.2.).

Das Bestimmtheitsmaß B^* vermeidet die Tatsache, daß eine Regressionsfunktion mit einer weiteren erklärenden Variablen, die zwangsläufig eine höhere Bestimmtheit (möglicherweise nur eine geringe Erhöhung des Bestimmtheitsmaßes $B_{y.1\ldots m}$) aufweist, gegenüber der Ausgangsfunktion überbewertet wird, da $B^*_{y.1\ldots m}$ unter Berücksichtigung des Verlustes eines weiteren Freiheitsgrades berechnet wird. Zu beachten ist, daß stets

$$B^* < B \qquad (3.25.)$$

gilt.

Beispiel:
Für die Regressionsfunktionen des Abschnittes 2.4. mit zwei bzw. drei erklärenden Variablen wurden oben die multiplen Bestimmtheitsmaße $B_{y.12}$ und $B_{y.123}$ berechnet. Werden die empirischen Werte der Variablen als Stichproben aufgefaßt, sind die entsprechenden korrigierten Bestimmtheitsmaße:

$$B^*_{y.12} = 1 - 0{,}0553 \frac{14-1}{14-2-1} = 0{,}9346$$

$$B^*_{y.123} = 1 - 0{,}0549 \frac{14-1}{14-3-1} = 0{,}92863 \ .$$

Das Beispiel verdeutlicht im Vergleich von $B_{y.1...m}$ und $B^*_{y.1...m}$, daß ohne Berücksichtigung der Anzahl der Freiheitsgrade die Bestimmtheit überschätzt wird. Die zusätzliche Aufnahme der Variablen X_3 trägt nicht zu einer wesentlichen Erklärung der Variation der Variablen Y bei, im Gegenteil: $B^*_{y.123}$ ist kleiner als $B^*_{y.12}$.

Es ist deshalb empfehlenswert, für zwei gleichplausible Regressionsfunktionen derjenigen den Vorzug zu geben, die das höhere korrigierte Bestimmtheitsmaß B^* aufweist.

Für weitere Betrachtungen zum multiplen Bestimmtheitsmaß auf Stichprobenbasis sei wieder auf den Abschnitt 5.3.2. verwiesen.

3.1.3. Partielle Bestimmtheit

Sind die Bedingungen einer multiplen Regression gegeben, dann interessiert die Frage, in welchem Maße die Bestimmtheit durch eine der erklärenden Variablen bedingt ist, wenn der Einfluß aus den übrigen erklärenden Variablen ausgeschaltet wird. Diese Frage beantwortet das partielle Bestimmtheitsmaß. Es soll am Fall einer multiplen linearen Regressionsfunktion mit zwei erklärenden Variablen dargestellt werden.

Soll die Bestimmtheit zwischen der zu erklärenden Variablen Y und der erklärenden Variablen X_1 unter Ausschaltung des Einflusses von X_2 berechnet werden, so ist ein partielles Bestimmtheitsmaß $B_{y1.2}$ zu ermitteln. Der Index beim Bestimmtheitsmaß gibt die Abhängigkeit an, wobei die Variable, deren Einfluß ausgeschaltet wird, nach dem Punkt steht. Im Abschnitt 2.5. wurde gezeigt, wie die Variablen Y und X_1 vom Einfluß der Variablen X_2 bereinigt werden. Es entstehen die bereinigten Werte der Variablen:

$$y_i^* = y_i - \hat{y}_i \quad ; \quad x_{i1}^* = x_{i1} - \hat{x}_{i1} \;, \tag{2.66.}$$

wobei

$$\hat{y}_i = b_0 + b_2\, x_{i2} \quad ; \qquad \hat{x}_{i1} = b_0^* + b_2^*\, x_{i2} \tag{2.64.}$$

ist (i = 1, ..., n). Auf diese bereinigten Werte wird die Berechnungsmethodik des einfachen Bestimmtheitsmaßes angewandt. Dadurch ergibt sich entsprechend (3.9.) aus Abschnitt 3.1.1. nach einigen Umformungen, wobei zu beachten ist, daß die Mittelwerte von (2.66.) gleich Null sind, das partielle Bestimmtheitsmaß wie folgt:

$$B_{y1.2} = \frac{[\, \sum (\, x_{i1} - \hat{x}_{i1}\,)(\, y_i - \hat{y}_i\,)\,]^2}{\sum (\, x_{i1} - \hat{x}_{i1}\,)^2 \sum (\, y_i - \hat{y}_i\,)^2} \;. \tag{3.26.}$$

Durch Umformungen, auf deren Einzelausführung hier verzichtet werden soll, erhält man auch:

$$B_{y1.2} = \frac{B_{y1} - 2\sqrt{B_{y1}\, B_{y2}\, B_{12}} + B_{y2}\, B_{12}}{(\, 1 - B_{y1}\,)(\, 1 - B_{12}\,)} \;. \tag{3.27.}$$

Das partielle Bestimmtheitsmaß läßt sich folglich auf die einfachen Bestimmtheitsmaße zurückführen. Formel (3.26.) bzw. (3.27.) gibt jene Bestimmtheit für die Regression von Y bezüglich X_1 an, die aus der Abhängigkeit der Variablen Y von der Variablen X_1 zu erklären ist, wenn der Einfluß der Variablen X_2 nicht wirksam ist. Daraus ist ersichtlich, daß die Fragestellung der partiellen Bestimmtheit sich wesentlich von der der multiplen Bestimmtheit unterscheidet. Beide Bestimmtheitsmaße dürfen nicht verwechselt werden. Bei den multiplen und partiellen Regressionskoeffizienten liegen die Dinge bekanntlich anders.

Nach entsprechenden Umformungen von (3.26.) läßt sich zeigen, daß das partielle Bestimmtheitsmaß auch direkt aus den empirischen Daten zu ermitteln ist. Rationeller läßt sich das partielle Bestimmtheitsmaß über die entsprechenden partiellen Korrelationskoeffizienten finden, deren Darstellung im Abschnitt 4.3. erfolgt. Deshalb soll an dieser Stelle auch kein Beispiel gegeben werden.

3.1.4. Innere Bestimmtheit

Im Abschnitt 2.6. wurde bereits darauf hingewiesen (vgl. Annahme 3), daß die Kenntnis über vorliegende Beziehungen zwischen den erklärenden Variablen X_k (k = 1, ..., m) wichtig für die Lösung des Normalgleichungssystems ist. Die Überlegungen zur Bestimmtheit der Regression sollen deshalb ausgenutzt werden, um ein Maß für die Abhängigkeit der erklärenden Variablen untereinander einzuführen. Das Bestimmtheitsmaß für die Abhängigkeit der k-ten erklärenden Variablen von den anderen erklärenden Variablen wird mit $B_{k.1...(k-1)(k+1)...m}$ bezeichnet. Diese Bestimmtheit wird auch innere Bestimmtheit der Regression genannt.

Zur Berechnung des inneren Bestimmtheitsmaßes wird von der Matrix S^*_{xx} der Summen der Abweichungsquadrate und Abweichungsprodukte der erklärenden Variablen ausgegangen. Sie ist

$$S^*_{xx} = \begin{pmatrix} s^*_{11} & s^*_{12} & \dots & s^*_{1m} \\ s^*_{21} & s^*_{22} & \dots & s^*_{2m} \\ . & . & \dots & . \\ . & . & \dots & . \\ s^*_{m1} & s^*_{m2} & \dots & s^*_{mm} \end{pmatrix} \qquad (3.28.)$$

worin $s^*_{kk} = \Sigma\,(x_{ik} - \bar{x}_k)^2$ die Summe der Abweichungsquadrate der erklärenden Variablen X_k und $s^*_{kl} = \Sigma\,(x_{ik} - \bar{x}_k)(x_{il} - \bar{x}_l)$ für $k \neq l$ die Summe der Abweichungsprodukte der erklärenden Variablen X_k und X_l sind. Die Inverse der Matrix S^*_{xx} soll mit V_{xx} bezeichnet werden:

$$(S^*_{xx})^{-1} = V_{xx} = \begin{pmatrix} v_{11} & v_{12} & \dots & v_{1m} \\ v_{21} & v_{22} & \dots & v_{2m} \\ . & . & \dots & . \\ . & . & \dots & . \\ v_{m1} & v_{m2} & \dots & v_{mm} \end{pmatrix} \qquad (3.29.)$$

Das innere Bestimmtheitsmaß $B_{k.1...(k-1)(k+1)...m}$ ergibt sich als:

$$B_{k.1...(k-1)(k+1)...m} = 1 - \frac{1}{v_{kk}\, s^*_{kk}}, \qquad (3.30.)$$

worin v_{kk} ein Element der Matrix V_{xx} und s^*_{kk} ein Element der Matrix S^*_{xx} jeweils in der k-ten Zeile und k-ten Spalte ist.

Beispiel:
Für das Beispiel aus Abschnitt 2.4. mit drei erklärenden Variablen ergeben sich die inneren Bestimmtheitsmaße wie folgt: Es sind

$$S^*_{xx} = \begin{pmatrix} 2692{,}8574 & 297 & -634{,}5716 \\ 297{,}0000 & 250 & -145{,}0000 \\ -634{,}5716 & -145 & 589{,}2155 \end{pmatrix},$$

$$V_{xx} = \begin{pmatrix} 0{,}000522 & -0{,}000343 & 0{,}000477 \\ -0{,}000343 & 0{,}004891 & 0{,}000834 \\ 0{,}000477 & 0{,}000834 & 0{,}002417 \end{pmatrix}$$

wobei die Elemente der Matrix V_{XX} gerundet angegeben wurden. Nach (3.30.) ist nun

$$B_{1.23} = 1 - \frac{1}{v_{11} s_{11}^*} = 1 - \frac{1}{0{,}000522 \cdot 2692{,}8574} = 0{,}2882$$

$$B_{2.13} = 1 - \frac{1}{v_{22} s_{22}^*} = 1 - \frac{1}{0{,}004891 \cdot 250} = 0{,}1822$$

$$B_{3.12} = 1 - \frac{1}{v_{33} s_{33}^*} = 1 - \frac{1}{0{,}002417 \cdot 589{,}2155} = 0{,}2977$$

Da die inneren Bestimmtheitsmaße ebenfalls nur im Intervall von Null bis Eins liegen können, zeigen die Ergebnisse der Berechnung für das Beispiel geringe Abhängigkeiten zwischen den erklärenden Variablen an. Die inneren Bestimmtheitsmaße werden auch noch bei der Behandlung der Multikollinearität im Kapitel 6. von Bedeutung sein.

Die verschiedenen Bestimmtheitsmaße können nicht das einzige Kriterium für die Einschätzung einer Regressionsfunktion sein, insbesondere dann nicht, wenn die Anwendung des Bestimmtheitsmaßes zu falschen Schlüssen verleiten kann. Stellen beispielsweise die empirischen Daten Zeitreihen dar (vgl. Kapitel 7.) oder existieren zwischen den Variablen nicht nur direkte, sondern auch vielfältige indirekte Beziehungen (vgl. Kapitel 6. und 10.), wird die Anwendung des Bestimmtheitsmaßes problematisch. Es müssen deshalb später noch weitere Möglichkeiten der Einschätzung bzw. Prüfung einer Regressionsfunktion behandelt werden.

3.2. Standardfehler

Im Rahmen der induktiven Regressionsanalyse, das heißt, wenn die Daten der Variablen Y auf einer Stichprobe basieren, besteht eine weitere Möglichkeit der Einschätzung der Güte der geschätzten Regressionsfunktion über die Standardfehler bzw. Varianzen der Residuen und der Regressionsparameter.

Die Varianzen und Standardfehler der Regressionsparameter

Die m + 1 Schätzfunktionen B_k (k = 0, 1, ..., m), die in **B** (2.95) enthalten sind, sind Zufallsvariable, die bestimmte Wahrscheinlichkeitsverteilungen mit den Erwartungswerten β_k [vgl. (2.100.)] und den Varianzen $\sigma^2(B_k)$ aufweisen. Die möglichen Werte der geschätzten Regressionsparameter streuen also um den jeweiligen Parameterwert β_k der Grundgesamtheit. Zwischen den Schätzfunktionen der Regressionsparameter gibt es auch gemeinsame Streuungen (Kovarianzen).

Die Varianz der Schätzfunktion B_k (im weiteren als Varianz des Regressionsparameters B_k bezeichnet) ist definiert als

$$\sigma^2(B_k) = E[(B_k - \beta_k)^2]\ , \quad k = 0,1,\ldots,m \tag{3.31.}$$

und die Kovarianz zwischen den Schätzfunktionen B_k und B_j als

$$\sigma(B_k\, B_j) = E[(B_k - \beta_k)(B_j - \beta_j)]\ , \quad k \neq j\ ;\ k,j = 0,1,\ldots,m \tag{3.32.}$$

Für alle m + 1 Schätzfunktionen ergibt sich dann die **Varianz- Kovarianz-Matrix der Regressionsparameter**

$$\Sigma_B = E[(B - \beta)(B - \beta)'] = \begin{pmatrix} \sigma^2(B_0) & \sigma(B_0\, B_1) & \ldots & \sigma(B_0\, B_m) \\ \sigma(B_1\, B_0) & \sigma^2(B_1) & \ldots & \sigma(B_1\, B_m) \\ . & . & \ldots & . \\ . & . & \ldots & . \\ \sigma(B_m\, B_0) & \sigma(B_m\, B_1) & \ldots & \sigma^2(B_m) \end{pmatrix} . \tag{3.33.}$$

Setzt man $\mathbf{B} = \beta + (\mathbf{X}'\mathbf{X})^{-1}\mathbf{X}'\mathbf{U}$ (2.98.) in (3.33.) ein, ergibt sich

$$\Sigma_B = E[(\mathbf{X}'\mathbf{X})^{-1}\mathbf{X}'\mathbf{U}\mathbf{U}'\mathbf{X}(\mathbf{X}'\mathbf{X})^{-1}].$$

Unter Berücksichtigung der Annahme 1 erhält man für den Erwartungswert:

$$\Sigma_B = (\mathbf{X}'\mathbf{X})^{-1}\mathbf{X}'E(\mathbf{U}\mathbf{U}')\mathbf{X}(\mathbf{X}'\mathbf{X})^{-1} . \tag{3.34.}$$

Der Erwartungswert $E(\mathbf{U}\mathbf{U}')$ war entsprechend Annahme 7:

$$E(\mathbf{U}\mathbf{U}') = \sigma_U^2\mathbf{I}, \tag{2.81.}$$

so daß das Ergebnis der Bildung des Erwartungswertes ist:

$$\Sigma_B = \sigma_U^2\,(\mathbf{X}'\mathbf{X})^{-1} . \tag{3.35.}$$

σ_U^2 ist die Varianz der Zufallsvariablen U_i, die nach Annahme 6 für alle i = 1, ..., n gleich ist. Sie ist allerdings unbekannt und muß durch eine Schätzfunktion für σ_U^2 (siehe weiter unten) ersetzt werden:

$$S_B = S_U^2\,(\mathbf{X}'\mathbf{X})^{-1} . \tag{3.36.}$$

Liegt nach der Schätzung der Regressionsfunktion die Varianz der Residuen als ein Schätzwert s_U^2 für S_U^2 vor, dann geht (3.36.) in die geschätzte Varianz-Kovarianz-Matrix der Regressionsparameter über:

$$S_B = s_0^2 \ (X'X)^{-1} \ . \tag{3.37.}$$

In der Hauptdiagonale von S_B stehen die gesuchten Schätzwerte der Varianzen der Regressionsparameter. Bezeichnet man mit $x^{(kk)}$ das k-te Element der Hauptdiagonale der Matrix $(X'X)^{-1}$, so ergibt sich die Varianz des Regressionsparameters b_k durch die Multiplikation der Varianz der Residuen mit dem k-ten Element der Hauptdiagonale der inversen Matrix $(X'X)^{-1}$:

$$s^2(B_k) = s_0^2 \cdot x^{(kk)} \ . \tag{3.38.}$$

Der Standardfehler des Regressionsparameters b_k ist die positive Wurzel aus (3.38.):

$$s(B_k) = s_0 \sqrt{x^{(kk)}} \ . \tag{3.39.}$$

Die Varianzen und Standardfehler der Regressionsparameter sollen nun explizit für die einfache lineare Regressionsfunktion notiert werden, was auch dem Verständnis der obigen Matrixnotation dienen soll. Für die einfache lineare Regressionsfunktion ist

$$(X'X) = \begin{pmatrix} n & \Sigma x_i \\ \Sigma x_i & \Sigma x_i^2 \end{pmatrix}, \quad (X'X)^{-1} = \frac{1}{n \, \Sigma \, x_i^2 - \Sigma \, x_i \, \Sigma \, x_i} \begin{pmatrix} \Sigma \, x_i^2 & -\Sigma \, x_i \\ -\Sigma \, x_i & n \end{pmatrix}$$

bzw.

$$(X'X)^{-1} = \begin{pmatrix} \frac{1}{n} + \frac{\bar{x}^2}{\Sigma(x_i - \bar{x})^2} & -\frac{\bar{x}}{\Sigma(x_i - \bar{x})^2} \\ -\frac{\bar{x}}{\Sigma(x_i - \bar{x})^2} & \frac{1}{\Sigma(x_i - \bar{x})^2} \end{pmatrix}$$

woraus für (3.37.) folgt:

$$S_B = s_0^2 \begin{pmatrix} \frac{1}{n} + \frac{\bar{x}^2}{\Sigma(x_i - \bar{x})^2} & -\frac{\bar{x}}{\Sigma(x_i - \bar{x})^2} \\ -\frac{\bar{x}}{\Sigma(x_i - \bar{x})^2} & \frac{1}{\Sigma(x_i - \bar{x})^2} \end{pmatrix}$$

s_0^2 mit dem 1. Element der Hauptdiagonale von $(X'X)^{-1}$ multipliziert, ergibt die Varianz der Regressionskonstanten b_0:

$$s^2(B_0) = s_0^2 \left(\frac{1}{n} + \frac{\bar{x}^2}{\Sigma \ (\ x_i - \bar{x} \ )^2} \right), \tag{3.40.}$$

bzw. als Standardfehler notiert:

$$s(B_0) = s_0 \sqrt{\frac{1}{n} + \frac{\bar{x}^2}{\Sigma(x_i - \bar{x})^2}} \; . \qquad (3.41.)$$

s_0^2 mit dem 2. Element der Hauptdiagonale von $(\mathbf{X}'\mathbf{X})^{-1}$ multipliziert, ergibt die Varianz des Regressionskoeffizienten b_1:

$$s^2(B_1) = s_0^2 \frac{1}{\Sigma(x_i - \bar{x})^2} \qquad (3.42.)$$

bzw. als Standardfehler:

$$s(B_1) = s_0 \sqrt{\frac{1}{\Sigma(x_i - \bar{x})^2}} \qquad (3.43.)$$

Mit $\Sigma\,(x_i - \bar{x})^2 = n \cdot s_x^2$ läßt sich (3.43.) auch in folgender Weise aufschreiben:

$$s(B_1) = \frac{s_0}{s_x \sqrt{n}} \; . \qquad (3.44.)$$

Für die multiple lineare Regressionsfunktion mit zwei erklärenden Variablen sind die Varianzen der Regressionsparameter:

$$s^2(B_0) = \frac{s_0^2}{n} \left(1 + \frac{\bar{x}_1^2 s_2^2 - 2\bar{x}_1\bar{x}_2 s_{12} + \bar{x}_2^2 s_1^2}{s_1^2 s_2^2 - s_{12}^2} \right) \qquad (3.45.)$$

$$s^2(B_1) = \frac{s_0^2 s_2^2}{n(s_1^2 s_2^2 - s_{12}^2)} \qquad (3.46.)$$

$$s^2(B_2) = \frac{s_0^2 s_1^2}{n(s_1^2 s_2^2 - s_{12}^2)} \qquad (3.47.)$$

Aus diesen Formeln läßt sich folgendes über die Standardfehler der Regressionsparameter ableiten:

1. Die Standardfehler der Regressionsparameter hängen von der Streuung der Residuen s_0 ab.
   Unter sonst gleichbleibenden Bedingungen sind die Standardfehler der Regressionsparameter um so größer, je größer die Streuung der Residuen ist. Je mehr also die beobachteten Werte der Variablen Y von der Regressionsfunktion abweichen, desto ungenauer sind auch die geschätzten Regressionsparameter.
2. Die Standardfehler der Regressionsparameter hängen von n, dem Stichprobenumfang ab.
   Je größer der Stichprobenumfang ist, um so kleiner sind die Standardfehler der Regressionsparameter und um so genauer ist die Schätzung der Regressionsparameter.

3. Die Standardfehler der Regressionsparameter hängen von den Streuungen der erklärenden Variablen s_k (k = 1, ..., m) ab. Je größer die Streuung der erklärenden Variablen X_k ist, desto kleiner ist der Standardfehler des Regressionsparameters B_k und um so genauer ist die Schätzung des Regressionsparameter.
Die Lage der Regressionsfunktion ist bei großer Streuung der erklärenden Variablen (langgestreckte Punktwolke) gesicherter als bei kleiner Streuung (enge Punktwolke). Bei kleinen Streuungen kann die Neigung der Regressionsfunktion sich viel schneller verändern, auch wenn die Residuen und damit die Werte der Variablen Y sich nur wenig ändern. Eine große Streuung der erklärenden Variablen X_k wirkt sich dabei stärker auf den Standardfehler des Regressionskoeffizienten B_k aus als große Streuungen der anderen erklärenden Variablen X_j ($j \neq k$), da die letztgenannten Streuungen sowohl im Zähler als auch im Nenner des Standardfehlers der Regressionskoeffizienten auftreten, z.B. die Streuung s_2 der erklärenden Variablen X_2 in Formel (3.46.).
4. Die Standardfehler der Regressionsparameter hängen von den Kovarianzen zwischen den erklärenden Variablen s_{kj} ($k,j=1,...,m$; $j \neq k$) ab. Wenn Kovarianzen verschieden von Null sind, dann existiert Multikollinearität zwischen den erklärenden Variablen (siehe auch Kapitel 6.).
Je größer die Kovarianzen zwischen den erklärenden Variablen sind, desto größer sind die Standardfehler der Regressionsparameter und um so ungenauer ist die Schätzung der Regressionsparameter. Je größer z.B. in Formel (3.46.) die Kovarianz s_{12} ist, desto größer wird der Standardfehler $s(B_1)$.
5. Der Standardfehler der Regressionskonstanten $s(B_0)$ hängt auch von den Mittelwerten der erklärenden Variablen $\overline{x}_k$ (k = 1, ..., m) ab. Je größer die Mittelwerte der erklärenden Variablen sind, das heißt, je weiter unter sonst gleichen Bedingungen die Werte der erklärenden Variablen vom Nullpunkt entfernt sind, desto größer ist der Standardfehler der Regressionskonstanten und um so ungenauer ist die Schätzung der Regressionskonstanten. Da bei ökonomischen Problemstellungen die Werte der erklärenden Variablen oft weit vom Nullpunkt entfernt sind, ist die Schätzung der Regressionskonstanten meistens sehr unzuverlässig. Wird Wert auch auf eine genaue Schätzung der Regressionskonstanten gelegt, so empfiehlt sich eine geeignete Transformation der Werte vor der Durchführung der Regressionsschätzung.

Die Standardfehler der Regressionsparameter haben eine festliegende untere Grenze von Null, jedoch keine feststehende obere Grenze. Deshalb ist es sicherlich sehr subjektiv, eine Einschätzung zu treffen, ob der Standardfehler groß oder klein ist bzw. einen Vergleich zwischen mehreren Standardfehlern von Regressionsparametern vorzunehmen. Um solchem Subjektivismus vorzubeugen, sollten die relativen Standardfehler berechnet werden:

$$s'(B_k) = \frac{s(B_k)}{b_k}, \quad k = 1, \ldots, m \tag{3.48.}$$

Die relativen Standardfehler der Regressionsparameter sind dimensionslose Größen, können mit 100% multipliziert und somit prozentual interpretiert werden (ihre obere Grenze ist aber nicht 100 % !). Je größer diese relativen Standardfehler der Regressionsparameter sind, desto weniger zuverlässig sind die geschätzten Regressionsparameter und damit die gesamte Regressionsfunktion.

Die Varianz und der Standardfehler der Residuen

Da die Zufallsvariable U_i (i = 1, ..., n) als Fehler der spezifizierten Regressionsfunktion interpretiert wird, wird ihr Standardfehler auch als Standardfehler der Regressionsschätzung bezeichnet.

Die Zufallsvariablen U_i sind Zufallsvariable, die eine bestimmte (gemeinsame) Wahrscheinlichkeitsverteilung mit dem Erwartungswert Null (Annahme 5) und der Varianz σ_U^2 (Annahme 6 aus Abschnitt 2.6.) besitzen. σ_U^2 ist also die Varianz der Zufallsvariablen U_i (i = 1, ..., n) in der Grundgesamtheit. Diese Varianz σ_U^2 ist unbekannt. Sie muß im Rahmen der Regressionsanalyse ebenfalls geschätzt werden.

Eine erwartungstreue Schätzfunktion für σ_U^2 ist

$$S_U^2 = \frac{\sum (U_i - \bar{U})^2}{n-1} = \frac{\sum U_i^2}{n-1} = \frac{U'U}{n-1} \tag{3.49.}$$

(zweiter Teil der Formel (3.49.) wegen Annahme 5).

Ein Schätzwert für S_U^2 würde sich ergeben, wenn in (3.49.) die Realisationen u_i der Zufallsvariablen U_i eingesetzt werden. Aber leider sind diese unbekannt. Mit den Zufallsvariablen $\hat{U}_i$ gibt es jedoch Schätzfunktionen (vgl. 2.92.) für die U_i. Diese Zufallsvariablen müssen aber die m+1 Restriktionen

$$\mathbf{X'U} = 0 \tag{3.50.}$$

(in Analogie zu (2.87.)) erfüllen. Damit geht nicht nur ein Freiheitsgrad, sondern gehen m + 1 Freiheitsgrade verloren, sodaß ihre Anzahl n - m - 1 beträgt. Man kann sich dies auch in der Weise verdeutlichen, daß vor der Schätzung der Residuen erst m + 1 Regressionsparameter b_0, b_1, ..., b_m geschätzt werden müssen. Eine plausible Schätzfunktion ist somit

$$s_{\hat{u}}^2 = \frac{\Sigma\,(\hat{u}_i - \bar{\hat{u}})^2}{n - m - 1} = \frac{\Sigma\,\hat{u}_i^2}{n - m - 1} = \frac{\hat{u}'\hat{u}}{n - m - 1}\;. \qquad (3.51.)$$

Liegen nach der Schätzung der Regressionsparameter auch die Schätzwerte $\hat{u}_i$ (i = 1, ..., n), die Residuen, vor, werden sie in (3.51.) eingesetzt und man erhält den Schätzwert für die Streuung der Residuen (kurz als Varianz der Residuen bezeichnet):

$$s_{\hat{u}}^2 = = \frac{\Sigma\,\hat{u}_i^2}{n - m - 1} = \frac{\hat{u}'\hat{u}}{n - m - 1}\;. \qquad (3.52.)$$

Die Varianz der Residuen ist derjenige Teil der geschätzten Gesamtvarianz der zu erklärenden Variablen Y, $s_y^2 = \Sigma(y_i - \bar{y})^2/(n-1)$, der nicht aus der Abhängigkeit der Variablen Y von den erklärenden Variablen X_k (k = 1, ..., m) erklärt werden kann. Der Standardfehler der Residuen ist die positive Wurzel aus (3.52.).

Die Varianzen und Standardfehler der Regreßwerte

Wie in Abschnitt 2.7. dargestellt, sind auch die Regreßwerte (2.90.) Zufallsvariable, da sie lineare Funktionen der Zufallsvariablen B_k (k = 1, ..., m) sind. Sie folgen Wahrscheinlichkeitsverteilungen mit den Erwartungswerten $\tilde{y}$ und den Varianzen $\sigma^2(\hat{Y}_i)$. Alle Varianzen der Regreßwerte lassen sich in der Varianz-Kovarianz-Matrix $\Sigma_{\hat{\mathbf{Y}}}$ zusammenfassen. Im Abschnitt 2.7. wurde gezeigt (vgl. (2.103.)), daß

$$\hat{\mathbf{Y}} - \tilde{\mathbf{y}} = \mathbf{X}(\mathbf{B} - \boldsymbol{\beta})$$

ist. Daraus folgt

$$(\hat{\mathbf{Y}} - \tilde{\mathbf{y}})(\hat{\mathbf{Y}} - \tilde{\mathbf{y}})' = \mathbf{X}(\mathbf{B} - \boldsymbol{\beta})(\mathbf{B} - \boldsymbol{\beta})'\mathbf{X}'\;. \qquad (3.53.)$$

Bei Anwendung des Erwartungsoperators folgt unter Berücksichtigung von (3.35.):

$$\begin{aligned} \Sigma_{\hat{\mathbf{Y}}} = E[(\hat{\mathbf{Y}} - \tilde{\mathbf{y}})(\hat{\mathbf{Y}} - \tilde{\mathbf{y}})'] &= E[\mathbf{X}(\mathbf{B} - \boldsymbol{\beta})(\mathbf{B} - \boldsymbol{\beta})'\mathbf{X}'] \\ &= \mathbf{X}E[(\mathbf{B} - \boldsymbol{\beta})(\mathbf{B} - \boldsymbol{\beta})']\mathbf{X}' \\ &= \mathbf{X}\Sigma_{\mathbf{B}}\mathbf{X}' \\ &= \sigma_U^2\mathbf{X}(\mathbf{X}'\mathbf{X})^{-1}\mathbf{X}' \qquad (3.54.) \end{aligned}$$

und für die Varianz eines Regreßwertes

$$\sigma^2(\hat{Y}_i) = \sigma_U^2\,\mathbf{x}_i'(\mathbf{X}'\mathbf{X})^{-1}\,\mathbf{x}_i'\,. \qquad (3.55.)$$

Auch hier muß die unbekannte Varianz der Zufallsvariablen U durch die Schätzfunktion (3.51.) ersetzt werden:

$$S_{\hat{Y}} = = XS_B X' = S_0^2 X(X'X)^{-1} X' \qquad (3.56.)$$

$$S^2(\hat{Y}_i) = S_0^2 x_i'(X'X)^{-1} x_i'. \qquad (3.57.)$$

Ist die Varianz der Residuen als Schätzwert von S_0^2 bekannt, so wird die geschätzte Varianz-Kovarianz-Matrix der Regreßwerte zu:

$$S_{\hat{Y}} = s_0^2 \, X(X'X)^{-1} X'. \qquad (3.58.)$$

Für die angegebenen Varianzen ist nunmehr noch zu prüfen, ob sie erwartungstreu sind.

Erwartungstreue der Varianz der Residuen

Zur Herleitung der Erwartungstreue der Varianz der Residuen (3.51.) sind folgende Vorbemerkungen notwendig (vgl. SCHNEEWEIß [200], 1971, S. 109 f.). Aus (2.103.) folgt durch Umformung

$$U = \hat{U} + X(B - \beta) \ .$$

Somit wird

$$U'U = [\hat{U} + X(B - \beta)]'[\hat{U} + X(B - \beta)]$$

$$= \hat{U}'\hat{U} + \hat{U}'X(B - \beta) + (B - \beta)'X'\hat{U} + (B - \beta)'X'X(B - \beta)$$

und, weil die beiden mittleren Ausdrücke auf der rechten Seite unter Berücksichtigung von (2.90.) und $X'XB = X'Y$ aus (2.95.)

$$X'\hat{U} = X'(Y - \hat{Y}) = X'Y - X'\hat{Y} = X'XB - X'XB = 0$$

verschwinden,

$$U'U = \hat{U}'\hat{U} + (B - \beta)'X'X(B - \beta)$$

und

$$\hat{U}'\hat{U} = U'U - (B - \beta)'X'X(B - \beta) \ . \qquad (3.59.)$$

Aus der Matrizenrechnung ist bekannt, daß
- die Spur einer quadratischen Matrix gleich der Summe aller ihrer Diagonalelemente ist;
- die Spur der (n-n)-Einheitsmatrix I_n gleich n ist: spI = n;

$- \mathbf{U'U} = sp(\mathbf{U'U}) = sp(\mathbf{UU'})$;

$- (\mathbf{B} - \boldsymbol{\beta})'\mathbf{X'X}(\mathbf{B} - \boldsymbol{\beta}) = sp[(\mathbf{B} - \boldsymbol{\beta})'\mathbf{X'X}(\mathbf{B} - \boldsymbol{\beta})]$
$\qquad = sp[\mathbf{X'X}(\mathbf{B} - \boldsymbol{\beta})(\mathbf{B} - \boldsymbol{\beta})']$.

Für den Erwartungswert von (3.51.) ergibt sich nun unter Verwendung von (3.59.):

$$E(S_{\hat{U}}^2) = E[\hat{\mathbf{U}}'\hat{\mathbf{U}}/(n-m-1)] = \frac{1}{n-m-1} E[\mathbf{U'U} - (\mathbf{B} - \boldsymbol{\beta})'\mathbf{X'X}(\mathbf{B} - \boldsymbol{\beta})]$$

$$= \frac{1}{n-m-1} (E[sp(\mathbf{UU'})] - E[sp\{\mathbf{X'X}(\mathbf{B} - \boldsymbol{\beta})(\mathbf{B} - \boldsymbol{\beta})'\}])$$

$$= \frac{1}{n-m-1} (sp[E(\mathbf{UU'})] - sp\{\mathbf{X'X}E[(\mathbf{B} - \boldsymbol{\beta})(\mathbf{B} - \boldsymbol{\beta})']\})$$

Wegen Annahmen 6 und 7 sowie (3.35.) folgt:

$$E(S_{\hat{U}}^2) = \frac{1}{n-m-1} (\sigma_U^2 \cdot sp\mathbf{I}_n - \sigma_U^2 \cdot sp\{\mathbf{X'X}(\mathbf{X'X})^{-1}\})$$

$$= \frac{1}{n-m-1} [\sigma_U^2(sp\mathbf{I}_n - sp\mathbf{I}_{m+1})] = \frac{1}{n-m-1} \{\sigma_U^2[n - (m + 1)]\}$$

$$= \sigma_U^2 \qquad (3.60.)$$

$S_{\hat{U}}^2$ ist eine erwartungstreue Schätzfunktion von σ_U^2.

Erwartungstreue der Varianzen der Regressionsparameter

Für den Erwartungswert von (3.36.) ergibt sich unter Berücksichtigung des soeben erreichten Ergebnisses (3.60.):

$$E(\mathbf{S_B}) = E[S_{\hat{U}}^2(\mathbf{X'X})^{-1}] = (\mathbf{X'X})^{-1}E(S_{\hat{U}}^2) = \sigma_U^2(\mathbf{X'X})^{-1} \; . \qquad (3.61.)$$

$\mathbf{S_B}$ ist eine erwartungstreue Schätzfunktion von $\boldsymbol{\Sigma}_\mathbf{B}$ (3.35.).

Erwartungstreue der Varianzen der Regreßwerte

Für den Erwartungswert von (3.56.) ergibt sich analog unter Berücksichtigung von (3.60.):

$$E(\mathbf{S}_{\hat{\mathbf{Y}}}) = E[S_{\hat{U}}^2\mathbf{X}(\mathbf{X'X})^{-1}\mathbf{X'}] = \mathbf{X}(\mathbf{X'X})^{-1}\mathbf{X'}E(S_{\hat{U}}^2) = \sigma_U^2\mathbf{X}(\mathbf{X'X})^{-1}\mathbf{X'}. \qquad (3.62.)$$

$\mathbf{S}_{\hat{\mathbf{Y}}}$ ist eine erwartungstreue Schätzfunktion von $\boldsymbol{\Sigma}_{\hat{\mathbf{Y}}}$ (3.54.).

Beispiele:
Bei den nachfolgenden Beispielen wird wieder davon ausgegangen, daß die Werte der Variablen Y aus einer Stichprobe stammen.

- Für die einfache lineare Regressionsfunktion aus dem Abschnitt 2.3.1., die die Abhängigkeit des Niveaus der Produktivität vom Mechanisierungsgrad erfaßte, werden die Standardfehler der Regressionsparameter berechnet. Es sind

  $$(X'X) = \begin{pmatrix} 14 & 724 \\ 724 & 40134 \end{pmatrix}; \quad (X'X)^{-1} = \begin{pmatrix} 1,06456 & -0,01920 \\ -0,01920 & 0,00037 \end{pmatrix}$$

  sowie

  $$s_0^2 = \frac{52,2639}{12} = 4,3553 \quad \text{und } s_0 = 2,0869 .$$

  Damit ergibt sich nach (3.38.) und (3.39.) für die Varianzen und Standardfehler der Regressionsparameter:

  $$s^2(B_0) = 4,3553 \cdot 1,06456 = 4,6364 \quad \text{und} \quad s(B_0) = 2,1532$$

  $$s^2(B_1) = 4,3553 \cdot 0,00037 = 0,00162 \quad \text{und} \quad s(B_1) = 0,0402.$$

  Die relativen Standardfehler sind nach (3.40.):

  $$s'(B_0) = \frac{2,1532}{7,0356} = 0,306 \quad \text{oder } 30,6 \text{ Prozent}$$

  $$s'(B_1) = \frac{0,0402}{0,5435} = 0,07399 \text{ oder } 7,399 \text{ Prozent.}$$

- Für die multiple lineare Regressionsfunktion der Abhängigkeit des Niveaus der Produktivität vom Mechanisierungsgrad, dem Durchschnittsalter der Arbeitnehmer und der durchschnittlichen Kapazitätsauslastung aus Abschnitt 2.4. wurde die benötigte inverse Matrix $(\mathbf{X'X})^{-1}$ bereits dort angegeben. Als Schätzwert für die Varianz der Residuen ergibt sich, berechnet nach (3.52.):
  $s_0^2 = 4,6521$ und $s_0 = 2,1568$.
  Durch Anwendung von (3.38.), (3.39.) und (3.48.) bekommt man nachstehende Ergebnisse:

  $$s^2(B_0) = 4,6521 \cdot 52,88929 = 246,046; \; s(B_0) = 15,6858; \; s'(B_0) = 3,1016$$

  $$s^2(B_1) = 4,6521 \cdot 0,00052 = 0,00242; \; s(B_1) = 0,04918; \; s'(B_1) = 0,09436$$

  $$s^2(B_2) = 4,6521 \cdot 0,004899 = 0,02275; \; s(B_2) = 0,1508 \; ; \; s'(B_2) = 0,9994$$

  $$s^2(B_3) = 4,6521 \cdot 0,002429 = 0,01124; \; s(B_3) = 0,1060 \; ; \; s'(B_3) = 4,4384.$$

Während für die einfache lineare Regressionsfunktion die Standardfehler der Regressionsparameter akzeptabel sind, trifft das bei der multiplen Regressionsfunktion nur für den Standardfehler des Regressionskoeffizienten b_1 zu. Im Vergleich von einfacher und multipler Regressionsfunktion wird aber auch sichtbar, daß sich der relative Standardfehler des Regressionskoeffizienten b_1 von 7,4 Prozent auf 9,4 Prozent erhöht hat; es ist also mit der Aufnahme der beiden erklärenden Variablen X_2 und X_3 auch eine Verschlechterung der Schätzung von b_1 eingetreten. Die multiple Regressionsfunktion ist offensichtlich trotz hohen Bestimmtheitsmaßes (vgl. Abschnitt 3.1.2.) nicht sehr zuverlässig. Hier wird die zusätzliche Aussage der Standardfehler der Regressionsparameter klar sichtbar. Die aus den Ergebnissen des Beispiels erwachsenden Konsequenzen werden im Abschnitt 5.3.3. weiter behandelt.

Die in der Matrix S_B enthaltenen Kovarianzen, das sind die Elemente abseits der Hauptdiagonale, haben ebenfalls eine eigenständige Aussage. Sie geben den Zusammenhang zwischen den Abweichungen zweier Regressionsparameter von ihren wahren Werten an. Ist die Kovarianz positiv, so liegt bei einer positiven Abweichung (Überschätzung) des Regressionsparameters b_k von seinem wahren Wert β_k auch eine positive Abweichung des Regressionsparameter b_j von seinem wahren Wert β_j bzw. bei einer negativen Abweichung (Unterschätzung) des einen Regressionsparameters auch eine negative Abweichung des anderen Regressionsparameters vor. Ist die Kovarianz negativ, so wird eine positive Abweichung (Überschätzung) des Regressionsparameters b_k von seinem wahren Wert β_k von einer negativen Abweichung (Unterschätzung) des Regressionsparameters b_j von seinem wahren Wert β_j begleitet und umgekehrt.

Beispiel:
Für die einfache lineare Regressionsfunktion ist die vollständige Varianz-Kovarianz-Matrix S_B:

$$S_B = \begin{pmatrix} 4,6364 & -0,08364 \\ -0,08364 & 0,00162 \end{pmatrix}$$

worin $s(B_0B_1) = 4,3553 \cdot (-0,0192) = -0,08364$ ist.

Daraus folgt, daß die Überschätzung (bzw. Unterschätzung) des wahren Parameterwertes β_1 durch den geschätzten Regressionskoeffizienten b_1 von einer Unterschätzung (bzw. Überschätzung) des wahren Parameterwertes β_0 durch die geschätzte Regressionskonstante b_0 begleitet wird.

Für die multiple Regressionsfunktion sind die Kovarianzen zwischen den Regressionsparametern:

$s(B_0B_1) = 4,6521 \cdot (-0,06869) = -0,31954$

$s(B_0B_2) = 4,6521 \cdot (-0,26929) = -1,2527$

$s(B_0B_3) = 4,6521 \cdot (-0,33603) = -1,5632$

$s(B_1B_2) = 4,6521 \cdot (-0,00034) = -0,001581$

$s(B_1B_3) = 4,6521 \cdot 0,00048 = 0,00223$

$s(B_2B_3) = 4,6521 \cdot 0,00083 = 0,00386$

Aufgrund dieser Kovarianzen können ebenso wie für die einfache Regressionsfunktion die Zusammenhänge zwischen den einzelnen Regressionsparametern ausgewertet werden, auf deren Einzelbesprechung hier verzichtet werden soll. Die Varianz-Kovarianz-Matrix der Regressionsparameter ist somit vollständig:

$$S_B = \begin{pmatrix} 246,046 & -0,31954 & -1,2527 & -1,5632 \\ -0,31954 & 0,00242 & -0,001581 & 0,00223 \\ -1,2527 & -0,001581 & 0,02275 & 0,00386 \\ -1,5632 & 0,00223 & 0,00386 & 0,01124 \end{pmatrix}$$

Die vollständige Varianz-Kovarianz-Matrix wird besonders in den Kapiteln 5 und 7 für spezielle Tests benötigt.

4. Lineare Korrelation

Wie bereits in den Abschnitten über die lineare Regression und über die Bestimmtheit ausgeführt wurde, lassen sich bei stochastischen Beziehungen die Veränderungen der zu erklärenden Variablen nicht nur auf die Veränderungen der betrachteten erklärenden Variablen zurückführen. Darüber hinaus werden die Veränderungen der zu erklärenden Variablen durch weitere Faktoren und zufällige Erscheinungen beeinflußt. Je mehr jedoch die Veränderungen der einen Variablen durch die Veränderungen der anderen Variablen bedingt sind, desto enger, desto intensiver ist der zu untersuchende Zusammenhang zwischen den Erscheinungen. Die Messung der Intensität, der Enge, des Grades eines empirisch erfaßten Zusammenhanges wird als **Korrelationsanalyse** bezeichnet und ist in den folgenden Abschnitten Gegenstand der deskriptiven Betrachtung. Ausgangspunkt sind dabei wiederum die zahlenmäßigen Beziehungen, die zwischen den zu untersuchenden Erscheinungen existieren.

4.1. Einfache lineare Korrelation

4.1.1. Einfache lineare Korrelation bei nichtgruppierten Angaben

Besteht zwischen zwei Erscheinungen Y und X eine lineare stochastische Beziehung (korrelative Beziehung), so kann der Grad, die Intensität des Zusammenhanges zwischen den beiden Erscheinungen mit Hilfe des Korrelationskoeffizienten r_{yx} ausdrücken werden. Zur Herleitung von r_{yx} wird die Methode verwendet, die im wesentlichen auf Bravais und Pearson zurückgeht.

Sind n Werte zweier linear verbundener Variablen Y und X gegeben, so werden zunächst die Mittelwerte $\overline{y}$ und $\overline{x}$ und die Abweichungen $(y_i-\overline{y})$ und $(x_i - \overline{x})$ berechnet $(i = 1, \ldots, n)$. Um die Ungleichartigkeit hinsichtlich der Maßeinheiten der Abweichungen sowie der Streuungen auszuschalten, werden die Abweichungen auf die Standardabweichungen s_y und s_x bezogen. Danach werden die Produkte der relativierten Abweichungen gebildet und die Produkte summiert. Dadurch ergibt sich:

$$\sum_{i=1}^{n} \frac{(x_i - \overline{x})}{s_x} \frac{(y_i - \overline{y})}{s_y} \qquad (4.1.)$$

Diese Summe (4.1.) wird um so größer, je mehr die Reihen der zwei Variablen gleichläufig oder gegenläufig sind. In diesen Fällen entsprechen großen Abweichungen bei der Variablen Y große Abweichungen bei der Variablen X. Treten diese Beziehungen nicht auf, so ist der Zusammenhang zwischen den beiden Variablen weniger intensiv. Außerdem ist die Produktsumme in (4.1.) von der Anzahl der Wertepaare abhängig. Um die Produktsumme von der Anzahl der beobachteten Wertepaare unabhängig zu machen, wird der Ausdruck (4.1.) durch n-1 dividiert. Das entstehende Ergebnis wird einfacher linearer **Korrelationskoeffizient** oder kurz Korrelationskoeffizient genannt. Es ist:

$$r_{yx} = \frac{\dfrac{\sum_{i=1}^{n} (x_i - \bar{x})(y_i - \bar{y})}{n - 1}}{s_x \, s_y} \qquad (4.2.)$$

Da der Ausdruck im Zähler von (4.2.) die empirische Kovarianz zwischen den Variablen Y und X ist, läßt sich (4.2.) wie folgt schreiben:

$$r_{yx} = \frac{s_{xy}}{s_x s_y} \; . \qquad (4.3.)$$

Nach (4.3.) ist der Korrelationskoeffizient eine standardisierte Kovarianz, die als Verhältnis der Kovarianz zum Produkt der Standardabweichungen der beiden Variablen Y und X darstellbar ist.

Setzt man in (4.2.) die entsprechenden Definitionen der Standardabweichungen ein, so gibt sich nach Kürzung:

$$r_{yx} = \frac{\sum_{i=1}^{n} (x_i - \bar{x})(y_i - \bar{y})}{\sqrt{\sum_{i=1}^{n} (x_i - \bar{x})^2 \sum_{i=1}^{n} (y_i - \bar{y})^2}} \qquad (4.4.)$$

bzw. nach Auflösung der Klammern und einigen einfachen Umformungen:

$$r_{yx} = \frac{n \sum_{i}^{n} x_i \, y_i - \sum_{i=1}^{n} x_i \sum_{i}^{n} y_i}{\sqrt{(n \sum_{i=1}^{n} x_i^2 - \sum_{i=1}^{n} x_i \sum_{i=1}^{n} x_i)(n \sum_{i=1}^{n} y_i^2 - \sum_{i=1}^{n} y_i \sum_{i=1}^{n} y_i)}} \; . \qquad (4.5.)$$

Vor allem die Formel (4.5.) eignet sich gut für die praktische Berechnung des Korrelationskoeffizienten. Zur Berechnung werden nur die Ausgangsdaten benötigt, alle Zwischenrechnungen können aus der Arbeitstabelle zur Berechnung der Regressionsparameter (vgl. Abschnitt 2.3.1.) entnommen werden.

Ebenso wie bei der Berechnung der Regressionsfunktionen lassen sich auch bei der Korrelationsanalyse die Berechnungen bei umfangreichem Zahlenmaterial günstig und schnell auf Personalcomputern mit der entsprechenden Statistik-Software durchführen.

Der Wert des Korrelationskoeffizienten liegt in dem Intervall

$$-1 \leq r_{yx} \leq +1 \ . \tag{4.6.}$$

Der Wert +1 bzw. -1 wird vom Korrelationskoeffizienten nur dann erreicht, wenn zwischen den korrespondierenden Abweichungen $(x_i - \bar{x})$ und $(y_i - \bar{y})$ eine direkte bzw. umgekehrte Proportionalität besteht. Je mehr sich die Beziehungen zwischen den korrespondierenden Abweichungen von der direkten oder umgekehrten Proportionalität entfernen, um so mehr nähert sich $\Sigma\,(x_i - \bar{x})(y_i - \bar{y})$ dem Wert Null.

Ist der Korrelationskoeffizient positiv, so spricht man von einer positiven Korrelation und analog von einer negativen Korrelation, wenn der Korrelationskoeffizient negativ ist. Je mehr sich der Wert des Korrelationskoeffizienten den Werten +1 oder -1 nähert, desto enger, desto intensiver ist der Zusammenhang zwischen den Variablen Y und X. Ist $r_{yx} = +1$, so entspricht die Beziehung zwischen Y und X einer steigenden linearen Funktion; ist $r_{yx} = -1$, so entspricht sie einer fallenden linearen Funktion. Je mehr sich der Wert des Korrelationskoeffizienten dem Wert Null nähert, um so schwächer ist der untersuchte Zusammenhang. Sind die beiden zu untersuchenden Variablen überhaupt nicht linear verbunden, so ist $r_{yx} = 0$; es liegt dann keine lineare Korrelation vor. Wenn bei praktischen Untersuchungen $r_{yx} = 0$ ist, so darf jedoch nicht voreilig der Schluß gezogen werden, daß kein Zusammenhang zwischen den zu untersuchenden Variablen vorliegt. Es kann lediglich der Schluß gezogen werden, daß auf Grund des zur Verfügung stehenden Zahlenmatrials keine lineare Korrelation feststellbar ist. Die Frage, ob eventuell eine nichtlineare Korrelation zu beobachten ist, kann mit Hilfe dieses Korrelationskoeffizienten nicht beantwortet werden. Es kann durchaus der Fall eintreten, daß $r_{yx} = 0$ ist, also keine lineare Korrelation vorliegt, daß aber zwischen den Variablen eine enge nichtlineare Beziehung existiert. Der lineare Korrelationskoeffizient läßt nur unter der Bedingung der linearen Verbundenheit der Variablen Schlüsse über die Intensität eines korrelativen Zusammenhanges zu. Wie bereits aus (4.3.) bzw. (4.4.) ersichtlich, ist es bei der Berechnung des Korrelationskoeffizienten unerheblich, ob Y als zu erklärende Variable und X als erklärende Variable oder umgekehrt auftreten. Ein Ersetzen von jeweils X durch Y und Y durch X ändert an der Formel (4.4.) nichts. Es gilt folglich $r_{yx} = r_{xy}$. Für die lineare Korrelation zweier Variablen gibt es also nur einen linearen Korrelationskoeffizienten. Hieraus ist unmittelbar ablesbar, daß der lineare Korrelationskoeffizient die Wechselbeziehung zwischen den Variablen ausdrückt. Die Formel (4.3.) läßt erkennen, daß der Korrelationskoeffizient sich nicht verändert, wenn die Variablen Y und X einer Veränderung der Maßeinheit oder einer Transformation unterzogen werden.

Beispiel 1:
Für das Beispiel in Abschnitt 2.3.1. (Zusammenhang zwischen Niveau der Produktivität und Mechanisierungsgrad der Arbeit) wird der einfache lineare Korrelationskoeffizient unter Verwendung der Formel (4.5.) berechnet. Die notwendigen Zwischenrechnungen sind in Tabelle 2.4. in Abschnitt 2.3.1. enthalten.

$$r_{yx} = \frac{14 \cdot 26907 - 724 \cdot 492}{\sqrt{(14 \cdot 40134 - 724 \cdot 724)(14 \cdot 18138 - 492 \cdot 492)}} = 0{,}9687 \; .$$

Beispiel 2:
In gleicher Weise wird der Korrelationskoeffizient für das Beispiel aus Abschnitt 2.1. für den Zusammenhang zwischen wertmäßigem Produktionsvolumen und eingesetztem Kapital berechnet.

$$r_{yx} = \frac{52 \cdot 408104 - 1616 \cdot 12905}{\sqrt{(52 \cdot 53588 - 1616 \cdot 1616)(52 \cdot 3218897 - 12905 \cdot 12905)}}$$

$$= 0{,}9546 \; .$$

In beiden Beispielen liegen die Korrelationskoeffizienten nahe bei Eins. Er besagt, daß der Zusammenhang zwischen Niveau der Produktivität und Mechanisierungsgrad bzw. zwischen wertmäßigem Produktionsvolumen und Kapitaleinsatz für die untersuchten Unternehmen sehr stark, also nur wenig gestört ist. Je weniger ein Zusammenhang gestört ist, desto mehr nähert sich der Korrelationskoeffizient dem Wert +1 oder −1. Aus diesem Grunde kann man vom Wert des Korrelationskoeffizienten auch auf die Regressionsfunktion Schlüsse ziehen.

Eine lineare Regressionsfunktion spiegelt eine lineare Verbundenheit der Variablen um so besser wider, je mehr sich der Korrelationskoeffizient +1 oder −1 nähert. In diesem Sinne wird der Korrelationskoeffizient häufig als Auswahlkriterium für die in die Regression aufzunehmenden Variablen verwendet, um festzustellen, ob die Variable Y tatsächlich von der Variablen X abhängig ist und in wie starkem Maße. Es wird später noch gezeigt, daß der Korrelationskoeffizient unmittelbar mit den Regressionskoeffizienten verbunden ist.

Abschließend wird der Korrelationskoeffizient noch in einer Form dargestellt, die oft in der Literatur anzutreffen ist. Zu diesem Zweck wird (4.2.) in folgender Weise geschrieben:

$$r_{yx} = \frac{1}{n-1} \sum_{i=1}^{n} \frac{(x_i - \bar{x})}{s_x} \frac{(y_i - \bar{y})}{s_y} \qquad (4.7.)$$

Bei Verwendung von (2.61.) aus Abschnitt 2.4. für die Standardisierung der Variablen Y und X ergibt sich:

$$r_{yx} = \frac{1}{n-1} \sum_{i=1}^{n} x_i' y_i' \ . \tag{4.8.}$$

Der Korrelationskoeffizient als die Summe der Produkte der standardisierten Werte von Y und X, dividiert durch n-1, wird als Pearsonsches Produktenmoment oder auch als Pearsonsches r bezeichnet. Diese Darstellungsform hat vor allem theoretischen Wert. Für praktische Berechnungen ist sie weniger geeignet.

Wird der Korrelationskoeffizient auf Grund einer Stichprobe berechnet und ist beabsichtigt, Schlüsse vom Stichprobenergebnis auf die Grundgesamtheit zu ziehen, so sind die Erkenntnisse der induktiven Statistik zu berücksichtigen, auf die im Abschnitt 5.3.1. eingegangen wird.

Die Korrelationsanalyse kann auch zur Lösung anderer Aufgaben, wie beispielsweise zur Reduzierung einer Menge von Variablen, die auf einen Wirtschaftsprozeß wesentlichen Einfluß haben, angewandt werden. Dies ist die Aufgabe der Faktoranalyse, die von den Korrelationskoeffizienten ausgeht. Es ist jedoch nicht möglich, im Rahmen dieses Buches auf die Gedankenführung der Faktoranalyse einzugehen (vgl. u.a. ÜBERLA [228]).

4.1.2. Einfache lineare Korrelation bei gruppierten Angaben

Die Berechnung des Korrelationskoeffizienten bei gruppierten Angaben basiert auf Zahlenmaterial, das in einer Korrelationstabelle zusammengefaßt vorliegt. Dazu wird auf Tabelle 2.5 in Abschnitt 2.3.2. zurückgegriffen.

Für die Formel für den Korrelationskoeffizienten aus gruppiertem Material wird das Ergebnis (4.4.) in Abschnitt 4.1.1. verwendet. Anstelle der Einzelwerte x_i und y_i stehen die Gruppenmitten x_j und y_k. Die Abweichungen $(x_j - \overline{x})$ sind mit den Randhäufigkeiten g_j, die Abweichungen $(y_k - \overline{y})$ mit den Randhäufigkeiten h_k und die Produkte der Abweichungen $(x_j - \overline{x})(y_k - \overline{y})$ mit den Häufigkeiten h_{kj} zu gewichten. (4.4.) geht damit über in

$$r_{yx} = \frac{\sum_{k=1}^{s} \sum_{j=1}^{t} (x_j - \overline{x})(y_k - \overline{y}) h_{kj}}{\sqrt{\sum_{j=1}^{t} (x_j - \overline{x})^2 g_j \sum_{k=1}^{s} (y_k - \overline{y})^2 h_k}} \ . \tag{4.9.}$$

Aus (4.9.) ergibt sich in Anlehnung an (4.5.) aus Abschnitt 4.1.1.:

$$r_{yx} = \frac{n \sum_j \sum_k x_j\, y_k\, h_{kj} - \sum_j x_j\, g_j \sum_k y_k\, h_k}{\sqrt{(\, n \sum_j x_j^2\, g_j - \sum_j x_j\, g_j \sum_j x_j\, g_j\,)(\, n \sum_k y_k^2\, h_k - \sum_k y_k\, h_k \sum_k y_k\, h_k\,)}} \,. \qquad (4.10.)$$

Die Formel (4.10) ist für die praktische Berechnung des Korrelationskoeffizienten aus gruppiertem Material gut geeignet.

Beispiel:
Für den Korrelationskoeffizienten auf der Basis des gruppierten Materials der Korrelationstabelle 2.6. aus Abschnitt 2.3.2. erhält man unter Zuhilfenahme der Tabelle 2.7. und der Tatsache, daß $\Sigma\, y_k^2 h_k$ = 3231100 ist:

$$r_{yx} = \frac{52 \cdot 413250 - 1635 \cdot 12930}{\sqrt{(52 \cdot 54575 - 1635 \cdot 1635)(52 \cdot 3231100 - 12930 \cdot 12930)}}$$
$$= 0{,}9412 \,.$$

Der Korrelationskoeffizient aus gruppierten Angaben ist in dem Beispiel etwas niedriger als der im Abschnitt 4.1.1. für den Zusammenhang zwischen wertmäßigem Produktionsvolumen und eingesetztem Kapital berechnete Korrelationskoeffizient aus nichtgruppiertem Material. Das ist durch die Gruppierung der Ausgangsdaten bedingt. Der Korrelationskoeffizient aus nichtgruppierten Angaben ist im allgemeinen genauer, denn er ist frei von Informationsverlusten, die durch die Gruppierung der Daten verursacht sind. Die Tendenz der Informationsverluste infolge Gruppierung kann nicht allgemein für alle Fälle beschrieben werden, das heißt, der Korrelationskoeffizient für gruppiertes Material kann in einem Falle größer, im anderen Falle kleiner als der entsprechende Korrelationskoeffizient aus nichtgruppierten Daten sein. Dennoch ist die Berechnung des Korrelationskoeffizienten aus gruppierten Daten meist so einfach, daß man sich schnell durch ihn über die Stärke des Zusammenhanges mit genügender Näherung informieren kann.

4.1.3. Beziehungen zwischen einfachem Korrelationskoeffizient, Regressionskoeffizient und Bestimmtheitsmaß

Im folgenden soll gezeigt werden, welche hauptsächlichen Beziehungen zwischen dem einfachen linearen Korrelationskoeffizienten, dem einfachen linearen Regressionskoeffizienten und dem einfachen Bestimmtheitsmaß bestehen. Sind diese Beziehungen bekannt, so lassen sich aus den entsprechenden Koeffizienten die übrigen finden, ohne daß man auf das Ausgangsmaterial zurückgreifen muß.

Aus Abschnitt 3.1.1. kann in Analogie übernommen werden:

$$B_{yx} = \frac{s_x^2 b_1^2}{s_y^2} \tag{3.8.}$$

und aus Abschnitt 2.3.1.:

$$b_1 = \frac{s_{xy}}{s_x^2} \; . \tag{2.27.}$$

(2.27.) in (3.8.) eingesetzt, ergibt:

$$B_{yx} = \frac{s_{xy}^2}{s_x^2 s_y^2} \; . \tag{4.11.}$$

Nach Radizieren von (4.11.) folgt als Ergebnis die Gleichung (4.3.) in Abschnitt 4.1.1.:

$$r_{yx} = \sqrt{B_{yx}} = \frac{s_{xy}}{s_x s_y} \; . \tag{4.12.}$$

Der Korrelationskoeffizient ist also gleich der Quadratwurzel aus dem Bestimmtheitsmaß. Damit gilt auch:

$$r_{yx}^2 = B_{yx} \; . \tag{4.13.}$$

Da analog zu (2.27.) der Regressionskoeffizient b_1^* der Regressionsfunktion X bezüglich Y

$$b_1^* = \frac{s_{xy}}{s_y^2} \tag{4.14.}$$

ist, läßt sich (4.11.) auch folgendermaßen schreiben:

$$B_{yx} = b_1 b_1^* \; . \tag{4.15.}$$

Wegen (4.13.) wird:

$$\begin{aligned} r_{yx}^2 &= b_1 b_1^* \\ r_{yx} &= \sqrt{b_1 b_1^*} \; . \end{aligned} \tag{4.16.}$$

Der Korrelationskoeffizient ist folglich die Quadratwurzel aus dem Produkt der beiden alternativen einfachen Regressionskoeffizienten. Hieraus wird abermals ersichtlich, daß $r_{yx} = r_{xy}$ ist, daß der lineare Korrelationskoeffizient folglich die Wechselbeziehung zwischen den Variablen Y und X ausdrückt.

Die rechte Seite von (2.27.) wird mit s_y/s_y erweitert:

$$b_1 = \frac{s_{xy}}{s_x s_y} \frac{s_y}{s_x} , \qquad (4.17.)$$

so daß sich unter Berücksichtigung von (4.12.) ergibt:

$$b_1 = r_{yx} \frac{s_y}{s_x} . \qquad (4.18.)$$

Gleiches gilt, wenn die rechte Seite von (4.14.) mit s_x/s_x erweitert wird, folgende Gleichung:

$$b_1^* = r_{yx} \frac{s_x}{s_y} . \qquad (4.19.)$$

Ist der Korrelationskoeffizient bereits berechnet, so lassen sich unter Verwendung der Standardabweichungen s_x und s_y die gewünschten Regressionskoeffizienten ermitteln.

Aus (4.18.) und (4.19.) lassen sich leicht folgende Beziehungen ableiten:

$$\begin{aligned} r_{yx} &= b_1 \frac{s_x}{s_y} \\ r_{yx} &= b_1^* \frac{s_y}{s_x} . \end{aligned} \qquad (4.20.)$$

Ist demnach einer der Regressionskoeffizienten bekannt, so läßt sich der Korrelationskoeffizient unmittelbar bestimmen.

Es soll nun gezeigt werden, wie sich der einfache lineare Korrelationskoeffizient r_{yx} grafisch als Anstiegskoeffizient der einfachen Regression darstellen läßt. Ausgehend von der Beziehung (2.25.) erhält man, wobei von einem Punkt (x,y) ausgegangen wird, sodaß der Index i entfallen kann:

$$\hat{y} - \bar{y} = b_1 (x - \bar{x}) . \qquad (4.21.)$$

Berücksichtigt man (4.18.), so ist:

$$\hat{y} - \bar{y} = r_{yx} \frac{s_y}{s_x} (x - \bar{x}) . \qquad (4.22.)$$

Diese Gleichung wird durch s_y dividiert:

$$\frac{\hat{y} - \bar{y}}{s_y} = r_{yx} \frac{(x - \bar{x})}{s_x} . \qquad (4.23.)$$

Bei Verwendung der standardisierten Variablenwerte x'und y', die durch Transformation der Variablen X und Y entstanden sind (vgl. (2.61.) aus Abschnitt 2.4.), läßt sich (4.23.) auch folgendermaßen schreiben:

$$\hat{y}' = r_{yx}\, x' \;. \tag{4.24.}$$

Entsprechend ergibt sich für die Regression x bezüglich y:

$$\frac{\hat{x} - \bar{x}}{s_x} = r_{yx} \frac{(y - \bar{y})}{s_y}$$
$$\hat{x}' = r_{yx}\, y' \;. \tag{4.25.}$$

(4.24.) und (4.25.) beschreiben die alternativen einfachen Regressionsgeraden der standardisierten Variablen. Der einfache Korrelationskoeffizient gibt den Anstieg dieser einfachen Regressionsgeraden an. Für die Regressionsgerade $\hat{y}'$ gibt er den Anstieg bezüglich der x'-Achse, für die Regressionsgerade $\hat{x}'$ den Anstieg bezüglich der y'-Achse an. Demzufolge ist der einfache lineare Korrelationskoeffizient gleich dem einfachen linearen Regressionskoeffizienten der Regressionsfunktion der standardisierten Variablen.

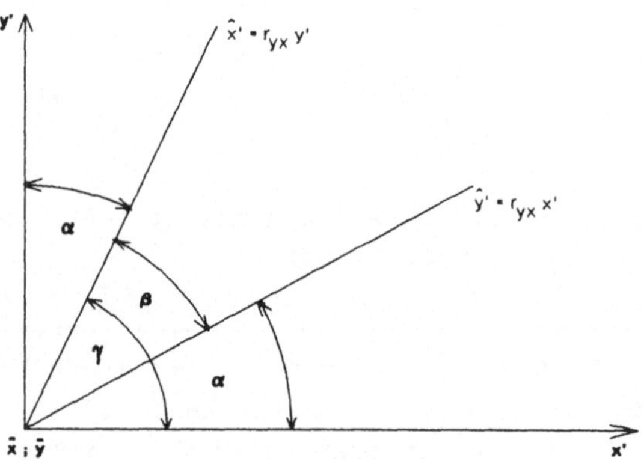

Abbildung 4.1.: Standardisierte Regressionsgeraden

Wie Abbildung 4.1. zeigt, bewirkt die Einführung der standardisierten Variablen eine Verlegung des Koordinatenursprungs in den Punkt mit den Koordinaten $\bar{x}$, $\bar{y}$. Dadurch ergibt sich das Koordinatensystem mit der x'- und y'-Achse. Der von den beiden Regressionsgeraden eingeschlossenen Winkel wird mit β und der Winkel, den die Regressionsgerade $\hat{y}' = r_{yx}x'$ mit der x'-Achse bildet, mit α bezeichnet. Er ist gleich dem Winkel α, den die Regressionsgerade $\hat{x}' = r_{yx}y'$ mit der y'-Achse bildet.

γ ist der Winkel, den die Regressionsgerade $\hat{x}' = r_{yx}y'$ mit der x'-Achse bildet. Wenn man beachtet, daß

$$\tan\gamma = \tan(90 - \alpha) = \cot\alpha = \frac{1}{\tan\alpha} = \frac{1}{r_{yx}}$$

ist, ergibt sich:

$$\tan\beta = \tan(\gamma - \alpha) = \frac{\tan\gamma - \tan\alpha}{1 + \tan\alpha\,\tan\gamma} = \frac{\frac{1}{r_{yx}} - r_{yx}}{1 + r_{yx}\frac{1}{r_{yx}}} = \frac{1 - r_{yx}^2}{2r_{yx}} \qquad (4.26.)$$

Ist $r_{yx} = 1$ oder $r_{yx} = -1$, so ist tan $\beta = 0$ und $\beta = 0$, das heißt, die beiden Regressionsgeraden vereinigen sich zu einer Geraden. In diesem Falle liegt ein linearer funktionaler Zusammenhang vor. Für $r_{yx} = 0$ wird tan $\beta = \infty$ und $\beta = 90°$. Das bedeutet, daß die beiden Regressionsgeraden senkrecht aufeinander stehen. In diesem Falle liegt kein linearer Zusammenhang vor. In allen anderen Fällen bilden die alternativen Regressionsgeraden einen Winkel zwischen 0 und 90 Grad. Je kleiner dieser Winkel, desto stärker ist der lineare Zusammenhang.

Es bestehen auch Beziehungen zwischen den standardisierten Regressionskoeffizienten (b'-Koeffizienten), den partiellen Regressionskoeffizienten und den einfachen Korrelationskoeffizienten. Auf diese Beziehungen wird auch in den folgenden Abschnitten zurückgegriffen. Zunächst wird diese Beziehung für den Fall von drei Variablen (Y, X_1 und X_2) behandelt.

Wenn (2.47.) und (2.48.) aus Abschnitt 2.4. durch n - 1 dividiert und die Definitionen der Varianzen und Kovarianzen beachtet werden, folgt:

$$\begin{aligned} s_{1y} &= b_1 s_1^2 + b_2 s_{12} \\ s_{2y} &= b_1 s_{12} + b_2 s_2^2\,. \end{aligned} \qquad (4.27.)$$

Die Kovarianzen und Varianzen werden durch (4.3.) ersetzt, nachdem (4.3.) nach der Kovarianz umgeformt wurde. Somit geht (4.27.) über in:

$$\begin{aligned} r_{y1} s_y &= b_1 r_{11} s_1 + b_2 r_{21} s_2 \\ r_{y2} s_y &= b_1 r_{12} s_1 + b_2 r_{22} s_2\,. \end{aligned} \qquad (4.28.)$$

Es sei daran erinnert, daß allgemein gilt $r_{kj} = r_{jk}$. Außerdem ist stets $r_{kk} = 1$. In diesem Falle handelt es sich um die Korrelation einer Variablen mit sich selbst.

Aus den Gleichungen (4.28.) kann somit sofort abgeleitet werden:

$$b_1 = \frac{\begin{vmatrix} r_{y1}s_y & r_{12}s_2 \\ r_{y2}s_y & r_{22}s_2 \end{vmatrix}}{\begin{vmatrix} r_{11}s_1 & r_{12}s_2 \\ r_{12}s_1 & r_{22}s_2 \end{vmatrix}} = \frac{s_y}{s_1} \frac{\begin{vmatrix} r_{y1} & r_{12} \\ r_{y2} & 1 \end{vmatrix}}{\begin{vmatrix} 1 & r_{12} \\ r_{12} & 1 \end{vmatrix}} = \frac{s_y}{s_1} \frac{r_{y1} - r_{y2}r_{12}}{1 - r_{12}^2} \tag{4.29.}$$

$$b_2 = \frac{\begin{vmatrix} r_{11}s_1 & r_{y1}s_y \\ r_{12}s_1 & r_{y2}s_y \end{vmatrix}}{\begin{vmatrix} r_{11}s_1 & r_{12}s_2 \\ r_{12}s_1 & r_{22}s_2 \end{vmatrix}} = \frac{s_y}{s_2} \frac{\begin{vmatrix} 1 & r_{y1} \\ r_{12} & r_{y2} \end{vmatrix}}{\begin{vmatrix} 1 & r_{12} \\ r_{12} & 1 \end{vmatrix}} = \frac{s_y}{s_2} \frac{r_{y2} - r_{y1}r_{12}}{1 - r_{12}^2} \tag{4.30.}$$

Unter Berücksichtigung von (2.63.) aus Abschnitt 2.4. resultiert für die b'-Koeffizienten:

$$b_1' = \frac{\begin{vmatrix} r_{y1} & r_{12} \\ r_{y2} & 1 \end{vmatrix}}{\begin{vmatrix} r_{11} & r_{12} \\ r_{12} & r_{22} \end{vmatrix}} = \frac{r_{y1} - r_{y2}r_{12}}{1 - r_{12}^2} , \tag{4.31.}$$

$$b_2' = \frac{\begin{vmatrix} r_{11} & r_{y1} \\ r_{12} & r_{y2} \end{vmatrix}}{\begin{vmatrix} r_{11} & r_{12} \\ r_{12} & r_{22} \end{vmatrix}} = \frac{r_{y2} - r_{y1}r_{12}}{1 - r_{12}^2} . \tag{4.32.}$$

Die Beziehungen (4.29.) und (4.30.) lassen sich deshalb wie folgt angeben:

$$b_1 = \frac{s_y}{s_1} b_1' , \tag{4.33.}$$

$$b_2 = \frac{s_y}{s_2} b_2' . \tag{4.34.}$$

Die Regressionsfunktion (2.36.) aus Abschnitt 2.4. kann nun mit Hilfe von (4.33.) und (4.34.) nach Division durch s_y folgendermaßen dargestellt werden:

$$\frac{\hat{y}}{s_y} = \frac{b_0}{s_y} + b_1' \frac{x_1}{s_1} + b_2' \frac{x_2}{s_2} . \tag{4.35.}$$

Die b'-Koeffizienten lassen sich folglich auch als Regressionskoeffizienten besonderer Art auffassen. Sie sind Regressionskoeffizienten der Variablen, die auf die jeweilige Standardabweichung relativiert sind. Dadurch sind sie vom größenmäßigen Umfang der Variablen unabhängig. Die b'- Koeffizienten sind deshalb, wie bereits dargestellt, ihrem Wesen nach standardisierte Regressionskoeffizienten. Wenn die b'- Koeffizienten von (4.33.) und (4.34.) in die Gleichungen (4.28.) eingesetzt werden, so ergibt sich nach Division durch s_y und Kürzung:

$$\begin{aligned} r_{y1} &= b_1' + b_2' r_{12} \\ r_{y2} &= b_1' r_{12} + b_2' \, . \end{aligned} \qquad (4.36.)$$

Je nachdem, welche Größen bekannt sind, lassen sich aus diesen Gleichungen entweder die b'-Koeffizienten oder die Korrelationskoeffizienten berechnen.

Aus den Gleichungen (4.31.) und (4.32.) bzw. (4.36.) ist zu ersehen, daß $b'_1 = r_{y1}$ und $b'_2 = r_{y2}$ ist, wenn $r_{12} = 0$ ist. Liegt also keine Korrelation (Multikollinearität) zwischen den Variablen X_1 und X_2 vor, so entsprechen die b'-Koeffizienten den jeweiligen linearen Korrelationskoeffizienten.

Die in (4.36.) für drei Variablen dargestellten Beziehungen lassen sich verallgemeinern. Zu diesem Zweck wird wieder die Matrizen- und Vektorenschreibweise verwendet.

Dazu werden folgende Vektoren und Matrizen definiert:

$$(b') = \begin{pmatrix} b_1' \\ \cdot \\ \cdot \\ b_m' \end{pmatrix} ; \quad R = \begin{pmatrix} r_{11} & r_{12} & \dots & r_{1m} \\ r_{21} & r_{22} & \dots & r_{2m} \\ \cdot & \cdot & \dots & \cdot \\ \cdot & \cdot & \dots & \cdot \\ r_{m1} & r_{m2} & \dots & r_{mm} \end{pmatrix} ; \quad r = \begin{pmatrix} r_{y1} \\ r_{y2} \\ \cdot \\ \cdot \\ r_{ym} \end{pmatrix} . \qquad (4.37.)$$

(b') ist der Vektor der standardisierten Regressionskoeffizienten, **R** ist die Matrix der Korrelationskoeffizienten zwischen den X-Variablen mit $r_{kk} = 1$ und $r_{kj} = r_{jk}$ und r ist der Vektor der Korrelationskoeffizienten zwischen der Variablen Y und den X-Variablen.

Mit Hilfe von (4.37.) kann (4.36.) verallgemeinert werden:

$$(\mathbf{b}')'\mathbf{R} = \mathbf{r} \qquad (4.38.)$$

$$(\mathbf{b}') = \mathbf{R}^{-1}\,\mathbf{r} \, . \qquad (4.39.)$$

Aus (4.39.) lassen sich alle b'-Koeffizienten berechnen.

4.1.4. Korrelationsindex von Fechner

Ein weiteres sehr einfaches Maß für die Berechnung des Grades des Zusammenhangs zwischen zwei statistischen Reihen ist der Korrelationsindex von Fechner. Zur numerischen Bestimmung dieses Korrelationsindex I sind folgende Schritte zu absolvieren:

- Berechnung der arithmetischen Mittel $\overline{x}$ und $\overline{y}$ für beide Variablen Y und X;
- Ermittlung der Abweichungen $x_i - \overline{x}$ und $y_i - \overline{y}$, $(i = 1, \ldots, n)$;
- Feststellung der Vorzeichen dieser Abweichungen.

Man erhält somit n Paare von Vorzeichen, wobei bei einem Paar die Vorzeichen der Abweichungen übereinstimmen oder sich unterscheiden können, also (++; --; +-; -+). Bezeichnet man die Anzahl der Paare übereinstimmender Vorzeichen mit g (für gleich) und die Anzahl der Paare nicht übereinstimmender Vorzeichen mit v (für verschieden), so ist der Korrelationsindex I folgendermaßen definiert:

$$I = \frac{g - v}{g + v} . \tag{4.40.}$$

Die Zahl der Abweichungen, die den Wert Null besitzen, ist zur Hälfte den g und zur Hälfte den v zuzurechnen.

Wie leicht zu sehen ist, gilt: $-1 \leq I \leq 1$. Ist $I > 0$, so liegt ein positiver Zusammenhang vor, ist $I < 0$, so liegt ein negativer Zusammenhang vor und ist $I = 0$, so ist kein Zusammenhang gegeben.

Für das **Beispiel** in Tabelle 2.2. des Abschnitts 2.1. erhält man:
$\overline{x} = 31{,}1$; $\overline{y} = 248{,}2$; $g = 44$; $v = 8$

$$I = \frac{44 - 8}{44 + 8} = \frac{36}{52} = 0{,}69.$$

Da bei I = 0 kein Zusammenhang nach dem Korrelationsindex von Fechner vorliegt, läßt der Wert I = 0,69 auf einen relativ engen positiven Zusammenhang schließen. Zum Vergleich ergab sich für das gleiche Beispiel im Abschnitt 4.1.1. ein einfacher linearer Korrelationskoeffizient $r_{yx} = 0{,}9546$.

Der Korrelationsindex von Fechner hat zweifellos den Vorteil, daß er leicht berechenbar ist. Er hat aber den großen Nachteil, daß er nur die Anzahl der übereinstimmenden und nicht übereinstimmenden Vorzeichen der Abweichungen berücksichtigt. Deshalb ist er für Überschlagsberechnungen zu empfehlen.

4.2. Multiple lineare Korrelation

Es wurde bereits mehrfach erwähnt, daß in der sozial-ökonomischen Praxis oft viele Erscheinungen miteinander verbunden sind. Es besteht deshalb die Aufgabe, die Intensität des Zusammenhanges zwischen mehr als zwei Erscheinungen (Variablen) zu untersuchen. Dabei wird der zwischen den zu untersuchenden Erscheinungen existierende

Gesamtzusammenhang betrachtet. Für diesen Zusammenhang wird ein Maß gesucht, das die Intensität des Zusammmenhanges zwischen mehr als zwei Erscheinungen insgesamt widerspiegelt. Dieses Maß ist der lineare Mehrfachkorrelationskoeffizient oder **multiple lineare Korrelationskoeffizient**, der auch als totaler Korrelationskoeffizient bezeichnet wird.

Die Herleitung dieses multiplen linearen Korrelationskoeffizienten soll zunächst für drei Variable gezeigt werden. In Anlehnung an die Schreibweise bei der Bestimmtheit der Regression wird der multiple lineare Korrelationskoeffizient mit $r_{y.12}$ bezeichnet. Er gibt die Intensität des Zusammenhanges unter der Bedingung an, daß die Variable Y gleichzeitig von den Variablen X_1 und X_2 abhängt. Lineare Verbundenheit zwischen den Variablen vorausgesetzt, kann ausgehend vom Bestimmtheitsmaß (3.12.) sowie unter Berücksichtigung der Formel (4.13.) geschrieben werden:

$$r_{y.12}^2 = \frac{\sum_{i=1}^{n} (\hat{y}_i - \bar{y})^2}{\sum_{i=1}^{n} (y_i - \bar{y})^2} . \qquad (4.41.)$$

Weiterhin gilt die Formel (2.44.)

$$\hat{y}_i - \bar{y} = b_1 (x_{i1} - \bar{x}_1) + b_2 (x_{i2} - \bar{x}_2) . \qquad (2.44.)$$

die in (4.41.) eingesetzt wird. Nach Auflösen der Klammern ist:

$$r_{y.12}^2 = \frac{b_1^2 \Sigma (x_{i1} - \bar{x}_1)^2 + 2 b_1 b_2 \Sigma (x_{i1} - \bar{x}_1)(x_{i2} - \bar{x}_2) + b_2^2 \Sigma (x_{i2} - \bar{x}_2)^2}{\Sigma (y_i - \bar{y})^2}$$

$$(4.42.)$$

Erweitert man mit n-1/n-1 und beachtet die Formeln für die Berechnung der empirischen Varianzen s_1^2 und s_2^2 und der Kovarianz s_{12}, so folgt:

$$r_{y.12}^2 = \frac{b_1^2 s_1^2 + 2 b_1 b_2 s_{12} + b_2^2 s_2^2}{s_y^2} . \qquad (4.43.)$$

Unter Verwendung von (4.33.) und (4.34.) sowie (4.3.) ergibt sich nach entsprechender Kürzung:

$$r_{y.12}^2 = b_1'^2 + 2 b_1' b_2' r_{12} + b_2'^2 . \qquad (4.44.)$$

Ausgehend von (4.36.) im Abschnitt 4.1.3. wird die erste Gleichung mit b'_1 und die zweite Gleichung mit b'_2 multipliziert und dann beide Gleichungen addiert:

$$r_{y1} b_1' + r_{y2} b_2' = b_1'^2 + 2 b_1' b_2' r_{12} + b_2'^2 . \qquad (4.45.)$$

Die rechte Seite dieser Gleichung entspricht $r_{y.12}^2$ in Gleichung

(4.44.), so daß gilt

$$r_{y.12}^2 = r_{y1}b_1' + r_{y2}b_2' ,$$

bzw.

$$r_{y.12} = + \sqrt{r_{y1}b_1' + r_{y2}b_2'} . \qquad (4.46.)$$

Nimmt man noch die Ausdrücke (4.31.) und (4.32.) aus Abschnitt 4.1.3. hinzu, so läßt sich der **multiple lineare Korrelationskoeffizient** in der folgenden Weise berechnen:

$$r_{y.12} = + \sqrt{\frac{r_{y1}^2 + r_{y2}^2 - 2 r_{y1} r_{y2} r_{12}}{1 - r_{12}^2}} . \qquad (4.47.)$$

Diese Formel wird für die praktische Berechnung des multiplen Korrelationskoeffizienten häufig angewandt.

Der Wert des multiplen linearen Korrelationskoeffizienten liegt in dem Intervall:

$$0 \leq r_{y.12} \leq 1 .$$

Die Art des Zusammenhanges, das heißt, ob ein positiver oder negativer Zusammenhang besteht, läßt der multiple Korrelationskoeffizient nicht mehr erkennen. Nur wenn die einfachen Korrelationskoeffizienten alle das gleiche Vorzeichen haben, kann man dem multiplen Korrelationskoeffizienten dieses Vorzeichen ebenfalls zuschreiben und eine Aussage über die Art des multiplen Zusammenhanges machen. Auch für den multiplen Korrelationskoeffizienten gilt: je mehr sich sein Wert der Eins nähert, um so stärker ist der Zusammenhang.

Wie leicht zu sehen ist, nimmt (4.47.) für den Fall $r_{12} = 0$ die Form

$$r_{y.12}^2 = r_{y1}^2 + r_{y2}^2 \qquad (4.48.)$$

an. Sind also die Variablen X_1 und X_2 nicht korreliert, besteht zwischen diesen Variablen also kein Zusammenhang, so ist das Quadrat des multiplen Korrelationskoeffizienten die Summe aus den Quadraten der einfachen Korrelationskoeffizienten, also die Summe der Intensitäten der Zusammenhange zwischen Y und X_1 sowie Y und X_2. Hieraus wird ersichtlich, wie sich die Analyse des Zusammenhanges erleichtert, wenn die erklärenden Variablen nicht korreliert sind.

Bei der Analyse von Zusammenhängen fungiert der multiple Korrelationskoeffizient sowohl als Intensitätsziffer als auch als Maß für die Beurteilung der Regressionsfunktion. Im letzteren Falle kann er zur Prüfung verwendet werden, ob die ausgewählten erklärenden Variablen ausreichen, die zahlenmäßigen Veränderungen der zu erklärenden

Variablen zu beschreiben. Nimmt der multiple Korrelationskoeffizient, der in einer engen Beziehung zum multiplen Bestimmtheitsmaß steht, Werte in der Nähe von 1 an, so sind die Veränderungen der zu erklärenden Variablen aus den Veränderungen der erklärenden Variablen sehr gut ableitbar. Die ausgewählten erklärenden Variablen beeinflussen in hohem Maße die zu erklärende Variable.

Der multiple Korrelationskoeffizient ist stets größer als der größte einfache Korrelationskoeffizient. Auf einen Beweis dieses Satzes soll hier verzichtet werden.

Abschließend soll der multiple Korrelationskoeffizient noch für eine beliebige Anzahl von erklärenden Variablen darstellt werden. Zu diesem Zweck wird (4.46.) verallgemeinert:

$$r_{y.12...m} = +\sqrt{r_{y1}b_1' + r_{y2}b_2' + \ldots + r_{ym}b_m'} \ . \qquad (4.49.)$$

Eine zweite Möglichkeit besteht in einer Verallgemeinerung von (4.47.) mit Hilfe der Matrizenschreibweise. Unter Verwendung der Korrelationsmatrix und des Korrelationsvektors aus (4.37.) ergibt sich:

$$r^2_{y.12...m} = r'R^{-1}r \ . \qquad (4.50.)$$

Beispiel:
Für das Beispiel des Zusammenhanges zwischen Niveau der Produktivität, Mechanisierungsgrad der Arbeit und dem Durchschnittsalter der Arbeitnehmer aus Abschnitt 2.4. wird der multiple Korrelationskoeffizient unter Verwendung von (4.47.) berechnet. Die benötigten einfachen Korrelationskoeffizienten können nach Formel (4.5.) ermittelt werden. Es ist:
$r_{y1} = 0,9687$; $r_{y2} = 0,4257$; $r_{12} = 0,3620$

In (4.47.) eingesetzt, ergibt:

$$r_{y.12} = +\sqrt{\frac{0,9687^2 + 0,4257^2 - 2\cdot 0,9687\cdot 0,4257\cdot 0,3620}{1 - 0,3620^2}} = 0,9720 \ .$$

Für das gleiche Beispiel ist der multiple Korrelationskoeffizient $r_{y.12}$ nach Formel (4.50.):

$$R = \begin{pmatrix} 1 & 0,3620 \\ 0,3620 & 1 \end{pmatrix}; \quad R^{-1} = \begin{pmatrix} 1,1508 & -0,4166 \\ -0,4166 & 1,1508 \end{pmatrix}; \quad r = \begin{pmatrix} 0,9687 \\ 0,4257 \end{pmatrix}$$

$$r^2_{y.12} = (\ 0,9687 \quad 0,4257\ ) \begin{pmatrix} 1,1508 & -0,4166 \\ -0,4166 & 1,1508 \end{pmatrix} \begin{pmatrix} 0,9687 \\ 0,4257 \end{pmatrix} = 0,9448 \ .$$

$$r_{y.12} = +\sqrt{0,9448} = 0,9720 .$$

Fügt man die Variable durchschnittliche Kapazitätsauslastung hinzu, so ergibt sich der multiple Korrelationskoeffizient $r_{y.123}$ wie folgt:

$$R = \begin{pmatrix} 1 & 0,3620 & -0,5038 \\ 0,3620 & 1 & -0,3778 \\ -0,5038 & -0,3778 & 1 \end{pmatrix} ; \quad R^{-1} = \begin{pmatrix} 1,4049 & -0,2813 & 0,6015 \\ -0,2813 & 1,2228 & 0,3203 \\ 0,6015 & 0,3203 & 1,4240 \end{pmatrix} ;$$

$$r = \begin{pmatrix} 0,9687 \\ 0,4257 \\ -0,5189 \end{pmatrix} ;$$

$$r^2_{y.123} = (0,9687 \; 0,4257 \; -0,5189) \begin{pmatrix} 1,4049 & -0,2813 & 0,6015 \\ -0,2813 & 1,2228 & 0,3203 \\ 0,6015 & 0,3203 & 1,4240 \end{pmatrix} \begin{pmatrix} 0,9687 \\ 0,4257 \\ -0,5189 \end{pmatrix}$$

$$= 0,9451 ;$$

$$r_{y.123} = +\sqrt{0,9451} = 0,9722 .$$

Beide multiplen Korrelationskoeffizienten $r_{y.12}$ und $r_{y.123}$ sind sehr hoch und weisen somit auf einen engen Zusammenhang der jeweiligen Variablen hin. Gleichzeitig ist im Vergleich der beiden multiplen Korrelationskoeffizienten zu erkennen, daß die zusätzliche Aufnahme der Variablen X_3 (durchschnittliche Kapazitätsauslastung) nur zu einer geringfügigen Erhöhung der Stärke des Zusammenhanges führt. Eine eingehende Auswertung dieser Ergebnisse erfolgt im Kapitel 5.

4.3. Partielle lineare Korrelation

Wie bereits gezeigt wurde, wirken oft mehrere Faktoren auf eine ökonomische Erscheinung ein. Bei der multiplen Korrelation handelte es sich darum, den Gesamtzusammenhang zwischen diesen verbundenen Erscheinungen aufzudecken. Die partielle Korrelation soll einen Teilzusammenhang, den Zusammenhang zwischen jeweils zwei Erscheinungen, widerspiegeln, der frei ist vom Einfluß anderer wirkender Faktoren. Die Intensität eines solchen Teilzusammenhanges wird durch den partiellen Korrelationskoeffizienten ausgedrückt. Sind die Variablen untereinander korreliert, so kommen in den einfachen Korrelationskoeffizienten auch die Einflüsse anderer Faktoren teilweise mit zur Geltung. Besteht zum Beispiel zwischen X_1 und X_2 eine hohe Korrelation und hängt außerdem Y von X_1 ab, dann erhält man auch eine hohe Korrelation zwischen Y und X_2. Diese Korrelation kann aber durchaus nur eine indirekte Beziehung von X_1 über X_2 auf Y zum Ausdruck bringen, da möglicherweise zwischen Y und X_2 kein direkter Zusammenhang existiert. Es ist deshalb notwendig, über die partielle Korrelation den Teilzusammenhang zwischen Y und X_2 unter Ausschaltung des Einflusses von X_1 auf Y zu untersuchen. Mit der partiellen Korrelation werden methodisch Bedingungen geschaffen, auf Grund derer die Zusammenhänge in "reiner" Form dargestellt werden können. Damit sind Voraussetzungen gegeben, wie sie zum Teil auf anderen Gebieten (Physik, Chemie usw.) durch das Experiment vorhanden sind.

Liegt eine genügend große Anzahl von Beobachtungswerten vor, so kann man die Vergleichbarkeit der Daten oft erhöhen, indem die Einzelwerte zum Beispiel nach einer Variablen X_2 gruppiert werden und innerhalb der Gruppen dann der Zusammenhang zwischen den Variablen Y und X_1 untersucht wird. Die Variabilität der Variablen X_2 ist dann in einer Gruppe weitgehend ausgeschaltet. Vergleicht man die Korrelationskoeffizienten, die sich in den einzelnen Gruppen ergeben, so läßt sich erkennen, ob Veränderungen von X_2 den Zusammenhang zwischen Y und X_1 wesentlich beeinflussen. Die Möglichkeit derartiger Gruppierungen ist in der ökonomischen Praxis jedoch stark eingeengt, da oft die dazu notwendige große Anzahl von Einzelwerten fehlt.

Die partielle Korrelation verzichtet auf derartige Gruppierungen und drückt den Teilzusammenhang unter Ausnutzung der Überlegungen der partiellen Regression und der einfachen Korrelation aus. In Anlehnung an die Schreibweise bei der partiellen Bestimmtheit wird mit $r_{y1.2}$ der partielle Korrelationskoeffizient bezeichnet, der die Intensität des Zusammenhanges zwischen den Variablen Y und X_1 unter Eliminierung des Einflusses von X_2 angibt. Entsprechend ist beispielsweise $r_{12.y}$ der partielle Korrelationskoeffizient, der die Intensität des Zusammenhanges zwischen den Variablen X_1 und X_2 unter Ausschaltung des Einflusses von Y angibt.

In den Abschnitten 2.4. und 2.5. wurde gezeigt, daß sich die Fragestellung der multiplen Regression nicht von der partiellen Regression unterscheidet. Es muß betont werden, daß die Fragestellung der multiplen Korrelation mit der der partiellen Korrelation nicht verwechselt werden darf. Sie unterscheiden sich grundsätzlich. Während die multiple Korrelation den Gesamtzusammenhang widerspiegelt, gibt die partielle Korrelation einen von störenden Einflüssen bereinigten Teilzusammenhang zwischen zwei Variablen wieder.

Die Herleitung des partiellen Korrelationskoeffizienten wird jetzt auf der Basis des Gesamtzusammenhanges von drei Variablen gezeigt. Aus diesem Gesamtzusammenhang soll der partielle Zusammenhang zum Beispiel zwischen den Variablen Y und X_1 unter Ausschaltung des Einflusses von X_2 analysiert werden.

In Abschnitt 2.5. wurde mit den Gleichungen (2.66.) gezeigt, wie die Variablen Y und X_1 vom Einfluß der Variablen X_2 bereinigt werden. Für die bereinigten Werte ergab sich eine Regressionsfunktion, die in (2.67.) dargestellt ist. Für die Regressionsfunktion der bereinigten Werte von Y und X_1 wird analog zu (3.6.) aus Abschnitt 3.1.1. ein Bestimmtheitsmaß formuliert und entsprechend (4.13.) in Abschnitt 4.1.3. gefordert, daß dieses Bestimmtheitsmaß das Quadrat des partiellen Korrelationskoeffizienten ist. Diese Forderung ist durchaus gerechtfertigt, da das Bestimmtheitsmaß aus Werten gebildet wird, die vom Einfluß der Variablen X_2 bereinigt sind. Der Zusammenhang zwischen Y und X_1, unbeeinflußt von X_2, ist aber gerade die partielle Korrelation zwischen Y und X_1 unter Ausschaltung des Einflusses von X_2. Es ist folglich:

$$r_{y1.2}^2 = \frac{\frac{1}{n-1} \sum_{i=1}^{n} (\hat{y}_i^* - \overline{y^*})^2}{\frac{1}{n-1} \sum_{i=1}^{n} (y_i^* - \overline{y^*})^2} . \tag{4.51.}$$

Unter Berücksichtigung von $\overline{y^*} = 0$ läßt sich (4.51.) auch folgendermaßen schreiben:

$$r_{y1.2}^2 = \frac{\frac{1}{n-1} \sum_{i=1}^{n} \hat{y}_i^{*2}}{\frac{1}{n-1} \sum_{i=1}^{n} y_i^{*2}} . \tag{4.52.}$$

(4.52.) ist für die praktische Berechnung der partiellen Korrelationskoeffizienten wenig geeignet. Deshalb setzt man (2.67.) aus Abschnitt 2.5. in (4.52.) ein, beachtet weiterhin, daß der partielle Regressionskoeffizient gleich dem Regressionskoeffizienten der multiplen Regression ist und verwendet außerdem (2.66.). Man erhält:

$$r_{y1.2}^2 = \frac{\frac{1}{n-1} b_{y1.2}^2 \sum_{i=1}^{n} (x_{i1} - b_{0(12)} - b_{12}x_{i2})^2}{\frac{1}{n-1} \sum_{i=1}^{n} (y_i - b_{0(y2)} - b_{y2}x_{i2})^2} , \tag{4.53.}$$

wobei jetzt die Regressionskoeffizienten der Deutlichkeit halber genauer bezeichnet wurden.

Es ist $b_{y1.2} = b_1$ der partielle Regressionskoeffizient aus der Regression von Y bezüglich X_1 und X_2; $b_{0(12)}$ die Regressionskonstante und b_{12} der Regressionskoeffizient für die Abhängigkeit der Variablen X_1 von der Variablen X_2 und $b_{0(y2)}$ die Regressionskonstante und b_{y2} der Regressionskoeffizient für die Abhängigkeit der Variablen Y von der Variablen X_2.

Entsprechend s'^2_u in (3.5.) aus Abschnitt 3.1. ist

$$s'^2_{1.2} = \frac{1}{n-1} \sum_{i=1}^{n} (x_{i1} - b_{0(12)} - b_{12}x_{i2})^2 \qquad (4.54.)$$

die nicht erklärte Varianz für die Regression von X_1 bezüglich X_2. Der Nenner in (4.53.) ist dementsprechend die nicht erklärte Varianz für die Regression von Y bezüglich X_2. (4.53.) kann somit auch in folgender Form angegeben werden:

$$r^2_{y1.2} = \frac{b^2_{y1.2}\, s'^2_{1.2}}{s'^2_{y.2}} \ . \qquad (4.55.)$$

In Abschnitt 3.1. wurde gezeigt, daß sich die Gesamtvarianz in die nicht erklärte und die erklärte Varianz zerlegen läßt. Diese Beziehung trifft auch für diese Überlegungen zu. Aus (3.10.) und (3.11.) in Abschnitt 3.1.1. und unter Berücksichtigung von (4.13.) aus Abschnitt 4.1.3. erhält man nach einfacher Umformung folgende Beziehung:

$$\hat{s}^2_u = \hat{s}^2_y (1 - r^2_{yx}) \ . \qquad (4.56.)$$

Analog kann man schreiben:

$$s'^2_{1.2} = s^2_1 (1 - r^2_{12})$$
$$s'^2_{y.2} = s^2_y (1 - r^2_{y2}) \ . \qquad (4.57.)$$

Dieses Ergebnis in (4.55.) eingesetzt, ergibt:

$$r^2_{y1.2} = b^2_{y1.2} \frac{s^2_1 (1 - r^2_{12})}{s^2_y (1 - r^2_{y2})} \ . \qquad (4.58.)$$

Schließlich wird (4.29.) aus Abschnitt 4.1.3. in (4.58.) eingesetzt und umgeformt:

$$r^2_{y1.2} = \frac{(r_{y1} - r_{y2} r_{12})^2}{(1 - r^2_{y2})(1 - r^2_{12})} \qquad (4.59.)$$

$$r_{y1.2} = \frac{r_{y1} - r_{y2} r_{12}}{\sqrt{(1 - r^2_{y2})(1 - r^2_{12})}} \qquad (4.60.)$$

Mit (4.60.) wurde eine Formel hergeleitet, nach der sich die partiellen Korrelationskoeffizienten gut berechnen lassen. Für die übrigen partiellen Korrelationskoeffizienten läßt sich (4.60.) leicht entsprechend schreiben.

Die Berechnung der partiellen Korrelationskoeffizienten ist auf die einfachen Korrelationskoeffizienten zurückgeführt worden. Dadurch ist leicht zu erkennen, welche Größenbeziehungen zwischen den partiellen und den einfachen Korrelationskoeffizienten bestehen. Es ist $r_{y1.2} = r_{y1}$, wenn $r_{y2} = r_{12} = 0$ ist. Wenn $r_{12} = 0$ ist, wenn also keine Korrelation zwischen X_1 und X_2 besteht, dann ist $|r_{y1.2}| > |r_{y1}|$ und $|r_{y2.1}| > |r_{y2}|$. Bei abnehmender Wechselwirkung zwischen X_1 und X_2 ist also eine Vergrößerung der partiellen Korrelationskoeffizienten gegenüber den entsprechenden einfachen Korrelationskoeffizienten zu erwarten. Diese Vergrößerung ist um so stärker, je größer $|r_{y1}|$ bzw. $|r_{y2}|$ sind. Weiterhin ist $|r_{y1.2}| > |r_{y1}|$, wenn $r_{y2} = 0$ gilt, und auch $|r_{y2.1}| > |r_{y2}|$, wenn $r_{y1} = 0$ ist. Die Ungleichheit ist in beiden Fällen um so größer, je stärker die Wechselwirkung zwischen X_1 und X_2, je größer also r_{12} ist. Haben die beiden Korrelationskoeffizienten r_{y2} und r_{12} entgegengesetzte Vorzeichen, so ist stets $|r_{y1.2}| > |r_{y1}|$.

Bevor die Berechnung der partiellen Korrelationskoeffizienten anhand eines Beispiels gezeigt wird, soll der partielle Korrelationskoeffizient noch für eine beliebige Anzahl von erklärenden Variablen dargestellt werden. Dazu wird die Beziehung (4.58.) radiziert:

$$r_{y1.2} = b_{y1.2} \frac{s_1 \sqrt{1 - r_{12}^2}}{s_y \sqrt{1 - r_{y2}^2}} \quad (4.61.)$$

Entsprechend ist:

$$r_{1y.2} = b_{1y.2} \frac{s_y \sqrt{1 - r_{y2}^2}}{s_1 \sqrt{1 - r_{12}^2}} \quad (4.62.)$$

Da $r_{1y.2} = r_{y1.2}$ ist, ergibt sich, wenn man (4.61.) und (4.62.) miteinander multipliziert:

$$\begin{aligned} r_{y1.2}^2 &= b_{y1.2}\, b_{1y.2} \\ r_{y1.2} &= \sqrt{b_{y1.2}\, b_{1y.2}} \end{aligned} \quad (4.63.)$$

Allgemein kann man schreiben:

$$r_{y1.2\ldots m} = \sqrt{b_{y1.2\ldots m}\, b_{1y.2\ldots m}} \quad (4.64.)$$

Auf Grund der Formel (4.64.) lassen sich die partiellen Korrelationskoeffizienten folglich auch mit Hilfe der partiellen Regressionskoeffizienten berechnen.

Verallgemeinert man in analoger Weise (4.60.), so ergibt sich:

$$r_{y1.2\ldots m} = \frac{r_{y1.3\ldots m} - r_{y2.3\ldots m}\, r_{12.3\ldots m}}{\sqrt{(1 - r_{y2.3\ldots m}^2)(1 - r_{12.3\ldots m}^2)}} \quad (4.65.)$$

Weitere Varianten sind ohne weiteres möglich.

Die partiellen Korrelationskoeffizienten von der Ordnung m sind somit auf partielle Korrelationskoeffizienten von der Ordnung m - 1 zurückgeführt. Zur Berechnung der partiellen Korrelationskoeffizienten auf Grund von (4.65.) sind erst die einfachen Korrelationskoeffizienten und dann fortschreitend die gewünschten partiellen Korrelationskoeffizienten zu ermitteln. Bei mehr als 4 Variablen wird der Rechenaufwand, der für die Berechnung der partiellen Korrelationskoeffizienten benötigt wird, bereits sehr beachtlich. Es empfiehlt sich, die Berechnungen auf PC's durchzuführen.

Beispiel:
Für den Zusammenhang von Produktivität, Mechanisierungsgrad, Durchschnittsalter der Arbeitnehmer und durchschnittlichen Kapazitätsauslastung sollen einige partielle Korrelationskoeffizienten berechnet werden. Die Berechnung erfolgt nach den Formeln (4.60.) und (4.65.). Die benötigten einfachen Korrelationskoeffizienten werden der Korrelationsmatrix und dem Korrelationsvektor des Abschnittes 4.2. entnommen. Somit ist

$$r_{y1.2} = \frac{r_{y1} - r_{y2}r_{12}}{\sqrt{(1 - r_{y2}^2)(1 - r_{12}^2)}} = \frac{0{,}9687 - 0{,}4257 \cdot 0{,}3620}{\sqrt{(1 - 0{,}4257^2)(1 - 0{,}3620^2)}} = 0{,}9657$$

$$r_{y2.1} = \frac{r_{y2} - r_{y1}r_{12}}{\sqrt{(1 - r_{y1}^2)(1 - r_{12}^2)}} = \frac{0{,}4257 - 0{,}9687 \cdot 0{,}3620}{\sqrt{(1 - 0{,}9687^2)(1 - 0{,}3620^2)}} = 0{,}3242$$

Für die Berechnung der partiellen Korrelationskoeffizienten der nächst höheren Ordnung werden weitere partielle Korrelationskoeffizienten 2. Ordnung benötigt. Sie wurden ebenfalls nach der Formel (4.60.) berechnet. Es ist

$r_{y1.3} = 0{,}9578$ $\quad r_{y3.2} = -0{,}4274$ $\quad r_{31.2} = -0{,}4253$

$r_{y2.3} = 0{,}2902$ $\quad r_{12.3} = 0{,}2146.$

Nun können die partiellen Korrelationskoeffizienten 3. Ordnung ermittelt werden:

$$r_{y1.23} = \frac{r_{y1.3} - r_{y2.3}r_{12.3}}{\sqrt{(1 - r_{y2.3}^2)(1 - r_{12.3}^2)}} = \frac{0{,}9578 - 0{,}2902 \cdot 0{,}2146}{\sqrt{(1 - 0{,}2902^2)(1 - 0{,}2146^2)}}$$

$$= 0{,}9581$$

$$r_{y2.13} = \frac{r_{y2.3} - r_{y1.3}r_{12.3}}{\sqrt{(1 - r_{y1.3}^2)(1 - r_{12.3}^2)}} = \frac{0{,}2902 - 0{,}9578 \cdot 0{,}2146}{\sqrt{(1 - 0{,}9578^2)(1 - 0{,}2146^2)}}$$

$$= 0{,}3015$$

$$r_{y3.12} = \frac{r_{y3.2} - r_{y1.2}r_{31.2}}{\sqrt{(1 - r_{y1.2}^2)(1 - r_{31.2}^2)}} = \frac{-0,4274 - 0,9657 \cdot (-0,4253)}{\sqrt{(1 - 0,9657^2)(1 - (-0,4253)^2)}}$$

$$= -0,07101$$

Durch die bestehenden Korrelationen zwischen den Variablen X_1, X_2 und X_3 sind die partiellen Korrelationskoeffizienten kleiner als die einfachen Korrelationskoeffizienten und die partiellen Korrelationskoeffizienten 3. Ordnung kleiner als die partiellen Korrelationskoeffizienten 2. Ordnung, da diese Einflüsse ausgeschaltet sind und nur die Stärke des Zusammenhanges zwischen Y und der ausgewählten Variablen X_k (k = 1, 2 oder 3) gemessen wird.

4.4. Beziehungen zwischen multipler und partieller Korrelation, Regression und Bestimmtheit

Es sollen nur die wesentlichen Beziehungen zwischen multipler und partieller Korrelation, Regression und Bestimmtheit dargelegt werden.

Ausgehend von (3.26.) in Abschnitt 3.1.3. wird die rechte Seite dieser Gleichung mit $[1/(n - 1)] \cdot \Sigma(x_{i1} - \hat{x}_{i1})^2$ erweitert. Durch eine einfache Umformung unter Berücksichtigung von (2.68.) in Abschnitt 2.5. sowie (4.54.) und des Nenners von (4.53.) entsteht folgende Beziehung:

$$B_{y1.2} = \frac{b_{y1.2}^2 s'^2_{1.2}}{s'^2_{y.2}} . \qquad (4.66.)$$

Das ist der gleiche Ausdruck, der sich in (4.55.) für $r_{y1.2}^2$ ergab. Folglich gilt

$$B_{y1.2} = r_{y1.2}^2$$
$$r_{y1.2} = \sqrt{B_{y1.2}} . \qquad (4.67.)$$

Es ergibt sich die gleiche Beziehung zwischen den partiellen Korrelationskoeffizienten und den partiellen Bestimmtheitsmaßen, wie sie schon bei den einfachen Maßen in Abschnitt 4.1.3. gefunden wurde. Es kann folglich ohne Schwierigkeit vom partiellen Korrelationskoeffizienten auf das partielle Bestimmtheitsmaß und umgekehrt geschlossen werden, ohne auf das Ausgangsmaterial zurückgreifen zu müssen.

Eine analoge Beziehung besteht zwischen dem multiplen Korrelationskoeffizienten und dem multiplen Bestimmtheitsmaß. Durch Vergleich von (3.12.) mit (4.41.) ist leicht zu sehen, daß folgende Beziehung gilt:

$$B_{y.12...m} = r^2_{y.12...m}$$
$$r_{y.12...m} = \sqrt{B_{y.12...m}} \ . \tag{4.68.}$$

In Abschnitt 4.2. wurde in (4.48.) gezeigt, daβ bei fehlender Korrelation zwischen den erklärenden Variablen gilt:

$$r^2_{y.12} = r^2_{y1} + r^2_{y2} \ .$$

Unter Berücksichtigung von (4.68.) und (4.13.) ist

$$B_{y.12} = B_{y1} + B_{y2} \ .$$

bzw. allgemein geschrieben

$$B_{y.12...m} = B_{y1} + B_{y2} + \ldots + B_{ym} = \sum_{i=1}^{m} B_{yk} \ . \tag{4.69.}$$

Damit wurde eine Beziehung gefunden, die für spätere Überlegungen notwendig ist. Es ist also das Gesamtbestimmtheitsmaβ gleich der Summe aus den einfachen Bestimmtheitsmaβen, wenn die erklärenden Variablen untereinander nicht korreliert sind.

Es sollen nun einige Beziehungen zwischen partieller Korrelation und partieller Regression angegeben werden, die bereits in den vorangehenden Abschnitten bewiesen wurden. Es sei in diesem Zusammenhang auf die Formeln (4.46.) und (4.63.) und deren Herleitung verwiesen. Unter Berücksichtigung von (4.67.) gilt auch

$$B_{y1.2} = b_{y1.2} b_{1y.2} \ . \tag{4.70.}$$

Schlieβlich soll noch eine Beziehung zwischem dem partiellen und dem multiplen Korrelationskoeffizienten gezeigt werden. Es ist:

$$\begin{aligned} 1 - r^2_{y.12} &= (1 - r^2_{y2})(1 - r^2_{y1.2}) \\ &= (1 - r^2_{y1})(1 - r^2_{y2.1}) \ . \end{aligned} \tag{4.71.}$$

Diese Beziehung läβt sich relativ leicht beweisen. Zu diesem Zweck wird (4.36.) aus Abschnitt 4.1.3. umgeformt:

$$b'_{y2.1} = r_{y2} - b'_{y1.2} r_{12} \ .$$

Diese Gleichung wird in (4.43.) aus Abschnitt 4.2. eingesetzt. Nach Auflösung der Klammern und Vereinfachung ergibt sich:

$$r^2_{y.12} = r^2_{y2} + b'^2_{y1.2}(1 - r^2_{12}) \ ,$$

bzw. nach Subtraktion dieses Ausdruckes von 1:

$$1 - r^2_{y.12} = (1 - r^2_{y2}) - b'^2_{y1.2}(1 - r^2_{12}) \ .$$

Entsprechend (4.33.) aus Abschnitt 4.1.3. wird

$$b'^2_{y1.2} = b_{y1.2} \frac{s_1}{s_y}$$

in die vorstehende Gleichung eingesetzt:

$$1 - r^2_{y.12} = (1 - r^2_{y2}) - b^2_{y1.2} \frac{s_1^2}{s_y^2} (1 - r^2_{12}) \ .$$

Aus Gleichung (4.58.) des Abschnittes 4.3. ist:

$$r^2_{y1.2} (1 - r^2_{y2}) = b^2_{y1.2} \frac{s_1^2}{s_y^2} (1 - r^2_{12}) \ .$$

Dieser Ausdruck wird in die vorstehende Gleichung eingesetzt und $1 - r_{y2}^2$ ausgeklammert:

$$1 - r^2_{y.12} = (1 - r^2_{y2})(1 - r^2_{y1.2}) \ ,$$

was zu beweisen war.
Durch Verallgemeinerung dieser Beziehung ergibt sich:

$$1 - r^2_{y.12\ldots m} = (1 - r^2_{y2})(1 - r^2_{y2.1})(1 - r^2_{y3.12}) \cdot \ldots \cdot (1 - r^2_{ym.12\ldots m-1}) \ . \tag{4.72.}$$

Mit Hilfe dieser Gleichung kann man den multiplen Korrelationskoeffizienten aus den einfachen und partiellen Korrelationskoeffizienten berechnen. Dabei erfaßt r_{y1}^2 den Anteil des Einflusses von X_1 auf Y, $r_{y2.1}^2$ den Anteil von X_2 über den Einfluß von X_1 hinaus auf Y usw.

Aus (4.71.) ergibt sich auch folgende Beziehung:

$$\frac{1 - r^2_{y1}}{1 - r^2_{y2}} = \frac{1 - r^2_{y1.2}}{1 - r^2_{y2.1}} \ . \tag{4.73.}$$

Mit dieser Gleichung läßt sich die rechnerische Richtigkeit der Korrelationskoeffizienten kontrollieren.

4.5. Beeinflussung des Korrelationskoeffizienten durch Nebenfaktoren

Im folgenden werden einige wichtige Faktoren angeführt, die die Größe des Korrelationskoeffizienten unter Umständen störend beeinflussen können und die vor allem beim Vergleich von Korrelationskoeffizienten beachtet werden müssen, wenn nicht fehlerhafte Schlüsse gezogen werden sollen.

Ein Faktor, der die Größe der Korrelationskoeffizienten im allgemeinen beeinflußt, ist die Abgrenzung des geographischen Gebietes. Wird beispielsweise die Abhängigkeit der Hektarerträge von der Ackerzahl (Bodenklasse) untersucht, so ist es wesentlich, ob der Untersuchung dieses Zusammenhanges die Ergebnisse z.B. nur eines Bundeslandes oder der gesamten Bundesrepublik zugrunde gelegt werden. Der Korrelationskoeffizient, berechnet aus den Ergebnissen eines Bundeslandes, ist im allgemeinen kleiner als der Korrelationskoeffizient, berechnet aus den Ergebnissen aller Bundesländer. In den Ergebnissen aller Bundesländer gleichen sich eine Reihe von Faktoren aus, die folglich diese Ergebnisse meist nicht in dem Maße streuen lassen, wie das bei den Ergebnissen eines Bundeslandes der Fall ist. In der Regel sollten nur solche Korrelationskoeffizienten verglichen werden, die sich auf gleichartige Einheiten beziehen.

In ähnlicher Weise wird der Korrelationskoeffizient auch dann beeinflußt, wenn die Untersuchung des Zusammenhanges von kleineren Gebieten auf größere territoriale Gebiete ausgedehnt wird. So wird der Korrelationskoeffizient für den Zusammenhang zwischen Einkommen und Ausgaben der Haushalte für bestimmte Konsumgüter beeinflußt, wenn bei der Untersuchung größere territoriale Gebiete als ursprünglich einbezogen werden.

Die zeitliche Abgrenzung der Einheiten kann sich ebenfalls auf die Größe des Korrelationskoeffizienten auswirken. So können sich für den Zusammenhang zwischen Variablen sehr unterschiedliche Korrelationskoeffizienten ergeben, wenn den Berechnungen die Variablenwerte für einen Monat, ein Quartal oder ein Jahr zugrunde gelegt werden. Der Wert des Korrelationskoeffizienten hängt unter anderem auch von der Dichte der aufeinanderfolgenden Werte ab, das heißt davon, ob die Werte nahe beieinander liegen oder weit auseinander gezogen sind. Untersucht man zum Beispiel die Abhängigkeit der Kosten vom Produktionsvolumen in verschiedenen Unternehmen, so wird der Korrelationskoeffizient wesentlich davon beeinflußt, ob in der zu Verfügung stehenden Gesamtheit von Unternehmen Großbetriebe enthalten sind oder nicht.

Treten sehr weit voneinander liegende Werte auf, so ist bei der Deutung des Korrelationskoeffizienten Vorsicht geboten. Nach Möglichkeit sollte versucht werden, sehr stark voneinander entfernt liegende Werte bei der Untersuchung eines Zusammenhanges auszuschließen. In diesem Falle kommt dem Problembearbeiter eine große Verantwortung zu, daß er wirklich nur diejenigen Werte vernachlässigt, die für den zu untersuchenden Zusammenhang nicht typisch sind. Die Grenzen für derartige Entscheidungen sind freilich sehr elastisch.

Bei der Untersuchung von Zusammenhängen auf Grund von Verhältniszahlen ist besonders darauf zu achten, daß von einem linearen korrelativen Zusammenhang zwischen den absoluten Größen, aus denen die Verhältniszahlen gebildet sind, nicht ohne weiteres auf einen entsprechenden korrelativen Zusammenhang zwischen den Verhältniszahlen geschlossen werden kann. Es entstehen in solchen Fällen oft Nonsens-Korrelationen oder Pseudokorrelationen.

Der Wert des Korrelationskoeffizienten wird besonders durch den heterogenen Charakter des Ausgangsmaterials beeinflußt. So können sich zum Beispiel die Industrieunternehmen, für die der Zusammenhang zwischen Produktivität und Mechanisierungsgrad der Arbeit oder der Produktion untersucht werden soll, sehr stark unterscheiden. Bei gleichem Mechanisierungsgrad der Arbeit kann der eine Betrieb mit modernen Maschinen, der andere mit veralteten Maschinen ausgerüstet sein. Durch diesen Umstand können die Einzelwerte mehr oder weniger stark streuen. Der Grad des Zusammenhanges zwischen Erscheinungen ist im allgemeinen größer, wenn die Analyse auf einer größeren Zahl von Industrieunternehmen, allgemein auf einer größeren Zahl von Beobachtungen basiert. Je kleiner die Anzahl der in die Untersuchung eingehenden Werte, desto mehr kann die Intensität des Zusammenhanges von Untersuchung zu Untersuchung schwanken. Es kann sogar eintreten, daß sich die Korrelationskoeffizienten, berechnet für Teile von Gesamtheiten, hinsichtlich ihres Vorzeichens unterscheiden. In diesen Fällen ist ein Korrelationskoeffizient zu berechnen, der von zufälligen Einflüssen frei ist. Auf diese Problematik soll hier jedoch nicht eingegangen werden. Hinweise zu diesem Problem sind bei KENDALL ([118], Vol. II, S. 237) zu finden.

4.6. Korrelationsverhältnis

Um die Intensität des Zusammenhangs zwischen Erscheinungen zu messen, steht auch das von Karl Pearson entwickelte Korrelationsverhältnis η zur Verfügung. Es ist anwendbar, wenn das Zahlenmaterial nach der erklärenden Variablen gruppiert wurde oder in Form einer Korrelationstabelle gegeben ist. In beiden Fällen liegen dann die Gruppen-Mittelwerte $\bar{y}_j$ der zu erklärenden Variablen in jeder Gruppe j der erklärenden Variablen vor.

Die Berechnung des Korrelationsverhältnisses geht von den Gruppen-Mittelwerten und nicht von den entsprechenden Regreßwerten aus. Das Korrelationsverhältnis ist folglich nicht an eine bestimmte Regressionsfunktion gebunden.

Entsprechend Abschnitt 2.3.2. wird wiederum folgende Bezeichnung gewählt:

g_j die Randhäufigkeit der Gruppe j der erklärenden Variablen X; $j = 1, 2, ..., t$;

$\overline{y}_j$ der Gruppen-Mittelwert in der Gruppe j der erklärenden Variablen X;

y_{kj} der k-te Wert der zu erklärenden Variablen Y in der Gruppe j der erklärenden Variablen X; k = 1, 2, ..., s.

Das Korrelationsverhältnis ist wie folgt definiert:

$$\eta_{yx} = \sqrt{\frac{\sum_j (\overline{y}_j - \overline{y})^2 g_j}{\sum_k \sum_j (y_{kj} - \overline{y})^2}} . \tag{4.74.}$$

Analogen Überlegungen zur Aufteilung der Varianz wie beim einfachen Bestimmtheitsmaß folgend, läßt sich (4.74.) wie folgt schreiben:

$$\eta_{yx} = \sqrt{\frac{s_Z^2}{s_y^2}} . \tag{4.75.}$$

$$\eta_{yx} = \sqrt{1 - \frac{s_I^2}{s_y^2}} . \tag{4.76.}$$

Hier ist s_Z^2 die mittlere quadratische Abweichung der Gruppen-Mittelwerte $\overline{y}_j$ vom Gesamtmittelwert $\overline{y}$ (mittlere quadratische Abweichung zwischen den Gruppen), und s_I^2 ist die mittlere quadratische Abweichung innerhalb der Gruppen. Aus den Beziehungen (4.74.) bis (4.76.) wird ersichtlich, daß sich das Korrelationsverhältnis nur aus gruppiertem Zahlenmaterial berechnen läßt. In jedem Fall muß entweder die Summe der gesamten quadratischen Abweichungen oder die Gesamtvarianz s_y^2 bekannt sein. Liegen die Angaben nur nach der erklärenden Variablen gruppiert vor und ist das Urmaterial nicht mehr zugängig, so ist die Gesamtvarianz und somit auch das Korrelationsverhältnis nicht mehr ermittelbar.

Ist das Zahlenmaterial in Form einer Korrelationstabelle gegeben, so kann man (4.74.) für praktische Berechnungen wie folgt schreiben:

$$\eta_{yx} = \sqrt{\frac{n \sum_j \overline{y}_j^2 g_j - (\sum_k y_k h_k)^2}{n \sum_k y_k^2 h_k - (\sum_k y_k h_k)^2}} = \sqrt{\frac{n \sum_j \frac{(\sum_k y_k h_{kj})^2}{g_j} - (\sum_k y_k h_k)^2}{n \sum_k y_k^2 h_k - (\sum_k y_k h_k)^2}} . \tag{4.77.}$$

Hier ist y_k die Gruppenmitte der Gruppe k der Variablen Y und h_k ist die Randhäufigkeit der Variablen Y in der Gruppe k für k=1,2,...,s.

h_{kj} ist die Häufigkeit in der Gruppe k der Varialben Y und der Gruppe j der Variablen X (Häufigkeit in einem Feld der Korrelationstabelle).

Der Wert der Korrelationsverhältnisse liegt in folgendem Intervall:

$$0 \leq \eta_{yx} \leq 1 \ . \qquad (4.78.)$$

Es ist $\eta_{yx} = 1$, wenn $y_{kj} = \bar{y}_j$ ist, das heißt, wenn die Werte der Variablen Y mit den Gruppen-Mittelwerten $\bar{y}_j$ übereinstimmen. Es ist $\eta_{yx} = 0$, wenn $\bar{y}_j = \bar{y}$ ist, wenn also alle Gruppen-Mittelwerte $\bar{y}_j$ auf einer Geraden liegen, die im Abstand $\bar{y}$ parallel zur Abszissenachse verläuft. In einem solchen Falle existiert keine Korrelation zwischen den Variablen im Sinne der Korrelationsanalyse.

Der Wert des Korrelationsverhältnisses η_{yx} kann von der Gruppierung des Zahlenmaterials beeinflußt werden, das heißt davon, ob ein gegebenes Zahlenmaterial in mehr oder weniger viele Gruppen eingeteilt wird. Je mehr Gruppen bei der erklärenden Variablen gebildet werden, desto weniger Werte liegen den Gruppen-Mittelwerten $\bar{y}_j$ in jeder Gruppe zugrunde, desto mehr können die Gruppen-Mittelwerte schwanken, desto mehr können nebensächliche und zufällige Faktoren wirken. Die mittlere quadratische Abweichung der Gruppen-Mittelwerte $\bar{y}_j$ wird folglich bei zunehmender Differenzierung der Gruppen im allgemeinen immer größer, während die Gesamtvarianz s_y^2 hiervon unberührt bleibt.

Im allgemeinen äußert sich folgende Tendenz:
Der Wert des Korrelationsverhältnisses steigt mit zunehmender Differenzierung der Gruppen der erklärenden Variablen. Ist die Anzahl der Gruppen der erklärenden Variablen gegeben, so hängt der Wert des Korrelationsverhältnisses auch von der Gruppierung der zu erklärenden Variablen ab. Der Wert des Korrelationsverhältnisses ist im allgemeinen um so größer, je differenzierter die Gruppierung der zu erklärenden Variablen ist. Diese Gesichtspunkte sind bei der Deutung des Korrelationsverhältnisses zu berücksichtigen.

Es wurde bereits erwähnt, daß die Berechnung des Korrelationsverhältnisses an keinen besonderen Typ der Regressionsfunktion gebunden ist. Daher kann es keine Aussage über die Anpassungsgüte von Regressionsberechnungen liefern. Es bleibt unter Beachtung der Aussagegrenzen lediglich ein Maß zur Messung der Intensität von Zusammenhängen.

Da die Berechnung des Korrelationsverhältnisses von den Gruppen-Mittelwerten ausgeht, ist es ohne weiteres erklärlich, daß im allgemeinen gilt: $\eta_{yx} \neq \eta_{xy}$. Um die Intensität der Abhängigkeit der

Variablen X von der Variablen Y zu messen, muß das Korrelationsverhältnis η_{xy} berechnet werden. Die Formeln zur Berechnung von η_{xy} lassen sich leicht aus den Formeln für η_{yx} durch Vertauschen der Variablen aufschreiben.

Beispiel:
Es wird das Korrelationsverhältnis für die Abhängigkeit des wertmäßigen Produktionsvolumens von der Höhe des eingesetzten Kapitals (vgl. Tabelle 2.6. aus Abschnitt 2.3.2.) berechnet. In Tabelle 4.1. sind die notwendigen Berechnungen für die Formel (4.77.) enthalten.

Das Korrelationsverhältnis ist somit:

$$\eta_{yx} = \sqrt{\frac{52 \cdot 3229558{,}4 - 12930^2}{52 \cdot 3231100 - 12930^2}} = 0{,}951 \ .$$

η_{xy} weist einen hohen Zusammenhang zwischen dem Produktionsvolumen und der Höhe des eingesetzten Kapitals aus. Der Korrelationskoeffizient von Pearson für das gleiche Material (vgl. Abschnitt 4.1.2.) ist r_{yx} = 0,9412. Beide Maße weichen in dem Beispiel nicht sehr voneinander ab.

Tabelle 4.1.: Arbeitstabelle

$y_k \backslash x_j$	12,5	17,5	22,5	27,5	32,5	37,5	42,5	47,5	52,5
205	205								
215		430							
225		225	450						
235			705	705	235				
245				1960	2205				
255				255	1785	1275			
265						530			
275						275	825		
285								570	
295									295
$\Sigma_k\ y_k h_{kj}$	205	655	1155	2920	4225	2080	825	570	295
g_j	1	3	5	12	17	8	3	2	1

Fortsetzung Tabelle 4.1.

$(\Sigma_k\ y_k h_{kj})^2$	$(\Sigma_k\ y_k h_{kj})^2/g_j$	
42 025	42 025	Weiterhin sind:
429 025	143 008,3	
1 334 025	266 805	$\Sigma_k\ y_k\ h_k = 12930$
8 526 400	710 533,3	
17 850 625	1 050 036,8	$\Sigma_k\ y_k^2 h_k = 3\ 231\ 100$
4 326 400	540 800	
680 625	226 875	$n = 52$
324 900	162 450	
87 025	87 025	
	3 229 558,4	

5. Zuverlässigkeit von Schätzungen der Regressions- und Korrelationsanalyse

In verschiedenen Abschnitten wurde schon ausgeführt, daß die Regressions- und Korrelationsanalyse auf der Basis von Stichproben mit dem Ziel durchgeführt werden kann, Aussagen über die entsprechenden Parameter der Grundgesamtheit zu treffen (induktive Regressions- und Korrelationsanalyse). Die Regressionsparameter, Regreßwerte, Residuen, Standardfehler der Regressionsfunktion und der Regressionskoeffizienten, die Bestimmtheitsmaße und die Korrelationskoeffizienten sind somit Schätzungen für die jeweiligen unbekannten Werte der Grundgesamtheit, aus der die Stichprobe stammt. Die Anwendung von Schätzfunktionen für die Regressionsparameter usw. führt zunächst zu **Punktschätzungen**, das heißt, durch Einsetzen der Stichprobenwerte der Variablen Y in die jeweilige Schätzfunktion wird **ein Schätzwert** erzielt. Da aber davon ausgegangen wird, daß die Stichprobenentnahme nach dem Zufallsprinzip erfolgte[1], dadurch die realisierten Werte der Variablen $\hat{Y}$ in der Stichprobe zufallsabhängig sind, sind auch die Punktschätzungen der Regressions- und Korrelationsanalyse zufallsabhängig (vgl. Abschnitt 2.6. und 2.7.). Sie werden mehr oder weniger um die "wahren" Werte der Grundgesamtheit schwanken. Es ist deshalb notwendig, diese Punktschätzungen durch Aussagen über ihre Zuverlässigkeit zu ergänzen. Dies geschieht, indem basierend auf dem Stichprobenergebnis ein Intervall (**Konfidenzintervall**, Vertrauensbereich) angegeben wird, in dem der "wahre" Wert der Grundgesamtheit mit einer vorgegebenen Wahrscheinlichkeit liegt.

Zum anderen wurde im Abschnitt 2.0. bezüglich der praktischen Herangehensweise an regressionsanalytische Untersuchungen ausgeführt, daß im Ergebnis der fachwissenschaftlichen Formulierung der Abhängigkeiten plausible Hypothesen zu formulieren sind. Die Hypothesen betreffen vor allem Annahmen über die unbekannten Parameter der Grundgesamtheit. Diese Hypothesen gilt es anhand der Stichprobenergebnisse der Regressions- und Korrelationsanalyse zu überprüfen. Dazu sind **statistische Testverfahren** anzuwenden.

Diese Probleme sollen in den folgenden Abschnitten behandelt werden. Die hierzu erforderlichen Methoden und Formeln werden nicht hergeleitet; es kommt vor allem darauf an zu zeigen, wie sie praktisch zu handhaben sind.[2] Die Ausführungen dieses Kapitels gelten nur für lineare und linearisierte Beziehungen zwischen den Variablen und unter den im Abschnitt 2.6. getroffenen Annahmen für die lineare Regression.

---

1 Wenn im weiteren von Stichproben gesprochen wird, handelt es sich um einfache Zufallsstichproben.

2 Allgemeine Einführungen in die Schätz- und Testtheorie sind in Statistik-Lehrbüchern zu finden, u.a. in: [17], [20], [23], [59], [93], [101], [152], [158], [191], [196]

5.1. Verteilung von Regressions- und Korrelationskoeffizienten

Im Abschnitt 2.6. war gezeigt worden, daß die geschätzten Regressionsparameter Zufallsvariable darstellen, die eine bestimmte Wahrscheinlichkeitsverteilung besitzen. Wenn Aussagen über die Zuverlässigkeit der geschätzten Regressionsparameter getroffen werden sollen, müssen Kenntnisse über die Verteilung der Regressions- und Korrelationskoeffizienten gegeben sein.

Wenn vorausgesetzt wird, daß

- die Abhängigkeit zwischen der zu erklärenden Variablen Y und den erklärenden Variablen X_k (k = 1, ..., m) in der Grundgesamtheit einer lineare Regressionfunktion folgt,
- die Störvariable U_i (i = 1, ..., n) normalverteilt ist (Annahme 8 aus Abschnitt 2.6.) mit dem Erwartungswert $E(U_i) = 0$ (Annahme 5) und der Varianz σ_u^2 (Annahme 6),
- die zu erklärenden Variablen Y_i bei gegebenen Werten x_{ik} der erklärenden Variablen X_k (i = 1, ..., n; k = 1, ..., m) normalverteilt oder annähernd normalverteilt sind,

so folgen auch die Schätzfunktionen (2.95.) der Regressionsparameter[3] B_k (k = 0, 1, ..., m) **Normalverteilungen** mit den Erwartungswerten β_k [vgl. (2.101.)] und den Varianzen $\sigma^2(B_k)$ [vgl. 3.31.)]. Entsprechend ist die Verteilung der standardisierten Zufallsvariablen

$$\Lambda_k = \frac{B_k - \beta_k}{\sigma(B_k)}, \qquad k = 0, 1, ..., m \qquad (5.1.)$$

eine **Standardnormalverteilung** mit dem Erwartungswert Null und der Varianz Eins.

Da die Varianz σ_U^2 der Zufallsvariablen U_i und damit die Varianz des Stichproben-Regressionsparameter $\sigma^2(B_k)$ nicht bekannt sind (vgl. Abschnitt 3.2.), müssen sie durch die Schätzfunktionen

$$S_{\hat{U}}^2 = \frac{\sum_{i=1}^{n} \hat{U}_i^2}{n-m-1} \qquad (3.51.)$$

und folglich [vgl. (3.36.)]

---

3 Statt "die Schätzfunktion des Regressionsparameters B_k" wird im weiteren vereinfachend "Stichproben-Regressionsparameter B_k" geschrieben. Analog wird dies auch für andere Schätzfunktionen gehandhabt.

$$S^2(B_k) = S_{\hat{U}}^2 \cdot x^{(kk)} = \frac{\sum_{i=1}^{n} \hat{U}_i^2}{n-m-1} \cdot x^{(kk)} , \qquad (5.2.)$$

worin $x^{(kk)}$ das k-te Element der Hauptdiagonale der Matrix $(X'X)^{-1}$ ist, ersetzt werden. Damit geht (5.1.) in die Zufallsvariable

$$T_k = \frac{B_k - \beta_k}{S(B_k)} , \qquad k = 0, 1, \ldots, m , \qquad (5.3.)$$

über.

Da B_k normalverteilt ist, ist auch der Zähler von (5.3.) $B_k - \beta_k$ normalverteilt. Der vom Zähler unabhängige Nenner von (5.3.) folgt als Summe von n quadrierten Größen einer Chi-Quadrat-Verteilung mit f = n-m-1 Freiheitsgraden (vgl. die Ausführungen zur Formel (3.51.) im Abschnitt 3.2.). Somit gehorcht die Zufallsvariable T_k (5.3.) einer **t-Verteilung** (auch Student-Verteilung genannt) mit f = n-m-1 Freiheitsgraden. Ist die Anzahl der Freiheitsgrade größer 30, so kann approximativ auch die Standard-Normalverteilung verwendet werden.[4]

Die gleichen Überlegungen können auf die einfachen linearen Korrelationskoeffizienten[5], die auf Grund von Stichproben berechnet wurden, übertragen werden (vgl. MAAß, MÜRDTER, RIEß [152], S. 280 ff., S. 349 ff.; FISZ [59], S. 297 ff.).

Allerdings ist jetzt davon auszugehen, daß in der Grundgesamtheit zwei Zufallsvariablen X und Y mit den Erwartungswerten μ_X bzw. μ_Y und den Varianzen σ_X^2 bzw. σ_Y^2 existieren. Der Korrelationskoeffizient der Grundgesamtheit ist in Analogie zu (4.3.):

$$\rho_{YX} = E\left[\left(\frac{X-\mu_X}{\sigma_X}\right)\left(\frac{Y-\mu_Y}{\sigma_Y}\right)\right] = \frac{\sigma_{XY}}{\sigma_X \sigma_Y} , \qquad (5.4.)$$

worin σ_{XY} die Kovarianz der beiden Zufallsvariablen in der Grundgesamtheit ist.

Da der einfache lineare Korrelationskoeffizient der Stichprobe R_{YX} von den beobachteten Werten der Variablen X und Y abhängt, kann er von Stichprobe zu Stichprobe unterschiedliche Werte annehmen. Er ist somit eine Zufallsvariable, die einer bestimmten Wahrscheinlichkeitsverteilung folgt. Wenn in (4.4.) des Abschnittes 4.1.1. statt

---

4 In einigen Statistik-Büchern wird gefordert, daß die Anzahl der Freiheitsgrade größer 40 sein soll, um mit der Standard-Normalverteilung arbeiten zu können.

5 Die Beschränkung auf einfache lineare Korrelationskoeffizienten erfolgt an dieser Stelle, weil Hypothesen über den multiplen linearen Korrelationskoeffizienten im allgemeinen über das multiple Bestimmtheitsmaß geprüft werden.

der Stichprobenwerte die Zufallsvariablen X und Y eingesetzt werden, erhält man den einfachen linearen Stichproben-Korrelationskoeffizienten:

$$R_{YX} = \frac{\sum_{i=1}^{n} (X_i - \overline{X})(Y_i - \overline{Y})}{\sqrt{\sum_{i=1}^{n} (X_i - \overline{X})^2 \sum_{i=1}^{n} (Y_i - \overline{Y})^2}} = \frac{S_{XY}}{S_X S_Y}, \qquad (5.5.)$$

worin

$$S_X = \sqrt{\frac{\Sigma (X_i - \overline{X})^2}{n-1}}, \quad S_Y = \sqrt{\frac{\Sigma (Y_i - \overline{Y})^2}{n-1}},$$

$$S_{XY} = \frac{\Sigma (X_i - \overline{X})(Y_i - \overline{Y})}{n-1}, \quad \overline{X} = \frac{\Sigma X_i}{n}, \quad \overline{Y} = \frac{\Sigma Y_i}{n} \qquad (5.6.)$$

die Stichproben-Standardabweichungen der Variablen X und Y, die Stichproben-Kovarianz von X und Y und die Stichproben-Mittelwerte der Variablen X und Y sind.

Die Verteilung des einfachen linearen Stichproben-Korrelationskoeffizienten nähert sich unter folgenden Bedingungen einer Normalverteilung:

- wenn die Zufallsvariablen Y und X normalverteilt sind;
- wenn der korrelative Zusammenhang nicht sehr stark ist, das heißt, wenn der Korrelationskoeffizient ρ_{YX} sich nicht dem Wert 1 nähert;
- wenn der Umfang der Stichprobe hinreichend groß ($n \geq 500$) ist.

Die Verteilung des Stichproben-Korrelationskoeffizienten wird immer asymmetrischer, je kleiner der Stichprobenumfang n ist und bei festem n je mehr ρ_{YX} von Null abweicht. Das impliziert, daß die Konvergenz gegen die Normalverteilung sehr langsam vor sich geht.

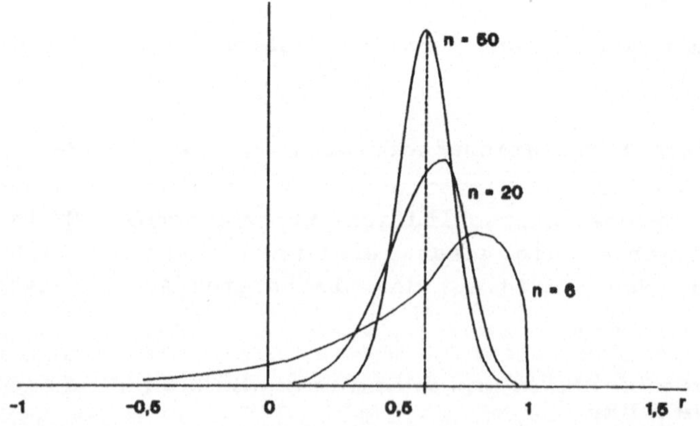

Abbildung 5.1.: Verteilung der Stichproben-Korrelationskoeffizienten für $\rho_{YX} = 0,6$

Für den Fall, daß der einfache lineare Korrelationskoeffizient der Grundgesamtheit gleich Null ($\rho_{YX} = 0$) ist, folgt die Zufallsvariable

$$T = \frac{R_{YX}}{\sqrt{1 - R_{YX}^2}} \sqrt{n - 2} \qquad (5.7.)$$

einer t-Verteilung mit f = n-2 Freiheitsgraden (FISZ [59], S. 300).

Dieser Fall spielt bei vielen Tests des Stichproben-Korrelationskoeffizienten eine Rolle (vgl. Abschnitt 5.3.1.) und hat den Vorteil, daß man nun mit kleineren Stichprobenumfängen auskommt. Für eine Anzahl der Freiheitsgrade f>30 kann jedoch wieder λ aus der Standardnormalverteilung verwendet werden.

In vielen praktischen Anwendungen kann jedoch nicht angenommen werden, daß der Korrelationskoeffizient der Grundgesamtheit $\rho_{YX} = 0$ ist. In diesen Fällen können auch kaum Stichproben mit einem Umfang n>500 gezogen werden (vor allem nicht bei ökonomischen Problemstellungen). Dieser Schwierigkeit kann man durch eine Transformation des Korrelationskoeffizienten aus dem Wege gehen, die auf R. A. FISHER[6] zurückgeht. Hiernach ist:

$$Z = 0{,}5 \ln \frac{1 + R_{YX}}{1 - R_{YX}} = 1{,}1513 \log \frac{1 + R_{YX}}{1 - R_{YX}} . \qquad (5.8.)$$

ln ist der natürliche Logarithmus zur Basis e (e = 2,71828...), lg ist der dekadische Logarithmus (Logarithmus zur Basis 10).

Für $R_{YX} = +1$ bzw. $R_{YX} = -1$ ist $Z = +\infty$ bzw. $Z = -\infty$ und für $R_{YX} = 0$ ist ebenfalls Z = 0.

Die Verteilung dieser Zufallsvariablen Z nähert sich mit wachsendem Stichprobenumfang n schnell der Normalverteilung (bereits bei $n \geq 25$ werden gute Näherungen erreicht) mit den Parametern:

$$E(Z) = 0{,}5 \ln \frac{1 + \rho_{YX}}{1 - \rho_{YX}} + \frac{\rho_{YX}}{2\,(n - 1)} ; \qquad \sigma_Z = \frac{1}{\sqrt{n - 3}} . \qquad (5.9.)$$

Die Standardabweichung σ_Z hängt nicht von der Größe des Korrelationskoeffizienten ρ_{YX} der Grundgesamtheit ab, sondern nur noch vom Stichprobenumfang n. Mit zunehmendem Stichprobenumfang wird σ_Z immer kleiner.

Die Werte der Variablen Z lassen sich bei gegebenen Realisationen r_{YX} der Zufallsvariablen R_{YX} aufgrund konkreter Stichproben mit Hilfe von

---

6 Fisher, R.A., On the "probable error" of a coefficient of correlation deduced from a small sample. Metron 1, Nr. 4 (1921), 1: Statistical Methods for Research Workers. Oliver and Boyd, Edinburgh, London 1941

Taschenrechnern bestimmen. Sind die z-Werte gegeben, so kann r_{yx} durch folgende Beziehung ermittelt werden:

$$r_{yx} = \tanh z \,. \qquad (5.10.)$$

tanh z ist der hyperbolische Tangens von z, dessen Werte sich entweder direkt aus entsprechenden Tafeln ablesen oder über die Beziehung

$$r_{yx} = \tanh z = \frac{e^{z} - e^{-z}}{e^{z} + e^{-z}} \qquad (5.11.)$$

berechnen lassen.

Analog kann man auch bei den partiellen linearen Korrelationskoeffizienten vorgehen (allerdings mit anderer Anzahl von Freiheitsgraden). Die Verteilungen des multiplen linearen Korrelationskoeffizienten, des Korrelationsverhältnisses und des allgemeinen Korrelationskoeffizienten sind dagegen selbst bei relativ großen Stichproben nicht mehr normalverteilt.

5.2. Intervallschätzung

Die Kenntnis der Verteilung der Schätzfunktionen der Regressions- und Korrelationsanalyse ermöglich nunmehr, Intervallschätzungen für die unbekannten Parameter der Grundgesamtheit vorzunehmen.

Wird die Schätzfunktion für einen unbekannten Parameter δ der Grundgesamtheit allgemein mit D und die Standardabweichung dieser Schätzfunktion mit σ_D bezeichnet, so ist

$$D - c \cdot \sigma_D \leq \delta \leq D + c \cdot \sigma_D \qquad (5.12.)$$

eine Intervallschätzung für den Parameter δ der Grundgesamtheit. Das Intervall (5.12.) wird als Konfidenzintervall bezeichnet.

Da D als Schätzfunktion eine Zufallsvariable ist, sind die Grenzen des Konfidenzintervalls zufallsabhängig und können von Stichprobe zu Stichprobe verschieden sein.

Die vorgegebene Wahrscheinlichkeit

$$P\,(D - c \cdot \sigma_D \leq \delta \leq D + c \cdot \sigma_D) = 1 - \alpha \qquad (5.13.)$$

gibt an, daß bei einer großen Zahl von Stichproben $(1 - \alpha) \cdot 100$ % der gefundenen Schätzintervalle den Parameter δ überdecken. Diese Wahrscheinlichkeit wird als Konfidenzniveau oder Sicherheitswahrscheinlichkeit bezeichnet.

Die in der statistischen Praxis am häufigsten verwendeten Sicherheitswahrscheinlichkeiten sind $1-\alpha = 0,90$, $1-\alpha = 0,95$, $1-\alpha = 0,99$ bzw. $1-\alpha = 0,9975$. Für die ökonomische Praxis dürfte im allgemeinen ein Konfidenzniveau von 0,95 oder 95 Prozent angebracht sein. Man spricht daher auch kurz von einem 95%-Konfidenzintervall. Hiernach ist zu erwarten, daß 95 von 100 erhaltenen Schätzintervallen den Parameter δ der Grundgesamtheit einschließen.

c ist eine Größe, die als Zuverlässigkeitskoeffizient oder kritischer Wert bezeichnet wird. Sie gibt an, um das Wievielfache die Standardabweichung berücksichtigt werden muß, damit das Konfidenzniveau eingehalten wird. Wie (5.13.) erkennen läßt, hängt der Wert für c vom vorgegebenen Konfidenzniveau $1-\alpha$ ab. Da die Schätzfunktion D einer bestimmten Verteilung folgt, sind die Werte für c der jeweiligen Tabelle dieser Verteilung für das vorgegebene Konfidenzniveau zu entnehmen.

Kann für die Verteilung der Schätzfunktion D eine Normalverteilung unterstellt werden, so ist für ein Konfidenzniveau von $1 - \alpha = 0,95$ der Wert c aus der Tabelle der Normalverteilung $F(\lambda)$ wegen der Symmetrie des Konfidenzintervalls für $1 - \alpha/2 = 0,975$ aufzusuchen und ergibt: $c = \lambda = 1,96$ (vgl. Tafel 2b im Anhang).

Folgt die Schätzfunktion D einer t-Verteilung, so ist für ein Konfidenzniveau von $1-\alpha$ der Wert c aus der Tabelle der t-Verteilung (Tabelle 4 im Anhang) ebenfalls wegen der Symmetrie des Konfidenzintervalls für $1 - \alpha/2$ und unter Berücksichtigung der Anzahl der Freiheitsgrade f aufzusuchen. Zum Beispiel ergibt sich für $1-\alpha = 0,95$ und damit $1-\alpha/2 = 0,975$ sowie $f = 20$ der Wert $c = t = 2,09$. Für $f > 30$ kann auch in diesem Fall die Standardnormalverteilung herangezogen werden.

Unter sonst gleichen Bedingungen werden die Stichprobenkennziffern um so günstiger beurteilt, je kleiner die Konfidenzintervalle sind. Generell gilt: Je größer das Konfidenzniveau ist, um so breiter ist unter sonst gleichen Bedingungen das Konfidenzintervall.

Liegt eine konkrete Stichprobe vor, dann ergibt sich die Realisation d der Schätzfunktion D und man erhält ein **realisiertes Konfidenzintervall (Schätzintervall)**:

$$[d - c\cdot\sigma_D;\ d + c\cdot\sigma_D] \qquad (5.14.)$$

Diese allgemeinen Überlegungen werden jetzt angewandt, um Konfidenzintervalle für die verschiedenen Schätzfunktionen der Regressions- und Korrelationsanalyse zu erhalten. Dabei sind grundsätzlich vier Fragen zu klären:

- welcher Parameter der Grundgesamtheit interessiert,
- welche Schätzfunktion ist zu verwenden,
- wie wird der Standardfehler der Schätzfunktion berechnet,
- welcher Verteilung folgt die Schätzfunktion, damit der Zuverlässigkeitskoeffizienten c bei vorgegebenem Konfidenzniveau aus der entsprechenden Verteilung entnommen werden kann.

5.2.1. Konfidenzintervalle für die Regressionsparameter

Um Konfidenzintervalle für die Stichproben-Regressionsparameter B_k zu erhalten, wird in (5.12.) und (5.13.)

- δ durch den nun interessierenden Regressionsparameter der Grundgesamtheit β_k (k = 0, 1, ..., m),
- D durch den Stichproben-Regressionsparameter B_k,
- der Zuverlässigkeitskoeffizient c aufgrund der Erkenntnisse des Abschnittes 5.1 durch den Wert der t-Verteilung für ein gegebenes Konfidenzniveau $1 - \alpha$ und die Anzahl der Freiheitsgrade f = n-m-1 (mit n - Stichprobenumfang und m - Anzahl der erklärenden Variablen in der Regressionsfunktion) und
- σ_D durch den Standardfehler $S(B_k)$, die Wurzel aus (5.2.)

ersetzt. (5.12.) und (5.13.) gehen somit über in:

$$B_k - t_{n-m-1;1-\frac{\alpha}{2}} \cdot S(B_k) \leq \beta_k \leq B_k + t_{n-m-1;1-\frac{\alpha}{2}} \cdot S(B_k) \ ,$$

$$P[\, B_k - t_{n-m-1;1-\frac{\alpha}{2}} \cdot S(B_k) \leq \beta_k \leq B_k + t_{n-m-1;1-\frac{\alpha}{2}} \cdot S(B_k)\,] = 1 - \alpha \ .$$

k = 0, 1, ..., m (5.15.)

Eine konkrete Stichprobe liefert die Stichprobenwerte y_i der Variablen Y (i=1,...,n) und führt zu den Schätzwerten b_k (k = 0,1,..., m) und $s(B_k)$ [vgl. Abschnitt 3.2., Formel (3.39.)] und somit zu dem Schätzintervall:

$$[\, b_k - t_{n-m-1;1-\frac{\alpha}{2}} \cdot s(B_k) \, ; \, b_k + t_{n-m-1;1-\frac{\alpha}{2}} \cdot s(B_k)\,] \ , k=0,1,...,m. \qquad (5.16.)$$

Aus (5.15.) ist ersichtlich, daß bei gegebenem Konfidenzniveau $1-\alpha$ das Konfidenzintervall der Regressionsparameter abhängt von

- der Anzahl der Freiheitsgrade und damit vom Stichprobenumfang n und der Anzahl der erklärenden Variablen m in der Regressionsfunktion:
  Je größer der Stichprobenumfang n und damit die Anzahl der Freiheitsgrade, desto kleiner ist unter sonst gleichen Bedingungen der t-Wert und damit das Konfidenzintervall.

Je größer die Anzahl der erklärenden Variablen in der Regressionsfunktion, desto kleiner ist unter sonst gleichen Bedingungen die Anzahl der Freiheitsgrade, desto größer ist der t-Wert und damit das Konfidenzintervall.

- der Größe der Standardabweichung des Regressionsparameters: Je kleiner die Standardabweichung ist, desto kleiner ist unter sonst gleichen Bedingungen das Konfidenzintervall. Da $S(B_k)$, wie Formel (5.2.) zeigt, von der Residualstreuung abhängt, gilt auch: Je kleiner die Residualstreuung, desto kleiner ist unter sonst gleichen Bedingungen die Standardabweichung der Regressionparameter und damit das Konfidenzintervall des Regressionsparameters.

Beispiel:
Es werden die Konfidenzintervalle für die Regressionsparameter der Grundgesamtheit für das Beispiel aus Abschnitt 2.3.1. (Abhängigkeit des Niveaus der Produktivität vom Mechanisierungsgrad der Arbeit) berechnet, unter der Voraussetzung, daß die 14 Firmen eine Zufallsstichprobe aus allen Firmen des betrachteten Wirtschaftszweiges darstellen. Es soll ein 95%-Konfidenzintervall für jeden Regressionsparameter entsprechend (5.15.) bestimmt werden. Da die Anzahl der Freiheitsgrade für dieses Beispiel f = 14 - 1 - 1 = 12 beträgt, ist $t_{12;\,0,975} = 2,18$ (vgl. Tafel 4 im Anhang).

$b_0 = 7,0356$ und $b_1 = 0,5435$ sind Punktschätzungen für die unbekannten Regressionsparameter β_0 bzw. β_1 der Grundgesamtheit. Aus Abschnitt 3.2. sind die Schätzwerte für die Stichprobenstandardabweichungen der beiden Regressionsparameter bekannt: $s(B_0) = 2,1532$ und $s(B_1) = 0,0402$.

Nach (5.16.) ergibt sich das Schätzintervall für β_0 als

$[7,0356 \pm 2,18 \cdot 2,1532] = [2,3416;\ 11,7296]$

und für β_1 als

$[0,5435 \pm 2,18 \cdot 0,0402] = [0,4559;\ 0,6311]$

Wenn man sehr viele solcher Schätzintervalle auf der Basis von Stichproben vom Umfang n=14 bestimmt, werden 95 % der Schätzintervalle den jeweiligen Regressionsparameter der Grundgesamtheit überdecken.

Eine Erhöhung des Mechanisierungsgrades der Arbeit um ein Prozent bewirkt im Durchschnitt eine Erhöhung der Produktivität zwischen 0,4559 t/Std. und 0,6311 t/Std.

In der gleichen Weise können die Vertrauensgrenzen für die partiellen Regressionsparameter des Beispiels aus Abschnitt 2.4. berechnet werden, worauf jedoch hier verzichtet werden soll.

5.2.2. Konfidenzintervalle für die Korrelationskoeffizienten

Analog erfolgt die Angabe des Konfidenzintervalls für den Korrelationskoeffizienten ρ_{YX} der Grundgesamtheit. Da jedoch nicht notwendig angenommen werden kann, daß $\rho_{YX} = 0$ ist, muß die Transformation von Fisher verwendet werden (vgl. Abschnitt 5.1.). Nach (5.8.) wird der Korrelationskoeffizient R_{YX} in die Z-Variable umgerechnet, σ_Z nach (5.9.) bestimmt und der Zuverlässigkeitskoeffizient c auf Grund des Konfidenzniveaus 1-α durch einen Wert der Normalverteilung $\lambda_{1-\alpha/2}$ ersetzt. Für das Konfidenzintervall der Größe Z und für das vorgegebene Konfidenzniveau gilt entsprechend (5.12.) und (5.13.):

$$Z - \lambda_{1-\frac{\alpha}{2}} \sigma_Z \le \mu_Z \le Z + \lambda_{1-\frac{\alpha}{2}} \sigma_Z$$

$$P\left(Z - \lambda_{1-\frac{\alpha}{2}} \sigma_Z \le \mu_Z \le Z + \lambda_{1-\frac{\alpha}{2}} \sigma_Z \right) = 1 - \alpha \, . \tag{5.17.}$$

Für eine konkrete Stichprobe liegt der Schätzwert r_{yx} des Korrelationskoeffizienten vor, der zu einem konkreten Wert z und somit zu dem Schätzintervall

$$[\, z - \lambda_{1-\frac{\alpha}{2}} \sigma_Z \, ; \, z + \lambda_{1-\frac{\alpha}{2}} \sigma_Z \,] \tag{5.18.}$$

führt. Das Schätzintervall für den Korrelationskoeffizienten ergibt sich durch die Rückrechnung des z-Wertes nach (5.10.).

Beispiel:
Der Korrelationskoeffizient für den Zusammenhang zwischen Niveau der Produktivität und dem Mechanisierungsgrad der Arbeit war $r_{yx} = 0{,}9687$ auf der Basis der Stichprobe von 14 Firmen (vgl. Abschnitt 4.1.1.). Nach (5.8.) erfolgt die Umrechnung dieses Korrelationskoeffizienten in einen z-Wert:

$$z = 1{,}1513 \log \frac{1 + 0{,}9687}{1 - 0{,}9687} = 2{,}07077 \, .$$

σ_Z berechnet sich nach (8.9.):

$$\sigma_Z = \frac{1}{\sqrt{14 - 3}} = 0{,}3015 \, .$$

Für ein Konfidenzniveau von 1-α = 0,95 ist der Zuverlässigkeitskoeffizient $\lambda_{0,975} = 1{,}96$. Die Schätzintervall für die Größe Z ist demzufolge:
[2,07077 ± 1,96·0,3015] = [1,47983; 2,66171].

Die beiden Grenzen werden nach (5.10.) in r-Werte umgerechnet:
tanh 1,47983 = 0,9014
tanh 2,66171 = 0,9903.

Wenn dieses Verfahren genügend oft wiederholt wird, werden 95 Prozent der auf diese Weise erhaltenen Schätzintervalle den Korrelationskoeffizienten der Grundgesamtheit ρ_{YX} einschließen.

5.2.3. Konfidenzintervalle für die Regreßwerte

Es wurde bereits darauf hingewiesen, daß das mittlere Niveau der Variablen Y_i für gegebene Werte der erklärenden Variablen durch die systematische Komponente, die Regressionsfunktion, bestimmt wird (vgl. Abschnitt 2.6., Annahme 5). Weiterhin wurde im Abschnitt 2.7. ausgeführt, daß auch die Stichproben-Regreßwerte Zufallsvariablen $\hat{Y}_i$ sind mit den Erwartungswerten $\tilde{y}_i$ (2.102.), wenn die Regressionsanalyse auf einer Stichprobe basiert. Der Stichproben-Regreßwert war

$$\hat{Y}_i = B_0 x_{i0} + B_1 x_{i1} + \ldots + B_m x_{im}, \quad i = 1, \ldots, n. \qquad (2.89.)$$

Die Stichproben-Regressionsparameter sind normalverteilt (siehe Abschnitt 5.1.). Somit ist auch der Stichproben-Regreßwert $\hat{Y}_i$ als Linearkombination der B_k ($k = 0, 1, \ldots, m$) normalverteilt.

Ist eine konkrete Stichprobe gegeben, so wurden Schätzwerte der Regressionsparameter b_k ($k = 0, 1, \ldots, m$) ermittelt, die, in (2.89.) eingesetzt, zu Punktschätzungen der Regreßwerte $\hat{y}_i$ ($i = 1, \ldots, n$) führen:

$$\hat{y}_i = b_0 x_{i0} + b_1 x_{i1} + \ldots + b_m x_{im}, \quad i = 1, \ldots, n. \qquad (2.35.)$$

Abbildung 5.2. gibt die wahre Regressionsgerade der Grundgesamtheit und eine nach der Methode der kleinsten Quadrate geschätzte Regressionsgerade im Streuungsdiagramm für die einfache lineare Regression wieder.

Die Schätzung einer Regressionsfunktion kann folglich Fehler bei der Regressionskonstanten b_0 und/oder bei den Regressionskoeffizienten b_k ($k = 1, \ldots, m$) bewirken. Andere Stichprobenrealisationen für die Regressionskonstante B_0 bedeutet eine Parallelverschiebung der Stichproben-Regressionsfunktion, andere Stichprobenrealisationen für einen Regressionskoeffizienten B_k eine Rotation der Stichproben-Regressionsfunktion in dem Punkt $(\bar{x}_k, \bar{y})$.

Die möglichen Realisationen des Stichproben-Regreßwertes $\hat{Y}_i$ streuen somit um die wahren Regreßwerte $\tilde{y}_i$ der Grundgesamtheit ($i = 1, \ldots, n$).

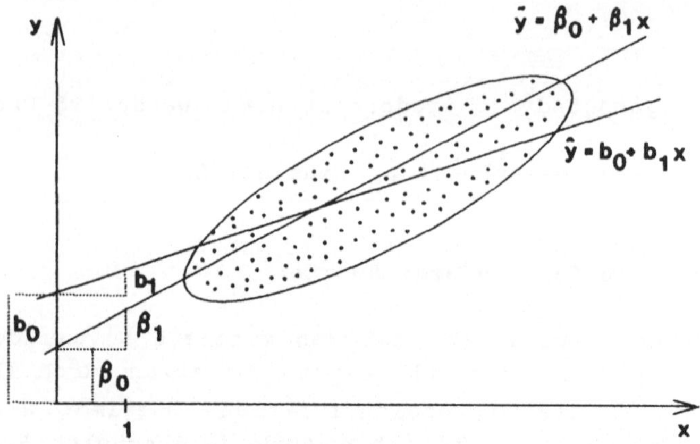

Abbildung 5.2.: Regressionsgerade der Grundgesamtheit und Stichproben-Regressionsgerade

Als Varianz-Kovarianz-Matrix aller n Stichproben-Regreßwerte war im Abschnitt 3.2. ermittelt worden:

$$\Sigma_{\hat{Y}} = \sigma_U^2 \mathbf{X}(\mathbf{X}'\mathbf{X})^{-1}\mathbf{X}', \tag{3.54.}$$

woraus für den i-ten Stichproben-Regreßwertes folgte:

$$\sigma^2(\hat{Y}_i) = \sigma_U^2 \mathbf{x}_i'(\mathbf{X}'\mathbf{X})^{-1}\mathbf{x}_i, \tag{3.55.}$$

worin $\mathbf{x}_i'$ der i-te Zeilenvektor der Matrix $\mathbf{X}$ ist.

Es kann somit zusammenfassend festgehalten werden, daß der Stichproben-Regreßwerte $\hat{Y}_i$ normalverteilt ist mit dem Erwartungswert $\tilde{y}_i$ und der Standardabweichung $\sigma^2(\hat{Y}_i)$. Dann folgt die transformierte Zufallsvariable

$$\Lambda_i = \frac{\hat{Y}_i - \tilde{y}_i}{\sigma(\hat{Y}_i)}, \qquad i = 1, \ldots, n \tag{5.19.}$$

einer Standardnormalverteilung.

Wie schon im Abschnitt 3.2. gezeigt, ist σ_U^2 in (3.55.) unbekannt und muß durch die Varianz der Stichproben-Residuen ersetzt werden:

$$S^2(\hat{Y}_i) = S_U^2 \mathbf{x}_i'(\mathbf{X}'\mathbf{X})^{-1}\mathbf{x}_i. \tag{3.57.}$$

Die Wurzel aus (3.57.) ist der Standardfehler der Stichproben-Regreßwerte.

Dann folgt die transformierte Zufallsvariable

$$T_i = \frac{\hat{Y}_i - \tilde{y}_i}{S(\hat{Y}_i)}, \qquad i = 1, \ldots, n \tag{5.20.}$$

einer t-Verteilung mit f = n - m - 1 Freiheitsgraden.

Für eine konkrete Stichprobe erhält man als Schätzwert für S_0^2 die Varianz der Residuen s_0^2 und somit einen Schätzwert für $S^2(\hat{Y}_i)$:

$$s^2(\hat{Y}_i) = s_0^2 \mathbf{x}_i'(\mathbf{X}'\mathbf{X})^{-1}\mathbf{x}_i \,, \tag{5.21.}$$

Für die einfache lineare Regression ergibt sich nach (5.21.):

$$s^2(\hat{Y}_i) = s_0^2 \left(\frac{1}{n} + \frac{(x_i - \bar{x})^2}{\Sigma(x_i - \bar{x})^2} \right). \tag{5.22.}$$

Aus Formel (5.22.) ist ersichtlich, daß die $s^2(\hat{Y}_i)$ von der vorgegebenen Beobachtung x_i der erklärenden Variablen X abhängt. $s^2(\hat{Y}_i)$ ist deshalb für jeden Regreßwert verschieden. Ceteris paribus [gleiches s_0^2, n und $\Sigma\ (x_i - \bar{x})^2$] wird $s^2(\hat{Y}_i)$ um so kleiner, je mehr sich x_i dem Mittelwert $\bar{x}$ nähert, bzw. $s^2(\hat{Y}_i)$ wird um so größer, je weiter x_i von $\bar{x}$ entfernt liegt. Für $x_i = \bar{x}$ ist:

$$s^2(\hat{Y}_i) = s_0^2 \frac{1}{n}. \tag{5.23.}$$

An dieser Stelle erreicht $s^2(\hat{Y}_i)$ das Minimum. Für $x_i = 0$ wird $s^2(\hat{Y}_i)$ unter Beachtung von (3.40.):

$$s^2(\hat{Y}_i) = s_0^2 \left(\frac{1}{n} + \frac{\bar{x}^2}{\Sigma(x_i - \bar{x})^2} \right) = s^2(B_0). \tag{5.24.}$$

Nun sind alle Voraussetzungen gegeben, um Konfidenzintervalle zu bestimmen, die mit einem vorgegebenen Konfidenzniveau 1-α die wahren Regreßwerte der Grundgesamtheit überdecken.

In (5.12.) und (5.13.) sind

- δ durch den Regreßwert der Grundgesamtheit $\tilde{y}_i$,
- D durch den Stichproben-Regreßwert $\hat{Y}_i$,
- σ_D durch die Stichproben-Varianz des Regreßwertes $S(\hat{Y}_i)$ und
- c durch $t_{f;1-\alpha/2}$ mit f = n - m -1

zu ersetzen. Für gegebene Beobachtungen der erklärenden Variablen $\mathbf{x}'_i$ erhält man das Konfidenzintervall und das Konfidenzniveau gemäß (5.12.) und (5.13.):

$$\hat{Y}_i - t_{f,1-\frac{\alpha}{2}} S(\hat{Y}_i) \leq \bar{y}_i \leq \hat{Y}_i + t_{1-\frac{\alpha}{2}} S(\hat{Y}_i)$$

$$P[\hat{Y}_i - t_{f,1-\frac{\alpha}{2}} S(\hat{Y}_i) \leq \bar{y}_i \leq \hat{Y}_i + t_{f,1-\frac{\alpha}{2}} S(\hat{Y}_i)] = 1 - \alpha \; ; \; i = 1,\ldots,n \qquad (5.25.)$$

Für eine gegebene Stichprobe folgt für das Schätzintervall:

$$[\hat{y}_i - t_{f,1-\frac{\alpha}{2}} s(\hat{Y}_i) \; ; \; \hat{y}_i + t_{f,1-\frac{\alpha}{2}} s(\hat{Y}_i)] \; ; \quad i = 1,\ldots,n . \qquad (5.26.)$$

Mit einer Wahrscheinlichkeit $1 - \alpha$ wird diese Prozedur "richtige" Schätzintervalle ergeben, das heißt Intervalle, die den zu $\mathbf{x}'_i$ gehörenden Regreßwert der Grundgesamtheit einschließen.

Schätzintervalle (5.26.) für alle Regreßwerte berechnet, ergeben Hyperbelebenen oberhalb und unterhalb der linearen Regressionsfunktion. Unter sonst gleichen Bedingungen wird das Schätzintervall an der Stelle $x_{ik} = \bar{x}_k$ für alle k = 1, ..., m am kleinsten und wird immer größer, je weiter die Beobachtungen der erklärenden Variablen von ihren Mittelwerten entfernt liegen.

Die Konfidenzintervalle nach (5.25.) werden in der Literatur auch oft als Vertrauensgrenzen der Regressionsfunktion bezeichnet.

Tabelle 5.1.: Berechnung der Schätzintervalle für die Regreßwerte der einfachen linearen Regression

i	x_i	$\hat{Y}_i$	$(x_i-\bar{x})^2$	$s(\hat{Y}_i)$	$t \cdot s(\hat{Y}_i)$	$\hat{Y}_i - ts(\hat{Y}_i)$	$\hat{Y}_i + ts(\hat{Y}_i)$
1	2	3	4	5	6	7	8
1	32	24,4276	388,4841	0,9692	2,1119	22,3157	26,5395
2	30	23,3406	471,3241	1,0360	2,2575	21,0831	25,5981
3	36	26,6016	246,8041	0,8428	1,8364	24,7652	28,4380
4	40	28,7756	137,1241	0,7299	1,5905	27,1850	30,3662
5	41	29,3186	114,7041	0,7047	1,5356	27,7830	30,8542
6	47	32,5806	22,1841	0,5890	1,2835	31,2971	33,8641
7	56	37,4716	18,4041	0,5838	1,2722	36,1994	38,7438
8	54	36,3846	5,2441	0,5653	1,2318	35,1528	37,6164
9	60	39,6456	68,7241	0,6498	1,4159	38,2297	41,0615
10	55	36,9276	10,8241	0,5732	1,2491	35,6785	38,1767
11	61	40,1896	86,3041	0,6713	1,4628	38,7268	41,6524
12	67	43,4496	233,7841	0,8302	1,8089	41,6407	45,2585
13	69	44,5376	298,9441	0,8914	1,9424	42,5952	46,4800
14	76	48,3416	590,0041	1,1249	2,4511	45,8905	50,7927
15	51	34,7541	0,5041	0,5585	1,2169	33,5372	35,9710
16	78	49,4286	691,1641	1,1954	2,6047	46,8239	52,0333

Beispiel:
Für die einfache lineare Regressionsfunktion aus Abschnitt 2.3.1. (Abhängigkeit des Niveaus der Produktivität vom Mechanisierungsgrad der Arbeit) werden für alle Beobachtungen x_i (i = 1, ..., 14) die Schätzintervalle nach (5.26.) berechnet. Es waren für dieses Beispiel $\overline{x}$ = 51,71 Prozent, s_0 = 2,0869 und n = 14. Für ein Konfidenzniveau 1-α= 0,95 findet man in der Tafel der t-Verteilung mit f=14-2 einen Wert $t_{f,1-\alpha/2} = t_{12;0,975} = 2,18$.

Die Spalte 2 der Tabelle 5.1. enthält die Beobachtungen der Variablen X an der Stelle i, Spalte 3 die bereits im Abschnitt 2.3.1. berechneten Regreßwerte (vgl. Tabelle 2.4.), Spalte 5 den Standardfehler der einzelnen Stichproben-Regreßwerte und die Spalten 7 und 8 die unteren bzw. oberen Grenzen der Schätzintervalle.
Es ist $\Sigma (x_i - \overline{x})^2 = 2692,8574$.
Zum Beispiel ist für den Mechanisierungsgrad der Arbeit der 1. Firma x_1 = 32 Prozent das Schätzintervall des Regreßwertes der Produktivität [22,3175 t/Std.; 26,5395 t/Std.].

Angenommen, zwei weitere Firmen wurden mit den Werten der Variablen X (Mechanisierungsgrad der Arbeit) erfaßt, um für diese beiden Firmen auf Grund der geschätzten Regressionsfunktion der anderen 14 Firmen eine Aussage über das mittlere Niveau der Produktivität zu treffen. Diese beiden Werte sind in der Tabelle 5.1 als 15. und 16. Wert eingetragen. Dabei stellt x_{15} einen Interpolationswert und x_{16} einen Extrapolationswert dar.

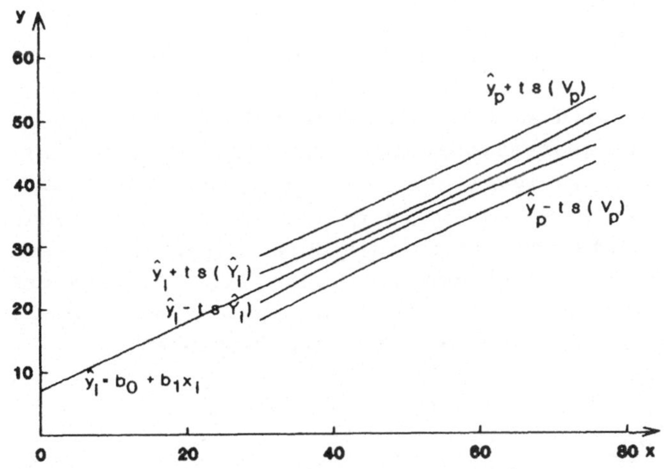

Abbildung 5.3.: Konfidenzintervalle der Regreßwerte und Prognoseintervalle für Y_p in Abhängigkeit von x_p

An dem Beispiel ist noch einmal deutlich zu beobachten, daß die Schätzintervalle unter sonst gleichen Bedingungen um so enger werden, je näher x_i bei $\overline{x}$ liegt, und um so breiter werden, je weiter die Beobachtung x_i vom Mittelwert $\overline{x}$ entfernt ist. Die graphische Darstellung der Vertrauensgrenzen der Regressionsfunktion ist in Abbildung 5.3 enthalten.

5.2.4. Konfidenzintervall für einen Wert der Variablen Y

Bei den folgenden Überlegungen wird wieder davon ausgegangen, daß zu vorgegebenen Werten der Variablen X_k (k=1,...,m) Stichprobenwerte y_1, ..., y_n der Variablen Y ermittelt wurden, auf deren Basis die Regressionsschätzungen durchgeführt wurden.

In diesem Abschnitt geht es darum (vgl. SCHNEEWEIß [200], S.76 ff.; MAAß et al. [152], S. 272 ff.), für ein bestimmtes Wertetupel der erklärenden Variablen, das nicht identisch mit einem Wertetupel für die durchgeführte Regressionsschätzung ist, eine Schätzung des Wertes der zu erklärenden Variablen Y zu geben. Wenn dieses Wertetupel der erklärenden Variablen mit $(x_{p0}\ x_{p1}\ \ldots\ x_{pm}) = \mathbf{x}'_p$ bezeichnet wird, so ist eine Schätzung für Y_p vorzunehmen. Dabei soll nicht nur eine Punktschätzung, sondern auch eine Intervallschätzung erfolgen. Es ist also ausgehend von einer Punktschätzung ein Konfidenzintervall für Y_p zu finden, das heißt ein Konfidenzintervall, in dem mit einem Konfidenzniveau 1-α der zu den x_{pk} (k=1,...m) gehörige wahre Wert der zu erklärenden Variablen Y_p liegen wird.

Diese Fragestellung ist vor allem für Prognosen auf der Basis von Zeitreihen von besonderer Bedeutung. i = 1,...,n sind dann Zeiträume, z.B. Jahre, und p ist ein Zeitraum der außerhalb des Gesamtbeobachtungszeitraum für die Regressionsschätzung liegt, z.B. p = n+1, n+2,... Deshalb wird das Konfidenzintervall für Y_p oft auch Prognoseintervall genannt. Bei Prognosen sind die Werte der erklärenden Variablen als Prognosewerte vorgegeben, die durch Expertenschätzungen, zeitreihenanalytische Untersuchungen oder auch Regressionsprognosen zu ermitteln sind. In diesem Sinne spricht man von bedingten Prognosen (das heißt durch $\mathbf{x}'_p$ bedingte Prognosen).

Der wahre Wert an der Stelle p ist in Analogie zu (2.72.):

$$y_p = \tilde{y}_p + u_p = \beta_0\, x_{p0} + \beta_1\, x_{p1} + \ldots + \beta_m\, x_{pm} + u_p\ . \tag{5.27.}$$

Selbst wenn der Wert der systematischen Komponente, der Regreßwert der Grundgesamtheit $\tilde{y}_p$, bekannt wäre, ist u_p auf jeden Fall unbekannt, da es eine Realisation der zufälligen Komponente ist. An seine Stelle muß die Zufallsvariable U_p gesetzt werden, wodurch auch die zu erklärende Variable an der Stelle p eine Zufallsvariable Y_p wird:

$$Y_p = \tilde{y}_p + U_p = \beta_0 \, x_{p0} + \beta_1 \, x_{p1} + \ldots + \beta_m \, x_{pm} + U_p \, . \tag{5.28.}$$

Wenn die Annahmen 5 - 8 aus Abschnitt 2.6. auch für U_p gelten, dann ist U_p und infolgedessen auch Y_p normalverteilt. $U_p = Y_p - \tilde{y}_p$ hat entsprechend der Annahmen 5 und 6 den Erwartungswert Null und die Varianz

$$Var \; (\; U_p \mid x_p' \;) = \sigma_p^2 = \sigma_U^2 \; . \tag{5.29.}$$

Damit kann ein Konfidenzintervall konstruiert werden, in dem mit vorgegebenem Konfidenzniveau (1-α)·100% der wahre Wert y_p liegen wird. Gemäß (5.12.) und (5.13.) folgt:

$$\begin{aligned} &\tilde{y}_p - \lambda_{1-\frac{\alpha}{2}} \, \sigma_U \leq Y_p \leq \tilde{y}_p + \lambda_{1-\frac{\alpha}{2}} \, \sigma_U \, , \\ &P \; (\; \tilde{y}_p - \lambda_{1-\frac{\alpha}{2}} \, \sigma_U \leq Y_p \leq \tilde{y}_p + \lambda_{1-\frac{\alpha}{2}} \, \sigma_U \;) = 1 - \alpha \, , \end{aligned} \tag{5.30.}$$

worin $\lambda_{1-\alpha/2}$ der Tafelwert der Standardnormalverteilung für 1-α/2 ist.

Nun gibt es leider ein Handikap: der wahre Regreßwert ist wegen Unkenntnis der wahren Regressionsfunktion nicht bekannt. Er muß durch den Stichproben-Regreßwert $\hat{Y}_p$ ersetzt werden. Die Ersetzung von $\tilde{y}_p$ durch $\hat{Y}_p$ führt zu einer weiteren Fehlerquelle: der Differenz zwischen dem wahren und dem geschätzten Regreßwert. Der Fehler $\hat{Y}_p - Y_p$ wird im allgemeinen als **Prognosefehler** bezeichnet und soll zur besseren Unterscheidung hier mit V_p symbolisiert werden:

$$V_p = \hat{Y}_p - Y_p = \hat{Y}_p - \tilde{y}_p + \tilde{y}_p - Y_p = \hat{Y}_p - \tilde{y}_p - U_p \; . \tag{5.31.}$$

V_p ist eine normalverteilte Zufallsvariable, da unter Gültigkeit der Annahme 8 Y_p und $\hat{Y}_p$ normalverteilt sind, mit dem Erwartungswert

$$E \; (\; V_p \;) = E \; (\; \hat{Y}_p - Y_p \;) = E \; (\; \hat{Y}_p \;) - E \; (\; Y_p \;) = \tilde{y}_p - \tilde{y}_p = 0 \; , \tag{5.32.}$$

wegen (2.76.) und (2.102.). Somit ist $\hat{Y}_p$ eine erwartungstreue Schätzfunktion für den Wert Y_p der zu erklärenden Variablen für gegebene $\mathbf{x}'_p$. Die Varianz des Prognosefehlers V_p kann wie folgt entwickelt werden:

$$\begin{aligned} E(V_p^2) &= E[\; (\; \hat{Y}_p - \tilde{y}_p - U_p)^2 \;] = E[\; (\hat{Y}_p - \tilde{y}_p)^2 - 2 \; U_p(\; \hat{Y}_p - \tilde{y}_p) + \hat{U}_p^2 \;] \\ &= E \; [\; (\; \hat{Y}_p - \tilde{y}_p \;)^2 \;] - 2 \; E \; [\; U_p \; (\; \hat{Y}_p - \tilde{y}_p \;)] + E \; (\; U_p^2 \;) \; . \end{aligned}$$

Darin ist

$$E[U_p(\hat{Y}_p - \tilde{y}_p)] = E(U_p \hat{Y}_p) - E(U_p \tilde{y}_p) = E(U_p \hat{Y}_p) - \tilde{y}_p E(U_p) .$$

Wegen Annahme 5 ist $\tilde{y}_p E(U_p) = 0$. Weiterhin folgt

$$E(U_p \hat{Y}_p) = E(U_p \mathbf{x}'_p \mathbf{B}) \qquad \text{wegen } \hat{Y}_p = \mathbf{x}'_p\mathbf{B} \text{ in Analogie zu (2.89.)}$$

$$= \mathbf{x}'_p E(U_p \mathbf{B}) = \mathbf{x}'_p E[U_p(\mathbf{X}'\mathbf{X})^{-1}\mathbf{X}'\mathbf{Y}] \qquad \text{wegen (2.95.)}$$

$$= \mathbf{x}'_p E[U_p(\mathbf{X}'\mathbf{X})^{-1}\mathbf{X}'(\mathbf{X}\mathbf{B} + \mathbf{U})] \qquad \text{wegen (2.71.)}$$

$$= \mathbf{x}'_p(\mathbf{X}'\mathbf{X})^{-1}\mathbf{X}'\mathbf{X}\mathbf{B}\, E(U_p) + \mathbf{x}'_p E(U_p \mathbf{U})$$

$$= 0 + 0 = 0 \qquad \text{wegen Annahme 5 und Annahme 7}$$

Der Ausdruck $E[U_p(\hat{Y}_p - \tilde{y}_p)]$ verschwindet also, sodaß sich $E(V_p^2)$ reduziert auf

$$E(V_p^2) = E[(\hat{Y}_p - \tilde{y}_p)^2] + E(U_p^2) .$$

Wegen Annahme 6 ist $E(U_p^2) = \sigma_U^2$ und aufgrund von (3.54.) und (3.55.) ist der zweite Ausdruck auf der rechten Seite identisch mit der Varianz des Stichproben-Regreßwertes (vgl. auch den vorangegangenen Abschnitt)

$$E[(\hat{Y}_p - \tilde{y}_p)^2] = E(\hat{Y}_p^2) = \sigma^2(\hat{Y}_p) = \sigma_U^2 \mathbf{x}'_p(\mathbf{X}'\mathbf{X})^{-1}\mathbf{x}_p,$$

so daß sich letztlich für die Varianz des Prognosefehlers ergibt:

$$E(V_p^2) = \sigma^2(V_p) = \sigma^2(\hat{Y}_p) + \sigma_U^2 = \sigma_U^2 \mathbf{x}'_p(\mathbf{X}'\mathbf{X})^{-1}\mathbf{x}_p + \sigma_U^2$$

$$= \sigma_U^2\, [1 + \mathbf{x}'_p(\mathbf{X}'\mathbf{X})^{-1}\mathbf{x}_p] \qquad (5.33.)$$

Die transformierte Zufallsvariable

$$\Lambda_p = \frac{V_p}{\sigma(V_p)} = \frac{\hat{Y}_p - Y_p}{\sigma(V_p)} , \qquad (5.34.)$$

worin $\sigma(V_p)$ als Wurzel aus (5.33.) die Standardabweichung des Prognosefehlers ist, folgt einer standardisierten Normalverteilung mit Erwartungswert Null und Standardabweichung Eins.

Wiederum konfrontiert mit Unkenntnis über σ_U^2 ist diese durch die Varianz der Stichproben-Residuen $S_{\hat{U}}^2$ zu ersetzen, womit (5.33.) übergeht in

$$S^2(V_p) = S_{\hat{U}}^2\, [1 + \mathbf{x}'_p(\mathbf{X}'\mathbf{X})^{-1}\mathbf{x}_p] \qquad (5.35.)$$

Für die einfache lineare Regressionsfunktion ergibt sich zum Beispiel die Stichproben-Varianz des Prognosefehlers als:

$$S^2(V_p) = S_\vartheta^2 \left(1 + \frac{1}{n} + \frac{(x_p - \bar{x})^2}{\Sigma (x_i - \bar{x})^2} \right) .$$

Verwendet man entsprechend in (5.34.) $S(V_p)$, so folgt die Zufallsvariable

$$T_p = \frac{V_p}{S(V_p)} = \frac{\hat{Y}_p - Y_p}{S(V_p)} , \qquad (5.36.)$$

einer t-Verteilung mit f = n - m - 1 Freiheitsgraden.

Nun sind alle Voraussetzungen für die Konstruktion eines Prognoseintervalles für den Wert Y_p der zu erklärenden Variablen geschaffen. Es sind das Prognoseintervall gemäß (5.12.) und das zugehörige Konfidenzniveau nach (5.13.):

$$\begin{aligned} &\hat{Y}_p - t_{f,1-\frac{\alpha}{2}} S(V_p) \le Y_p \le \hat{Y}_p + t_{f,1-\frac{\alpha}{2}} S(V_p) , \\ &P[\hat{Y}_p - t_{f,1-\frac{\alpha}{2}} S(V_p) \le Y_p \le \hat{Y}_p + t_{f,1-\frac{\alpha}{2}} S(V_p)] = 1 - \alpha . \end{aligned} \qquad (5.37.)$$

1-α ist die Wahrscheinlichkeit, daß in dem Prognoseintervall der Wert der zu erklärenden Variablen liegen wird, natürlich nur unter der Voraussetzung, daß die Werte der erklärenden Variablen x'_p auch tatsächlich eintreten.

Für eine konkrete Stichprobe ergibt sich der Regreßwert $\hat{y}_p$ und die Standardabweichung der Residuen s_ϑ und ein konkreter Wert für den Prognosefehler $s(V_p)$, so daß für das Schätzintervall folgt:

$$[\hat{y}_p - t_{f,1-\frac{\alpha}{2}} s(V_p) ; \hat{y}_p + t_{f,1-\frac{\alpha}{2}} s(V_p)] . \qquad (5.38.)$$

In Abbildung 5.3. (im Abschnitt 5.2.3.) sind schematisch die Grenzen des Prognoseintervalls eingetragen.

Da bei gegebenem Konfidenzniveau 1-α die Größe des Prognoseintervalls wiederum vom Stichprobenumfang n, der Residualstreuung s_ϑ, der Streuung der erklärenden Variablen s_k (k = 1, ..., m) und von den gemeinsamen Beobachtungen der erklärenden Variablen an der Stelle p (x'_p) abhängt, treffen die Aussagen bezüglich dieser Abhängigkeiten aus Abschnitt 5.2.3. hier ebenfalls voll zu. Die Breite des Prognoseintervalls ist umso größer, je weiter die Werte der erklärenden Variablen x_{pk} (k = 1, ..., m) von ihren Mittelwerten $\bar{x}_k$ entfernt liegen.

Weiterhin zeigt sich, daß das Prognoseintervall das Konfidenzintervall für die Regreßwerte einschließt (vgl. Abbildung 5.3.).

Beispiel:
Es wird das Beispiel aus Abschnitt 5.2.3. zugrunde gelegt. Für die Abhängigkeit des Niveaus der Produktivität vom Mechanisierungsgrad der Arbeit werden die 95%-Prognoseintervalle für die in Tabelle 5.1. zusätzlich angegebenen Werte des Mechanisierungsgrades, x_{15} = 51 Prozent bzw. x_{16} = 78 Prozent, berechnet. Es sind:

$s(V_{15}) = 2{,}1604$; $t_{12;0,975} \cdot s(V_{15}) = 4{,}7075$;

$s(V_{16}) = 2{,}4050$; $t_{12;0,975} \cdot s(V_{16}) = 5{,}2406$

und die entsprechenden Schätzintervalle

für y_{15}: [30,0466; 39,4616]

für y_{16}: [44,1880; 54,6692].

Die nach (5.37.) ermittelten Schätzintervalle werden bei häufiger Wiederholung dieser Prozedur mit 95 % Sicherheitswahrscheinlichkeit Prognoseintervalle sein, die die wahren Werte y_{15} bzw. y_{16} überdecken. Da x_{16} = 78 weiter vom Mittelwert $\overline{x}$ = 51,71 Prozent entfernt liegt als x_{15}, (die Differenz $x_{16} - \overline{x}$ damit größer ist), ist das Prognoseintervall breiter, wie aus Formel (5.35.) leicht zu erkennen ist.

5.3. Statistische Prüfung von Hypothesen über Parameter der Regressions- und Korrelationsanalyse

Einleitend zum Kapitel 5. wurde schon erwähnt, daß aus fachwissenschaftlicher Sicht Hypothesen über die Parameter der Regressions- und Korrelationsanalyse der Grundgesamtheit zu formulieren und statistisch zu prüfen sind. Diese statistische Prüfung solcher Hypothesen, die Durchführung statistischer Tests, soll in diesem Abschnitt gezeigt werden.

Da die Durchführung von statistischen Tests beim Treffen von Entscheidungen, z.B. ob die Ergebnisse der Regressions- und Korrelationsanalyse für weitere Analysen verwendbar sind, helfen sollen und damit entsprechende Konsequenzen zur Folge haben, sind sie nach festgelegten Regeln durchzuführen.

Ist der interessierende, jedoch unbekannte (Zusammenhangs- bzw. Abhängigkeits-) Parameter der Grundgesamtheit δ, so wird eine fachwissenschaftlich begründete Annahme über diesen Parameter geprüft:

Der Parameter δ der Grundgesamtheit hat den Wert δ_0.

Um diese Annahme zu überprüfen, wird eine Zufallsstichprobe aus der Grundgesamtheit gezogen und mittels der entsprechenden Schätzfunktion der Regressions- und Korrelationsanalyse ein Schätzwert d für diesen Parameter ermittelt. Im Ergebnis treten in der Regel Abweichungen zwischen dem Schätzwert d und dem Hypothesenwert δ_0 auf. Es ist nun zu entscheiden, ob diese Abweichung zufallsbedingt ist und damit toleriert werden kann oder ob die Abweichung als wesentlich anzusehen ist und damit die Annahme nicht mehr aufrechtzuerhalten ist. Mit anderen Worten: Es ist zu entscheiden, wo die Grenze zwischen zufallsbedingter und nicht zufallsbedingter Abweichung liegt. Da der Schätzwert d eine Realisation der Schätzfunktion (des Stichprobenparameters) D ist, hängt er davon ab, welche konkreten Werte der Variablen in die Stichprobe Eingang fanden. Von Stichprobe zu Stichprobe wird d also andere Werte annehmen. Als Konsequenz dessen kann die Entscheidung, ob eine zufallsbedingte oder wesentliche Abweichung vorliegt, nur für die Schätzfunktion und nicht mit Sicherheit, sondern nur mit einer bestimmten Wahrscheinlichkeit getroffen werden.

Dabei unterscheidet man die **zweiseitige Fragestellung**, bei der der Unterschied zwischen δ und δ_0 nach der einen oder anderen Seite interessiert, und die **einseitige Fragestellung**, bei der der Unterschied nur nach einer Seite von Interesse ist.

Die aufgestellte Behauptung wird in der Ausgangs- oder **Nullhypothese** H_0 und die Gegenannahme, daß der Parameter δ der Grundgesamtheit verschieden von dem Wert δ_0 ist, in der **Alternativhypothese H_1** angegeben. Damit erhält man folgende mögliche Hypothesenpaare:

Zweiseitiger Test	**Einseitiger Test**	
H_0: $\delta = \delta_0$	a) H_0: $\delta \geq \delta_0$	b) H_0: $\delta \leq \delta_0$
H_1: $\delta \neq \delta_0$.	H_1: $\delta < \delta_0$	H_1: $\delta > \delta_0$

Welches Hypothesenpaar zur Anwendung kommt, muß vom Sachverhalt entschieden werden.

Unter der Nullhypothese wird somit angenommen, daß der Erwartungswert der Schätzfunktion D dem Parameter der Grundgesamtheit $\delta = \delta_0$ entspricht. Um zu einer Entscheidung zu kommen, ob der Schätzwert d zufällig von δ_0 abweicht, wird die Verteilung der Schätzfunktion (Zufallsvariable) D genutzt. So gesehen entsteht nun die Frage: Gehört der auf Grund einer konkreten Stichprobe ermittelte Schätzwert d zu der Verteilung von D mit dem Erwartungswert $E(D) = \delta_0$?

Liegt d sehr nahe bei δ, ist die Differenz $d - \delta$ klein, so ist die Wahrscheinlichkeit groß, daß die Frage mit Ja beantwortet wird. Ist die Differenz $d - \delta$ dagegen groß, liegt somit d weit entfernt von δ, ist die Wahrscheinlichkeit, daß d zu der Verteilung mit $E(D) = \delta_0$ gehört, gering. In diesem Fall kann d durchaus zu einer Verteilung der Schätzfunktion D mit dem Erwartungswert $E(D) = \delta = \delta_A$ gehören.

Welche Wahrscheinlichkeit des Irrtums bei dieser Entscheidung ist man nun bereit zu akzeptieren bzw. mit welcher Sicherheitswahrscheinlichkeit soll die Entscheidung getroffen werden ?

Diese Sicherheitswahrscheinlichkeit, mit $1 - \alpha$ bezeichnet, bzw. die **Irrtumswahrscheinlichkeit** α (Signifikanzniveau) ist vorzugeben, wobei von einer fachwissenschaftlichen Beurteilung auszugehen ist. Häufig wird mit einer Sicherheitsheitswahrscheinlichkeit von 90%, 95% bzw. 99% (entspricht den Irrtumswahrscheinlichkeiten 10%, 5% bzw. 1%) gearbeitet.

Dieser Sicherheitswahrscheinlichkeit entspricht ein Flächenstück unter der Verteilung von D um den Erwartungswert δ_0 (vgl. Abbildung 5.4.), das durch bestimmte Werte d auf der Abszissenachse begrenzt wird. Diese Werte heißen **kritische Werte** d_c. Ebenso entspricht der Irrtumswahrscheinlichkeit eine Fläche unter der Verteilung von D. Bei einem zweiseitigen Test sind es zwei Flächenstücke, die jeweils am unteren und oberen Zweig der Verteilung liegen. Beim einseitigen Tests ist es ein Flächenstück entweder am unteren Zweig der Verteilung bei der Alternativhypothese H_1: $\delta < \delta_0$ oder am oberen Zweig der Verteilung bei der Alternativhypothese H_1: $\delta > \delta_0$ (siehe Abbildung 5.4.).

Wird durch die Schätzfunktion D (unter dem Gesichtspunkt des statistischen Tests als **Prüffunktion** bezeichnet) auf Grund einer Stichprobe ein Wert der Prüffunktion (**Prüfwert**) d realisiert, der beim

zweiseitigen Test	einseitigen Test
$\|d\| \leq \|d_c\|$	a) $d \geq d_c$ b) $d \leq d_c$,

ist, dann wird die Nullhypothese nicht abgelehnt. Die Prüffunktion D realisiert einen Wert im **Annahmebereich der Nullhypothese**. Wird dagegen durch die Prüffunktion D auf Grund einer Stichprobe ein Prüfwert d realisiert, der beim

zweiseitigen Test	einseitigen Test
$\|d\| > \|d_c\|$	a) $d < d_c$ b) $d > d_c$,

ist, dann wird die Nullhypothese abgelehnt. Die Prüffunktion D realisiert einen Wert im **Ablehnungsbereich der Nullhypothese**.

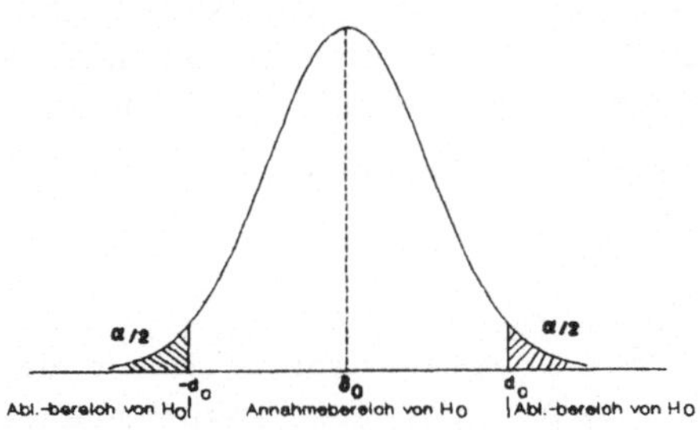

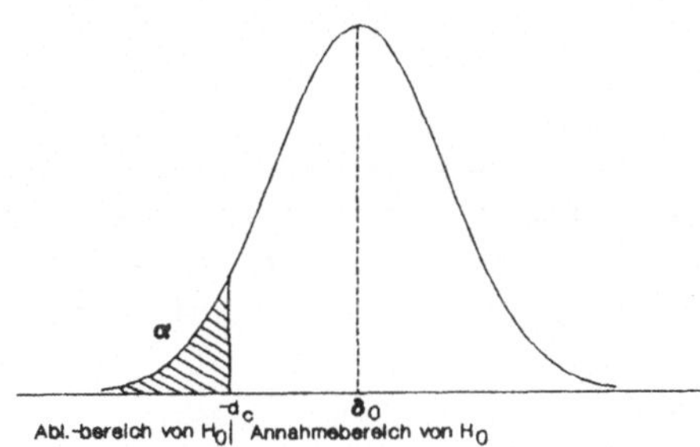

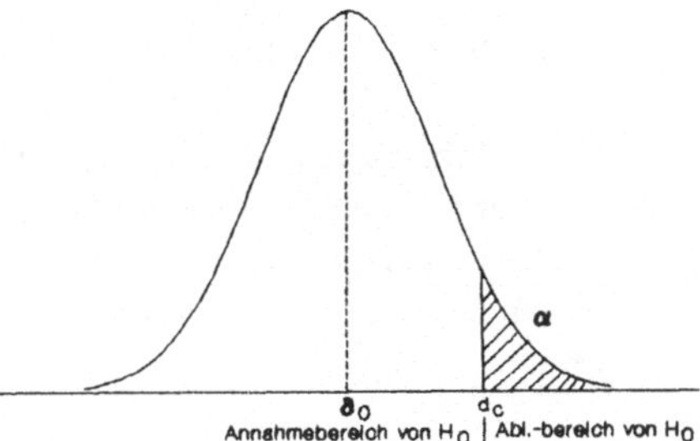

Abbildung 5.4.: Entscheidungsbereiche bei der statistischen Hypothesenprüfung

Für ein konkretes Stichprobenergebnis wird die Nullhypothese entweder abgelehnt oder nicht abgelehnt. Diese Entscheidung ist richtig oder falsch.

Eine **richtige Entscheidung** wird getroffen, wenn

- die Nullhypothese H_0 in der Realität falsch ist und die Nullhypothese auf Grund des Stichprobenergebnisses abgelehnt wurde oder

- die Nullhypothese H_0 in der Realität richtig ist und die Nullhypothese auf Grund des Stichprobenergebnisses nicht abgelehnt wurde.

Ein **Fehler** wird **bei der Entscheidung** begangen, wenn

- die Nullhypothese H_0 auf Grund des Stichprobenergebnisses abgelehnt wurde, obwohl sie in der Realität richtig ist (**Fehler 1. Art**) oder

- die Nullhypothese H_0 auf Grund des Stichprobenergebnisses nicht abgelehnt wurde, obwohl sie in der Realität falsch ist (**Fehler 2. Art**).

Die Irrtumswahrscheinlichkeit α ist nun gerade die maximale Wahrscheinlichkeit dafür, daß die Prüffunktion D einen Wert im Ablehnungsbereich annimmt, wenn die Nullhypothese H_0 zutrifft, das heißt, die Wahrscheinlichkeit einen Fehler 1. Art zu begehen:

$$P(D \in \text{Ablehnungsbereich von } H_0 \mid \delta_0) = \alpha.$$

Die Wahrscheinlichkeit dafür, daß sich die Prüffunktion D, die einer Verteilung mit einem anderen Erwartungswert als dem angenommenen folgt, einen Wert annimmt, der im Annahmebereich der Nullhypothese H_0 liegt, ist[7]

$$P(D \in \text{Annahmebereich von } H_0 \mid \delta_A) = \gamma.$$

γ ist die Wahrscheinlichkeit, einen Fehler 2. Art zu begehen. Daraus folgt sofort, daß die **Nichtablehnung der Nullhypothese kein Beweis für die Richtigkeit dieser Hypothese** ist. Es kann nur ausgesagt werden, daß das Stichprobenergebnis dieser Hypothese nicht widerspricht.

Zusammenfassend kristallisieren sich folgende Schritte zur Durchführung statistischer Tests heraus:

- Aufstellung der Null- und Alternativhypothese
- Festlegung der Irrtumswahrscheinlichkeit
- Bestimmung der Prüffunktion und ihrer Verteilung unter der Nullhypothese
- Bestimmung der kritischen Werte der Prüffunktion
- Ermittlung des Prüfwertes auf Grund der Stichprobe
- Entscheidung des Tests und Interpretation.

Die Grundgedanken zur statistischen Hypothesenprüfung wurden hier nur soweit skizziert, wie es für die weiteren Darlegungen der statistischen Prüfung von Hypothesen über Parameter der Regressions- und Korrelationsanalyse unbedingt erforderlich ist. Für tiefere Studien sei auf die Statistik-Lehrbücher verwiesen.

Es gibt eine Vielzahl möglicher statistischer Tests über Parameter der Regressions- und Korrelationsanalyse. Hier soll im folgenden nur auf die wichtigsten eingegangen werden.

---

7 Diese Wahrscheinlichkeit wird in der Literatur im allgemeinen mit ß bezeichnet. Um eine Verwechselung dieses Symbols mit dem wahren Regressionsparameter der Grundgesamtheit ß zu vermeiden, wurde γ gewählt.

5.3.1. Statistische Prüfung von Hypothesen über lineare Korrelationskoeffizienten

Mit der statistischen Prüfung des **einfachen linearen Korrelationskoeffizienten** soll vor allem festgestellt werden, ob ein wesentlicher Zusammenhang zwischen den beiden Variablen X und Y anzunehmen ist oder ob der geschätzte Wert des Korrelationskoeffizienten als zufallsbedingt angesehen werden muß. Liegt in der Grundgesamtheit ein wesentlicher Zusammenhang vor, so muß der Korrelationskoeffizient ρ_{YX} wesentlich verschieden von Null sein. Liegt kein Zusammenhang zwischen den beiden Variablen vor, so ist der Korrelationskoeffizient ρ_{YX} in der Grundgesamtheit gleich Null.

Aus diesen Überlegungen ergibt sich die Aufstellung der Hypothesen:

H_0: $\rho_{YX} = \rho_0 = 0$
Der Stichproben-Korrelationskoeffizienten R_{YX} stammt aus einer Grundgesamtheit mit $\rho_{YX} = 0$, das heißt einer Grundgesamtheit, in der kein Zusammenhang zwischen Y und X besteht.

H_1: $\rho_{YX} \neq \rho_0 = 0$
Der Stichproben-Korrelationskoeffizienten R_{YX} stammt aus einer Grundgesamtheit mit $\rho_{YX} \neq 0$, das heißt einer Grundgesamtheit, in der ein Zusammenhang zwischen Y und X besteht. Aus der Formulierung der Alternativhypothese ist zu entnehmen, daß es sich um einen zweiseitigen Test handelt.

Aus Abschnitt 5.1. ist bekannt, daß die Zufallsvariable T (5.7.), die den Stichproben-Korrelationskoeffizient enthält, unter der Nullhypothese einer t-Verteilung mit f = n - 2 Freiheitsgraden folgt. Die zu verwendende Prüffunktion ist deshalb identisch mit (5.7.):

$$T = \frac{R_{YX}\sqrt{n-2}}{\sqrt{1-R_{YX}^2}} \quad . \qquad (5.7.)$$

Nach Festlegung der Irrtumswahrscheinlichkeit α wird der kritische Wert aus der Tafel der t-Verteilung mit f = n - 2 Freiheitsgraden entnommen. Da es sich um einen zweiseitigen Test handelt, ist der Tafelwert für $\alpha/2$ zu verwenden.

Wurde eine konkrete Stichprobe gezogen und der Schätzwert r_{YX} mittels der Schätzfunktion (5.5.) berechnet, so ergibt sich der Prüfwert als

$$t = \frac{r_{YX}\sqrt{n-2}}{\sqrt{1-r_{YX}^2}} \quad . \qquad (5.39.)$$

Der Prüfwert wird nun mit dem kritischen Wert verglichen.
Ist $|t| > |t_{n-2,\alpha/2}|$, so wird die Nullhypothese abgelehnt (≙ Annahme von H_1); auf einem Signifikanzniveau von α und einer Stichprobe vom Umfang n konnte statistisch gezeigt werden, daß der Korrelationskoeffizient in der Grundgesamtheit größer Null ist und somit ein wesentlicher Zusammenhang zwischen den Variablen Y und X vorliegt.

Ist $|t| \leq |t_{n-2,\alpha/2}|$, so wird die Nullhypothese nicht abgelehnt; auf einem Signifikanzniveau α und einer Stichprobe vom Umfang n konnte statistisch nicht gezeigt werden, daß der Korrelationskoeffizient in der Grundgesamtheit verschieden von Null ist. Über den Zusammenhang zwischen den Variablen Y und X läßt sich auf Grund der Stichprobe nichts aussagen.

Statt eines kritischen Wertes für T kann auch ein kritischer Wert für den Korrelationskoeffizienten R_{YX} angegeben werden, wenn (5.39.) nach r_{YX} aufgelöst und dabei $t = t_{f,\alpha/2}$ und $r_{yx} = r_{f,\alpha/2}$ gesetzt wird:

$$r_{f,\frac{\alpha}{2}} = \frac{\left|t_{f,\frac{\alpha}{2}}\right|}{\sqrt{t^2_{f,\frac{\alpha}{2}} + n - 2}} \,. \qquad (5.40.)$$

$r_{f,\alpha/2}$ gibt in Abhängigkeit von der Irrtumswahrscheinlichkeit α und der Anzahl der Freiheitsgrade $f = n - 2$ den kritischen Wert für den Stichproben-Korrelationskoeffizienten R_{YX} an. Er wird auch Zufallshöchstwert des Korrelationskoeffizienten genannt. Die Werte für $r_{f,\alpha/2}$ sind tabelliert (Tafel 6 im Anhang). Die Testentscheidung auf der Basis des kritischen Wertes des Korrelationskoeffizienten lautet analog:

Ist $r_{yx} > r_{f,\alpha/2}$, so liegt auf einem Signifikanzniveau von α und basierend auf einer Stichprobe vom Umfang n ein wesentlicher Zusammenhang zwischen den Variablen Y und X vor; ist $r_{yx} \leq r_{f,\alpha/2}$, so läßt sich über den untersuchten Zusammenhang auf Grund der Stichprobe nichts aussagen.

Beispiel:
Liegt bei einer Irrtumswahrscheinlichkeit von $\alpha = 0{,}05$ ein wesentlicher Zusammenhang zwischen dem Niveau der Produktivität und dem Mechanisierungsgrad der Arbeit in der Grundgesamtheit vor? Es gelten somit die oben formulierte Null- und Alternativhypothese. Als kritischen Wert findet man in der Tafel der t-Verteilung für $\alpha/2=0{,}025$ und $f = 12$ den Wert $t_{12;0,025} = 2{,}18$. Der Schätzwert des Korrelationskoeffizienten auf der Basis einer Stichprobe von 14 Firmen war entsprechend Abschnitt 4.1.1. $r_{yx} = 0{,}9687$. Der Prüfwert nach (5.39.) ergibt:

$$t = \frac{0{,}9687 \sqrt{14 - 2}}{\sqrt{1 - 0{,}9687^2}} = 13{,}52 \ .$$

Da $t > t_{12;0,025}$ ist, wird die Nullhypothese abgelehnt. Auf einem Signifikanzniveau von 5 Prozent und einer Stichprobe vom Umfang n=14 ist ein signifikanter Zusammenhang zwischen dem Niveau der Produktivität und dem Mechanisierungsgrad der Arbeit gegeben.

Das gleiche Testergebnis ergibt sich, wenn $r_{yx} = 0{,}9687$ mit dem Zufallshöchstwert des Korrelationskoeffizienten für $\alpha=0{,}05$ und f=12 Freiheitsgrade verglichen wird, da $r_{12;0,05} = 0{,}5324$ beträgt und somit $r_{yx} > r_{12;0,05}$ folgt.

Kann nicht unterstellt werden, daß $\rho_{YX} = 0$ ist, dann läßt sich der Stichproben-Korrelationskoeffizient R_{YX} nicht direkt mit Hilfe von (5.7.) prüfen, da die Verteilung von R_{YX} asymmetrisch ist (vgl. Abschnitt 5.1.). In diesem Falle muß erst die Transformation in die Zufallsvariable Z erfolgen. Unter Beachtung von (5.8.) und (5.9.) lautet die Prüffunktion:

$$\Lambda = \frac{Z - z_0}{\sigma_Z} = 1{,}1513 \left| \log \frac{1 + R_{YX}}{1 - R_{YX}} - \log \frac{1 + \rho_0}{1 - \rho_0} \right| \sqrt{n - 3} \qquad (5.41.)$$

Diese Prüffunktion folgt unter der Nullhypothese einer Standardnormalverteilung.

Für einen Stichprobenumfang n < 32 sollte statt der Prüffunktion Λ die Prüffunktion T (nach der gleichen Formel) ermittelt werden, die einer t-Verteilung mit f = n - 2 Freiheitsgraden folgt. Die entsprechenden Prüfwerte erhält man, wenn in (5.41.) der Schätzwert r_{yx} eingesetzt wird. Die Testbeantwortung erfolgt ebenso wie im vorangegangenen Fall.

Beispiel:
Für das Beispiel aus Abschnitt 4.1.1 wird auf Grund von betriebswirtschaftlicher Begründungen in der Grundgesamtheit ein starker Zusammenhang zwischen Niveau der Produktivität und Mechanisierungsgrad der Arbeit vermutet mit $\rho_0 = 0{,}8$. Die Hypothesen sind in diesem Fall:

H_0: $\rho_{YX} \leq \rho_0 = 0{,}8$ und H_1: $\rho_{YX} > \rho_0 = 0{,}8$.

Es liegt somit eine einseitige Fragestellung vor. Da n = 12 ist, wird die Prüffunktion T verwendet und der kritische Wert aus der Tafel der t-Verteilung für $\alpha=0{,}05$ und f = 12 entnommen: $t_{12;0,05} = 1{,}78$. Der Prüfwert ergibt sich unter Verwendung des Schätzwertes $r_{yx}=0{,}9687$ als

$$t = \frac{z - z_0}{\sigma_z} = 1{,}1513 \left| \log \frac{1 + r_{yx}}{1 - r_{yx}} - \log \frac{1 + \rho_0}{1 - \rho_0} \right| \sqrt{n - 3}$$

$$= 1{,}1513 \left| \log \frac{1 + 0{,}9687}{1 - 0{,}9687} - \log \frac{1 + 0{,}8}{1 - 0{,}8} \right| \sqrt{14 - 3} = 3{,}22 \ .$$

Dieser t-Wert wird mit $t_{12;0,05}$ verglichen: $t > t_{12;0,05}$. Mit einer Irrtumswahrscheinlichkeit von 5 Prozent kann auf Grund der Stichprobe vom Umfang $n \triangleq 14$ angenommen werden, daß in der Grundgesamtheit ein starker Zusammenhang zwischen Niveau der Produktivität und Mechanisierungsgrad der Arbeit $\rho_{YX} > 0{,}8$ besteht.

Die **partiellen linearen Korrelationskoeffizienten** lassen sich ebenso wie die einfachen linearen Korrelationskoeffizienten prüfen. Allerdings verändert sich die Anzahl der Freiheitsgrade, die f = n-m-1 beträgt. Wenn vermutet wird, daß der partielle lineare Korrelationskoeffzient in der Grundgesamtheit Null ist, ist die Prüffunktion für den partiellen linearen Korrelationskoeffizienten analog zu (5.7.)

$$T_k = \frac{R_{Yk.1\ldots(k-1)(k+1)\ldots m}\sqrt{n - m - 1}}{\sqrt{1 - R^2_{Yk.1\ldots(k-1)(k+1)\ldots m}}} \ , \quad k = 1, \ \ldots \ , m \ . \qquad (5.42.)$$

mit m der Anzahl der erklärenden Variablen. Der kritische Wert $t_{f,\alpha/2}$ ist für f=n-m-1 und $\alpha/2$ (wegen der zweiseitigen Fragestellung) aus der Tafel der t-Verteilung zu entnehmen.

Unter Berücksichtigung der veränderten Anzahl der Freiheitsgrade läßt sich die Prüfung auch über den Zufallshöchstwert des Korrelationskoeffizienten nach (5.40.) durchführen. Die Testentscheidung erfolgt jeweils wie beim einfachen linearen Korrelationskoeffizienten.

Wenn nicht angenommen werden kann, daß der partielle lineare Korrelationskoeffizient in der Grundgesamtheit gleich Null ist, gelten die Ausführungen zu Formel (5.41.) analog.

Beispiel:
Es werden die partiellen linearen Korrelationskoeffizienten aus Abschnitt 4.3. mit einer Irrtumswahrscheinlichkeit von $\alpha = 0{,}05$ unter den Hypothesen

H_0: $\rho_{Yk.1\ldots(k-1)(k+1)\ldots m} = \rho_0 = 0$

H_1: $\rho_{Yk.1\ldots(k-1)(k+1)\ldots m} \neq \rho_0 = 0 \quad (k = 1, \ \ldots, \ m)$

unter Verwendung der Prüffunktion (5.42.) geprüft. Im folgenden werden die partiellen linearen Korrelationskoeffizienten aus Abschnitt 4.3., die Prüfwerte und die kritischen t-Werte entsprechend der Anzahl der Freiheitsgrade f=n-m-1 und $\alpha/2$ (wegen der zweiseitigen Alternativhypothese) angegeben:

$r_{y1.2} = 0{,}9657$	$t = 12{,}33$	$t_{11;0,025} = 2{,}201$
$r_{y2.1} = 0{,}3242$	$t = 1{,}14$	$t_{11;0,025} = 2{,}201$
$r_{y1.3} = 0{,}9578$	$t = 11{,}05$	$t_{11;0,025} = 2{,}201$
$r_{y2.3} = 0{,}2902$	$t = 1{,}01$	$t_{11;0,025} = 2{,}201$
$r_{y3.2} = -0{,}4274$	$t = -1{,}57$	$t_{11;0,025} = 2{,}201$
$r_{y1.23} = 0{,}9581$	$t = 10{,}58$	$t_{10;0,025} = 2{,}228$
$r_{y2.13} = 0{,}3015$	$t = 0{,}99$	$t_{10;0,025} = 2{,}228$
$r_{y3.12} = -0{,}0710$	$t = -0{,}225$	$t_{10;0,025} = 2{,}228$

Testentscheidung: Mit einer Irrtumswahrscheinlichkeit von 5 Prozent und basierend auf einer Stichprobe vom Umfang n=14 konnte statistisch gezeigt werden, daß der partielle Einfluß des Mechanisierungsgrades auf das Niveau der Produktivität (bei Ausschaltung des Einflusses des Durchschnittsalters der Arbeitnehmer $r_{y1.2}$ bzw. bei Ausschaltung des Einflusses der durchschnittlichen Kapazitätsauslastung $r_{y1.3}$ bzw. bei Ausschaltung des Einflusses beider Variablen $r_{y1.23}$) signifikant ist, während die anderen partiellen Korrelationskoeffizienten nur zufällig von Null verschieden sind und somit über die jeweiligen partiellen Einflüsse nichts ausgesagt werden kann.

Den **multiplen linearen Korrelationskoeffizienten** prüft man im allgemeinen mit Hilfe des multiplen Bestimmtheitsmaßes (siehe folgenden Abschnitt).

Oftmals interessiert die Frage, ob sich **zwei Korrelationskoeffizienten signifikant voneinander unterscheiden.** Diese Frage kann ebenfalls mittels eines statistischen Tests beantwortet werden. Voraussetzungen dafür sind, daß

- die gleichen Variablen betrachtet werden,
- die Beobachtungen aus nichtkorrelierten Stichproben stammen,
- gleichartige Korrelationskoeffizienten verwendet werden, d.h. entweder einfache Korrelationskoeffizienten oder partielle Korrelationskoeffizienten mit der gleichen Anzahl ausgeschalteter Variablen.

Der Stichprobenumfang der zwei Stichproben kann unterschiedlich sein. Geprüft wird die Nullhypothese

$H_0\colon \rho^{(1)} = \rho^{(2)}$,

die besagt, daß die Korrelationskoeffizienten der zwei betrachteten Grundgesamtheiten gleich sind, gegen die Alternativhypothese

$H_1\colon \rho^{(1)} \neq \rho^{(2)}$.

Dieser Test beruht auf einer zweiseitigen Fragestellung.

Geprüft werden muß somit, ob die Differenz der beiden Stichproben-Korrelationskoeffizienten $R^{(1)} - R^{(2)}$ verschieden von Null ist. Da bei diesem Test nicht unterstellt wird, daß die Korrelationskoeffizienten der Grundgesamtheit Null sind, muß vorher für beide Stichproben-Korrelationskoeffizienten die Transformation von Fisher nach (5.8.) durchgeführt werden. Die Prüffunktion für den Vergleich zweier Stichproben-Korrelationskoeffizienten lautet dann

$$\Lambda = \frac{| Z_1 - Z_2 |}{\sqrt{\dfrac{1}{n_1 - 3} + \dfrac{1}{n_2 - 3}}}, \tag{5.43.}$$

worin n_1 und n_2 die beiden Stichprobenumfänge sind. Die Prüfgröße (5.43.) ist unter der Nullhypothese näherungsweise normalverteilt. Für konkrete Stichproben aus den beiden Grundgesamtheiten ergeben sich die Werte z_1 und z_2 durch Einsetzen von r^1 und r^2 in (5.8.), die dann in der Prüffunktion (5.43.) verwendet werden. Der Schätzwert λ wird mit dem kritischen Wert λ_c verglichen, der aus der Tafel der Normalverteilung für das vorgegebene Signifikanzniveau zu entnehmen ist. Für $\lambda > \lambda_c$ wird die Hypothese H_0 abgelehnt und für $\lambda \leq \lambda_c$ erfolgt eine Nichtablehnung der Hypothese H_0.

Im Falle der Nichtablehnung der H_0 kann nach

$$\hat{Z} = \frac{Z_1 (n_1 - 3) + Z_2 (n_2 - 3)}{n_1 + n_2 - 6} \tag{5.44.}$$

und entsprechender Rückrechnung des realisierten $\hat{z}$ - Wertes über (5.10.) in einen r - Wert ein Schätzwert des gemeinsamen Korrelationskoeffizienten $\rho^{(1)} = \rho^{(2)} = \rho$ vorgenommen werden. Seine Signifikanz gegenüber $\rho = 0$ wird mittels der Schätzfunktion

$$\Lambda = \hat{Z} \sqrt{n_1 + n_2 - 6} \tag{5.45.}$$

im Vergleich mit λ_c getestet.

Beispiel 1:
Es soll festgestellt werden, ob für die Stärke des Zusammenhanges zwischen dem Niveau der Produktivität und dem Mechanisierungsgrad der Arbeit des betrachteten Wirtschaftszweiges regionale Unterschiede bestehen. Zu diesem Zweck werden zwei Bundesländer ausgewählt, in denen Unternehmen dieses Wirtschaftszweiges präsent sind. Für das erste Bundesland ist ein Korrelationskoeffizient $r_{yx}^{(1)} = 0{,}9687$ aus einer Stichprobe mit dem Umfang $n_1 = 14$ geschätzt worden. Für das zweite Bundesland hat sich ein Korrelationskoeffizient $r_{yx}^{(2)} = 0{,}885$ aus einer Stichprobe mit dem Umfang $n_2 = 20$ ergeben. Bei einer Irrtumswahrscheinlichkeit von $\alpha = 0{,}05$ beträgt der kritische Wert aus der Standardnormalverteilung bei zweiseitiger Alternativhypothese $\lambda_{0,025} = 1{,}96$. Entsprechend (5.8.) ergeben sich durch Einsetzen der Schätzwerte $r_{yx}^{(1)}$ und $r_{yx}^{(2)}$ die Realisationen $z_1=2{,}0708$ für die Zufallsvariable Z_1 und $z_2=1{,}3984$ für die Zufallsvariable Z_2 und somit der Prüfwert von (5.43.) zu

$$\lambda = \frac{2{,}0708 - 1{,}3984}{\sqrt{\frac{1}{14 - 3} + \frac{1}{20 - 3}}} = 1{,}7377 \,.$$

Die Testentscheidung lautet somit auf Nichtablehnung der Hypothese H_0, das heißt, es kann auf einem Signifikanzniveau von 5% und auf Grund der Stichproben vom Umfang $n_1 = 14$ und $n_2 = 20$ statistisch nicht gezeigt werden, daß sich die Korrelationskoeffizienten des Zusammenhanges der genannten Variablen in den beiden Bundesländern unterscheiden. Bei Einzelprüfung nach (5.39.) kann auf dem gleichen Signifikanzniveau für jedes Bundesland statistisch bewiesen werden, daß ein wesentlicher Zusammenhang zwischen den beiden Variablen existiert.

Der gemeinsame Korrelationskoeffizient der beiden Bundesländer wird nach (5.44.) und (5.10.) geschätzt:

$$\hat{z} = \frac{2{,}0708\,(14 - 3) + 1{,}3984\,(20 - 3)}{14 + 20 - 6} = 1{,}6625$$

$$r_{yx} = \tanh 1{,}6625 = 0{,}9305 \,.$$

Schließlich wird nach (5.45.) geprüft, ob dieser geschätzte gemeinsame Korrelationskoeffizient der beiden Bundesländer signifikant verschieden von Null ist:

$$\lambda = 1{,}6625 \sqrt{14 + 20 - 6} = 8{,}80 \,.$$

Da $\lambda_{0,025} = 1{,}96$ ist, konnte mit einer Irrtumswahrscheinlichkeit von 5 Prozent statistisch bewiesen werden, daß in der (gemeinsamen)

Grundgesamtheit ein wesentlicher Zusammenhang zwischen dem Niveau der Produktivität und dem Mechanisierungsgrad der Arbeit besteht. Dieser Test kann in verschiedener Hinsicht angewandt werden. So können statt verschiedener Territorien auch verschiedene Wirtschaftszweige untersucht werden, um festzustellen, ob ein signifikanter Unterschied bezüglich der Stärke des betrachteten Zusammenhangs zwischen zwei Wirtschaftszweigen existiert.

Beispiel 2:
Für zwei Wirtschaftszweige (Grundgesamtheiten) soll mit einer Irrtumswahrscheinlichkeit von $\alpha = 0{,}05$ statistisch geprüft werden, ob ein signifikanter Unterschied bezüglich der Stärke des Zusammenhanges zwischen Niveau der Produktivität und Mechanisierungsgrad der Arbeit besteht. Aus der Tafel der Standardnormalverteilung ergibt sich $\lambda_{0,025} = 1{,}96$. Auf Grund von Stichproben mit den Umfängen $n_1 = 14$ und $n_2 = 20$ wurden die Korrelationskoeffizienten $r_{yx}^{(1)} = 0{,}9687$ und $r_{yx}^{(2)} = 0{,}9953$ für den Zusammenhang geschätzt. Nach (5.43.) ist

$$\lambda = \frac{|2{,}0708 - 3{,}0255|}{\sqrt{\frac{1}{14-3} + \frac{1}{20-3}}} = 2{,}4673 .$$

Die Nullhypothese H_0 wird wegen $\lambda > \lambda_{0,025}$ abgelehnt. Mit einer Irrtumswahrscheinlichkeit von 5 Prozent und auf Grund der Stichproben mit den Umfängen $n_1 = 14$ und $n_2 = 20$ können signifikante Unterschiede bezüglich der Stärke des Zusammenhanges zwischen Niveau der Produktivität und Mechanisierungsgrad der Arbeit zwischen den beiden Wirtschaftszweigen angenommen werden.

Stellt man die Beispiele 1 und 2 zahlenmäßig gegenüber (die Stichprobenumfänge n_1 und n_2 sind jeweils gleich), so wird deutlich, daß ein absoluter Vergleich der Korrelationskoeffizienten ohne Test zu Fehlentscheidungen führen kann. Dies unterstreicht die Notwendigkeit der Durchführung des Tests, wenn Korrelationskoeffizienten verglichen werden sollen.

Dieser Vergleich von zwei Korrelationskoeffizienten läßt sich zu einem **Vergleich mehrerer Korrelationskoeffizienten** verallgemeinern. Es gelten dabei dieselben Voraussetzungen wie beim vorangegangenen Vergleich zweier Korrelationskoeffizienten. Betrachtet werden l Grundgesamtheiten und es wird gefragt, ob in ihnen ein gleich starker Zusammenhang zwischen den Variablen Y und X besteht. Die Nullhypothese wird folgendermaßen formuliert:

$$H_0: \rho^{(1)} = \rho^{(2)} = \ldots = \rho^{(l)} = \rho,$$

die die Gleichheit der Korrelationskoeffizienten der l Grundgesamtheiten ausdrückt. Die Alternativhypothese H_1 beinhaltet, daß mindestens zwei Grundgesamtheiten sich bezüglich des Korrelationskoeffizienten ρ unterscheiden. Aus den l Grundgesamtheiten werden Stichproben der Variablen Y und X mit den Umfängen $n_1, n_2, \ldots, n_l$ gezogen, auf deren Basis die Stichprobenkorrelationskoeffizienten $r^{(1)}$, $r^{(2)}, \ldots, r^{(l)}$ berechnet werden. Nach (5.8.) erfolgt ihre Umrechnung in die Schätzwerte $z_1, z_2, \ldots, z_l$. Da ρ im allgemeinen nicht bekannt ist, muß er ebenfalls geschätzt werden. Die verallgemeinerte Schätzfunktion von (5.44.) ist:

$$\hat{Z} = \frac{\sum_{j=1}^{l} z_j \, (n_j - 3)}{\sum_{j=1}^{l} (n_j - 3)} \, . \qquad (5.46.)$$

Die Prüffunktion für den Vergleich mehrerer Korrelationskoeffizienten (Homogenitätstest) ist:

$$\chi^2 = \sum_{j=1}^{l} (Z_j - \hat{Z})^2 \, (n_j - 3) \, . \qquad (5.47.)$$

Diese Prüffunktion folgt unter der Nullhypothese einer Chi-Quadrat-Verteilung mit f = l - 1 Freiheitsgraden. Der Wert der Prüffunktion (5.47.) wird mit dem kritischen Wert $\chi^2_{f,\alpha}$ verglichen. Wenn $\chi^2 > \chi^2_{f,\alpha}$ ist, wird die Hypothese H_0 abgelehnt; wenn $\chi^2 \leq \chi^2_{f,\alpha}$ ist, wird die Hypothese H_0 nicht abgelehnt. Wird die Nullhypothese H_0 auf Grund der l Stichproben nicht abgelehnt, dann kann der Schätzwert für $\hat{Z}$ entsprechend (5.10.) in einen r-Wert umgerechnet werden. Dieser r-Wert ist ein Schätzwert des gemeinsamen Korrelationskoeffizienten der l Grundgesamtheiten.

Beispiel:
Das vorangegangene Beispiel 1 wird erweitert, indem für ein drittes und viertes Bundesland die Korrelationskoeffizienten $r_{yx}^{(3)}$ und $r_{yx}^{(4)}$ für den Zusammenhang von Niveau der Produktivität und Mechanisierungsgrad der Arbeit auf Grund von $n_3 = 18$ und $n_4 = 16$ Unternehmen des betreffenden Wirtschaftszweiges berechnet werden.

Es sei $r_{yx}^{(3)} = 0{,}92$ und $r_{yx}^{(4)} = 0{,}85$. Für eine Irrtumswahrscheinlichkeit von $\alpha = 0{,}05$ findet man aus der Tafel der Chi-Quadrat-Verteilung: $\chi^2_{3;0,05} = 7{,}815$. Entsprechend (5.46.) und (5.47.) wird der Test durchgeführt:

$$\hat{Z} = \frac{2{,}0708 \cdot 11 + 1{,}3984 \cdot 17 + 1{,}589 \cdot 15 + 1{,}2562 \cdot 13}{11 + 17 + 15 + 13} = 1{,}5485$$

$$\chi^2 = 0{,}2728 \cdot 11 + 0{,}0225 \cdot 17 + 0{,}0016 \cdot 15 + 0{,}0854 \cdot 13 = 4{,}5175 .$$

Auf Grund der Stichproben gibt es statistisch keine Veranlassung, Unterschiede bezüglich der Stärke des betrachteten Zusammenhanges zwischen den vier Bundesländern anzunehmen, wenn $\chi^2 < \chi^2_{3;0,05}$ ist (Nichtablehnung der Nullhypothese).

Dieses Testergebnis gestattet es, einen gemeinsamen Korrelationskoeffizienten für die vier Bundesländer zu schätzen. Nach (5.10.) ist der r-Schätzwert: r = tanh 1,5485 = 0,914. Auch für diesen gemeinsamen Korrelationskoeffizienten kann geprüft werden, ob er signifikant verschieden von Null ist. Auf die Ausführung dieses Tests soll verzichtet werden.

Dieser Test könnte zum Beispiel noch in der Hinsicht erweitert werden, daß nachfolgend die (nach Bundesländern) gemeinsamen Korrelationskoeffizienten zwischen zwei Wirtschaftszweigen verglichen werden. Es gibt somit vielfältige Möglichkeiten für sinnvolle Anwendungen dieser Tests, die in ihrem Ergebnis eine tiefgründige ökonomische Analyse erlauben.

5.3.2. Statistische Prüfung von Hypothesen über Bestimmtheitsmaße

Die Hypothesen zur statistischen Prüfung des Bestimmtheitsmaßes lauten:

H_0: Das Bestimmtheitsmaß der Grundgesamtheit ist Null: $\tilde{B} = 0$.
Diese Hypothese ist gleichbedeutend mit der Hypothese
H_0: $\beta_1 = \beta_2 = \ldots = \beta_m = 0$,
das heißt, keine der erklärenden Variablen der zugrunde gelegten Regressionsfunktion übt einen signifikanten Einfluß auf die zu erklärende Variable Y aus.

H_1: Das Bestimmtheitsmaß der Grundgesamtheit ist größer Null:
$\tilde{B} > 0$ (einseitige Fragestellung).
Diese Hypothese besagt, daß mindestens eine der in der Regressionsfunktion enthaltenen m erklärenden Variablen einen signifikanten Einfluß auf die Variable Y hat.

Zur statistischen Prüfung des Stichproben-Bestimmtheitsmaßes $\breve{B}$ wird die folgende Prüffunktion $\breve{F}$ verwendet[8]:

---

8 Das Stichproben-Bestimmtheitsmaß als Schätzfunktion (Zufallsvariable) wird mit $\breve{B}$ symbolisiert im Gegensatz zum Schätzwert B dieser Schätzfunktion, ebenso wird die Prüffunktion als Zufallsvariable mit $\breve{F}$ gekennzeichnet und ihr Schätzwert auf Grund einer gegebenen Stichprobe mit F.

$$\check{F} = \frac{\check{B}(n - m - 1)}{m(1 - \check{B})} \quad (5.48.)$$

Diese Prüffunktion folgt unter der Nullhypothese einer F-Verteilung. Hierbei treten zwei Anzahlen von Freiheitsgraden auf: $f_1 = m$ (die Anzahl der in der Regressionsfunktion enthaltenen erklärenden Variablen) und $f_2=n-m-1$.

Der kritische Wert $F_{f1;f2;\alpha}$ wird aus der Tafel der F-Verteilung für die vorgegebene Irrtumswahrscheinlichkeit α und die angegebenen Freiheitsgrade entnommen. Für eine gegebene Stichprobe wird der Schätzwert des Bestimmtheitsmaßes ermittelt und in (5.48.) eingesetzt, womit man eine Realisation F der Zufallsvariablen $\check{F}$ erhält.

Ist $F > F_{f1;f2;\alpha}$, so wird die Nullhypothese H_0 abgelehnt; mit einer Irrtumswahrscheinlichkeit von $\alpha \cdot 100\%$ und auf der Basis einer Stichprobe vom Umfang n konnte statistisch bewiesen werden, daß das Bestimmtheitsmaß in der Grundgesamtheit größer Null ist, das heißt, die in der Regressionsfunktion enthaltenen erklärenden Variablen üben **gemeinsam** einen signifikanten Einfluß auf die Variable Y aus. Das heißt noch nicht, daß jede erklärende Variable X_k einzeln einen wesentlichen Einfluß auf Y ausübt.

Ist $F \leq F_{f1;f2;\alpha}$, so wird die Nullhypothese H_0 nicht abgelehnt; mit einer Irrtumswahrscheinlichkeit von $\alpha \cdot 100\%$ und auf der Basis einer Stichprobe vom Umfang n konnte statistisch nicht gezeigt werden, daß die erklärenden Variablen zusammen einen Einfluß auf die Variable Y ausüben.

Für die praktische Handhabung geht man im allgemeinen von einer Varianztabelle aus, die auch in jeder guten Statistik-Software angeboten wird. Dazu sei an die Aufspaltung der Varianz der Variablen Y (3.4.) im Abschnitt 3.1. erinnert:

$$\sum_{i=1}^{n} (y_i - \bar{y})^2 = \sum_{i=1}^{n} (y_i - \hat{y}_i)^2 + \sum_{i=1}^{n} (\hat{y}_i - \bar{y})^2 = \sum_{i=1}^{n} \hat{u}_i^2 + \sum_{i=1}^{n} (\hat{y}_i - \bar{y})^2 \quad (3.4.)$$

Auf der linken Seite der Gleichung steht die Summe der quadratischen Abweichungen insgesamt und auf der rechten Seite der nicht erklärte Teil der Summe der quadratischen Abweichungen (kurz als Rest bezeichnet) sowie der erklärte Teil der Summe der quadratischen Abweichungen. Jede Komponente durch die Anzahl der entsprechenden Freiheitsgrade dividiert ergibt die jeweilige mittlere quadratische Abweichung. Der Prüfwert resultiert entsprechend (5.48.). Dies alles wird in der nachfolgenden **Tabelle der Varianzanalyse** zusammengefaßt:

Tabelle 5.2.: Varianztabelle

Streuungsursache	Summe der quadratischen Abweichungen	Anzahl der Freiheitsgrade	mittlere quadratische Abweichung	Wert der Prüffunktion
erklärende Variablen $X_1,\ldots,X_m$	$\Sigma(\hat{y}_i - \overline{y})^2 =$ $B\cdot\Sigma(y_i - \overline{y})^2$	m	$\frac{B\cdot\Sigma(y_i - \overline{y})^2}{m}$	
Rest	$\Sigma\, \hat{u}_i^2 =$ $(1-B)\cdot\Sigma(y_i-\overline{y})^2$	n - m - 1	$\frac{\Sigma\, \hat{u}_i^2}{n-m-1}$	$F = \frac{B(n-m-1)}{m(1-B)}$
Gesamtstreuung	$\Sigma(y_i - \overline{y})^2$	n - 1	.	.

Beispiele:

Für die Beispiele in den Abschnitten 3.1.1. und 3.1.2. werden die Bestimmtheitsmaße für die einfache lineare Regression des Niveaus der Produktivität bezüglich des Mechanisierungsgrades der Arbeit und der multiplen linearen Regressionen des Niveaus der Produktivität bezüglich des Mechanisierungsgrades der Arbeit und des Durchschnittsalters der Arbeitnehmer (und der durchschnittlichen Kapazitätsauslastung) unter der Voraussetzung geprüft, daß die 14 Firmen eine Zufallsstichprobe darstellen. Als Irrtumswahrscheinlichkeit wird 0,05 vorgegeben. Wegen $f_1 = 1$ und $f_2 = 14 - 2 = 12$ ergibt sich aus der Tafel der F-Verteilung ein kritischer Wert $F_{1,12;0,05} = 4,75$. Der geschätzte Wert des einfachen linearen Bestimmtheitsmaßes war $B_{yx}=0,938$. Nach Formel (5.48.) ist:

$$F = \frac{0,938\cdot(14 - 2)}{1 - 0,938} = 181,55.$$

Es ist also $F > F_{1;12;0,05}$, so daß auf einem Signifikanzniveau von 5% und einer Stichprobe vom Umfang n=14 statistisch gezeigt werden konnte, daß das Bestimmtheitsmaß der Grundgesamtheit $\breve{B}_{yx}$ wesentlich von Null verschieden ist.

Es läßt sich zeigen, daß für $f_1 = 1$ stets $\breve{F} = T^2$ ist. Für (5.48.) kann in diesem Fall folglich auch geschrieben werden:

$$T = \sqrt{\frac{\breve{B}\,(n - 2)}{1 - \breve{B}}}\ .$$

Die Verteilung dieser Prüffunktion entspricht unter der Nullhypothese einer t-Verteilung mit f = n - 2 Freiheitsgraden. Wegen $\check{B} = R^2$ [vgl. (4.13.)] ist leicht zu erkennen, daß mit (5.48.) auch eine Prüfung des Korrelationskoeffizienten erfolgt.

Die Varianztabelle für diese Regressionsfunktion ist:

Tabelle 5.3.: Varianztabelle für das Beispiel der einfachen linearen Regressionsfunktion

Streuungs-ursache	Summe der quadratischen Abweichungen	Anzahl der Freiheits-grade	mittlere quadratische Abweichung	Wert der Prüffunk-tion
erklärende Variable X	795,156	1	795,156	F = 181,55
Rest	52,558	12	4,38	
Gesamt-streuung	847,714	13	.	.

Im Abschnitt 3.1.2. ergaben sich die beiden multiplen Bestimmtheitsmaße $B_{y.12} = 0{,}9447$ und $B_{y.123} = 0{,}9451$. Die jeweiligen kritischen Werte von $\check{F}$ sind $F_{2;11;0,05} = 3{,}98$ bzw. $F_{3;10;0,05} = 3{,}71$.

Nach (5.48.) ist jeweils

$$F_{(y.12)} = \frac{0{,}9447 \cdot (14-2-1)}{2 \cdot (1-0{,}9447)} = 93{,}96$$

$$F_{(y.123)} = \frac{0{,}9451 \cdot (14-3-1)}{3 \cdot (1-0{,}9451)} = 57{,}38$$

Es ist also in beiden Fällen $F > F_{f1;f2;\alpha}$. Die multiplen Bestimmtheitsmaße sind folglich wesentlich verschieden von Null. Der Gesamteinfluß der 2 bzw. 3 erklärenden Variablen kann mit 5 Prozent Irrtumswahrscheinlichkeit auf der Basis einer Stichprobe vom Umfang n=14 als statistisch gesichert angesehen werden.

Die Varianztabelle für die multiple Regression mit den drei erklärenden Variablen ist entsprechend:

Tabelle 5.4.: Varianztabelle für das Beispiel der multiplen linearen Regressionsfunktion $y_i = b_0 + b_1x_{i1} + b_2x_{i2} + b_3x_{i3} + \hat{u}_i$

Streuungsursache	Summe der quadratischen Abweichungen	Anzahl der Freiheitsgrade	mittlere quadratische Abweichung	Wert der Prüffunktion
erklärende Variable X_1, X_2, X_3	801,1745	3	267,058	F = 57,38
Rest	46,5395	10	4,654	
Gesamtstreuung	847,7140	13	.	.

5.3.3. Statistische Prüfung von Hypothesen über Regressionsparameter

Ein Test zur Prüfung von Regressionsparametern einer linearen Regressionsfunktion wurde bereits im vorangegangenen Abschnitt dargestellt. Mit der Prüfung des Bestimmtheitsmaßes wurde die Hypothese geprüft, ob die m erklärenden Variablen **zusammen** wesentlich zur Erklärung der Variablen Y beitragen.

Nun sollen weitere Tests zur statistischen Prüfung von Hypothesen über Regressionsparameter angegeben werden.

a) Statistische Prüfung von Hypothesen über einen einzelnen Regressionsparameter

Ein einzelner der m Regressionsparameter soll nunmehr statistisch geprüft werden. Dazu sind folgende Hypothesenformulierungen möglich:

a) H_0: $\beta_k = \beta_{k(H0)}$,

es besteht kein signifikanter Unterschied zwischen dem Regressionsparameter der Grundgesamtheit β_k und der Hypothese über diesen Regressionsparameter.

H_1: $\beta_k \neq \beta_{k(H0)}$,

es besteht ein signifikanter Unterschied zwischem dem Regressionsparameter der Grundgesamtheit und der Annahme über diesen Regressionsparameter (zweiseitige Fragestellung)

b) H_0: $\beta_k \geq \beta_{k(H0)}$ bzw. H_0: $\beta_k \leq \beta_{k(H0)}$,

H_1: $\beta_k < \beta_{k(H0)}$ bzw. H_1: $\beta_k > \beta_{k(H0)}$,

der Regressionsparameter der Grundgesamtheit ist signifikant kleiner bzw. größer als der angenommene Wert über diesen Regressionsparameter (einseitige Fragestellung).

Die Hypothesenprüfung erfolgt auf Grund der Erkenntnisse des Abschnitts 5.1., daß die Stichproben-Regressionsparameter unter der Nullhypothese einer t-Verteilung genügen. Als Prüffunktion dient dabei die Schätzfunktion (5.3.):

$$T_k = \frac{B_k - \beta_k}{S(B_k)}, \qquad k = 0, 1, \ldots, m. \tag{5.3.}$$

Die Anzahl der Freiheitsgrade der Prüffunktion (5.3.) ist f = n-m-1, wobei m die Anzahl der in die Regression einbezogenen erklärenden Variablen ist. Der kritische Wert der Prüffunktion t_c wird aus der Tafel der t-Verteilung für diese Anzahl der Freiheitsgrade und für die vorgegebene Irrtumswahrscheinlichkeit α in Abhängigkeit davon aufgesucht, ob es sich bei der Alternativhypothese um eine zweiseitige oder einseitige Fragestellung handelt. Für eine konkrete Stichprobe erhält man die Schätzwerte b_k und $s(B_k)$, die in (5.3.) eingesetzt einen Prüfwert für T_k ergeben. Dieser Prüfwert t_k wird mit dem kritischen Wert $t_{f,\alpha}$ (bei einseitiger Altenative) bzw. $t_{f,\alpha/2}$ bei zweiseitiger Alternative verglichen.

Ist $|t| > |t_{f,\alpha/2}|$ bei zweiseitiger Alternative oder $t < t_{f;\alpha}$ bzw. $t > t_{f;\alpha}$ bei einseitiger Alternative, so wird die Nullhypothese abgelehnt. Es konnte auf einem Signifikanzniveau von $\alpha \cdot 100\%$ und einer Stichprobe vom Umfang n statistisch bewiesen werden, daß der Regressionsparameter der Grundgesamtheit β_k wesentlich von der Annahme $\beta_{k(H0)}$ verschieden (bzw. größer bzw. kleiner) ist, das heißt, es kann nicht angenommen werden, daß die Stichprobe aus einer Grundgesamtheit mit dem Regressionsparameter $\beta_{k(H0)}$ stammt.

Andernfalls wird die Nullhypothese nicht abgelehnt. Das Stichprobenergebnis widerspricht nicht der Nullhypothese, was jedoch nicht die Richtigkeit der Nullhypothese einschließt.

Wenn keine konkrete Annahme über den Zahlenwert des Regressionsparameter β_k der Grundgesamtheit als Hypothese vorgegeben werden kann, was oft bei ökonomischen Untersuchungen der Fall ist, so wird mit der Annahme $\beta_k = \beta_{k(H0)} = 0$ geprüft, wodurch sich die Hypothesen wie folgt verändern:

a) H_0: $\beta_k = 0$, es besteht kein signifikanter Einfluß der Variablen X_k auf die zu erklärende Variable Y in der Grundgesamtheit.

H_1: $\beta_k \neq 0$; es existiert ein wesentlicher Einfluß der Variablen X_k auf Y in der Grundgesamtheit (zweiseitige Fragestellung)

b) H_0: $\beta_k \geq 0$ bzw. $\beta_k \leq 0$

H_1: $\beta_k < 0$ bzw. $\beta_k < 0$ (einseitige Fragestellung);

es existiert eine wesentliche negative bzw. positive Abhängigkeit der Variablen Y von der Variablen X_k in der Grundgesamtheit.

Während bei der zweiseitigen Fragestellung keine Informationen über die Richtung der Abhängigkeit der Variablen Y von der Variablen X_k vorliegen, muß bei der einseitigen Fragestellung auf Grund fachwissenschaftlicher Überlegungen das Vorzeichen des Regressionsparameters der Grundgesamtheit a priori bekannt sein.

Die Prüffunktion ist für den Fall der Signifikanzprüfung der Regressionsparameter gegen Null:

$$T_k = \frac{B_k}{S(B_k)}, \qquad k = 0, 1, \ldots, m, \tag{5.49.}$$

die wiederum unter der Nullhypothese einer t-Verteilung mit f=n-m-1 Freiheitsgraden folgt.

Speziell für die einfache lineare Regression konkretisiert sich (5.49.) zu:

- für die Prüfung des Stichproben-Regressionskoeffizienten B_1 gegen Null:

$$T_1 = \frac{B_1}{S_\theta} \sqrt{\sum_{i=1}^{n} (x_i - \bar{x})^2}, \tag{5.50.}$$

- für die Prüfung der Stichproben-Regressionskonstanten B_0 gegen Null:

$$T_0 = \frac{B_0}{S_\theta \sqrt{\frac{1}{n} + \frac{\bar{x}^2}{\sum_{i=1}^{n} (x_i - \bar{x})^2}}}, \tag{5.51.}$$

wobei für $S(B_1)$ und $S(B_0)$ die Formeln entsprechend Abschnitt 3.2. verwendet wurden.

Die Prüfung der Stichproben-Regressionskonstanten gegen Null ist dabei von untergeordneter Bedeutung, da für sie die Prüfung gegen einen festen Wert über β_0 sinnvoller ist. Die Testentscheidungen sind wie vorher.

Beispiel 1:
Wenn für das Beispiel aus Abschnitt 2.3.1. wieder angenommen wird, daß die 14 Firmen eine Zufallsstichprobe darstellen, dann kann eine Hypothesenprüfung des einfachen linearen Regressionskoeffizienten B_1 für die Abhängigkeit des Niveaus der Produktivität vom Mechanisierungsgrad der Arbeit erfolgen. Da ein positives Vorzeichen von B_1 auf Grund theoretischer Überlegungen ökonomisch sinnvoll ist, wird die Hypothese H_0: $B_1 \leq 0$ gegen die Alternativhypothese H_1: $B_1 > 0$ geprüft, das heißt, in die Alternativhypothese wird die Annahme aufgenommen, die statistisch bewiesen werden soll. Für eine Irrtumswahrscheinlichkeit von $\alpha = 0{,}05$ und die Anzahl der Freiheitsgrade f = 12 ergibt sich aus der Tafel der t-Verteilung ein kritischer Wert von $t_{12;0,05} = 1{,}78$. Im Abschnitt 2.3.1. war ein Regressionskoeffizient von $b_1 = 0{,}5435$ und im Abschnitt 3.2. eine Standardabweichung des Regressionskoeffizienten B_1 mit $s(B_1) = 0{,}0402$ geschätzt worden. Der Prüfwert nach (5.49.) ergibt:

$$t_1 = \frac{0{,}5435}{0{,}0402} = 13{,}52.$$

Es ist $t > t_{12;0,05}$, was zur Ablehnung der Nullhypothese führt. Es konnte folglich bei einem Signifikanzniveau von 5% und einem Stichprobenumfang von n=14 statistisch gezeigt werden, daß B_1 wesentlich größer als Null ist. Es existiert eine wesentliche positive Abhängigkeit des Niveaus der Produktivität vom Mechanisierungsgrad der Arbeit. Somit führt der Signifikanztest des einfachen linearen Regressionskoeffizienten zum gleichen Testergebnis wie der Signifikanztest des einfachen linearen Korrelationskoeffizienten (vgl. Abschnitt 5.3.1.).

Beispiel 2:
Es werden in gleicher Weise die partiellen linearen Regressionskoeffizienten der Regression des Niveaus der Produktivität bezüglich des Mechanisierungsgrades der Arbeit, des Durchschnittsalters der Arbeitnehmer und der durchschnittlichen Kapazitätsauslastung für eine Stichprobe von n = 14 Firmen geprüft. Nun soll bei der Alternativhypothese jedoch die zweiseitige Fragestellung verwendet werden. Der kritische Wert ist bei einer Irrtumswahrscheinlichkeit $\alpha=0{,}05$ und einer Anzahl der Freiheitsgrade f = 10 nun $t_{10;0,025} = 2{,}23$.

Aus Abschnitt 2.4. und 3.2. werden die geschätzten partiellen linearen Regressionskoeffizienten und ihre geschätzten Standardabweichungen entnommen. Nach (5.49.) werden die Prüfwerte ermittelt:

$b_1 = 0,52123 \quad s(B_1) = 0,04918 \quad t_1 = 10,60$

$b_2 = 0,15092 \quad s(B_2) = 0,1508 \quad t_2 = 1,00$

$b_3 = -0,02389 \quad s(B_3) = 0,1060 \quad t_3 = -0,23.$

Da $t_1 > t_{10;0,025}$ ist, ist β_1 wesentlich verschieden von Null und gibt einen signifikanten partiellen Einfluß des Mechanisierungsgrades der Arbeit auf das Niveau der Produktivität an (mit einer Irrtumswahrscheinlichkeit von 5% und auf der Basis einer Stichprobe vom Umfang n=14). Dagegen ist $t_2 < t_{10;0,025}$ und $t_3 < t_{10;0,025}$. Die Nullhypothese kann jeweils nicht verworfen werden. Es konnte somit statistisch nicht gezeigt werden, daß β_2 und β_3 wesentlich von Null verschieden sind. Es kann auf Grund der Stichprobe nicht endgültig beurteilt werden, ob diese partiellen linearen Regressionskoeffizienten eine bedeutsame Abhängigkeit ausdrücken. Gegebenenfalls können die Variablen X_2 und X_3 bei der untersuchten Regression vernachlässigt und durch andere ökonomisch sinnvolle Variable ersetzt werden, wie zum Beispiel Kapitaleinsatz je Produktionsarbeiter, Schichtkoeffizient, Durchschnittslohn, Arbeitszeitausnutzung, Fluktuationskennziffer. Es zeigt sich, daß verständlicherweise bei einer Regression nicht alle betrachteten Variablen gleichgewichtig sind. Zum anderen wird hier deutlich, wie theoretische ökonomische Überlegungen konkret geprüft werden können.

b) Statistische Prüfung von Hypothesen über mehrere Regressionsparameter

Ob gewisse Variablen in der Regression vernachlässigt werden können, kann ergänzend anhand des Bestimmtheitsmaßes untersucht werden. Verändert sich für das obige Beispiel das Bestimmtheitsmaß für die Regressionsfunktion mit drei erklärenden Variablen gegenüber dem Bestimmtheitsmaß für die Regressionsfunktion mit einer erklärenden Variablen nicht wesentlich, so ist das ein Zeichen dafür, daß die Einbeziehung der zweiten und dritten erklärenden Variablen keine wesentliche Verbesserung der Regressionsschätzung bringt. Die Beantwortung dieser Frage ist deshalb wichtig, weil sich nach dem Test (5.49.) für obiges Beispiel ergeben hat, daß jede Variable X_2 bzw. X_3 (Durchschnittsalter der Arbeitnehmer bzw. durchschnittliche Kapazitätsauslastung) für sich keinen signifikanten Einfluß auf die Variable Y ausübt. Beide Variablen zusammen könnten jedoch wesentlich zur Erklärung der Variablen Y beitragen. Zur Überprüfung dieser Fragestellung kann man folgenden Test verwenden, der den systematischen Einfluß zusätzlicher erklärender Variablen zusammen beurteilt.

Allgemein werden dabei folgende zwei Stichproben-Regressionsfunktionen unterstellt:

$$\hat{Y}_i = B_0 X_{i0} + B_1 X_{i1} + \ldots + B_l X_{il} + B_{l+1} X_{l+1} + \ldots + B_m X_m \qquad (5.52.)$$

$$\hat{Y}_i = B_0 X_{i0} + B_1 X_{i1} + \ldots + B_l X_{il} \,. \qquad (5.53.)$$

In der ersten Regressionsfunktion (5.52.) sind m erklärende Variable, in der zweiten Regressionsfunktion nur ein Teil von ihnen, nämlich l erklärende Variable enthalten. Dabei gilt m - l = p, das heißt in der Regressionsfunktion (5.52.) treten p erklärende Variable zusätzlich gegenüber (5.53.) auf. Es soll nun geprüft werden, ob diese p erklärenden Variablen **zusammen** einen wesentlichen Teil zur Erklärung der Variation der Variablen Y beitragen. Es wird deshalb das Hypothesenpaar formuliert:

H_0: $\beta_{l+1} = \ldots = \beta_m = 0$

H_1: $\beta_k \neq 0$ für mindestens ein k = l+1, ..., m.

Setzt man

$$\boldsymbol{\beta}_1' = (\beta_0\ \beta_1\ \ldots\ \beta_l)',\ \boldsymbol{\beta}_2' = (\beta_{l+1}\ \ldots\ \beta_m);\ \mathbf{0} = (0\ \ldots\ 0), \qquad (5.54.)$$

so lassen sich die Hypothesen auch wie folgt schreiben:

H_0: $\boldsymbol{\beta}_2' = 0$ und H_1: $\boldsymbol{\beta}_2' \neq 0$.

Dabei wird der Einfluß der ersten l erklärenden Variablen nicht geprüft. (5.52.) ist somit die Regressionsfunktion bei Gültigkeit der Alternativhypothese und (5.53.) die Regressionsfunktion bei Gültigkeit der Nullhypothese. Die Prüffunktion lautet:

$$\breve{F} = \frac{(\breve{B}_m - \breve{B}_l)(n - m - 1)}{(m - l)(1 - \breve{B}_m)} \,. \qquad (5.55.)$$

Diese Prüffunktion folgt unter der Nullhypothese einer F-Verteilung mit $f_1 = m - l = p$ und $f_2 = n - m - 1$ Freiheitsgraden. Dabei bedeutet $\breve{B}_m$ das Stichproben-Bestimmtheitsmaß der Regressionsfunktion mit m erklärenden Variablen und $\breve{B}_l$ das Stichproben-Bestimmtheitsmaß der Regressionsfunktion mit l erklärenden Variablen. Die Differenz ($\breve{B}_m - \breve{B}_l$) im Zähler der Formel (5.55.) mißt die zusätzliche Erklärung der Variablen Y, die durch die Aufnahme der p erklärenden Variablen zustandekommt. Diese zusätzliche Erklärung wird den p zusätzlichen erklärenden Variablen zugeschrieben, weshalb die Anzahl der Freiheitsgrade des Zählers $f_1 = p$ beträgt. Als Bezugsbasis dient die Unbestimmtheit der Regressionsfunktion mit allen m erklärenden Variablen, woraus die Anzahl der Freiheitsgrade des Nenners $f_2 = n-m-1$ resultiert. Je größer die Differenz $(\check{B}_m - \check{B}_l)$ ist, um so eher ist die Nullhypothese zu verwerfen. Kriterium ist der kritische Wert $F_{f1;f2;\alpha}$, der aus der Tafel der F-Verteilung (Anhang) für f_1 und f_2 und die Irrtumswahrscheinlichkeit α entnommen wird.

Ist $F \leq F_{f1;f2;\alpha}$, so wird die Hypothese H_0 auf Grund der Stichprobenergebnisse nicht abgelehnt. Es kann nichts darüber ausgesagt werden, ob die p erklärenden Variablen zusammen einen signifikanten Einfluß auf die Variable Y ausüben.

Wenn $F > F_{f1;f2;\alpha}$ ist, so wird die Hypothese H_0 auf einem Signifikanzniveau von $\alpha \cdot 100\%$ und aufgrund einer Stichprobe vom Umfang n abgelehnt. Die p erklärenden Variablen tragen in diesem Falle zusammen wesentlich zur Erklärung von Y bei.

Dieser F-Test kann wieder unter Zuhilfenahme einer Varianztabelle durchgeführt werden.

Tabelle 5.5.: Varianztabelle für die Prüfung der zusätzlichen Erklärung durch die Variablen $X_{l+1}, \ldots, X_m$

Streuungsursache	Summe der quadratischen Abweichungen	Anzahl der Freiheitsgrade	mittlere quadratische Abweichung	Wert der Prüffunktion
erklärende Variablen $X_1,\ldots,X_l$	$B_l \cdot \Sigma(y_i - \bar{y})^2$	l	$\frac{B_l \cdot \Sigma(y_i - \bar{y})^2}{l}$	
zusätzliche erklärende Variablen $X_{l+1},\ldots,X_m$	$(B_m - B_l) \cdot \Sigma(y_i - \bar{y})^2$	$m - l$	$\frac{(B_m - B_l) \cdot \Sigma(y_i - \bar{y})^2}{m - l}$	$F = \frac{(B_m - B_l)(n-m-1)}{(m-l)(1-B_m)}$
Rest	$(1-B_m) \cdot \Sigma(y_i - \bar{y})^2$	$n - m - 1$	$\frac{(1-B_m) \cdot \Sigma(y_i - \bar{y})^2}{n - m - 1}$	
Gesamtstreuung	$\Sigma(y_i - \bar{y})^2$	$n - 1$	.	.

Beispiel:
Mit diesem Test soll die oben aufgeworfene Frage beantwortet werden, ob die Variablen Durchschnittsalter der Arbeitnehmer (X_2) und durchschnittliche Kapazitätsauslastung (X_3) zusammen einen wesentlichen

Einfluß auf das Niveau der Produktivität (Y) ausüben. Es ist dabei $\breve{B}_a = \breve{B}_{y.123}$ das Stichproben-Bestimmtheitsmaß der Regressionsfunktion des Niveaus der Produktivität bezüglich des Mechanisierungsgrades der Arbeit, des Durchschnittsalters der Arbeitnehmer und der durchschnittlichen Kapazitätsauslastung und $\breve{B} = \breve{B}_{y1}$ das Stichproben-Bestimmtheitsmaß der Regressionsfunktion des Niveaus der Produktivität bezüglich des Mechanisierungsgrades der Arbeit. Der Stichprobenumfang betrug n = 14. Aus der Tafel der F-Verteilung findet man für $\alpha = 0{,}05$, $f_1 = 2$ und $f_2 = 10$ den Wert $F_{2;10;0,05} = 4{,}10$. Die Schätzwerte der Stichproben-Bestimmtheitsmaße waren (vgl. Abschnitte 3.1.2. und 3.1.1.): $B_{y.123} = 0{,}9451$ und $B_{y1} = 0{,}938$. Damit ergibt sich der Prüfwert entsprechend (5.55.):

$$F = \frac{(0{,}9451 - 0{,}938)(14 - 3 - 1)}{(3 - 1)(1 - 0{,}9451)} = 0{,}647.$$

Auf die Angabe der Varianztabelle soll aus Platzgründen verzichtet werden.

Da $F < F_{2;10;0,05}$ ist, besteht keine Veranlassung, die Hypothese H_0 abzulehnen. Nachdem bereits statistisch geprüft wurde, daß für die untersuchten 14 Firmen kein wesentlicher Einzel-Einfluß der Variablen Durchschnittsalter der Arbeitnehmer bzw. durchschnittliche Kapazitätsauslastung anzunehmen ist, kann nach diesem Testergebnis auch nicht auf einen signifikanten gemeinsamen Einfluß geschlossen werden.

Dieser Test (5.55.) ist auch von Bedeutung, wenn eine Variable X mehrfach in einer Regressionsfunktion auftritt, zum Beispiel bei polynomialem Ansatz als X, X^2, X^3. Mittels des Tests (5.55.) kann dann geprüft werden, ob die Variable insgesamt einen wesentlichen Einfluß auf die zu erklärende Variable ausübt.

c) Statistischer Vergleich von linearen Regressionsparametern

Ein weiteres wichtiges Problem ist der Vergleich von linearen Regressionsparametern. Dabei gibt es zwei Möglichkeiten:
- der Vergleich von partiellen linearen Regressionskoeffizienten derselben Regressionsfunktion,
- der Vergleich von Regressionsparametern aus verschiedenen linearen Regressionsfunktionen.

Beim **VERGLEICH VON PARTIELLEN LINEAREN REGRESSIONSKOEFFIZIENTEN DERSELBEN REGRESSIONSFUNKTION** werden zwei partielle Stichproben-Regressionskoeffizienten B_j und B_k derselben linearen Regressionsfunktion auf ihre Gleichheit geprüft, das heißt die Nullhypothese

$H_0\colon \beta_j = \beta_k$

formuliert die Gleichheit der beiden partiellen linearen Regressionskoeffizienten in der Grundgesamtheit. Die Alternativhypothese

$H_1\colon \beta_j \neq \beta_k$ (bzw. $H_1\colon \beta_j < \beta_k$ bzw. $H_1\colon \beta_j > \beta_k$)

geht von einem signifikanten Unterschied der beiden partiellen Regressionskoeffizienten in der Grundgesamtheit aus.

Die Nullhypothese kann anhand folgender Prüffunktion getestet werden:

$$T = \frac{B_j - B_k}{S_d} = \frac{B_j - B_k}{\sqrt{S^2(B_j) - 2S(B_jB_k) + S^2(B_k)}} \,. \qquad (5.56.)$$

Diese Prüffunktion folgt unter der Nullhypothese einer t-Verteilung mit f = n - m - 1 Freiheitsgraden. Da die beiden partiellen linearen Regressionskoeffizienten auf Grund derselben Stichprobe geschätzt werden, sind sie nicht unabhängig voneinander, weshalb im Nenner von (5.56.) die Kovarianz zwischen B_j und B_k berücksichtigt werden muß.

Beachtet man, daß $S^2(B_j) = S_0^2 x^{(jj)}$, $S^2(B_k) = S_0^2 x^{(kk)}$ und $S(B_jB_k) = S_0^2 x^{(jk)}$ ist (vgl. Abschnitt 3.2.), so kann (5.56.) auch wie folgt geschrieben werden:

$$T = \frac{B_j - B_k}{S_0\sqrt{x^{jj} - 2x^{jk} + x^{kk}}} \,, \qquad (5.57.)$$

worin $x^{(jj)}$, $x^{(jk)}$ und $x^{(kk)}$ Elemente der Matrix $(\mathbf{X}'\mathbf{X})^{-1}$ sind. Die Prüfung selbst erfolgt in bekannter Weise mit Hilfe des kritischen Wertes $t_{f,\alpha/2}$ (zweiseitige Alternative) bzw. $t_{f;\alpha}$ (einseitige Alternative) aus der Tafel der t-Verteilung.

Beispiel:
Es werden die partiellen Stichproben-Regressionskoeffizienten B_1 und B_2 der Regressionsfunktion[9] des Niveaus der Produktivität bezüglich des Mechanisierungsgrades der Arbeit, des Durchschnittsalters der Arbeitnehmer und der durchschnittlichen Kapazitätsauslastung auf ihre Gleichheit unter der Nullhypothese $H_0\colon \beta_1 = \beta_2$ gegen die Alternativhypothese $H_1\colon \beta_1 > \beta_2$ auf der Basis einer Stichprobe vom Umfang n = 14 und einer Irrtumswahrscheinlichkeit α = 0,05 geprüft. Der kritische Wert aus der t-Verteilung bei einseitiger Alternative ist

---

9 Um nicht ein neues Beispiel einzuführen, wird dieser Test an der genannten Regressionsfunktion demonstriert, obwohl er auf Grund der Nichtsignifikanz der Stichproben-Regressionskoeffizienten B_2 und B_3 nicht durchgeführt werden braucht.

$t_{10;0,05}$ = 1,81. Aus Abschnitt 2.4. sind die Schätzwerte der partiellen Regressionskoeffizienten b_1 = 0,52123 und b_2 = 0,15092 und aus Abschnitt 3.2. die geschätzten Varianzen und die Kovarianz der beiden Stichproben-Regressionskoeffizienten $s^2(B_1)$=0,00242, $s^2(B_2)$=0,02275 und $s(B_1B_2)$ = − 0,001581 bekannt. Diese Schätzwerte in (5.56.) eingesetzt ergibt den Prüfwert:

$$t = \frac{0{,}52123 - 0{,}15092}{\sqrt{0{,}00242 - 2 \cdot (-0{,}001581) + 0{,}02275}} = 2{,}2 \; .$$

Da $t > t_{10;0,05}$ ist, konnte auf einem Signifikanzniveau von 5 Prozent und einer Stichprobe vom Umfang n=14 statistisch bewiesen werden, daß der Regressionskoeffizient β_1 signifikant größer als der Regressionskoeffizient β_2 ist.

Dieser Test läßt sich auf die Prüfung von Größenverhältnissen zwischen mehreren Regressionsparametern derselben Regressionsfunktion und auf die Prüfung von Linearkombinationen der Regressionsparameter verallgemeinern. Auf die Darstellung wird in diesem Rahmen verzichtet (vgl. SCHNEEWEIß [200], 1971, S. 118; GRUBER [84], S. 283 ff.).

Beim **VERGLEICH VON REGRESSIONSPARAMETERN AUS ZWEI REGRESSIONSFUNKTIONEN** wird von folgenden Voraussetzungen ausgegangen:

- Für beide Grundgesamtheiten wird inhaltlich die gleiche Abhängigkeit der Variablen Y von den erklärenden Variablen $X_1, \ldots, X_m$ untersucht.

- Für beide Regressionsfunktionen gelten die Annahmen des Abschnittes (2.6.).

- Es werden zwei **voneinander unabhängige** Stichproben mit den Umfängen n_1 und n_2 aus den Grundgesamtheiten gezogen.

- Auf Grund der beiden Stichproben werden die linearen Stichproben-Regressionsfunktionen (2.89.) und die Stichprobenvarianzen der Residuen (3.51.) geschätzt:

$$\hat{Y}_{i,1} = B_{0,1}\, x_{i0,1} + B_{1,1}\, x_{i1,1} + \ldots + B_{m,1}\, x_{im,1} \quad ; \quad S^2_{\hat{U},1} = \frac{\sum_{i=1}^{n_1} \hat{U}^2_{i,1}}{n_1 - m - 1}$$

$$\hat{Y}_{i,2} = B_{0,2}\, x_{i0,2} + B_{1,2}\, x_{i1,2} + \ldots + B_{m,2}\, x_{im,2} \quad ; \quad S^2_{\hat{U},2} = \frac{\sum_{i=1}^{n_2} \hat{U}^2_{i,2}}{n_2 - m - 1} \qquad (5.58.)$$

wobei der zweite Index (nach dem Komma) bei den Parametern und den Variablen die Stichprobe bezeichnet.

Die Nullhypothese

$H_0\colon \beta_{k,1} = \beta_{k,2} \qquad (k = 0, 1, \ldots, m)$

besagt, daβ die Stichproben aus Grundgesamtheiten mit der gleichen mittleren Abhängigkeit der Variablen Y von der Variablen X_k stammen, während die Alternativhypothese

$H_1\colon \beta_{k,1} \neq \beta_{k,2}$ bzw. $H_1\colon \beta_{k,1} < \beta_{k,2}$ bzw. $H_1\colon \beta_{k,1} > \beta_{k,2}$ $(k=0,1,\ldots,m)$

ihren Unterschied (verschieden, kleiner bzw. größer) konstatiert.

Der Prüfvorgang zerfällt in mehrere Schritte.

1. Schritt: Prüfung der Gleichheit der Residualvarianzen
Zunächst muβ geprüft werden, ob die Varianzen der Störvariablen in beiden Grundgesamtheiten gleich sind oder nicht, denn davon hängt das weitere Prüfverfahren für den Vergleich der Regressionsparameter der beiden Grundgesamtheiten ab. Es ist die Hypothese

$H_0\colon \sigma_{U,1}^2 = \sigma_{U,2}^2 = \sigma_U^2$

gegen die Hypothese

$H_1\colon \sigma_{U,1}^2 \neq \sigma_{U,2}^2$ (zweiseitige Alternative)

mit der Prüffunktion

$$F^* = \frac{S_{\hat{U},1}^2}{S_{\hat{U},2}^2} \qquad (5.59.)$$

zu testen, wobei die gröβere der beiden Varianzen im Zähler steht. Die Prüffunktion (5.59.) folgt unter der Nullhypothese einer F-Verteilung mit $f_1 = n_1 - m - 1$ und $f_2 = n_2 - m - 1$ Freiheitsgraden.

Wenn $F \leq F_{f1;f2;\alpha}$ ist, so wird die H_0 nicht abgelehnt. Die Verschiedenheit der Residualvarianzen beider Grundgesamtheiten konnte auf einem Signifikanzniveau von $\alpha \cdot 100\%$ und Stichproben mit den Umfängen n_1 und n_2 statistisch nicht gezeigt werden. Eine Schätzfunktion für die gemeinsame Varianz der Störvariablen beider Grundgesamtheiten σ_U^2 ist dann mit

$$S_{\hat{U}}^2 = \frac{(n_1 - m - 1)\, S_{\hat{U},1}^2 + (n_2 - m - 1)\, S_{\hat{U},2}^2}{n_1 + n_2 - 2m - 2} \qquad (5.60.)$$

gegeben (als gewogenes arithmetisches Mittel aus den beiden Stichproben-Varianzen).

Wenn $F > F_{f1;f2;\alpha}$ ist, wird die Nullhypothese auf einem Signifikanzniveau von $\alpha \cdot 100\%$ und Stichproben mit den Umfängen n_1 und n_2 abgelehnt.

2. Schritt: Prüfung der Gleichheit der Regressionskoeffizienten
Es wird die Hypothese

$$H_0: \beta_{k,1} = \beta_{k,2} \quad (k = 1, \ldots, m),$$

d.h. die Gleichheit der Regressionskoeffizienten (Anstieg der Regressionsfunktionen bezüglich der X_k - Ebene), gegen die Hypothese

$$H_1: \beta_{k,1} \neq \beta_{k,2} \quad \text{bzw. } H_1: \beta_{k,1} < \beta_{k,2} \quad \text{bzw. } H_1: \beta_{k,1} > \beta_{k,2} \qquad (k=1,\ldots,m)$$

getestet. Als Prüffunktion (vgl. SACHS [190], S. 428 f.) dient

$$T = \frac{B_{k,1} - B_{k,2}}{\sqrt{S^2(B_{k,1}) + S^2(B_{k,2})}} = \frac{B_{k,1} - B_{k,2}}{\sqrt{S^2_{\vartheta,1}\, x^{(kk)}_{(1)} + S^2_{\vartheta,2}\, x^{(kk)}_{(2)}}} \,. \qquad (5.61.)$$

Es sind $x_{(1)}^{(kk)}$ und $x_{(2)}^{(kk)}$ die k-ten Elemente der Hauptdiagonale der Matrix $(\mathbf{X}'\mathbf{X})^{-1}$ der 1. bzw. 2. Stichprobe.
Unter der Voraussetzung der Gleichheit der Residualvarianzen kann für die Stichproben-Varianzen der Regressionskoeffizienten $S^2(B_{k,1})$ und $S^2(B_{k,2})$ jeweils Formel (3.38.) eingesetzt werden, wobei zu beachten ist, daß S^2_{ϑ} durch die Schätzfunktion (5.60.) zu ersetzen ist. (5.61.) geht in diesem Fall über in:

$$T = \frac{B_{k,1} - B_{k,2}}{\sqrt{S^2_{\vartheta,1}\, x^{(kk)}_{(1)} + S^2_{\vartheta,2}\, x^{(kk)}_{(2)}}} = \frac{B_{k,1} - B_{k,2}}{\sqrt{S^2_{\vartheta}\left(x^{(kk)}_{(1)} + x^{(kk)}_{(2)} \right)}}$$

$$= \frac{B_{k,1} - B_{k,2}}{\sqrt{\dfrac{(n_1 - m - 1)\, S^2_{\vartheta,1} + (n_2 - m - 1)\, S^2_{\vartheta,2}}{n_1 + n_2 - 2m - 2}\left(x^{(kk)}_{(1)} + x^{(kk)}_{(2)} \right)}} \,. \qquad (5.62.)$$

Diese Prüffunktion folgt unter der Nullhypothese einer t-Verteilung mit $f = n_1 + n_2 - 2m - 2$ Freiheitsgraden. Den kritischen Wert entnimmt man der Tafel der t-Verteilung für f und $\alpha/2$ bei zweiseitiger Alternative und für f und α bei einseitiger Alternative.

Nach dem Ziehen der beiden unabhängigen Zufallsstichproben erhält man die Schätzwerte $b_{k,1}$, $b_{k,2}$, $s^2_{\vartheta,1}$ und $s^2_{\vartheta,2}$, nach Einsetzen in (5.62.) den Prüfwert t. Diesen Prüfwert t verglichen mit dem kritischen Wert $t_c = t_{f;\alpha/2}$ bzw. $t_c = t_{f,\alpha}$ ergibt folgende Testentscheidung:

Für $|t| \leq |t_c|$ bei zweiseitiger Alternative bzw. $t \geq t_c$ bzw. $t \leq t_c$ (je nach Formulierung der einseitigen Alternative) wird die Nullhypothese nicht abgelehnt. Auf einem Signifikanzniveau α und Stichproben mit den Umfängen n_1 und n_2 konnte statistisch nicht gezeigt werden, daß sich die Regressionskoeffizienten $B_{k,1}$ und $B_{k,2}$ in den Grundgesamtheiten unterscheiden.

Bei Nichtablehnung der H_0 kann wegen $\beta_{k,1} = \beta_{k,2} = \beta_k$ der gemeinsame Anstieg der Regressionsfunktionen bezüglich der X_k-Ebene als gewogenes arithmetisches Mittel geschätzt werden:

$$\hat{B}_k = \frac{B_{k,1} \sum_{i=1}^{n_1} (x_{ik,1} - \bar{x}_{k,1})^2 + B_{k,2} \sum_{i=1}^{n_2} (x_{ik,2} - \bar{x}_{k,2})^2}{\sum_{i=1}^{n_1} (x_{ik,1} - \bar{x}_{k,1})^2 + \sum_{i=1}^{n_2} (x_{ik,2} - \bar{x}_{k,2})^2} \qquad (5.63.)$$

Für $|t| > |t_c|$ (bei zweiseitiger Alternative) oder $t < t_c$ bzw. $t > t_c$ (entsprechend der Formulierung der einseitigen Alternative) wird die Hypothese H_0 abgelehnt. Auf einem Signifikanzniveau α und Stichproben mit den Umfängen n_1 und n_2 konnte statistisch gezeigt werden, daß sich die Regressionskoeffizienten $B_{k,1}$ und $B_{k,2}$ in den Grundgesamtheiten unterscheiden, das heißt, die Anstiege der Regressionsfunktionen bezüglich der X_k-Ebene signifikant verschieden sind.

Diese Prüfung auf Gleichheit der Regressionskoeffizienten $B_{k,1}$ und $B_{k,2}$ kann für alle k = 1, ..., m durchlaufen werden. Wird die Nullhypothese für alle m Regressionskoeffizienten nicht abgelehnt, so kann auf dem vorgegebenen Signifikanzniveau und Stichproben mit den Umfängen n_1 und n_2 davon ausgegangen werden, daß die Regressionsfunktionen in den beiden Grundgesamtheiten parallel verlaufen.

Im **Fall ungleicher Residualvarianzen** kann der Test auf Gleichheit der beiden Regressionskoeffizienten näherungsweise nach der Prüffunktion (5.61.) vorgenommen werden. Die Prüffunktion folgt unter der Nullhypothese approximativ einer t-Verteilung mit

$$f = \frac{1}{\frac{c^2}{n_1 - m - 1} + \frac{(1 - c)^2}{n_2 - m - 1}} \quad mit \quad c = \frac{S^2(B_{k,1})}{S^2(B_{k,1}) + S^2(B_{k,2})} \qquad (5.64.)$$

Freiheitsgraden. Die Testentscheidung ist wie vorher.

Auch in diesem Fall kann diese Prüfung auf Gleichheit der Regressionskoeffizienten $B_{k,1}$ und $B_{k,2}$ für alle k = 1, ..., m durchlaufen werden. Wird die Nullhypothese für alle m Regressionskoeffizienten nicht abgelehnt, so kann ebenfalls auf dem vorgegebenen Signifikanzniveau und Stichproben mit den Umfängen n_1 und n_2 davon ausgegangen werden, daß die Regressionsfunktionen in den beiden Grundgesamtheiten parallel verlaufen. Es existieren aber Unterschiede in den Residualstreuungen.

3. Schritt: Prüfung der Gleichheit der Regressionskonstanten
Geprüft wird die Nullhypothese

$$H_0: \beta_{0,1} = \beta_{0,2} = B_0$$

gegen die Hypothese

$$H_1: \beta_{0,1} \neq \beta_{0,2};$$

das heißt, es soll festgestellt werden, ob Unterschiede in den Regressionskonstanten der beiden Grundgesamtheiten existieren. Je nach dem Ergebnis der bisherigen Prüfung der Residualvarianz und der Regressionskoeffizienten muß zur Prüfung der Regressionskonstanten ein anderer Test verwendet werden.

- *Unter der Voraussetzung gleicher Residualvarianzen* ($\sigma_{U,1}^2 = \sigma_{U,2}^2$) *und gleicher Regressionskoeffizienten* $B_{k,1} = B_{k,2}$ für alle $k=1,\ldots,m$

Um den Test durchführen zu können, ist zunächst

(1) für die $n_1 + n_2 = n$ Stichprobenwerte zusammen eine Regressionsfunktion und die Stichproben-Residualvarianz zu schätzen:

$$\hat{Y}_{i,G} = B_{0,G}\,x_{i0,G} + B_{1,G}\,x_{i1,G} + \ldots + B_{m,G}\,x_{im,G}\,; \quad S_{\hat{U},G}^2 = \frac{\sum_i \hat{U}_{i,G}^2}{n_1 + n_2 - m - 1} \qquad (5.65.)$$

für $i = 1, \ldots, n$.

(2) eine gemeinsame Regressionsfunktion **innerhalb** der beiden Stichproben und die durch diese Regressionsfunktion unerklärte Varianz zu berechnen. Die Ausgangsmatrix für die Berechnung der gemeinsamen Regressionsfunktion innerhalb der Stichproben erhält man durch die Summation der Summen der Abweichungsquadrate und Abweichungsprodukte der Variablen X_k ($k = 1,\ldots,m$) und Y für die Einzelregressionen. Sind diese Summen der Abweichungsquadrate und -produkte [siehe (2.59.)] für die jeweilige Stichprobe in den Matrizen $\mathbf{X}^*_1{}'\mathbf{X}^*_1$ bzw. $\mathbf{X}^*_2{}'\mathbf{X}^*_2$ und den Vektoren $\mathbf{X}^*_1{}'\mathbf{Y}^*_1$ bzw. $\mathbf{X}^*_2{}'\mathbf{Y}^*_2$ erfaßt, so ergibt deren Summation:

$$(\mathbf{X}^*_1{}'\mathbf{X}^*_1 + \mathbf{X}^*_2{}'\mathbf{X}^*_2) \text{ bzw. } (\mathbf{X}^*_1{}'\mathbf{Y}^*_1 + \mathbf{X}^*_2{}'\mathbf{Y}^*_2). \qquad (5.66.)$$

Die Schätzfunktionen der Regressionskoeffizienten der gemeinsamen Regressionsfunktion innerhalb der Stichproben erhält man in Analogie zu (2.95.) als

$$B^*_I = (X^*_1{}'X^*_1 + X^*_2{}'X^*_2)^{-1}(X^*_1{}'Y^*_1 + X^*_2{}'Y^*_2). \qquad (5.67.)$$

Für die Summe der quadrierten Residuen dieser Regressionsfunktion folgt unmittelbar[10]:

$$\hat{U}_I{}'\hat{U}_I = Y^*_1{}'Y^*_1 + Y^*_2{}'Y^*_2 - (X^*_1{}'Y^*_1 + X^*_2{}'Y^*_2)'B^*_I. \qquad (5.68.)$$

Weiterhin ist

$$\hat{U}_G{}'\hat{U}_G = (n_1+n_2-m-1)\cdot S^2_{\hat{U},G}; \quad \hat{U}_1{}'\hat{U}_1 = (n_1-m-1)\cdot S^2_{\hat{U},1};$$

$$\hat{U}_2{}'\hat{U}_2 = (n_2-m-1)\cdot S^2_{\hat{U},2}.$$

Die Differenz der Stichproben-Residualvarianz Gesamt und der Stichproben-Residualvarianz Innerhalb ist auf Veränderungen in der Position, d.h. in den Regressionskonstanten, zurückzuführen. Je größer diese Differenz ist, um so eher wird die Nullhypothese abgelehnt. Eine adäquate Prüffunktion ist das Verhältnis dieser Differenz zur Summe der Stichproben-Residualvarianzen der beiden Stichproben (5.60.):

$$\check{F} = (n_1 + n_2 - 2m - 2)\,\frac{\hat{U}_G{}'\hat{U}_G - \hat{U}_I{}'\hat{U}_I}{\hat{U}_1{}'\hat{U}_1 + \hat{U}_2{}'\hat{U}_2}. \qquad (5.69.)$$

Diese Prüffunktion folgt unter der Nullhypothese einer F-Verteilung. Die Anzahl der Freiheitsgrade des Zählers ist f_1 = Anzahl der Stichproben - 1 = 2-1 = 1 und die Anzahl der Freiheitsgrade des Nenners ist $f_2 = n_1 + n_2 - 2m - 2$. Der kritische Wert ist somit aus der Tafel der F-Verteilung für α, f_1 und f_2 aufzusuchen.

Ist $F \leq F_{f1;f2;\alpha}$, so wird die Nullhypothese nicht abgelehnt. Es konnte auf einem Signifikanzniveau von $\alpha\cdot 100\%$ und Stichproben mit den Umfängen n_1 und n_2 statistisch nicht gezeigt werden, daß die beiden Regressionskonstanten verschieden sind. Da auch die Nullhypothesen über die Stichproben-Residualvarianz und die Stichproben-Regressionskoeffizienten nicht abgelehnt werden konnten, kann angenommen werden, daß die Regressionsfunktionen in den beiden Grundgesamtheiten identisch sind, oder anders ausgedrückt, daß die beiden Stichproben aus ein und derselben Grundgesamtheit stammen. Die gemeinsame Regressionsfunktion kann nach (5.65.) geschätzt werden.

Ist $F > F_{f1;f2;\alpha}$, so wird die Nullhypothese abgelehnt. Es konnte auf einem Signifikanzniveau von $\alpha\cdot 100\%$ und Stichproben mit den Umfängen

---

10 Allgemein gilt: $\hat{U}'\hat{U} = (Y - \hat{Y})'(Y - \hat{Y}) = (Y - XB)'(Y - XB) = Y'Y - 2Y'XB + B'X'XB =$
$= Y'Y - 2Y'XB + Y'X(X'X)^{-1}X'XB = Y'Y - Y'XB.$

n_1 und n_2 statistisch gezeigt werden, daß die beiden Regressionskonstanten verschieden sind. Es kann somit angenommen werden, daß die Regressionsfunktionen in den beiden Grundgesamtheiten parallel laufen und auch in den Residualvarianzen übereinstimmen, aber es existieren wesentliche Niveauunterschiede.

- *Unter der Voraussetzung gleicher Residualvarianzen* ($\sigma_{U,1}^2 = \sigma_{U,2}^2$) *und ungleicher Regressionskoeffizienten* $\beta_{k,1} \neq \beta_{k,2}$ für alle oder einige k=1,...,m

Für diesen Fall, bei dem die Residualvarianzen der beiden Regressionsfunktionen übereinstimmen, die Regressionsfunktionen aber nicht parallel verlaufen, da sich die partiellen linearen Einflüsse einiger oder aller Variablen X_k unterscheiden, kann der statistische Vergleich der Regressionskonstanten analog zu (5.62.) erfolgen, indem dort die Stichproben-Regressionskonstanten verwendet werden:

$$T = \frac{B_{0,1} - B_{0,2}}{\sqrt{\frac{(n_1 - m - 1)\, S_{\hat{U},1}^2 + (n_2 - m - 1)\, S_{\hat{U},2}^2}{n_1 + n_2 - 2m - 2}\left(x_{(1)}^{(00)} + x_{(2)}^{(00)} \right)}} \; . \qquad (5.70.)$$

Die Verteilung dieser Prüffunktion, die Anzahl der Freiheitsgrade und die Testentscheidung ist wie bei (5.62.). Kann die Nullhypothese nicht abgelehnt werden, so kann angenommen werden, daß keine wesentlichen Positionsunterschiede bei den Regressionsfunktionen bestehen.

- *Unter der Voraussetzung ungleicher Residualvarianzen* ($\sigma_{U,1}^2 \neq \sigma_{U,2}^2$) *und ungleicher Regressionskoeffizienten* $\beta_{k,1} \neq \beta_{k,2}$ für alle oder einige k=1,...,m

In diesem Fall kann der Test mit der Prüffunktion (5.61.) durchgeführt werden. Es gelten alle Aussagen diesbezüglich, wenn in (5.61.) die Stichproben-Regressionskonstanten und in (5.64.) die Standardfehler der Regressionskonstanten eingesetzt werden.

Für die beiden letzten Fälle ist die Interpretation der Testergebnisse wegen fehlender Gleichheit der Regressionskoeffizienten im allgemeinen schwierig, da von den Veränderung der Regressionskoeffizienten auch die Regressionskonstante affiziert ist. Auf diesen Test kann deshalb oft verzichtet werden.

Auf ein Beispiel zu diesen Tests soll aus Platzgründen verzichtet werden.

Der hier dargestellte statistische Vergleich von Regressionsparametern kann auch verwendet werden, um zu prüfen, ob bei Verwendung von Zeitreihendaten **Strukturbrüche** auftreten. Zu diesem Zweck wird der zu untersuchende Gesamtzeitraum in zwei Teilzeiträume zerlegt. Für jeden Teilzeitraum wird eine Regressionsfunktionen geschätzt und anschließend mit obigem Test beide Regressionsfunktionen schrittweise auf Identität geprüft. Wird im Ergebnis des Tests die Identität der Regressionsfunktionen beider Teilzeiträume festgestellt, kann für den Gesamtzeitraum die gleiche Struktur angenommen und eine Regressionsfunktion für den gesamten Zeitraum geschätzt werden.

d) Statistischer Vergleich mehrerer linearer Regressionsfunktionen

Der statistische Vergleich von Regressionsparametern aus zwei Regressionsfunktionen unter c) kann nun zu einem summarischen Vergleich mehrerer linearer Regressionsfunktionen verallgemeinert werden. Die dort genannten Voraussetzungen gelten für diesen Vergleich und es liegen jetzt l lineare Stichproben-Regressionsfunktionen mit ihren Parametern und den Residualvarianzen vor. Geprüft wird die Nullhypothese

$$H_0\colon (\beta_{0,j}, \beta_{1,j}, \ldots, \beta_{m,j}, \sigma_{U,j}) = (\beta_0, \beta_1, \ldots, \beta_m, \sigma_U)$$
$$\text{für alle } j = 1, \ldots, l;$$

das heißt, die l Regressionsfunktionen unterscheiden sich nicht in ihrer Gesamtheit, sie stammen aus ein und derselben Grundgesamtheit. Die Alternativhypothese H_1 besagt, daß die linearen Regressionsfunktionen verschieden sind (und wenn auch nur in einzelnen Komponenten), das heißt, sie stammen aus verschiedenen Grundgesamtheiten. Der Prüfvorgang zerfällt in zwei Schritte.

1. Schritt: Prüfung der Gleichheit der Residualvarianzen

Es wird geprüft, ob mögliche Unterschiede in den l Regressionsfunktionen auf unterschiedliche Residualvarianzen zurückzuführen sind. Ihre Gleichheit ist wesentliche Voraussetzung für die dann folgende Prüfung der Gleichheit der Regressionsparameter.

Geprüft wird die Nullhypothese

$$H_0\colon \sigma_{U,1}^2 = \sigma_{U,2}^2 = \ldots = \sigma_{U,l}^2 = \sigma_U^2;$$

das heißt, die l Residualvarianzen sind in ihrer Gesamtheit gleich. Dies kann mittels des BARTLETT-Tests (allgemeine Abhandlungen zum Bartlett-Test sind u.a. in [163] und [171] enthalten) erfolgen. Die dazu notwendige Prüffunktion ist

$$\mathbf{X}^2 = \frac{1}{c}\left\{[n - l(m+1)]\ln \bar{S}_U^2 - \sum_{j=1}^{l}[n_j - (m+1)]\ln S_{U,j}^2\right\}, \qquad (5.71.)$$

mit

n - die Gesamtzahl der Beobachtungen aller l Stichproben, $n = \Sigma_j n_j$

n_j - der Stichprobenumfang der j-ten Stichprobe (j = 1, ..., l),

l - die Anzahl der voneinander unabhängigen Stichproben,

m+1 - die Anzahl der in jeder Regressionsfunktion zu schätzenden Regressionsparameter,

$s^2_{U,j}$ - die Stichproben-Varianz der Residuen der j-ten Stichprobe,

$\overline{s}_U^2$ - das gewogene arithmetische Mittel aus den l Stichproben-Varianzen der Residuen

$$\overline{s}_U^2 = \frac{1}{n - l\,(m+1)} \sum_{j=1}^{l} [\,n_j - (m+1)\,]\, s_{U,j} \qquad (5.72.)$$

und

$$c = 1 + \frac{1}{3\,(l-1)} \left[\sum_{j=1}^{l} \frac{1}{n_j - (m+1)} - \frac{1}{n - l\,(m+1)} \right] \qquad (5.73.)$$

Die Prüffunktion folgt unter der Nullhypothese für $l > 2$ und $n_j \geq 2$ (j = 1,...,l) und für normalverteilte Grundgesamtheiten näherungsweise einer χ^2 - Verteilung mit f = l - 1 Freiheitsgraden.

Für $\chi^2 \leq \chi^2_{l-1;\alpha}$ wird auf einem Signifikanzniveau α und auf der Basis der l Stichproben mit den Umfängen $n_1, ..., n_l$ die Nullhypothese nicht abgelehnt. Eine Schätzfunktion für die gemeinsame Residualvarianz σ_U^2 ist (5.72.) und es kann zur Prüfung der Regressionsparameter übergegangen werden.

Für $\chi^2 > \chi^2_{l-1;\alpha}$ wird auf einem Signifikanzniveau α und auf der Basis der l Stichproben mit den Umfängen $n_1, ..., n_l$ die Nullhypothese abgelehnt. Die eingangs gestellte Nullhypothese auf Gleichheit der l Regressionsfunktionen ist damit abzulehnen. Es könnten sich statistische Vergleiche einzelner Regressionsparameter, wie unter c) beschrieben, anschließen.

2.Schritt: Prüfung der Gesamtheit der Regressionsparameter auf Gleichheit in allen l Regressionsfunktionen

Diese Prüfung kann nur unter der Voraussetzung der Gleichheit der Residualvarianzen erfolgen. Geprüft wird die Nullhypothese

H_0: $(\beta_{0,j}, \beta_{1,j}, ..., \beta_{m,j}) = (\beta_0, \beta_1, ..., \beta_m)$, j = 1, ... l;

das heißt, die l Regressionsfunktionen unterscheiden sich nicht in ihren Regressionsparametern, gegen die Alternativhypothese

$$H_1: (\beta_{0,j}, \beta_{1,j}, \ldots, \beta_{m,j}) \neq (\beta_0, \beta_1, \ldots, \beta_m),\ j = 1, \ldots, l;$$

das heißt, die l Regressionsfunktionen unterscheiden sich wesentlich in allen oder einigen Regressionsparametern.

In diesem Schritt soll somit festgestellt werden, ob die l verschiedenen Regressionsfunktionen durch die Schätzung einer gemeinsamen Regressionsfunktion auf der Basis der gemeinsamen n Stichprobenwerte ersetzt werden können. Zu diesem Zweck wird (vgl. RASCH et al.[180], S. 259 ff.):

a) für alle n Beobachtungen zusammen die Regressionsfunktion nach (5.65.) und die Stichproben-Residualvarianz und

b) eine gemeinsame Regressionsfunktion innerhalb der Stichproben und die zugehörige Residualquadratsumme in Analogie zu (5.67.) und (5.68.) geschätzt:

$$B^*_I = (X^*_1{}'X^*_1 + \ldots + X^*_l{}'X^*_l)^{-1}(X^*_1{}'Y^*_1 + \ldots + X^*_l{}'Y^*_l). \qquad (5.74.)$$

$$\hat{U}_I{}'\hat{U}_I = Y^*_1{}'Y^*_1 + \ldots + Y^*_l{}'Y^*_l - (X^*_1{}'Y^*_1 + \ldots + X^*_l{}'Y^*_l)'B^*_I. \qquad (5.75.)$$

Die Differenz der Residualquadratsumme der Gesamtregression

$$\hat{U}_G{}'\hat{U}_G = (n_1 + \ldots + n_l - m - 1)\cdot S_{\hat{U},G} = (n - m - 1)\cdot S_{\hat{U},G}$$

und der Summe der Residualquadratsummen der l Einzelregressionen

$$\hat{U}_1{}'\hat{U}_1 + \ldots + \hat{U}_l{}'\hat{U}_l = (n_1 - m - 1)\cdot S_{\hat{U},1} + \ldots + (n_l - m - 1)\cdot S_{\hat{U},l}$$

wird durch Unterschiede in den Regressionsparametern hervorgerufen. Diese Differenz kann wie folgt zerlegt werden:

$$\hat{U}_G{}'\hat{U}_G - (\hat{U}_1{}'\hat{U}_1 + \ldots + \hat{U}_l{}'\hat{U}_l) = [\hat{U}_G{}'\hat{U}_G - \hat{U}_I{}'\hat{U}_I] + [\hat{U}_I{}'\hat{U}_I - (\hat{U}_1{}'\hat{U}_1 + \ldots + \hat{U}_l{}'\hat{U}_l)] \qquad (5.76.)$$

Der 1. Klammerausdruck auf der rechten Seite beinhaltet den Effekt aus Unterschieden in den Regressionskonstanten und der 2. Klammerausdruck den Effekt aus Unterschieden in den Regressionskoeffizienten. Dazu läßt sich ebenfalls eine Varianztabelle erstellen.

Getestet wird die obige Nullhypothese mittels der Prüffunktion

$$\hat{F} = \frac{\hat{U}_G{}'\hat{U}_G - (\hat{U}_1{}'\hat{U}_1 + \ldots + \hat{U}_l{}'\hat{U}_l)}{\hat{U}_1{}'\hat{U}_1 + \ldots + \hat{U}_l{}'\hat{U}_l} \cdot \frac{n - l\cdot(m+1)}{(l-1)\cdot(m+1)}. \qquad (5.77.)$$

Tabelle 5.6.: Varianztabelle für die summarische Prüfung mehrerer Regressionsfunktionen

Streuungsursache	Summe der quadratischen Abweichungen	Anzahl der Freiheitsgrade	mittlere quadratische Abweichung	Wert der Prüffunktion
Gesamtregression	$\Sigma(y_i - \bar{y})^2 - \hat{u}_G'\hat{u}_G$	m	$\frac{\Sigma(y_i - \bar{y})^2 - \hat{u}_G'\hat{u}_G}{m}$	.
Positionsunterschiede	$\hat{u}_G'\hat{u}_G - \hat{u}_I'\hat{u}_I$	$l - 1$	$\frac{\hat{u}_G'\hat{u}_G - \hat{u}_I'\hat{u}_I}{l - 1}$	$F_p = \frac{\hat{u}_G'\hat{u}_G - \hat{u}_I'\hat{u}_I}{\hat{u}_1'\hat{u}_1 + \ldots + \hat{u}_l'\hat{u}_l} \cdot \frac{n-l(m+1)}{l - 1}$
Abweichung der Regressionskoeffizienten	$\hat{u}_I'\hat{u}_I - (\hat{u}_1'\hat{u}_1 + \ldots + \hat{u}_l'\hat{u}_l)$	$(l - 1) \cdot m$	$\frac{\hat{u}_I'\hat{u}_I - (\hat{u}_1'\hat{u}_1 + \ldots + \hat{u}_l'\hat{u}_l)}{(l - 1) \cdot m}$	$F_A = \frac{\hat{u}_I'\hat{u}_I - (\hat{u}_1'\hat{u}_1 + \ldots + \hat{u}_l'\hat{u}_l)}{\hat{u}_1'\hat{u}_1 + \ldots + \hat{u}_l'\hat{u}_l} \cdot \frac{n-l(m+1)}{(l - 1) \cdot m}$
Kombinierter Rest	$\hat{u}_1'\hat{u}_1 + \ldots + \hat{u}_l'\hat{u}_l$	$n - l(m+1)$	$\frac{\hat{u}_1'\hat{u}_1 + \ldots + \hat{u}_l'\hat{u}_l}{n - l \cdot (m+1)}$	$F = \frac{\hat{u}_G'\hat{u}_G - (\hat{u}_1'\hat{u}_1 + \ldots + \hat{u}_l'\hat{u}_l)}{\hat{u}_1'\hat{u}_1 + \ldots + \hat{u}_l'\hat{u}_l} \cdot \frac{n-l(m+1)}{(l-1) \cdot (m+1)}$
Gesamtstreuung	$\Sigma (y_i - \bar{y})^2$	$n - 1$	.	.

Die Prüffunktion folgt unter der Nullhypothese einer F-Verteilung mit $f_1 = (l-1)(m+1)$ und $f_2 = n - l \cdot (m+1)$ Freiheitsgraden. Der kritische Wert ist entsprechend der gewählten Irrtumswahrscheinlichkeit α und dieser beiden Freiheitsgrade aus der Tafel der F-Verteilung aufzusuchen.

Für $F \leq F_{f1;f2;\alpha}$ besteht auf dem gewählten Signifikanzniveau und auf Grund der l Stichproben keine Veranlassung, die Nullhypothese zu verwerfen. Es kann angenommen werden, daß die l Regressionsfunktionen identisch sind und somit aus ein und derselben Grundgesamtheit stammen. Eine Schätzung der gemeinsamen Regressionsfunktion ist mit (5.65.) möglich.

Für $F > F_{f1,f2,\alpha}$ wird die Nullhypothese auf einem Signifikanzniveau α abgelehnt. Es existieren Unterschiede zwischen den l Regressionsfunktionen. Um zu prüfen, auf welchen Effekte dies zurückzuführen ist (Unterschiede der Regressionskoeffizienten - Homogenitätstest, Parallelitätstest; Unterschiede der Regressionskonstanten - Positionstest), können folgende zwei Tests angeschlossen werden.

(1) **Parallelitätstest**
Geprüft wird die Nullhypothese

H_0: $(\beta_{1,j}, \ldots, \beta_{m,j}) = (\beta_1, \ldots, \beta_m)$ für alle $j = 1,\ldots,l$

gegen die Alternativhypothese

H_1: $(\beta_{1,j}, \ldots, \beta_{m,j}) \neq (\beta_1, \ldots, \beta_m)$ für alle oder einige j.

Die Prüffunktion ist (der Index A steht dabei für Abweichung der Regressionskoeffizienten)

$$\check{F}_A = \frac{\hat{U}_I'\hat{U}_I - (\hat{U}_1'\hat{U}_1 + \ldots + \hat{U}_l'\hat{U}_l)}{\hat{U}_1'\hat{U}_1 + \ldots + \hat{U}_l'\hat{U}_l} \cdot \frac{n - l\cdot(m+1)}{(l - 1)\cdot m} \qquad (5.78.)$$

Die Prüffunktion (5.78.) folgt unter der Nullhypothese einer F-Verteilung mit $f_1 = (l-1)\cdot m$ und $f_2 = n - l\cdot(m+1)$ Freiheitsgraden. Der kritische Wert ist für die gewählte Irrtumswahrscheinlichkeit α und die Freiheitsgrade f_1 und f_2 aus der Tafel der F-Verteilung zu entnehmen.

Für $F > F_{f1,f2,\alpha}$ wird die Nullhypothese auf einem Signifikanzniveau α abgelehnt. Die Regressionskoeffizienten sind in ihrer Gesamtheit nicht homogen. Der statistische Vergleich der l Regressionsfunktionen ist damit beendet. Es könnten sich jedoch paarweise Vergleiche von Regressionskoeffizienten nach c) anschließen.

Für $F \leq F_{f1;f2;\alpha}$ besteht auf dem gewählten Signifikanzniveau und auf Grund der l Stichproben keine Veranlassung, die Nullhypothese zu verwerfen. Es kann angenommen werden, daß die l Regressionsfunktionen parallel verlaufen, aber es müßten Unterschiede zwischen den Regressionskonstanten existieren. Deshalb wird der nachfolgende Test angeschlossen.

(2) **Positionstest**
Geprüft wird die Nullhypothese

H_0: $(\beta_{0,1}, \ldots, \beta_{0,l}) = \beta_0, \ldots, \beta_m)$ für alle $j = 1, \ldots, l$

gegen die Alternativhypothese

H_1: $(\beta_{0,1}, \ldots, \beta_{0,l}) \neq \beta_0$ für alle oder einige j.

Nur unter der Voraussetzung der Gleichheit der Regressionskoeffizienten (Nichtablehnung der Hypothese auf Parallelität) zeigt dieser Test an, ob Unterschiede in den Regressionskonstanten vorliegen oder nicht. Die Prüffunktion ist (der Index P steht dabei für Positionstest)

$$\check{F}_P = \frac{\hat{U}_G'\hat{U}_G - \hat{U}_I'\hat{U}_I}{\hat{U}_1'\hat{U}_1 + \ldots + \hat{U}_l'\hat{U}_l} \cdot \frac{n - l\cdot(m+1)}{l - 1} \qquad (5.79.)$$

Die Prüffunktion (5.79.) folgt unter der Nullhypothese einer F-Verteilung mit $f_1 = l-1$ und $f_2 = n - l\cdot(m+1)$ Freiheitsgraden. Der kritische Wert ist für die gewählte Irrtumswahrscheinlichkeit α und die Freiheitsgrade f_1 und f_2 aus der Tafel der F-Verteilung zu entnehmen.

Für $F > F_{f1,f2,\alpha}$ wird die Nullhypothese auf einem Signifikanzniveau α abgelehnt. Die Regressionsfunktionen stammen aus verschiedenen Grundgesamtheiten, in denen sie zwar parallel verlaufen, aber wesentliche Mittelwertsunterschiede aufweisen.

Für $F \leq F_{f1;f2;\alpha}$ besteht auf dem gewählten Signifikanzniveau und auf Grund der l Stichproben keine Veranlassung, die Nullhypothese zu verwerfen. Es kann angenommen werden, daß die l Regressionsfunktionen identisch sind und somit aus ein und derselben Grundgesamtheit stammen.

5.4. Statistische Prüfung der Linearität einer Regressionsfunktion

In der Betriebs- und Volkswirtschaft treten viele Zusammenhänge zwischen den Erscheinungen in linearer Form auf oder lassen sich zumindest durch lineare Beziehungen näherungsweise erfassen. Es wäre aber falsch, von vornherein stets einen linearen Zusammenhang zu unterstellen. Es ist folglich anhand eines gegebenen Zahlenmaterials zu prüfen, ob eine lineare Beziehung zwischen den Variablen angenommen werden kann. Bei einfachen Zusammenhängen läßt sich diese Entscheidung oft auf Grund des graphischen Bildes der Daten treffen. Es gibt jedoch auch Gesamtheiten, bei denen die Art der Beziehung nicht so einfach zu erkennen ist. Die Linearität der Regression kann dann durch folgendes Verfahren untersucht werden.

Voraussetzung für dieses Verfahren ist, daß zu einem Werttupel der erklärenden Variablen mehrere Werte der zu erklärenden Variablen gehören. Zu den jeweiligen Wertetupeln der erklärenden Variablen lassen sich nun die bedingten Stichproben-Mittelwerte $\overline{Y}_1$, $\overline{Y}_2$ usw. berechnen. Der bedingte Stichproben-Mittelwert der Variablen Y für das Wertetupel j der erklärenden Variablen (j = 1,..., q) wird mit $\overline{Y}_j$ bezeichnet und folgendermaßen ermittelt:

$$\overline{Y}_j = \frac{\sum_{i=1}^{n_j} Y_{ij}}{n_j}, \qquad j = 1, \ldots, q. \qquad (5.80.)$$

n_j ist die Anzahl der Stichproben-Variablen Y_i, die zu dem Wertetupel x_{jk} (k = 1, ..., m) gehören. Es ist $\Sigma^q_{j=1} n_j = n$. Es wird nun ein mittleres Abweichungsquadrat innerhalb der Wertetupel der erklärenden Variablen

$$S_1^2 = \frac{\sum_{j=1}^{q} \sum_{i=1}^{n_j} (Y_{ij} - \overline{Y}_j)^2}{n - q} \qquad (5.81.)$$

und das mittlere Abweichungsquadrat S_2^2 um die Regressionsfunktion

$$S_2^2 = \frac{\sum_{j=1}^{q} n_j (\overline{Y}_j - \hat{Y}_j)^2}{q - m - 1} \qquad (5.82.)$$

gebildet. Ist S_2^2 nicht wesentlich größer als S_1^2, so sind keine wesentlichen Streuungsunterschiede der Y_i-Variablen innerhalb der Wertetupel der erklärenden Variablen und der Y_i-Variablen um die Regressionsfunktion feststellbar, so daß eine lineare Regression angenommen werden kann. Herrscht in der Grundgesamtheit eine lineare Regression und sind die zu einem Wertetupel j der erklärenden Variablen gehörenden Y_i-Variablen in der Grundgesamtheit annähernd normalverteilt, so folgt der Quotient der beiden Abweichungsquadrate (5.82.) und (5.81.) als Prüffunktion

$$\breve{F} = \frac{S_2^2}{S_1^2} \qquad (5.83.)$$

einer F-Verteilung mit $f_1 = q - m - 1$ und $f_2 = n - q$ Freiheitsgraden. Liegt eine konkrete Stichprobe vor, ergeben sich die Schätzwerte für (5.80.) bis (5.82.) und damit der Prüfwert für (5.83.). Der Prüfwert F wird mit dem kritischen Wert $F_{f1;f2,\alpha}$ verglichen.

Ist $F \leq F_{f1;f2;\alpha}$, so kann auf einem Signifikanzniveau α und der Stichprobe vom Umfang n angenommen werden, daß zwischen den beiden mittleren Abweichungsquadraten kein wesentlicher Unterschied besteht. Es kann von einer linearen Regressionsfunktion in der Grundgesamtheit ausgegangen werden.

Ist $F > F_{f1;f2;\alpha}$, so unterscheiden sich die beiden mittleren Abweichungsquadrate auf einem Signifikanzniveau α wesentlich voneinander; es kann eine lineare Regressionsfunktion nicht mehr angenommen werden.
Zur Prüfung der Linearität der Regression gibt es noch weitere Verfahren, auf deren Abhandlung hier aus Platzgründen jedoch verzichten werden muß (vgl. THEIL [219]; DRAPER, SMITH [44]).

6. Multikollinearität

Bei der multiplen linearen Regression wird die gleichzeitige Abhängigkeit der zu erklärenden Variablen Y von mehreren erklärenden Variablen X_k (k = 1,..., m) untersucht. Es kann der Fall eintreten, daß nicht nur zwischen der zu erklärenden und den erklärenden Variablen, sondern auch unter den erklärenden Variablen Beziehungen bestehen. Allgemein ist Multikollinearität definiert als stochastische (korrelative) Beziehungen zwischen zwei oder mehreren erklärenden Variablen in einer multiplen Regressionsfunktion. In den weiteren Ausführungen wird dabei eine Einschränkung auf lineare Beziehungen zwischen den erklärenden Variablen vorgenommen.

Leider tritt in der ökonomischen Praxis Multikollinearität nur zu oft auf. Zum Beispiel ist bei der Untersuchung der Abhängigkeit der Produktionskosten von der Höhe des Produktionsvolumens und der Höhe des eingesetzten Kapitals zu erwarten, daß auch das Produktionsvolumen von der Höhe des eingesetzten Kapitals abhängt. Wenn beide Erscheinungen als erklärende Variablen in der Regressionsfunktion berücksichtigt werden, so drücken die Regressionskoeffizienten offensichtlich die Abhängigkeit der Produktionskosten von beiden Erscheinungen nicht exakt aus, da Einflüsse aus der Höhe der Kapitals auf die Produktionskosten bereits über die Höhe des Produktionsvolumens auftreten. Aus der Behandlung der Korrelation im Kapitel 4. ist bekannt, daß korrelative Beziehungen unterschiedlich stark ausgeprägt sein können. Dies gilt somit auch für die Multikollinearität.

Mit welchen Konsequenzen hat man beim Auftreten von Multikollinearität zu rechnen?[11]

1. Mit zunehmender Multikollinearität wird die Identifizierbarkeit der einzelnen Regressionskoeffizienten schwächer[12].

Im Extremfall völliger Unkorreliertheit der erklärenden Variablen X_k (k = 1,..., m) sind alle Regressionskoeffizienten eindeutig identifizierbar. Mehr noch, es können aus dem Kreis dieser völlig unkorrelierten X-Variablen einer Regressionsfunktion beliebig Variablen hinzugefügt bzw. aus ihr entfernt werden, ohne daß sich die Schätzwerte der Regressionskoeffizienten bei den anderen erklärenden Variablen verändern. Die Regressionskoeffizienten b_k in der multiplen Regressionsfunktion entsprechen in diesem Fall den einfachen Regressionskoeffizienten der Regressionsfunktionen Y bezüglich jedes X_k.

---

11 Im Literaturanhang ist eine Auswahl von Literaturhinweisen zur Multikollinearität enthalten.

12 Die 1. und 2. Konsequenz sind zwei Seiten einer Medaille. Sie werden hier zum Zwecke der Erläuterung voneinander getrennt behandelt, vor allem auch deshalb weil die 1. Konsequenz sowohl für die deskriptive als auch induktive Regressionsanalyse, die 2. Konsequenz jedoch nur für den induktiven Fall zutrifft.

Das kann wie folgt gezeigt werden.

Werden alle Variablen als Abweichungen von ihren Mittelwerten im Sinne von (2.58.) angegeben, so beinhaltet Unkorreliertheit der erklärenden Variablen, daß ihre Abweichungsproduktsummen gleich Null sind oder gleichwertig ausgedrückt, daß alle Kovarianzen s_{jk} ($k \neq j$, $k,j = 1,\ldots,m$) verschwinden. Damit ergibt sich für die Matrix $\mathbf{X}^{*\prime}\mathbf{X}^{*}$:

$$X^{*\prime}X^{*} = \begin{pmatrix} \Sigma\,(x_{i1} - \bar{x}_1)^2 & 0 & \ldots & 0 \\ 0 & \Sigma\,(x_{i2} - \bar{x}_2)^2 & \ldots & 0 \\ 0 & 0 & \ldots & \Sigma\,(x_{im} - \bar{x}_m)^2 \end{pmatrix} \qquad (6.1.)$$

und die inverse Matrix $(\mathbf{X}^{*\prime}\mathbf{X}^{*})^{-1}$:

$$(X^{*\prime}X^{*})^{-1} = \begin{pmatrix} \frac{1}{\Sigma\,(x_{i1} - \bar{x}_1)^2} & 0 & \ldots & 0 \\ 0 & \frac{1}{\Sigma\,(x_{i2} - \bar{x}_2)^2} & \ldots & 0 \\ 0 & 0 & \ldots & \frac{1}{\Sigma\,(x_{im} - \bar{x}_m)^2} \end{pmatrix} \qquad (6.2.)$$

Außerdem ist

$$X^{*\prime}y^{*} = \begin{pmatrix} \Sigma\,(x_{i1} - \bar{x}_1)(y_i - \bar{y}) \\ \Sigma\,(x_{i2} - \bar{x}_2)(y_i - \bar{y}) \\ \ldots \\ \Sigma\,(x_{im} - \bar{x}_m)(y_i - \bar{y}) \end{pmatrix}. \qquad (6.3.)$$

Damit wird (2.59.)

$$b^{*} = \begin{pmatrix} \frac{\Sigma\,(x_{i1} - \bar{x}_1)(y_i - \bar{y})}{\Sigma\,(x_{i1} - \bar{x}_1)^2} \\ \frac{\Sigma\,(x_{i2} - \bar{x}_2)(y_i - \bar{y})}{\Sigma\,(x_{i2} - \bar{x}_2)^2} \\ \ldots \\ \frac{\Sigma\,(x_{im} - \bar{x}_m)(y_i - \bar{y})}{\Sigma\,(x_{im} - \bar{x}_m)^2} \end{pmatrix} = \begin{pmatrix} b_1 \\ b_2 \\ \ldots \\ b_m \end{pmatrix}. \qquad (6.4.)$$

Ein Vergleich der b_k ($k = 1,\ldots, m$) mit (2.26.) aus Abschnitt 2.3.1. zeigt, daß alle b_k einfache lineare Regressionskoeffizienten sind. Wird nun z.B. X_m aus der Regressionsfunktion herausgenommen, so ist damit die Streichung der letzten Zeile und letzten Spalte in der Matrix $\mathbf{X}^{*\prime}\mathbf{X}^{*}$ in (6.1.) und in der Matrix $(\mathbf{X}^{*\prime}\mathbf{X}^{*})^{-1}$ in (6.2.) und die Steichung des letzten Elementes des Vektors $\mathbf{X}^{*\prime}\mathbf{y}^{*}$ in (6.3.) verbunden, ohne daß sich die anderen Elemente der Matrizen bzw. des Vektors verändern. Somit entfällt in (6.4.) das letzte Element b_m, ohne die anderen Regressionskoeffizienten zu affizieren. Nur die Regressionskonstante, die nach (2.60.) zu berechnen ist, verändert ihren Schätzwert durch Weglassen der Variablen X_m.

Im anderen Extremfall **funktionaler linearer Beziehungen** zwischen zwei oder mehreren erklärenden Variablen (**vollständige Multikollinearität**) (SCHNEEWEIß [200], 1971, S. 134 ff.) sind die Regressionsparameter aus den gegebenen Beobachtungen der Variablen Y und X_k (k=1,...,m) nach der Methode der kleinsten Quadrate nicht bestimmbar, da die Determinante der Matrix **X'X** Null wird und somit die inverse Matrix $(\mathbf{X'X})^{-1}$ nicht berechnet werden kann. Dies soll an der linearen Regressionsfunktion (2.36.) mit zwei erklärenden Variablen

$$\hat{y}_i = b_0 + b_1\, x_{i1} + b_2\, x_{i2} \qquad (2.36.)$$

gezeigt werden. Existiert neben (2.36.) die funktionale Beziehung

$$x_{i2} = d\, x_{i1}\ , \qquad (6.5.)$$

so ergibt sich unter Berücksichtigung dieser Beziehung für die Matrix **X'X**

$$X'X = \begin{pmatrix} n & \Sigma\, x_{i1} & d\,\Sigma\, x_{i1} \\ \Sigma\, x_{i1} & \Sigma\, x_{i1}^2 & d\,\Sigma\, x_{i1}^2 \\ d\,\Sigma\, x_{i1} & d\,\Sigma\, x_{i1}^2 & d^2\,\Sigma\, x_{i1}^2 \end{pmatrix}, \qquad (6.6.)$$

so daß

$$\begin{aligned} \det(X'X) &= nd^2\Sigma x_{i1}^2\Sigma x_{i1}^2 + d^2\Sigma x_{i1}\Sigma x_{i1}\Sigma x_{i1}^2 + d^2\Sigma x_{i1}\Sigma x_{i1}\Sigma x_{i1}^2 \\ &\quad - d^2\Sigma x_{i1}\Sigma x_{i1}\Sigma x_{i1}^2 - d^2\Sigma x_{i1}\Sigma x_{i1}\Sigma x_{i1}^2 - nd^2\Sigma x_{i1}^2\Sigma x_{i1}^2 = 0 \end{aligned} \qquad (6.7.)$$

wird. Die Regressionsparameter von (2.36.) sind nicht bestimmbar, da die inverse Matrix $(\mathbf{X'X})^{-1}$ nicht ermittelt werden kann. Setzt man (6.5.) in (2.36.) ein

$$\hat{y}_i = b_0 + (\, b_1 + d\, b_2\,)\, x_{i1} = \hat{b}_0 + \hat{b}_1\, x_{i1}\ , \qquad (6.8.)$$

so können nun wegen

$$X'X = \begin{pmatrix} n & \Sigma\, x_{i1} \\ \Sigma\, x_{i1} & \Sigma\, x_{i1}^2 \end{pmatrix} \qquad (6.9.)$$

die beiden Parameter $\hat{b}_0$ und $\hat{b}_1$ geschätzt werden. Da $\hat{b}_0 = b_0$ ist, kann die Regressionskonstante der Regressionsfunktion (2.36.) eindeutig bestimmt, das heißt, identifiziert werden. $\hat{b}_1 = b_1 + d \cdot b_2$ dagegen mißt den Einfluß von X_1 und X_2 zusammen. Selbst wenn d bekannt ist, können b_1 und b_2 der Regressionsfunktion (2.36.) nicht identifiziert werden. Es gibt für ein und dieselben Beobachtungswerte der Variablen eine unendliche Schar von Lösungen für diese beiden Regressionskoeffizienten, da b_2 frei wählbar ist.

Gleiches kann man zeigen, wenn die funktionale Beziehung zwischen X_1 und X_2 die allgemeinere Form

$$x_{i2} = d_0 + d_1 x_{i1} \qquad (6.10.)$$

annimmt. Dann ist auch die Regressionskonstante der Regressionsfunktion (2.36.) nicht mehr identifizierbar. SCHÖNFELD ([204], 1969, Bd.1, S. 42 f., 82 f.) zeigt diesen Fall vollständiger Multikollinearität für eine allgemeine multiple Regressionsfunktion mit m erklärenden Variablen.

Vollständige Multikollinearität ist leicht erkennbar, da in der Matrix der Korrelationskoeffizienten ein oder mehrere Korrelationskoeffizienten zwischen X-Variablen gleich Eins sind. Beachtet werden muß jedoch, daß allein durch Erfassungsfehler (Beobachtungsfehler) funktionale Multikollinearität verdeckt werden kann, das heißt, durch diese Erfassungsfehler die Multikollinearität abgeschwächt wird.

Dieser Fall vollständiger Multikollinearität ist für das klassische lineare Regressionsmodell durch die Annahme 3 (Abschnitt 2.6.) von vornherein ausgeschaltet.

Bei Auftreten **stochastischer linearer Multikollinearität** zwischen zwei oder mehreren erklärenden Variablen (und das ist der Regelfall) bewegt man sich je nach der Stärke der Multikollinearität zwischen diesen beiden Extremfällen. Die Regressionsparameter sind zwar schätzbar, aber mit zunehmender Multikollinearität können die Regressionskoeffizienten derjenigen erklärenden Variablen, zwischen denen diese Multikollinearität auftritt, immer schwächer identifiziert werden (der Wert der Determinante der Matrix **X'X** geht immer mehr gegen Null). Das beinhaltet, daß die partiellen Einflüsse dieser erklärenden Variablen auf die zu erklärende Variable Y immer weniger exakt den jeweiligen X-Variablen zugerechnet werden können. Die Ursache liegt darin, daß durch die Korrelation zwischen diesen X-Variablen sich ihre Werte nicht mehr unabhängig voneinander bewegen und damit ihre Einzeleinflüsse nicht mehr exakt ausweisen lassen. Eine wesentliche Voraussetzung der partiellen Regressionskoeffizienten wird verletzt: b_k gibt nicht mehr den Einfluß der Variation der Variablen X_k auf Y unabhängig von der Variation der anderen erklärenden Variablen an. Praktisch zeigt sich hohe Multikollinearität meistens in unplausiblen Schätzwerten der Regressionskoeffizienten derjenigen X-Variablen, zwischen denen Multikollinearität besteht, was bis zur Umkehrung des Vorzeichens (Richtung der Abhängigkeit der

Variablen Y von der erklärenden Variablen) führen kann. Das Problem stochastischer Multikollinearität soll wieder anhand der Regressionsfunktion (2.36.) veranschaulicht werden. Es wird jetzt angenommen, daß die folgende stochastische Beziehung zwischen X_1 und X_2 besteht:

$$x_{i2} = a_0 + a_1 x_{i1} + v_i , \tag{6.11.}$$

worin a_0, a_1 die Regressionsparameter und v_i die Residuen der Regressionsfunktion (6.11.) mit $E(V_i) = 0$ und $E(X_{i1}V_i) = 0$ sind.

Notiert man (2.36.) und (6.11.) als Abweichungen der Beobachtungswerte von ihren Mittelwerten

$$\hat{y}_i^* = b_1 x_{i1}^* + b_2 x_{i2}^* \tag{6.12.}$$

$$x_{i2}^* = a_1 x_{i1}^* + v_i \tag{6.13.}$$

und setzt (6.13.) in (6.12.) ein

$$\hat{y}_i^* = b_1 x_{i1}^* + b_2 (a_1 x_{i1}^* + v_i) = (b_1 + a_1 b_2) x_{i1}^* + b_2 v_i = \hat{b}_1 x_{i1}^* + b_2 v_i , \tag{6.14.}$$

so wird (2.36.) eine Regression Y bezüglich X_1 und V, die entsprechend (2.59.) folgende Lösung für die Regressionskoeffizienten hat:

$$\hat{b}_1 = \frac{\Sigma x_{i1}^* y_i^*}{\Sigma x_{i1}^{*2}} = \frac{\Sigma (x_{i1} - \bar{x}_1) (y_i - \bar{y})}{\Sigma (x_{i1} - \bar{x}_1)^2} = b_{y1} \tag{6.15.}$$

$$b_2 = \frac{\Sigma y_i^* v_i}{\Sigma v_i^2} = \frac{\Sigma (y_i - \bar{y}) v_i}{\Sigma v_i^2} = b_{yv} \tag{6.16.}$$

b_1 ist der Regressionskoeffizient der einfachen Regressionsfunktion Y bezüglich X_1. Da in der Regressionsfunktion (6.14.) die Variablen X_1 und V laut Voraussetzung unkorreliert sind, verändert sich der Regressionskoeffizient $\hat{b}_1$ der Variablen X_1 durch die Aufnahme der Variablen V nicht gegenüber der einfachen Regressionsfunktion Y bezüglich X_1.

Der Regressionskoeffizient $\hat{b}_1 = b_1 + a_1 b_2$ mißt somit den Gesamteinfluß der Variablen X_1 auf Y, der sich zusammensetzt aus

- dem partiellen Einfluß (gemessen in b_1), der von X_1 **direkt** auf Y ausgeübt wird, und
- dem **indirekten** partiellen Einfluß (gemessen in $a_1 b_2$) von X_1 über die systematische Komponente von X_2, der aber nur noch je Einheit des Einflusses des verbleibenden Restes von X_2 auf Y übertragen

wird (das heißt, dieser indirekte Einfluß der Variablen X_1 über X_2 auf Y, gemessen in a_1, kann nur soweit auf Y übertragen werden, wie es noch einen Einfluß der Zufallskomponente von X_2 gibt).

Der Regressionskoeffizient b_1 aus (2.36.) mit $b_1 = \dot{b}_1 - a_1 b_2$ würde somit den partiellen Einfluß von X_1 "objektiver" angeben, jedoch beinhaltet er nicht die von der Variablen X_2 unabhängige Wirkung der Variation von X_1.

Der partielle Regressionskoeffizient b_2 ist identisch mit dem Regressionskoeffizienten b_{yv} einer einfachen Regressionsfunktion Y bezüglich V, das heißt, b_2 der multiplen Regressionsfunktion (2.36.) gibt nicht den partiellen Einfluß von X_2 auf Y an, sondern nur noch den Einfluß der Zufallskomponente der Variablen X_2 (d.h. der um den Einfluß von X_1 bereinigten X_2). Dieser Einfluß der Zufallskomponente von X_2 auf Y wird aber in den meisten Fällen nichtsignifikant sein. b_2 in (2.36.) als partieller Einfluß der Variablen X_2 auf Y nimmt in diesem Sinne unplausible Werte an.

Die folgende Skizze soll zur Veranschaulichung dieser Überlegungen dienen, wobei die Doppellinie den Gesamteinfluß von X_1 auf Y angibt. Ein ausführliches Beispiel ist im Kapitel 9. enthalten.

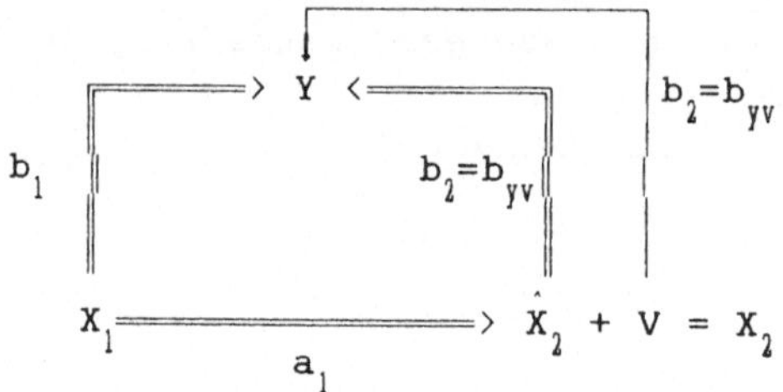

Abbildung 6.1.: Beziehungen der Variablen Y, X_1 und X_2 bei Multikollinearität

Im dargelegten Fall sind die Beziehungen zwischen den Variablen Y, X_1 und X_2 noch einigermaßen durchschaubar. Bei wechselseitigen multikollinearen Beziehungen zwischen X_1 und X_2 oder bei einer multiplen Regressionsfunktion mit mehreren erklärenden Variablen, zwischen denen Multikollinearität besteht, wird die Erklärungslage hoffnungslos.

2. Mit zunehmender Multikollinearität wird die Schätzung der Regressionskoeffizienten derjenigen Variablen, zwischen denen Multikollinearität existiert, unzuverlässiger.

Die inverse Matrix $(\mathbf{X}'\mathbf{X})^{-1}$ ist Bestandteil der Varianz-Kovarianz-Matrix der Stichproben-Regressionsparameter [vgl. (3.36.)]. Mit zunehmender Multikollinearität geht det(**X'X**) gegen Null, wodurch die Standardfehler der Regressionskoeffizienten unter sonst gleichen Bedingungen größer werden. Die Folge dieser hohen Standardfehler der Regressionskoeffizienten ist, daß die Einzeleinflüsse derjenigen X-Variablen, zwischen denen hohe Multikollinearität besteht, sehr schnell nichtsignifikant werden. Konfidenzintervalle dieser Regressionskoeffizienten (vgl. Abschnitt 5.2.1.) werden den Wert Null viel eher einschließen als bei geringer Multikollinearität. Die Unsicherheit bezüglich der wahren Werte der Regressionskoeffizienten in der Grundgesamtheit nimmt zu. Statistische Signifikanztests dieser Regressionskoeffizienten gegen Null (vgl. Abschnitt 5.3.3.) werden eher zur Nichtablehnung der Nullhypothese tendieren, das heißt, ein nichtsignifikanter Einfluß der X-Variablen mit hoher Multikollinearität auf die zu erklärenden Variable Y wird eher angenommen, obwohl ihre Regressionskoeffizienten in der Grundgesamtheit von Null verschieden sind. Die hohen Standardfehler können dazu führen, daß der Gesamteinfluß der erklärenden Variablen X_k (k=1,...,m) statistisch gesichert ist, daß aber durch die auftretende hohe Multikollinearität dieser Gesamteinfluß sich derart ungenau auf die einzelnen X-Variablen aufteilen läßt, so daß die Regressionskoeffizienten bei diesen Variablen nichtsignifikant sind.

Als Demonstration soll wieder die Regressionsfunktion (6.12.) dienen, nunmehr notiert als Schätzfunktion im Sinne von Abschnitt 2.7.:

$$\hat{Y}_i^* = B_1\, x_{i1}^* + B_2\, x_{i2}^* \qquad (6.17.)$$

Die zugehörige Varianz-Kovarianz-Matrix der Stichproben-Regressionskoeffizienten (vgl. Abschnitt 3.2.) kann in folgender Weise angegeben werden, wenn man berücksichtigt, daß

$$r_{12} = \frac{s_{12}}{s_1\, s_2} \quad \textit{und} \quad \det\,(\, X^{*\prime}X^*\,) = (1 - r_{12}^2)\; s_1^2\, s_2^2$$

ist:

$$S_B^* = \frac{S_{\vartheta}^2}{n}\,(\, X^{*\prime}X^*\,)^{-1} = \frac{S_{\vartheta}^2}{n}\,\frac{1}{(1 - r_{12})}\begin{pmatrix} \dfrac{1}{s_1^2} & -\dfrac{r_{12}}{s_1\, s_2} \\ -\dfrac{r_{12}}{s_1\, s_2} & \dfrac{1}{s_2^2} \end{pmatrix} \qquad (6.18.)$$

Aus (6.18.) ist sofort erkennbar, daß
- im Fall völliger Unkorreliertheit der Variablen X_1 und X_2, da dann r_{12} = 0 ist, die Kovarianz $S(B_1B_2)$ der Stichproben-Regressionskoeffizienten verschwindet und die Varianzen der beiden Stichproben-Regressionskoeffizienten ihrem Wesen nach Varianzen von einfachen Regressionskoeffizienten sind [vgl. (3.44.)]:

$$S^2(B_1) = \frac{S_\vartheta^2}{n} \frac{1}{s_1^2} \;, \quad S^2(B_2) = \frac{S_\vartheta^2}{n} \frac{1}{s_2^2} \;;$$

- im Extremfall vollständiger Multikollinearität zwischen den Variablen X_1 und X_2 auch die Varianz-Kovarianz-Matrix der Stichproben-Regressionskoeffizienten nicht mehr schätzbar ist, da die Determinante der Matrix $(X^{*\prime}X^*)^{-1}$ gleich Null wird;
- im Fall stochastischer Multikollinearität zwischen den Variablen X_1 und X_2 mit zunehmender Stärke der Multikollinearität die Varianzen der Stichproben-Regressionskoeffizienten unter sonst gleichen Bedingungen immer größer werden.

Nun müssen große Varianzen der Stichproben-Regressionskoeffizienten nicht nur auf Multikollinearität zurückzuführen sein. Es könnte die Störvariable eine große Varianz oder die Variablen X_k eine kleine Varianz aufweisen und dadurch $S^2(B_k)$ groß werden. Wenn die großen Varianzen der Stichproben-Regressionskoeffizienten jedoch auf hohe Multikollinearität zurückzuführen sind, so sind in S_B^* auch die Kovarianzen groß. Ist dabei r_{12} positiv, wird die Kovarianz $S(B_1 B_2)$ in (6.18.) negativ, was bedeutet, daß eine Überschätzung von B_1 mit einer Unterschätzng von B_2 einhergeht und umgekehrt. Ist r_{12} negativ, wird die Kovarianz $S(B_1B_2)$ in (6.18.) positiv, das heißt, eine Überschätzung (Unterschätzung) von B_1 ist von einer Überschätzung (Unterschätzng) von B_2 begleitet. Hohe Kovarianzen der Regressionskoeffizienten sind der formale Ausdruck der schwachen Identifizierbarkeit dieser Regressionskoeffizienten (Schneeweiß [200], 1971, S. 137), die unter der 1. Konsequenz behandelt wurde. Hohe Kovarianzen zeigen an, daß die durch die Regressionsfunktion zu erklärende Varianz der Variablen Y recht willkürlich auf die erklärenden X-Variablen aufgeteilt werden kann. Die gezogene Stichprobe ist bezüglich der Unabhängigkeit der Variationen der einzelnen X-Variablen zu unergiebig, womit auch kein genauer Schätzwert der unabhängigen Wirkung der einzelnen X-Variablen zu erwarten ist (Rinne [267], S. 80).

Zusammenfassend kann somit festgestellt werden, daß
- ökonomisch unplausible Schätzwerte der Regressionskoeffizienten,
- große Standardfehler der Regressionskoeffizienten und
- große Kovarianzen zwischen den Regressionskoeffizienten

Indikatoren für auftretende Multikollinearität sind.

Nicht in jedem Fall muß sich das Auftreten von Multikollinearität schädlich auswirken. Angenommen, es wird eine Regressionsfunktion auf Zeitreihenbasis geschätzt und die in dieser Regressionsfunktion enthaltenen erklärenden Variablen X_k (k=1,...,m) sind vom fachwissenschaftlichen Standpunkt die richtigen Variablen, obwohl zwischen (einigen von) ihnen Multikollinearität auftritt, so kann die Anpassung der Regressionsfunktion an die empirischen Y-Werte trotz hoher Multikollinearität und damit möglicherweise nichtsignifikanter und ökonomisch unplausibler Regressionskoeffizienten sehr gut sein. Eine solche Regressionsfunktion kann damit zur Schätzung von Prognosewerten der Variablen Y verwendet werden. Entscheidende Bedingung ist jedoch, daß die Multikollinearität auch im Prognosezeitraum in gleicher Weise weiterbesteht (SCHÖNFELD [204], 1969, Band 1, S. 80). Ob die Multikollinearität im Prognosezeitraum in gleicher Weise existiert, muß durch sachlogische Überlegungen abgeschätzt werden. Wenn sich die Beziehungen zwischen den X-Variablen im Prognosezeitraum gegenüber dem Beobachtungszeitraum verändern, dann hat die Multikollinearität auch für Prognoseschätzungen ernsthafte Folgen.

Test auf Multikollinearität:
Vor allem bei Regressionsfunktionen mit mehreren erklärenden Variablen ist es offensichtlich schwierig herauszufinden, ob und zwischen welchen X-Variablen hohe Multikollinearität besteht, die die Schätzung der Regressionskoeffizienten nachteilig beeinflussen kann. Die Prüfung aller einfachen Korrelationskoeffizienten zwischen den X-Variablen kann dafür nur einen ersten Anhaltspunkt geben. Im weiteren soll ein mögliches Testverfahren auf Multikollinearität erläutert werden.

FARRAR/GLAUBER [252] haben ein Testverfahren entwickelt, das in drei Schritten eine Prüfung auf Multikollinearität und die Feststellung der betroffenen Variablen vornimmt.

1.Schritt: *Prüfung auf Multikollinearität in der Gesamtheit der X-Variablen*

Wie bereits gezeigt wurde, geht die det $(\mathbf{X}'\mathbf{X})$ bei zunehmender Multikollinearität gegen Null und ist somit formaler Ausdruck der zunehmenden Probleme bei der Schätzung der Regressionsparameter. Für die standardisierten Variablen ist

$$(\mathbf{X}^{*\prime}\mathbf{X}^{*}) = n \cdot \mathbf{R} \tag{6.19.}$$

Die Korrelationsmatrix der einfachen Korrelationskoeffizienten zwischen den X-Variablen [siehe (4.37.)] ist nunmehr der Ausgangspunkt für den Test auf Multikollinearität.

Da $0 \leq \det \mathbf{R} \leq 1$ gilt, ist mit det **R** ein normiertes Multikollinearitätsmaß gegeben. Wenn det **R** = 1 ist, liegt der Fall völliger Unabhängigkeit der X-Variablen vor. Wenn det **R** = 0 wird, existiert zwischen irgendwelchen X-Variablen funktionale Multikollinearität. Die Prüfung auf Multikollinearität in der Gesamtheit der X-Variablen erfolgt mit dem Chi-Quadrat-Test. Die Hypothesen lauten:

H_0: det R = 1, es liegt keine Multikollinearität zwischen den erklärenden Variablen in der Grundgesamtheit vor;

H_1: det R < 1, es liegt Multikollinearität zwischen den erklärenden Variablen vor.

Als Prüffunktion dient

$$\mathbf{X}^2 = -(n - 1 - \frac{1}{6}(2m + 5))\ \ln(\det R)\ . \qquad (6.20.)$$

Wenn det **R** gegen Null geht, steigt unter sonst gleichen Bedingungen der Wert der Prüfgröße an und begünstigt die Alternativhypothese; wenn jedoch det **R** gegen Eins geht, wird der Prüfwert kleiner und begünstigt die Nullhypothese.

Die Prüfgröße ist unter der Nullhypothese chi-quadrat-verteilt mit $f = \frac{1}{2}m\cdot(m-1)$ Freiheitsgraden. Der kritische Wert $\chi^2_{f;\alpha}$ ist für die vorgegebene Irrtumswahrscheinlichkeit α und die Anzahl der Freiheitsgrade aus der Tafel der Chi-Quadrat-Verteilung (siehe Anhang) zu entnehmen. Für eine konkrete Stichprobe realisiert sich die Prüffunktion (6.20.) zu dem Prüfwert χ^2.

Ist $\chi^2 \leq \chi^2_{f;\alpha}$, so wird die Nullhypothese auf einem Signifikanzniveau α und auf Grund der Stichprobe vom Umfang n nicht abgelehnt; es spricht nichts gegen die Annahme, daß in der Grundgesamtheit keine Multikollinearität vorliegt.

Ist $\chi^2 > \chi^2_{f;\alpha}$, so wird die Nullhypothese mit einer Irrtumswahrscheinlichkeit α und auf der Basis der Stichprobe vom Umfang n abgelehnt; es konnte statistisch gezeigt werden, daß in der Grundgesamtheit zwischen den erklärenden Variablen in ihrer Gesamtheit Multikollinearität auftritt.

2.Schritt: *Feststellung aller X-Variablen, die durch Multikollinearität affiziert sind*

Wenn im 1.Schritt die Nullhypothese abgelehnt wurde, soll nun festgestellt werden, welche der erklärenden Variablen die signifikante Multikollinearität in der Gesamtheit der X-Variablen hervorrufen. Das beinhaltet die Prüfung, welche Variablen X_k (k=1,...,m) signifikante Korrelationen mit den anderen X-Variablen aufweisen, das heißt, welche der multiplen Korrelationskoeffizienten zwischen X_k und den anderen X-Variablen $r_{k.1...(k-1)(k+1)...m}$, (k=1,...,m), sind signifikant verschieden von Null. Da multiple Korrelationskoeffizienten im allgemeinen über das Bestimmtheitsmaß geprüft werden (vgl. Abschnitt

5.3.2.), müssen die inneren Bestimmtheitsmaße (Abschnitt 3.1.4.) berechnet werden: $B_{k.1...(k-1)(k+1)...m} = r^2_{k.1...(k-1)(k+1)...m}$.

Die Bestimmung der inneren Bestimmtheitsmaße erfolgt am einfachsten unter Verwendung der inversen Matrix $\mathbf{R}^{-1}$ nach folgender Formel:

$$r^2_{k.1...(k-1)(k+1)...m} = 1 - \frac{1}{r^{kk}}, \quad k = 1,...,m, \tag{6.21.}$$

worin r^{kk} das k-te Element der Hauptdiagonale der inversen Matrix $\mathbf{R}^{-1}$ ist, bzw. in Analogie zu (4.50.):

$$r^2_{k.1...(k-1)(k+1)...m} = \mathbf{r}_{kk}'\mathbf{R}_{kk}^{-1}\mathbf{r}_k, \tag{6.22.}$$

worin $\mathbf{R}_{kk}$ sich aus $\mathbf{R}$ durch Streichung der k-ten Zeile und Spalte ergibt und $\mathbf{r}_k$ die gestrichene k-te Spalte ohne den Korrelationskoeffizienten $r_{kk} = 1$ ist.

Geprüft wird nunmehr das Hypothesenpaar

H_0: $\rho^2_{k.1...(k-1)(k+1)...m} = 0$, das heißt, X_k ist in der Grundgesamtheit nicht mit den anderen erklärenden Variablen korreliert,

H_1: $\rho^2_{k.1...(k-1)(k+1)...m} > 0$, das heißt, X_k ist in der Grundgesamtheit mit den anderen erklärenden Variablen korreliert.

Entsprechend Abschnitt 5.3.2. wird die Prüffunktion (5.48.) verwendet, die hier einer F-Verteilung mit $f_1 = m - 1$ und $f_2 = n - m$ Freiheitsgraden folgt. Für vorgegebene Werte der X-Variablen ergibt sich der Prüfwert

$$F_k = \frac{(n - m)\, r^2_{k.1...(k-1)(k+1)...m}}{(m - 1)(1 - r^2_{k.1...(k-1)(k+1)...m})}, \quad k = 1,...,m. \tag{6.23.}$$

Ist $F > F_{f1;f2;\alpha}$, so wird die Nullhypothese abgelehnt; es konnte auf einem Signifikanzniveau von $\alpha \cdot 100\%$ statistisch gezeigt werden, daß die Variable X_k wesentlich am Auftreten von Multikollinearität beteiligt ist. Nach der Durchführung aller m F-Tests sind alle X-Variablen herausgefunden, die wesentlich durch Multikollinearität affiziert sind. Für das Folgende sei angenommen, daß von den insgesamt m erklärenden Variablen p ($p \leq m$) wesentlich für das Auftreten von Multikollinearität sind.

3.Schritt: *Feststellung, zwischen welchen der p X-Variablen Multikollinearität existiert*

Da in den meisten praktischen Analysen nicht alle X-Variablen, die durch Multikollinearität berührt sind, aus der Regression herausgenommen werden können, beinhaltet der 3. Schritt herauszufinden, welche der X_j und X_k wesentlich miteinander korreliert sind.

Ausgehend von den p X-Variablen, die im 2. Schritt als wesentlich für das Auftreten von Multikollinearität herausgefunden wurden, werden für alle möglichen Paare von Variablen X_j, X_k ($j \neq k$, $j < k$) partielle Korrelationskoeffizienten berechnet, die die Stärke des Zusammenhanges zwischen X_j und X_k bei Ausschaltung des Einflusses aller anderen X-Variablen angeben. Zur Vereinfachung der Schreibweise sei $r_{kj.1...(j-1)(j+1)...(k-1)(k+1)...m} = r_{jk.}$ gesetzt. Die partiellen Korrelationskoeffizienten können nach einer der beiden folgenden Formeln berechnet werden:

$$r_{jk.} = \frac{-r^{jk}}{\sqrt{r^{jj}\, r^{kk}}}, \quad j \neq k,\ j < k, \tag{6.24.}$$

worin r^{jk}, r^{jj} und r^{kk} wiederum Elemente der inversen Matrix $\mathbf{R}^{-1}$ sind;

$$r^2_{jk.} = \frac{(\det \mathbf{R}_{jk})^2}{(\det \mathbf{R}_{jj})(\det \mathbf{R}_{kk})}, \quad j \neq k,\ j < k, \tag{6.25.}$$

wobei man die Matrizen $\mathbf{R}_{jk}$ und $\mathbf{R}_{jj}$ analog wie die Matrix $\mathbf{R}_{kk}$ gewonnen werden.

Geprüft wird das Hypothesenpaar

H_0: $\rho_{jk.} = 0$ und H_1: $\rho_{jk.} \neq 0$

mit der Prüffunktion (5.42.), die hier einer t-Verteilung mit f=n-m Freiheitsgraden folgt. Für vorgegebene Werte der X-Variablen erhält man als Prüfwert:

$$t_{jk} = \frac{r_{jk.}\sqrt{n-m}}{\sqrt{1 - r^2_{jk.}}} \tag{6.26.}$$

Ist $t > t_{f;\alpha}$, so wird die Nullhypothese mit einer Irrtumswahrscheinlichkeit α abgelehnt; es kann angenommen werden, daß zwischen X_j und X_k signifikante Multikollinearität auftritt.

Beispiel für die Anwendung des FARRAR/GLAUBER-Tests:
Zugrunde gelegt wird eine multiple Regressionsfunktion Y in Abhängigkeit von X_1, X_2 und X_3. Für die vorgegebenen Werte der erklärenden Variablen mit n=11 Beobachtungswerten habe sich folgende Korrelationsmatrix ergeben:

$$R = \begin{pmatrix} 1,00000 & 0,99732 & 0,16868 \\ 0,99732 & 1,00000 & 0,15446 \\ 0,16868 & 0,15446 & 1,00000 \end{pmatrix}.$$

Damit wird

$\det R = 0,005011$,

was hohe Multikollinearität zwischen irgendwelchen der erklärenden Variablen signalisiert.

1. Schritt:
Den kritischen Wert der Prüffunktion erhält man aus der Tafel der Chi-Quadrat-Verteilung für eine Irrtumswahrscheinlichkeit $\alpha=0,001$ bei einer Anzahl der Freiheitsgrade von $f = ½ \cdot 3 \cdot (3 - 1) = 3$ mit $f_{3;0,001} = 16,268$. Der Prüfwert der Prüffunktion (6.20.) wird für dieses Beispiel
$\chi^2 = -(11 - 1 - (2 \cdot 3 + 5)/6) \cdot \ln 0,005011 = 43,25$.
Daraus folgt, daß mit einer Irrtumswahrscheinlichkeit von 0,1% die Nullhypothese abgelehnt wird; zwischen den erklärenden Variablen existiert signifikante Multikollinearität.

2. Schritt:
Mit $f_1 = 2$, $f_2 = 8$ und $\alpha = 0,005$ ergibt sich ein kritischer Wert der Prüffunktion von $F_{2;8;0,005} = 11,0$. Entsprechend (6.21.) und (6.23.) sind
$r^2_{1.23} = 0,9949$ $F_1 = 780,3$ $r^2_{2.13} = 0,9948$ $F_2 = 765,2$
$r^2_{3.12} = 0,0639$ $F_3 = 0,27$.
Auf einem Signifikanzniveau von 0,5% sind die beiden multiplen Korrelationskoeffizienten $r_{1.23}$ und $r_{2.13}$ signifikant verschieden von Null. Damit sind die Variablen X_1 und X_2 für die Multikollinearität in der Gesamtheit der erklärenden Variablen verantwortlich.

3. Schritt:
Obwohl sich der dritte Schritt für dieses Beispiel erübrigen würde, da nur zwei Variablen für die Multikollinearität verantwortlich sind, soll dieser Schritt trotzdem formal demonstriert werden. Für eine vorgegebene Irrtumswahrscheinlichkeit von 0,1% und eine Anzahl der Freiheitsgrade $f = 11 - 3 = 8$ findet man aus der Tafel der t-Verteilung $t_{8;0,001} = 3,29$. Es ist laut (6.25.) $r^2_{12.3} = 0,9947$ und der Wert der Prüfgröße entsprechend (9.26.) $t_{12} = 38,7$. Der Prüfwert liegt somit im Ablehnungsbereich der Nullhypothese. Auf einem Signifikanzniveau von 0,1% besteht signifikante Multikollinearität zwischen den Variablen X_1 und X_2.

Möglichkeiten zur Verminderung der Multikollinearität

Die Möglichkeiten zur Verminderung bzw. Überwindung der Multikollinearität können in

- interne Verfahren, die sich allein auf die durch die Stichprobe gelieferten Informationen stützen, und
- externe Verfahren, die mit weiteren, nicht in der Stichprobe enthaltenen Informationen arbeiten,

unterteilt werden. Diese Verfahren können hier nur kurz dargestellt werden. Wer bei Regressionsanalysen mit dem Problem der Multikollinearität konfrontiert wird, sollte sich auf jeden Fall tiefergehend in der angegebenen Literatur orientieren.

Interne Verfahren

1. *Ausschaltung von Variablen*

Es ist wohl das einfachste und robusteste Verfahren, wenn eine oder mehrere der X-Variablen, zwischen denen hohe Multikollinearität auftritt, aus der Regressionsfunktion entfernt werden. Durch den FARRAR/GLAUBER-Test wurde der Kreis der dafür in Frage kommenden erklärenden Variablen bestimmt. Wenn nun aus diesem Kreis der multikollinearen X-Variablen einige herausgenommen werden und eine erneute Schätzung der Regressionsfunktion mit den verbleibenden X-Variablen vorgenommen wird, wird sicherlich die Multikollinearität wesentlich verringert und die Standardfehler der Regressionskoeffizienten klein sein, so daß die Regressionskoeffizienten signifikant verschieden von Null werden. Die Entscheidung darüber, welche der multikollinearen X-Variablen aus der Regressionsfunktion zu entfernen sind, muß vor allem auf der Basis sachlogischer Überlegungen getroffen werden. Damit beginnen jedoch alle Schwierigkeiten dieses Versuches zur Verringerung der Multikollinearität, war doch die ursprüngliche Regressionsfunktion mit den multikollinearen Variablen gerade auf Grund solcher sachlogischen Analysen spezifiziert und die Abhängigkeit der Variablen Y von den aufgenommenen erklärenden Variablen begründet worden. Welche der hochgradig multikollinearen Variablen soll man herausnehmen, wenn sie alle theoretisch als wesentlich eingeschätzt wurden? Vor einer Fehlspezifikation und damit verzerrten Schätzwerten für die verbleibenden Regressionskoeffizienten ist man in diesem Fall kaum sicher (SCHNEEWEIß [200], 1971, S. 136, 148 ff.). Die dabei auftretenden inhaltlichen Konsequenzen für die Regressionskoeffizienten wurden bereits weiter vorn behandelt: Werden einige der multikollinearen X-Variablen aus der Regressionsfunktion weggelassen, weisen die anderen der multikollinearen X-Variablen zum Teil deren Einflüsse auf die Variable Y aus. Handelt es sich bei den weggelassenen Variablen um wesentliche, d.h. wurden sie fälschlicherweise aus der Regressionsfunktion entfernt (z.B. weil der Signifikanztest durch die hohe Multikollinearität die Regressionskoeffizienten als nichtsignifikant verschieden von Null anzeigt, obwohl sie in der Grundgesamtheit verschieden von Null sind), so sind die verbleibenden Regressionskoeffizienten um den durch sie übernommenen teilweisen Einfluß der weggelassenen Variablen verzerrt. Diese Verzerrungen können erheblich und somit die auf Grund der verzerrten Regressionskoeffizienten gezogenen inhaltlichen Schlußfolgerungen sehr fehlerhaft sein. Man hat dann das Problem der Multikollinearität mit dem der Fehlspezifikation der Regressionsfunktion vertauscht. In dieser Hinsicht ist bei starker Multikollinearität auch das Verfahren der schrittweisen Regression (schrittweise Autnahme von erklärenden Variablen in die Regressionsfunktion) kritisch zu beurteilen, da es letztlich von der Reihenfolge der Aufnahme der X-Variablen und der Prüfung ihrer Regressionskoeffizienten abhängt, welche von ihnen als signifikant in die Regressionsfunktion aufgenommen werden.

Andererseits kann jedoch eine Verringerung der Multikollinearität auch dadurch erreicht werden, daß statt einer ausgeschlossenen X-Variablen eine inhaltlich analoge Variable aufgenommen wird, die sich aber in der statistischen Erfassung von der ausgeschlossenen Variablen unterscheidet und somit vielleicht mit den anderen X-Variablen nicht so hochgradig korreliert sein wird.

Allgemein wird in der Literatur die Empfehlung gegeben, bei der Entscheidung zwischen Regressionfunktionen mit verschiedenen (d.h. hier vor allem unterschiedlicher Anzahl von) X-Variablen diejenige mit dem höchsten korrigierten Bestimmtheitsmaß (siehe Abschnitt 3.1.2.) zu wählen. Bei Verwendung von Zeitreihen ist die Abwesenheit von Autokorrelation der Residuen (siehe Kapitel 7.) ein weiteres Indiz für eine korrekte Spezifikation der Regressionsfunktion.

2. *Lineare Variablentransformation*
Durch Bildung geeigneter linearer Transformationen der multikollinearen X-Variablen und ihre Verwendung in der Regressionsfunktion kann formal eine Verringerung der Multikollinearität erreicht werden. Jedoch mißt man in den dann geschätzten Regressionskoeffizienten nicht mehr den Einfluß der einzelnen X-Variablen der ursprünglichen Regressionsfunktion.

SCHÖNFELD ([204], 1969, Bd. 1, S. 49f.) und SCHNEEWEIß ([200], 1971, S. 107 f., 140 f.) haben gezeigt, daß die ursprüngliche Regressionsfunktion und die Regressionsfunktion unter Verwendung der linearen Variablentransformationen aus schätztechnischer Sicht vollkommen äquivalent sind, da

- sich die Regressionskoeffizienten der ursprünglichen Regressionsfunktion und der Regressionsfunktion mit den transformierten X-Variablen mittels der gleichen Transformation wie bei den Variablen wechselseitig ineinander überführen lassen. Gleiches gilt für

die Varianzen der Regressionskoeffizienten.
- sich die Residuen und damit die Residualvarianz durch die Verwendung der linearen Variablentransformation sowie das Bestimmtheitsmaß gegenüber der ursprünglichen Regressionsfunktion nicht verändert.

Auf die Einzeldarstellung soll hier verzichtet werden.

Bei Regressionsanalysen auf der Basis von Zeitreihen werden häufig zur Ausschaltung des Trends in den Variablen, durch den die erklärenden Variablen sofort Multikollinearität aufweisen, erste Differenzen (absoluten Veränderungen) oder relative Veränderungen der Variablen von Periode zu Periode zur Regressionsschätzung verwendet. Da diese absoluten bzw. relativen Veränderungen in der Regel eine kleine Streuung aufweisen, wird oft keine Verringerung der Standardfehler der Regressionskoeffizienten erreicht (eine Verdeutlichung ist am Beispiel der Formel (6.18.) möglich), so daß die geschätzten Regressionskoeffizienten weiterhin nichtsignifikant bleiben.

3. *Bereinigungsverfahren*
Bei diesem Verfahren werden alle in einer Regressionsfunktion befindlichen erklärenden Variablen von dem Einfluß einer oder mehrerer hochgradig multikollinearer X-Variablen bereinigt und diese bereinigten Variablen zur Regressionsschätzung verwendet.

Auch mit diesem Verfahren kommt man leider nicht immer zum gewünschten Erfolg, da die Regressionskoeffizienten bei den bereinigten X-Variablen oftmals nichtsignifikant sind. Zum anderen ist der veränderte Inhalt der Variablen bei der Interpretation zu berücksichtigen [siehe Ausführungen zu den Formeln (6.12.) bis (6.16.)]. Ein ausführliches Beispiel hierzu ist im Kapitel 9. enthalten.

4. *Hauptkomponentenregression*
Die bei Vorliegen von Multikollinearität fehlende unabhängige Variation der erklärenden Variablen kann durch eine geeignete lineare Transformation aller m erklärenden Variablen in neue Variablen, den Hauptkomponenten, erreicht werden. Zu diesem Zweck ist vor der Schätzung der Regressionsfunktion eine Faktoranalyse[13] durchzuführen. Die dadurch gewonnenen Hauptkomponenten sind ihrer Anzahl nach wesentlich geringer als die ursprünglichen m erklärenden Variablen. Vor allem sind sie unkorreliert und erfassen außerdem den größten Teil der Variation der ursprünglichen erklärenden Variablen. Unter Verwendung der Hauptkomponenten wird dann eine Regressionsschätzung durchgeführt.

---

13 Es kann nicht Aufgabe dieses Buches sein, die Faktoranalyse als ein weiteres multivariates Verfahren der Statistik darzulegen, vgl. deshalb u.a. ÜBERLA [228]

Bei allem Vorteil der Hauptkomponentenregressionsschätzung, der in der Verringerung der hohen Multikollinearität liegt, weist diese Methode auch einen Nachteil auf. Man erhält keine Schätzung der Regressionskoeffizienten der ursprünglichen erklärenden Variablen, sondern nur für die Hauptkomponenten. Außerdem können die geschätzten Regressionskoeffizienten im allgemeinen nur schwer ökonomisch sinnvoll interpretiert werden, was darauf zurückzuführen ist, daß die Hauptkomponenten in der Regel keiner ökonomischen Interpretation zugänglich sind. Gelingt es aber, die Hauptkomponenten mit irgendwelchen ökonomischen Größen zu identifizieren, so ist diese Methode zur Ausschaltung der Multikollinearität geeignet.

Weitere Möglichkeiten der Verringerung der Multikollinearität bei Regressionen auf der Basis von Zeitreihen werden im Kapitel 7. behandelt.

Externe Verfahren

1. *Erhebung zusätzlicher Beobachtungen*
Aus den dargelegten Konsequenzen des Auftretens von Multikollinearität ergibt sich, daß die Regressionskoeffizienten bei hoher Multikollinearität aus den gegebenen Werten der erklärenden Variablen nur unzureichend identifiziert werden können.

Eine weitere Möglichkeit der Verringerung der Multikollinearität ist deshalb die Erhebung weiterer Beobachtungen, in der Hoffnung, daß in ihnen eine unabhängigere Variation der erklärenden Variablen enthalten ist. Die Begrenztheit der praktischen Anwendbarkeit dieser Möglichkeit ist offensichtlich, da zum einen oft keine weiteren Beobachtungen zur Verfügung stehen, zum anderen die genannte Hoffnung auf unabhängigere Variation auch in den zusätzlichen Beobachtungen nicht erfüllt wird.

2. *Verwendung externer Informationen über einige Regressionskoeffizienten*[14]
Bei dieser Möglichkeit zur Verminderung der Multikollinearität geht es darum, externe Informationen vor allem für die Regressionskoeffizienten zu verwenden, deren korrespondierende X-Variablen hochkorreliert sind, um dadurch zu vermeiden, alle Regressionskoeffizienten dieser hochkorrelierten X-Variablen aus den vorliegenden Stichprobendaten schätzen zu müssen.

Diese externen Informationen über bestimmte Regressionskoeffizienten können vor allem aus

14 Es sei hier angemerkt, daß die unter diesem Punkt genannten Verfahren nicht nur angewandt werden können, wenn es gilt, die Multikollinearität zu vermindern, sondern darüberhinaus allgemein zur Verbesserung von Regressionsschätzungen dienlich sind.

- der ökonomischen Theorie,
- früheren empirischen Untersuchungen,
- anderen Stichproben,
- Expertenschätzungen

stammen.

Ein wesentlicher Aspekt solcher externer Informationen ist, daß sie unabhängig von den Beobachtungen sein müssen, die zur eigentlichen Regressionsschätzung herangezogen werden.

Die Kenntnis über
- die exakten Werte eines (oder einiger) Regressionskoeffizienten,
- die Vorzeichen gewisser Regressionskoeffizienten,
- die Summe zweier oder mehrerer Regressionskoeffizienten,
- das Verhältnis zweier Regressionskoeffizienten,
- die Werte eniger Linearkombinationen von Regressionskoeffizienten,
- Schätzungen von Regressionskoeffizienten auf der Grundlage anderer Stichproben,
- wahrscheinlichkeitstheoretische Wertebereiche bestimmter Regressionskoeffizienten usw.

sind einfache Beispiele für externe Informationen. Wenn es in der ökonomischen Praxis zwar oftmals schwierig sein wird, derartige externe Informationen zu bekommen, kann bei ihrer Verwendung sicherlich mit verbesserten Schätzergebnissen gerechnet werden im Vergleich zu jenen ohne diese externen Informationen. Andererseits ist einleuchtend, daß die Güte der Schätzungen der Regressionskoeffizienten von der Güte und der Genauigkeit der verwendeten externen Informationen abhängt.

Ausführungen hierzu sind u.a. bei GOLDBERGER ([74], S. 193, 255-262), SCHÖNFELD ([204], Bd.1, S. 81-82, Bd.2, S.125-133), JOHNSTON ([113], S. 156-159, 164 f., 221-227) und SCHNEEWEIß ([200], 1971, S. 144-148, 232-236) zu finden.

Außer diesen Methoden existieren noch andere Verfahren zur Messung der Multikollinearität, so die von R. FRISCH [65] entwickelte Konfluenzanalyse, die das Problem der Multikollinearität auf graphischem Wege zu lösen versucht sowie die Eigenwertmethode (TINTNER, [224], S.260 ff.). Die Eigenwertmethode soll die Anzahl der linear unabhängigen Beziehungen zwischen den erklärenden Variablen aufdecken. Sie setzt aber die Streuung der Beobachtungsfehler als bekannt voraus. Das ist eine Voraussetzung, die bei ökonomischen Erscheinungen oft nicht oder nur sehr schwer erfüllbar ist. Weiterhin kann die Multikollinearität mit Hilfe der Kammlinienanalyse (HOERL [260]) untersucht werden.

7. Regression und Korrelation von Zeitreihen

7.1. Modell der Zeitreihenregression

Die Erfassung der statistischen Daten zum Zwecke der Untersuchung von Abhängigkeiten kann grundsätzlich auf zwei verschiedene Arten erfolgen:

Einmal lassen sich die in Beziehung stehenden Erscheinungen zum gleichen Zeitpunkt oder für den gleichen Zeitraum an verschiedenen Merkmalsträgern (statistischen Einheiten) erfassen. Dadurch entstehen sachliche oder örtliche Reihen. Eine Regressionsanalyse auf der Basis solcher Daten wird allgemein als Regression von Querschnittsdaten oder Querschnittsregression bezeichnet. Sie war im Prinzip Gegenstand der bisherigen Betrachtungen. Ein Beispiel für eine Querschnittsregression ist die Analyse der Höhe der Spareinlagen der privaten Haushalte in Abhängigkeit von dem verfügbaren Einkommen dieser Haushalte, wenn diese Untersuchung auf den Beobachtungsdaten der n privaten Haushalte zum Beispiel für ein gegebenes Jahr und ein Bundesland basiert.

Zum anderen lassen sich die in Beziehung stehenden Erscheinungen an einem Merkmalsträger zu verschiedenen Zeitpunkten oder für mehrere Zeiträume erfassen. Dadurch entsteht für jede Variable eine zeitliche Reihe oder kurz Zeitreihe. Eine Regressionsanalyse auf der Basis solcher Zeitreihen wird allgemein als Regression von Zeitreihendaten oder Zeitreihenregression bezeichnet. Gesamtwirtschaftliche Untersuchungen mittels der Regressionsanalyse zum Zwecke der Konjunkturanalyse basieren auf Zeitreihendaten. So ist die Regressionsfunktion des Staatsverbrauchs in Abhängigkeit vom realen Bruttosozialprodukt auf der Grundlage von Jahresdaten der Bundesrepublik Deutschland für einen vorgegebenen Gesamtzeitraum (z.B. 1975 - 1988) eine Zeitreihenregression.

Rein formal läßt sich die Regression von Zeitreihen ebenso behandeln wie die Regression von Querschnittsdaten. Eine lineare Zeitreihenregressionsfunktion ist allgemein wie folgt zu formulieren:

$$\hat{y}_t = b_0 + b_1 x_{t1} + \ldots + b_m x_{tm}, \qquad (7.1.)$$

worin nunmehr t = 1, ..., T zur Kennzeichnung der verschiedenen Zeitpunkte bzw. Zeiträume (im weiteren nur noch mit Zeitraum bezeichnet) dient.

Der Wert der zu erklärenden Variablen Y ergibt sich zum Zeitraum t als:

$$y_t = \sum_{k=0}^{m} b_k x_{tk} + \hat{u}_t \,. \tag{7.2.}$$

Die Regressionsfunktion wird mittels der Methode der kleinsten Quadrate (vgl. Abschnitt 2.3.1.) berechnet. Für die Regressionsschätzungen bei Zeitreihen müssen die gleichen Annahmen getroffen werden wie bei Querschnittsregressionen (vgl. Abschnitt 2.6.). Dennoch treten bei der Zeitreihenregression ein Reihe von Besonderheiten auf.

Ein Problem bei Zeitreihenregressionen besteht darin, daß Ursache und Wirkung nicht im gleichen Zeitraum zusammenfallen und auch nicht im gleichen Zeitraum zusammenfallen müssen, weil die Wirkung der Ursache zeitlich nacheilt. Der Wert der zu erklärenden Variablen Y, der in einem Beobachtungszeitraum erfaßt wird, muß somit nicht nur das Ergebnis von verursachenden Variablen sein, die im gleichen Zeitraum wirksam wurden, sondern auch von erklärenden Variablen, die bereits in vorangegangenen Zeiträumen gewirkt haben. Mitunter treten derartige Wirkungsverlagerungen auch durch Fehler in den Erfassungen bzw. durch fehlerhafte Zurechnung der statistischen Einheiten zu den entsprechenden Zeiträumen auf. Das ist vor allem bei der Erfassung für kürzere Zeiträume (Dekade, Monat, Vierteljahr) möglich. Diese zeitliche Wirkungsverzögerung wird als **Lag** bezeichnet. Diese Verzögerung, dieser Lag, kann einen oder mehrere Zeiträume umfassen und soll allgemein mit τ symbolisiert werden. Entsprechend werden diejenigen erklärenden Variablen, die zeitverzögert auf die Variable Y wirken, als verzögerte erklärende Variable bezeichnet. Durch Kenntnis oder Abschätzung des Lags ist es möglich, solche verzögerten erklärenden Variablen in der Regressionsfunktion zu berücksichtigen. Bei praktischen Untersuchungen wird es oftmals erforderlich sein, mehrere Regressionsansätze mit verschiedenen Lags zu berechnen, um die tatsächliche Verzögerung bestimmter erklärender Variablen herauszufinden.

Damit sind vielfältige Spezifikationen von Regressionsfunktionen möglich. Die nachfolgend aufgeführten Beispiele wurden der DIW[15]-Version des ökonometrischen Konjunkturmodells der Wirtschaftsforschungsinstitute (vgl. ZWIENER [247], Anhang) entnommen, das auf Quartalsdaten beruht. Dabei werden die Regressionsfunktionen nicht unbedingt vollständig angegeben.

- Zeitreihenregression ohne verzögerte erklärende Variable wie in (7.2.),
  Beispiel: die Abschreibungen in Abhängigkeit vom Brutto-Ausrüstungsbestand und Brutto-Bautenbestand des gleichen Quartals.

15 DIW - Deutsches Institut für Wirtschaftforschung Berlin

- Regressionsfunktionen mit ausschließlich verzögerten erklärenden Variablen

$$\hat{y}_t = b_0 + b_1 x_{t-\tau,1} + b_2 x_{t-\tau,2} + \ldots, \qquad (7.3.)$$

wobei τ bei den einzelnen Variablen gleich oder unterschiedlich groß sein kann.
Beispiel: die Wohnungsbauinvestitionen in Abhängigkeit vom verfügbaren Einkommen der privaten Haushalte mit einem Lag von 4 Quartalen und vom Kapitalmarktzins (Umlaufrendite inländischer festverzinslicher Wertpapiere) mit einem Lag von 6 Quartalen.

- Regressionsfunktion mit unverzögerten erklärenden Variablen und verzögerten erklärenden Variablen

$$\hat{y}_t = b_0 + b_1 x_{t1} + b_2 x_{t-\tau,2} + \ldots \qquad (7.4.)$$

Beispiel: die Ausrüstungsinvestionen in Abhängigkeit von den Anlageinvestionen, vom Export und vom privaten Verbrauch jeweils des gleichen Quartals und von dem Bruttoeinkommen aus Arbeitnehmertätigkeit, den Abschreibungen, dem Nettoeinkommen aus Unternehmertätigkeit und Vermögen und dem Realzins jeweils mit einem Lag von 2 Quartalen.

- Regressionsfunktionen mit unverzögerten erklärenden Variablen und verzögerten Versionen der gleichen erklärenden Variablen

$$\hat{y}_t = b_0 + b_1 x_{t1} + b_2 x_{t-\tau,1} + b_3 x_{t-\tau,2} + \ldots \qquad (7.5.)$$

Beispiel: die registrierten Arbeitslosen in Abhängigkeit von der Anzahl der abhängig Erwerbstätigen des gleichen Quartals und des vorangegangenen Quartals.
Da zwischen der unverzögerten und der verzögerten Version einer erklärenden Variablen in der Regel hohe Multikollinearität (vgl. Kapitel 6.) auftritt, sollte statt dieser beiden Versionen der absolute bzw. relative Zuwachs der Variablen in der Regressionsfunktion verwendet werden, um Problemen bei der Schätzung vorzubeugen. So ist auch in der oben angegebenen Regressionsfunktion die Differenz (abhängig Erwerbstätige_t - abhängig $\text{Erwerbstätige}_{t-1}$) enthalten.
Es ist auch möglich, die verschiedenen Versionen einer erklärenden Variablen mit Gewichten in der Regressionsfunktion zu berücksichtigen.
Beispiel: die Bruttolohn- und -gehaltssumme je abhängig Erwerbstätigen in Abhängigkeit unter anderem vom Bruttosozialprodukt (BSP), das in folgender Weise im Regressionsansatz enthalten ist: $0{,}6BSP_t + 0{,}3BSP_{t-1} + 0{,}1BSP_{t-2}$

Eine weitere Besonderheit bei Zeitreihenregressionen gegenüber Querschnittsregressionen ist, daß die zu erklärende Variable Y oft aus sich selbst heraus erklärt werden kann, das heißt, die Variable Y mit einem Lag als erklärende Variable auftaucht:

$$\hat{y}_t = b_0 + b_1\, y_{t-\tau} + b_2\, x_{t1} + \ldots \qquad (7.6.)$$

Beispiel: der Import in Abhängigkeit vom Import mit einem Lag von einem Quartal, vom privaten Verbrauch und von (Lagerinvestitionen + Ausrüstungsinvestitionen + Export) jeweils des gleichen Quartals.

Zeitreihen von Wirtschaftsdaten enthalten im allgemeinen ausgeprägte systematische Komponenten: Trend und/oder periodische Schwankungen (Konjunkturschwankungen und/oder Saisonschwankungen). Diese sind dann die Ursache für hochgradige Multikollinearität mit allen ihren Konsequenzen für die Schätzung der Regressionsparameter (vgl. Kapitel 6.). Versuche, diese Multikollinearität zu verringern, sind u.a.:

- Differenzenbildung
  Statt der Ausgangswerte (Niveaugrößen) der Variablen werden die ersten Differenzen der Zeitreihenwerte, d.h. die absoluten Veränderungen der Variablen von Zeitraum zu Zeitraum, in dem Regressionsansatz verwendet:

$$\begin{aligned} y_t - y_{t-1} &= b_1 (\, x_{t1} - x_{t-1,1}\,) + \ldots + b_m (\, x_{tm} - x_{t-1,m}\,) + \hat{u}_t - \hat{u}_{t-1} \\ \Delta\, y_t &= b_1\, \Delta\, x_{t1} + \ldots + b_m\, \Delta x_{tm} + \Delta\, \hat{u}_t\,. \end{aligned} \qquad (7.7.)$$

  Ein Beispiel wurde weiter oben mit den registrierten Arbeitslosen in Abhängigkeit von der Anzahl der abhängig Erwerbstätigen gegeben.
  Da durch die Bildung der ersten Differenzen ein linearer Trend weitgehend ausgeschaltet wird, werden die zur Schätzung der Regressionskoeffizienten verwendeten ersten Differenzen der Variablen nur noch geringe Multikollinearität aufweisen. Allerdings weist SCHNEEWEIß ([200], 1971, S. 143) auch daraufhin, daß wegen der geringen Streuung der ersten Differenzen bei trendbehafteten Variablen unter Umständen auch wieder mit großen Standardfehlern der Regressionskoeffizienten und damit kaum mit einer wesentlichen Verbesserung der Koeffizientenschätzung zu rechnen ist.
  Zu beachten ist aber in jedem Fall die veränderte Interpretation der Regressionskoeffizienten, da sie sich nun auf die absoluten Veränderungen der Variablen bezieht.

- explizite Einführung einer Variablen Zeit (t) in die Regressionsfunktion
  Dieser in manchen Fällen durchgeführte Versuch zur Verringerung der Multikollinearität auf Grund von Trendbehaftetheit der Variablen führt zu keinem wesentlichen Erfolg. Zum einen wird keine zusätzliche Erklärung mit der Aufnahme der Variablen t und damit

keine Verbesserung der Modellgüte (Bestimmtheitsmaß, Standardfehler der Residuen) erreicht. Zum anderen wird es zwischen den X-Variablen, die einen Trend aufweisen, und der Variablen t weiterhin hohe Multikollinearität und somit große Standardfehler der Regressionskoeffizienten der betroffenen Variablen geben. Schließlich beinhalten die Regressionskoeffizienten bei den erklärenden X-Variablen nur noch den Einfluß der kürzerfristigen Veränderungen (Trendabweichungen) dieser Variablen auf die zu erklärende Variable Y, was oft übersehen und der Regressionskoeffizient fälschlicherweise weiterhin als Gesamteinfluß der X-Variablen gedeutet wird. Bezüglich des Regressionskoeffizienten bei der Variablen t hat GOLLNICK [77] gezeigt, daß er vom Trendparameter der jeweiligen X-Variablen und von der Differenz des durchschnittlichen Einflusses der langfristigen Veränderungen (Trendwerte) und des durchschnittlichen Einflusses der kürzerfristigen Veränderungen (Trendabweichungen) der X-Variablen auf die Variable Y abhängt.

- Verwendung verteilter Lags
  Wie bereits oben beschrieben, werden zur Charakterisierung von Anpassungsprozessen in der Ökonomie Regressionsfunktionen mit ein oder mehreren verzögerten Versionen derselben erklärenden Variablen verwendet.

$$y_t = b\,x_t + b_1\,x_{t-1} + b_2\,x_{t-2} + \ldots + \hat{u}_t\,. \qquad (7.8.)$$

Neben der Festlegung der Anzahl der Lags bereitet oftmals die Schätzung der Regressionskoeffizienten wegen der hohen Multikollinearität zwischen den erklärenden Variablen große Schwierigkeiten. Dem Problem der Multikollinearität versucht man (vgl. GRUBER [84], S. 172 f., GOLDBERGER [74], S. 274ff.), durch die Verringerung der Anzahl der erklärenden Variablen in (7.8.) mittels der Annahme beizukommen, daß die Regressionskoeffizienten mit zunehmender Größe der Verzögerung abnehmen, z.B. geometrisch:

$$b_k = b\,\lambda^k\ ; \quad k = 1, 2, \ldots\ ; \quad 0 < \lambda < 1\,. \qquad (7.9.)$$

Damit geht (7.8.) über in

$$y_t = b\,x_t + \lambda\,b\,x_{t-1} + \lambda^2\,b\,x_{t-2} + \ldots + \hat{u}_t\,. \qquad (7.10.)$$

Wird (7.10.) nunmehr um eine Zeitperiode verzögert und mit λ multipliziert

$$\lambda\,y_{t-1} = \lambda\,b\,x_{t-1} + \lambda^2\,b\,x_{t-2} + \ldots + \hat{u}_{t-1} \qquad (7.11.)$$

und dieses Ergebnis von (7.10.) subtrahiert, so wird

$$y_t = b\,x_t + \lambda\,y_{t-1} + (\,\hat{u}_t - \lambda\,\hat{u}_{t-1}\,)\,. \qquad (7.12.)$$

Diese Regressionsfunktion enthält nur noch zwei zu schätzende Parameter. Die Multikollinearität kann wesentlich reduziert werden.

Neben dem Trend enthalten Zeitreihen ökonomischer Variablen auf der Basis von Monats-, Quartals- oder Halbjahresdaten oft Saisonschwankungen. Das Vorgehen in einem solchen Fall kann in zweifacher Weise erfolgen.

Zum einen werden saisonbereinigte Variablen zur Schätzung der Regressionsfunktion verwendet, um die Saisoneffekte auszuschalten. Zum anderen sollen diese Saisoneffekte auf die zu erklärende Variable Y explizit in der Regressionsfunktion Berücksichtigung finden. Dies kann durch Scheinvariable (dummy-Variable) erfolgen. Darunter versteht man künstlich eingeführte Variablen, die festgesetzte Werte, im allgemeinen 0 und 1, annehmen. Zum Beispiel ist die Variable X_0 mit $x_{i0} \equiv 1$ für den Achsenabschnitt eine solche Scheinvariable. Zur generellen Verwendung von dummy - Variablen siehe u.a. GOLDBERGER ([74], S.218-227), JOHNSTON ([113],S.221-228).

Das oben erwähnte DIW-Modell verwendet in vielen der Regressionsgleichungen solche Saison-(Schein-)Variablen. Dabei wird für die erste Saisonvariable in jedem Jahr eine 1 im ersten Quartal, sonst 0 gesetzt, die zweite Saisonvariable enthält in jedem Jahr eine 1 für das zweite Quartal, sonst 0, usw. Wie leicht zu sehen ist, muß für den Fall der Einführung von 4 Saisonvariablen (für jedes Quartal eine) auf die Regressionskonstante b_0 verzichtet werden, da sonst wegen funktionaler Beziehungen zwischen X_0 und den 4 Saisonvariablen ($X_0 = S_1 + S_2 + S_3 + S_4$) die Regressionsparameter nicht geschätzt werden können. Die bisherige Regressionskonstante wird somit in 4 Absolutglieder geteilt, die den jeweiligen Saisoneffekt auf Y unabhängig von den erklärenden Variablen angeben. Wenn die Regressionskonstante b_0 beibehalten wird, dürfen nur 3 Saisonvariablen eingeführt werden. Diese Scheinvariablen werden bei Zeitreihenregressionen auch verwendet, um zeitlich begrenzte Effekte der erklärenden Variablen auf die Variable Y und wirtschaftspolitische Effekte zu berücksichtigen.

Weit eher als bei Querschnittsregressionen können bei Zeitreihenregressionen sogenannte Nonsense-Regressionen auftreten. Weisen zum Beispiel die Variablen Y und X einen Trend auf, das heißt, entwikkeln sie sich zeitlich parallel oder entgegengesetzt, so ergibt sich rein zahlenmäßig eine durchaus mit entsprechender Modellgüte versehene Regressionsfunktion auch dann, wenn sachlogisch keine Beziehung zwischen diesen beiden Variablen existiert (vgl. KELLERER [117], S. 187).

In den Regressionskoeffizienten wird das durchschnittliche Wirtschaftsverhalten der Akteure eingefangen. Dieses Wirtschaftsverhalten ist über die Zeit nicht konstant. Es verändert sich auf Grund der Veränderungen des menschlichen Verhaltens (z.B. veränderte Verbrauchsgewohnheiten), Veränderungen in der Wirtschaftspolitik oder auf Grund von sich verändernden wirtschaftstheoretischen Beziehungen (zum Beispiel können neue wesentliche Einflußfaktoren auftreten). Die Annahme 4 der Regressionsschätzungen (vgl. Abschnitt 2.6.) setzt aber die Konstanz der Regressionsparameter und damit des durchschnittlichen Wirtschaftsverhaltens über den beobachteten Gesamtzeitraum und bei Prognosen auch in dem Prognosezeitraum voraus. Eine wichtige Aufgabe bei Zeitreihenregressionen ist somit die Prüfung dieser Konstanz der Regressionsparameter, oder anders ausgedrückt, die Prüfung auf sogenannte Strukturbrüche in den Regressionsparametern.

Erste Anhaltspunkte über mögliche Strukturbrüche können unter anderem aus den (X_k,Y)-Streuungsdiagrammen bzw. aus einer Residualanalyse der geschätzten Regressionsfunktion für den Gesamtzeitraum gewonnen werden bzw. durch fachwissenschaftliche Überlegungen gegeben sein. Bei entsprechend langen Zeitreihen besteht eine etwas aufwendigere Möglichkeit, Strukturbrüche zu lokalisieren, die bei Nutzung von PC und entsprechender Software jedoch kaum ein Problem darstellt. Vom Gesamtumfang T der Zeitreihen wird eine Untermenge T' gewählt, auf deren Basis "gleitend" Regressionsberechnungen durchgeführt werden: eine erste Berechnung für den Unterzeitraum t = 1, ..., T', eine zweite Berechnung für den Unterzeitraum t = 2, ..., T'+1 usw., bis zur Berechnung für den Unterzeitraum t = T - T' + 1, ..., T. Die dabei erhaltenen Regressionsparameter werden in einem Koordinatensystem über der Zeit abgetragen, wodurch ihre "Bewegung" sichtbar wird und mögliche Strukturbrüche erkannt werden können. Die Auswertung ist jedoch nur im deskriptiven Sinne vorzunehmen, um erste Anhaltspunkte für Strukturbrüche zu finden. Keinesfalls dürfen statistische Tests zum Vergleich der Regressionsparameter, wie sie im Abschnitt 5.3.3. beschrieben wurden, angewandt werden, da die Ergebnisse der Regressionsberechnungen durch die Überlappung der Unterzeiträume nicht unabhängig voneinander sind.

Besteht die (auf die eine oder andere Weise gewonnene) begründete Annahme auf einen Strukturbruch, so ist der Gesamtbeobachtungszeitraum in zwei **disjunkte** Teilzeiträume zu unterteilen und für jeden Teilzeitraum eine Regressionsfunktion zu schätzen. Anschließend ist die im Abschnitt 5.3.3. beschriebene Testprozedur für den Vergleich von Regressionsparametern aus zwei Regressionsfunktionen anzuwenden. Wird dabei die Nullhypothese auf dem vorgegebenen Signifikanzniveau abgelehnt, existiert ein Strukturbruch in den Regressionsparametern und es besteht keine Berechtigung mehr, für den Gesamtzeitraum die bisher spezifizierte Regressionsfunktion zu schätzen. Für das weitere Vorgehen bieten sich zwei Möglichkeiten:

- Die Analyse wird jeweils für die geeignet gewählten Teilzeiträume und die dafür geschätzten Regressionsfunktionen durchgeführt. Dies ist vor allem dann angebracht, wenn mehrere Regressionsparameter von Strukturbrüchen affiziert sind.

- Es kann versucht werden, einen Strukturbruch durch eine dummy-Variable in der Regressionsfunktion des Gesamtzeitraumes explizit zu berücksichtigen. Diese dummy-Variable als (0,1) - Variable erhält für alle Perioden des einen Teilzeitraumes den Wert 0 und für alle Perioden des anderen Teilzeitraumes den Wert 1. Der Regressionskoeffizient bei dieser dummy-Variablen gibt dann den Sprung (in der Regressionskonstanten) beim Übergang vom einen zum anderen Teilzeitraum an. Durch eine erneute Schätzung der um die dummy-Variable erweiterten Regressionsfunktion kann geprüft werden, ob eine Verbesserung der Modellgüte und in den Standardfehlern der Regressionsparameter erreicht werden konnte.
  Dieses Vorgehen ist immer dann berechtigt, wenn nur einige Regressionsparameter (z.B. nur die Regressionskonstante und/oder nur ein Regressionskoeffizient) Strukturbrüche aufweisen.

Analog ist zu verfahren, falls mehrere Strukturbrüche in den Regressionsparametern über den Gesamtzeitraum vermutet werden. Im Falle von Strukturbrüchen sollten zeitvariable Koeffizientenmodelle spezifiziert werden, wobei es verschiedene mögliche Ansätze gibt (vgl. u.a. HILD [98]).

Die Korrelation von Variablen auf der Basis von Zeitreihen wird oft als **Reihenkorrelation** (engl.: serial correlation) bezeichnet. Man findet jedoch in der Literatur den Begriff der serial correlation auch eingeschränkt auf die Korrelation einer Variablen mit einer verzögerten Variablen, zum Beispiel die Korrelation zwischen den Reihen y_t und x_{t-1} mit t = 2, ..., T. Die Stärke der Reihenkorrelation kann entsprechend (4.5.) aus Abschnitt 4.1.1. gemessen werden.

Wenn die Zeitreihen der Variablen Y und/oder X_k (k=1,...,m) systematische Komponenten enthalten, dann besteht eine innere Abhängigkeit der Werte dieser Variablen. Die innere Abhängigkeit der Werte einer Zeitreihe wird als **Autokorrelation** bezeichnet.

Nach der Schätzung der Regressionsfunktion entsteht eine neue Zeitreihe, die Zeitreihe der Residuen. Die Zeitreihe der Residuen kann ebenfalls systematische Komponenten (Trend, periodische Schwankungen), das heißt Autokorrelation aufweisen. Autokorrelation der Residuen wird vor allem dann auftreten, wenn schon die Ausgangsvariablen autokorreliert sind und deren systematischen Komponenten nicht entsprechend bei der Spezifikation der Regressionsfunktion berücksichtigt wurden. Autokorrelation der Residuen wird aber auch dann zu beobachten sein, wenn wesentliche erklärende Variablen nicht in der Regressionsfunktion enthalten sind. In diesem Sinne kann es auch bei Querschnittsregressionen zu Autokorrelation der Residuen kommen.

Die Abwesenheit von Autokorrelation der Residuen ist somit ein entscheidendes Indiz für die Wohlspezifiziertheit der Regressionsfunktion. Die Annahme 7 des klassischen linearen Regressionsmodells enthält genau diesen Tatbestand. Die Prüfung auf Autokorrelation der Residuen wird deshalb zu einem zentralen Problem vor allem bei Zeitreihenregressionen.

Im folgenden Abschnitt soll jedoch zunächst gezeigt werden, wie die Stärke der Autokorrelation der Ausgangsvariablen gemessen werden kann. Im Abschnitt 7.3. wird die Prüfung auf Autokorrelation der Residuen behandelt.

7.2. Autokorrelation der Variablen

Die Stärke der Autokorrelation in den Zeitreihen der Ausgangsvariablen wird mit Hilfe von Autokorrelationskoeffizienten geprüft. Zu diesem Zweck werden die Werte der Zeitreihe einer Variablen mit den um einen Lag τ verschobenen Werten derselben Zeitreihe korreliert; es wird also die Reihe x_1, x_2, ..., $x_{T-\tau}$ mit der Reihe $x_{1+\tau}$, $x_{2+\tau}$, ..., x_T korreliert. Im gegebenen Fall handelt es sich um eine nichtzyklische Autokorrelation, da angenommen wird, daß die Reihe mit dem Wert x_T abbricht. Die nichtzyklische Autokorrelation ist demnach eine Korrelation zwischen der ursprünglichen Reihe und derselben um eine Lag τ verschobenen Reihe und tritt vor allem bei ausgeprägtem Trend auf.

Läßt sich vorhersagen, daß sich der Verlauf der Reihe nach dem Wert x_T annähernd wiederholt, was bei Zeitreihen mit periodischen Schwankungen, vor allem Saisonschwankungen, der Fall ist, so läßt sich die Autokorrelation mit dem von R.L. ANDERSON [276] eingeführten zyklischen Autokorrelationskoeffizienten prüfen, indem die Korrelation zwischen den Reihengliedern x_1, x_2, ..., x_T und $x_{\tau+1}$, $x_{\tau+2}$, ..., x_T, ..., x_τ ein und derselben Reihe gemessen wird. Die zweite, um einen Lag τ verschobene Reihe, wird hierbei über den Wert x_T mit den Werten x_1, x_2, ..., x_τ fortgesetzt.

Im folgenden sollen nur die Autokorrelationskoeffizienten 1. Ordnung behandelt werden, da sie für die Messung der Autokorrelation von größter Bedeutung sind. Es handelt sich dabei um die Korrelation der Werte einer Zeitreihe mit ihren eigenen, um den Lag $\tau = 1$ verschobenen Werten.

Der nichtzyklische Autokorrelationskoeffizient 1. Ordnung a_1 mißt die Stärke der Autokorrelation zwischen den Reihen $x_1, x_2, \ldots, x_{T-1}$ und $x_2, x_3, \ldots, x_T$. Analog zu (4.5.) aus Abschnitt 4.1.1. erhält man:

$$a_1 = \frac{\sum_{t=1}^{T-1} x_t x_{t+1} - \frac{\sum_{t=1}^{T-1} x_t \sum_{t=1}^{T-1} x_{t+1}}{T-1}}{\sqrt{\left(\sum_{t=1}^{T-1} x_t^2 - \frac{\left(\sum_{t=1}^{T-1} x_t\right)^2}{T-1}\right)\left(\sum_{t=1}^{T-1} x_{t+1}^2 - \frac{\left(\sum_{t=1}^{T-1} x_{t+1}\right)^2}{T-1}\right)}} . \quad (7.13.)$$

Der zyklische Autokorrelationskoeffizient 1. Ordnung a_1' mißt die Stärke der Autokorrelation zwischen den beiden Reihen $x_1, x_2, \ldots, x_T$ und $x_2, x_3, \ldots, x_T, x_1$. Analog zu (4.5.) aus Abschnitt 4.1.1. erhält man ebenfalls nach einigen Umformungen:

$$a_1' = \frac{x_1 x_T + \sum_{t=1}^{T-1} x_t x_{t+1} - T\bar{x}^2}{\sum_{t=1}^{T} x_t^2 - T\bar{x}^2} . \quad (7.14.)$$

Je nachdem, welche systematische Komponente in der Zeitreihe der Ausgangsvariablen dominant ist, wird der nichtzyklische bzw. zyklische Autokorelationskoeffizient Anwendung finden.

Werden die Zeitreihen als Stichproben aus einem größeren Gesamtzeitraum (Grundgesamtheit) aufgefaßt, so sind A_1 und A_1' Schätzfunktionen für die unbekannten Autokorrelationskoeffizienten in der Grundgesamtheit und (7.13.) bzw. (7.14.) Schätzwerte auf Grund der konkreten Stichprobe. Bei der statistischen Hypothesenprüfung wird die Nullhypothese H_0 auf Abwesenheit von Autokorrelation der Variablen in der Grundgesamtheit formuliert. Für die Hypothesenprüfung hat A_1 gegenüber A_1' den Nachteil, daß die Verteilung von A_1 für kleine Stichproben aus normalverteilten nichtautokorrelierten Grundgesamtheiten nicht bekannt ist. Kleine Stichproben spielen aber gerade bei Wirtschaftsuntersuchungen eine Rolle. Die Verteilung von A_1' ist dagegen bekannt. Es läßt sich zeigen, daß für $T \to \infty$ (die Länge der Zeitreihe geht gegen unendlich) $A_1 \to A_1'$ strebt. Für große Stichproben ist demnach das von R.L.ANDERSON entwickelte Prüfverfahren des zyklischen Autokorrelationskoeffizienten für die Prüfung von A_1 anwendbar. A_1 hat für eine Stichprobe vom Umfang T unter der Nullhypothese die Varianz $\sigma^2(A_1) = 1/(T-1)$. Für große Stichproben erhält man die Prüffunktion

$$T_1 = A_1 \sqrt{T-1} . \quad (7.15.)$$

Die Prüffunktion folgt unter H_0 einer t-Verteilung mit $f = T - 1$ Freiheitsgraden. Für den zyklischen Autokorrelationskoeffizienten hat R.L. ANDERSON Zufallshöchstwerte für A_1' berechnet (Tafel 7 im Anhang), die für große Stichproben approximativ auch zur Prüfung des nichtzyklischen Autokorrelationskoeffizienten verwendet werden können. Die Testentscheidung ist wie folgt: Ist $a_1 > a_{1,\,Tafel}'$, so kann mit einer Irrtumswahrscheinlichkeit von $\alpha \cdot 100\%$ und auf Grund der Stichprobe vom Umfang T angenommen werden, daß Autokorrelation der Variablen X in der Grundgesamtheit gegeben ist.

Für kleine Stichproben würden jedoch aus dieser Prüfung von A_1 falsche Schlüsse gezogen werden. Daher wendet man zur Prüfung von A_1 aus kleinen Stichproben ein Prüfverfahren an, das auf der Ungleichung von Bienaymé-Tschebyscheff beruht. Danach kann ohne Kenntnis der Verteilung von A_1 eine Abschätzung der Wahrscheinlichkeit erfolgen, daß die Zufallsvariable (Schätzfunktion) A_1 einen Wert in dem zentralen Schwankungsintervall $[E(A_1) - k\sigma(A_1) \leq A_1 \leq E(A_1) + k\sigma(A_1)]$ annimmt (wobei $E(A_1)$ der Erwartungswert der Schätzfunktion A_1, das heißt der wahre Wert des Autokorrelationskoeffizienten in der Grundgesamtheit ist):

$$P\,[\,E(A_1) - k\,\sigma(A_1) \leq A_1 \leq E(A_1) + k\,\sigma(A_1)\,] \geq 1 - \frac{1}{k^2}\,. \qquad (7.16.)$$

Soll zum Beispiel die Schätzfunktion A_1 mit einer Wahrscheinlichkeit von 0,95 einen Wert in dem obigen zentralen Schwankungsintervall annehmen, so ist k = 4,472. Aus einer konkreten Stichprobe resultiert a_1 und, in (7.15.) eingesetzt, ein Wert der Prüffunktion T_1. Ergibt sich nun ein Wert der Prüffunktion nach (7.15.), der größer als dieses k ist, so kann mit einer Irrtumswahrscheinlichkeit von α=0,05 davon ausgegangen werden, daß Autokorrelation der Variablen X in der Grundgesamtheit vorliegt. Ist der Wert der Prüffunktion kleiner als k, dann reicht die Information aus der Stichprobe nicht aus, um Rückschlüsse auf die Autokorrelation in der Grundgesamtheit zu ziehen (Nichtablehnung der Nullhypothese).

7.3. Autokorrelation der Residuen

Eine wesentliche Voraussetzung für die Anwendung der Methode der kleinsten Quadrate ist die innere stochastische Unabhängigkeit der Störvariablenreihe $U_1, \ldots, U_T$, das heißt, die Störvariablen sind nicht autokorreliert. Diese Voraussetzung ist in der Annahme 7 des Abschnittes 2.6. enthalten. Ist diese Annahme erfüllt, so ist die Varianz-Kovarianz-Matrix Σ_U der Zufallsvariablen U_t (t=1,...,T) diagonal, da die Kovarianzen $\sigma_{t,t'}$ gleich Null sind (vgl. (2.80.)). Existiert Autokorrelation der Störvariablen, so bedeutet dies, daß die Störvariable U_t von Störvariablen früherer Perioden abhängig ist, sie ist mit ihnen korreliert. Damit sind die Kovarianzen $\sigma_{t,t'}$ nicht mehr Null und die Varianz-Kovarianz-Matrix Σ_U nimmt die allgemeinere Gestalt (2.82.) an.

Was passiert, wenn trotz Autokorrelation der Störvariablen die Methode der kleinsten Quadrate angewandt wird?

- Die Stichprobenregressionsparameter sind weiterhin erwartungstreu, was anhand der Herleitung von (2.100.) in Abschnitt 2.7. überprüft werden kann, denn die Annahme 7 wird dafür nicht benötigt und da weiterhin $E(U) = 0$ ist.
- Die Varianz-Kovarianz-Matrix der Stichprobenregressionsparameter, berechnet nach

  $$S_B = S_U^2 (X'X)^{-1}, \tag{3.36.}$$

  ist verzerrt (nicht mehr erwartungstreu).
  Das läßt sich wie folgt zeigen: In (3.34.) des Abschnittes 3.2.

  $$\Sigma_B = (X'X)^{-1}X'E(UU')X(X'X)^{-1} \tag{3.34.}$$

  kann $E(UU')$ nicht mehr durch $\sigma^2 I$ (2.81.) ersetzt werden, da Annahme 7 nicht mehr gilt. Es ist nun $E(UU') = \Sigma_U$ nach (2.82.) und folglich

  $$\Sigma_B = (X'X)^{-1}X'\Sigma_U X(X'X)^{-1}. \tag{7.17.}$$

  Die Folge der verzerrten Standardfehler der Stichprobenregressionsparameter sind fehlerhafte Konfidenzintervalle und oft fehlerhaft entschiedene Tests über die Regressionsparameter, da der Standardfehler dafür benötigt wird (siehe Abschnitt 5.2.1. und 5.3.3.). Zum Beispiel wird bei einer Unterschätzung der Varianz der Regressionsparameter, was durch positive Autokorrelation der Residuen hervorgerufen werden kann, die Nullhypothese H_0 bei gegebener Irrtumswahrscheinlichkeit α eher abgelehnt, obwohl sie richtig ist, und Konfidenzintervalle der Regressionsparameter werden zu eng ausgewiesen.
- Da in (3.54.) Σ_B enthalten ist

  $$\Sigma_{\hat{Y}} = X\Sigma_B X', \tag{3.54.}$$

  sind auch die Standardfehler der Regreßwerte, berechnet nach (3.56.), verzerrt und damit die eben genannten Konsequenzen für die Konfidenzintervalle und Prognoseintervalle gegeben.
- Auch die Varianz der Residuen nach (3.51.) wird verzerrt berechnet. Das ist daran zu erkennen, daß in der Herleitung von (3.60.) die Annahme 7 für $E(UU')$ und $E[(B - \mathcal{B})(B - \mathcal{B})']$ verwendet wurde, die aber bei Autokorrelation der Residuen nicht gilt.

Vor Anwendung des klassischen linearen Regressionsmodells auf Zeitreihenbasis muß somit in jedem Fall geprüft werden, ob Autokorrelation der Störvariablen vorliegt. Nun sind jedoch die Störvariablen unbekannt, so daß eine Prüfung auf Autokorrelation erst nach der Schätzung der Regressionsfunktion mittels der Methode der kleinsten Quadrate anhand der Residuen erfolgen kann.

Eine Möglichkeit der Prüfung auf Autokorrelation in den Residuen ist ihre graphische Darstellung über der Zeit. Zeigen die Residuen im Zeitverlauf systematische Bewegungen, so ist Autokorrelation zu vermuten: positive Autokorrelation, wenn die Residuen einen Trend aufweisen, bzw. negative Autokorrelation, wenn sie periodische Schwankungen um die Zeitachse enthalten. Um jedoch einzuschätzen, ob wesentliche Autokorrelation vorliegt, ist dieses Verfahren zu ungenau. Es wurden deshalb eine Reihe von Tests auf Autokorrelation in den Residuen entwickelt, zum Beispiel von-Neumann-Test, Durbin-Watson-Test, Theil-Nagar-Test, Geary-Test (siehe Literaturauswahl zur Autokorrelation).

Die Nullhypothese ist dabei auf Abwesenheit von Autokorrelation in den Störvariablen formuliert. Für die Alternativhypothese wird im allgemeinen angenommen, daß ein autoregressiver Prozeß erster Ordnung vorliegt[16], bei dem die Störvariablen eine lineare Abhängigkeit jeweils zum vorangegangenen Wert aufweisen:

$$U_t = \varrho \, U_{t-1} + \varepsilon_t \, , \qquad t = 1, \ldots, T \, . \qquad (7.18.)$$

ϱ ist der Parameter dieser Autoregressionsfunktion 1. Ordnung und wird als Autokorrelationskoeffizient[17] bezeichnet. Er soll die Bedingung $|\varrho| < 1$ erfüllen. Die Störvariable ε_t in (7.18.) soll den bekannten Annahmen genügen:

$$\begin{aligned} &E(\varepsilon_t) = 0 \, ; \quad E(\varepsilon_t^2) = \sigma^2(\varepsilon) \, , \quad t = 1, \ldots, T \, ; \\ &E(\varepsilon_t \, \varepsilon_{t-\tau}) = 0 \, ; \quad E(\varepsilon_t \, u_{t-\tau}) = 0 \, , \quad \tau > 0 \, . \end{aligned} \qquad (7.19.)$$

Die Varianz der Störvariablen U_t $(t=1,\ldots,T)$ ist im Falle von Autokorrelation 1. Ordnung (bei Gültigkeit der Annahme der Homoskedastizität)

$$\sigma_U^2 = \frac{1}{1 - \varrho^2} \, \sigma^2(\varepsilon) \qquad (7.20.)$$

und die Kovarianz zwischen U_t und $U_{t-\tau}$

---

16 Autoregressive Prozesse höherer Ordnung können zum Beispiel bei Halbjahres- (2.Ordnung), Quartals- (4.Ordnung) oder Monatsdaten sinnvoll sein.

17 Da nach Voraussetzung der Erwartungswert der Störvariablen U_t gleich Null ist, handelt es sich um eine einfache Regression von standardisierten Variablen, für die der Regressionskoeffizient gleich dem Korrelationskoeffizienten ist (vgl. Abschnitt 4.1.3.).

$$\sigma(U_t U_{t-\tau}) = \varrho^\tau \sigma_U^2 = \frac{\varrho^\tau}{1-\varrho^2}\,\sigma^2(\varepsilon) \;. \qquad (7.21.)$$

Die Varianz-Kovarianz-Matrix (2.82.) hat somit folgende Gestalt:

$$\Sigma_U = \frac{\sigma^2(\varepsilon)}{1-\varrho^2}\begin{pmatrix} 1 & \varrho & \varrho^2 & \dots & \varrho^{T-1} \\ \varrho & 1 & \varrho & \dots & \varrho^{T-2} \\ \cdot & \cdot & \cdot & & \cdot \\ \cdot & \cdot & \cdot & & \cdot \\ \cdot & \cdot & \cdot & & \cdot \\ \varrho^{T-1} & \varrho^{T-2} & \varrho^{T-3} & \dots & 1 \end{pmatrix} = \sigma_U^2\,\Omega \;. \qquad (7.22.)$$

Wenn $\varrho = 0$ ist, dann liegt keine Autokorrelation 1. Ordnung der Störvariablen vor; wenn $\varrho = 1$ bzw. $\varrho = -1$ ist, sind die Störvariablen vollständig positiv oder negativ autokorreliert.

Da der Autokorrelationskoeffizient ϱ nicht bekannt ist, muß er geschätzt werden. Die Schätzfunktion für den Autokorrelationskoeffizienten 1. Ordnung erhält man nach der Methode der kleinsten Quadrate aus (7.18.):

$$\hat{\varrho} = \frac{\sum_{t=2}^{T} \hat{U}_{t-1}\,\hat{U}_t}{\sum_{t=2}^{T} \hat{U}_{t-1}^2} \;. \qquad (7.23.)$$

Einen Schätzwert[18] $\hat{\varrho}$ für (7.23.) ergibt sich nach Einsetzen der Residuen, die aus der ebenfalls nach der Methode der kleinsten Quadrate geschätzten Regressionsfunktion (7.2.) bestimmt werden.

Von den verschiedenen Autokorrelationstests soll hier nur der gebräuchlichste dargestellt werden: der **DURBIN-WATSON-Autokorrelationstest** [280]. Bei diesem Test wird angenommen,

- daß die Annahmen 1 und 8 des klassischen Regressionsmodells erfüllt sind, das heißt, die erklärenden Variablen sind nichtstochastisch und die Störvariablen sind normalverteilt,
- daß keine verzögerte Version $Y_{t-\tau}$ der zu erklärenden Variablen Y als erklärende Variable in der Regressionsfunktion enthalten ist,
- daß die lineare Regressionsfunktion β_0 als Absolutglied aufweist,
- daß der Alternativhypothese ein autoregressiver Prozeß 1. Ordnung der Störvariablen unterliegt.

Somit lautet die Nullhypothese H_0: $\varrho = 0$ und die Alternativhypothese wird entweder zweiseitig H_1: $\varrho \neq 0$ bzw. einseitig auf positive Auto-

18. Um nicht noch ein weiteres Symbol einzuführen, wird der Schätzwert ebenfalls mit ϱ bezeichnet. Es geht aus der jeweiligen Inhalt hervor, ob es sich um die Schätzfunktion, d.h. die Zufallsvariable, oder den Schätzwert handelt.

korrelation oder auf negative Autokorrelation formuliert, das heißt: H_1: $\varrho > 0$ bzw. H_1: $\varrho < 0$. Als Prüffunktion wird

$$D = \frac{\sum_{t=2}^{T} (\hat{U}_t - \hat{U}_{t-1})^2}{\sum_{t=1}^{T} \hat{U}_t^2} \tag{7.24.}$$

verwendet.

Zwischen der Prüffunktion D und dem Autokorrelationskoeffizienten 1. Ordnung ϱ besteht folgende näherungsweise Beziehung:

$$D \approx 2(1 - \varrho) . \tag{7.25.}$$

Im Fall von $\varrho = 0$ (keine Autokorrelation 1.Ordnung) nimmt D den Wert d = 2 an, im Fall $\varrho = 1$ wird d = 0 und für $\varrho = -1$ ist d = 4. Die Prüffunktion D nimmt also Werte im Bereich $0 \leq D \leq 4$ an.

Wenn auf einen Wert $\hat{u}_{t-1}$ ein fast gleich großer Wert $\hat{u}_t$ (t=2,...,T) folgt, sind die Differenzen im Zähler von (7.24.) klein und D wird kleine Werte annehmen. Das ist bei Trend der Residuen gegeben. Wenn die Residuen zwischen positiven und negativen Werten wechseln, wodurch ihre Differenzen groß werden, wird D große Werte annehmen. Das tritt bei periodischen Schwankungen der Residuen um die Zeitachse auf.

DURBIN und WATSON haben allgemeingültige Signifikanzpunkte für D berechnet, die von der Irrtumswahrscheinlichkeit α, der Länge der Zeitreihe (Stichprobenumfang) T und der Anzahl der erklärenden Variablen m abhängen. Tafel 8 im Anhang enthält diese Signifikanzpunkte. Zwei Nachteile dieses Tests sollen hier vermerkt werden. Der eine Nachteil ist, daß es zwei Bereiche gibt, in denen eine Entscheidung mit Hilfe des Tests nicht möglich ist. Dieser Nachteil mußte für die Allgemeingültigkeit der Tabelle der Signifikanzpunkte in Kauf genommen werden. Der andere Nachteil besteht darin, daß für Untersuchungen mit einem Stichprobenumfang kleiner als 15 keine Signifikanzpunkte für D existieren.

Liegt eine konkrete Stichprobe vor, dann werden die Regressionsparameter und die Residuen nach der Methode der kleinsten Quadrate geschätzt. Letztere werden in (7.24.) eingesetzt und man erhält den Prüfwert d. Da T und m bereits festliegen, ist noch die Irrtumswahrscheinlichkeit α vorzugeben. Auf Grund dieser drei Werte kann man die Signifikanzpunkte in der Tafel 8 aufsuchen.

Die Entscheidungsbereiche des Tests, die in der Abbildung 7.1. verdeutlicht werden, sind auf Grund der vorgegebenen Irrtumswahrscheinlichkeit α, des Stichprobenumfangs T und der Anzahl der erklärenden

Variablen m wie folgt:

1. $d_0 \leq d \leq 4 - d_0$	Nichtablehnung der H_0: $\varrho = 0$ (keine Autokorrelation 1. Ordnung der Residuen)
2. $0 \leq d \leq d_u$	Annahme der H_1: $\varrho > 0$ (positive Autokorrelation 1. Ordnung der Residuen)
3. $d_u \leq d \leq d_0$ bzw. $4-d_0 \leq d \leq 4-d_u$	Testergebnis nicht schlüssig (keine Entscheidungsmöglichkeit)
4. $4 - d_u \leq d \leq 4$	Annahme der H_1: $\varrho < 0$ (negative Autokorrelation 1. Ordnung der Residuen)

Ablehnung von H_0, Annahme von H_1: Positive Autokorrelation 1. Ordnung der Residuen	?	Annahme von H_0: keine Autokorrelation 1. Ordnung der Residuen	?	Ablehnung von H_0, Annahme von H_1: Negative Autokorrelation 1. Ordnung der Residuen

0 $\quad d_u \quad d_0 \quad 4-d_0 \quad 4-d_u \quad$ 4

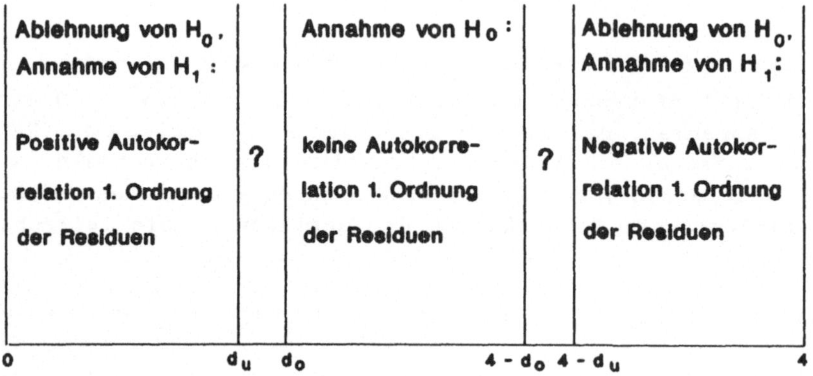

Abbildung 7.1.: Entscheidungsbereiche des Durbin-Watson-Tests

Als Faustregel kann man annehmen, daß für Prüfwerte von D, die in der Nähe von 2 liegen, keine Autokorrelation 1. Ordnung der Residuen vorliegt.

Wurde durch den Test auf Autokorrelation 1. Ordnung entschieden, dann erhält man einen Näherungswert für den unbekannten Autokorrelationskoeffizienten ϱ unter Ausnutzung von (7.25.):

$$\hat{\varrho} = 1 - \frac{d}{2} . \tag{7.26.}$$

Was kann man tun, wenn Autokorrelation festgestellt wurde ?

1. Da Autokorrelation der Residuen ein Indiz für eine Fehlspezifikation der Regressionsfunktion ist, sollte eine Überprüfung der Spezifikation vorgenommen werden:

- Wesentliche erklärende Variablen treten nicht explizit in der Regressionsfunktion auf. Ausgehend von der Problemstellung sollten weitere erklärende Variablen gesucht und diese in die Regressionsfunktion aufgenommen werden.
- Der gewählte lineare Funktionstyp ist dem tatsächlichen Zusammenhang nicht adäquat. Eine nichtlineare Regressionsfunktion führt eventuell zu einem besseren Ergebnis.
- Es existiert ein Strukturbruch in dem Datenmaterial, so daß der Gesamtzeitraum in Teilzeiträume zerlegt werden sollte und Regressionsschätzungen für die Teilzeiträume vorzunehmen sind.

2. Es ist eine Schätzmethode zu verwenden, die Autokorrelation der Störvariablen berücksichtigt. Eine solche Schätzmethode ist die verallgemeinerte Methode der kleinsten Quadrate (GLS - generalized least squares), die nach AITKEN [2] auch als Aitken-Schätzung bezeichnet wird. Sie soll nachfolgend kurz skizziert werden.

Die Herleitung der **verallgemeinerten Methode der kleinsten Quadrate** ist u.a. bei GOLDBERGER ([74], S.232 ff.), HÜBLER ([107], S.146ff.), JOHNSTON ([113], S. 179 ff.), SCHÖNFELD ([204], Bd. I., S. 135 ff.) und SCHNEEWEIß ([200], S. 179 ff.) zu finden.

Es wurde bereits darauf hingewiesen, daß im Falle von Autokorrelation der Störvariablen die Annahme 7 des klassischen Regressionsmodells nicht mehr gilt, sondern die Varianz-Kovarianz-Matrix der Störvariablen die allgemeine Gestalt (2.82.) besitzt. Es wird angenommen, daß für (2.82.) gilt:

$$E(UU') = \Sigma_U = \begin{pmatrix} \sigma_1^2 & \sigma_{12} & \cdots & \sigma_{1n} \\ \sigma_{21} & \sigma_2^2 & \cdots & \sigma_{2n} \\ \cdot & \cdot & \cdots & \cdot \\ \cdot & \cdot & \cdots & \cdot \\ \sigma_{n1} & \sigma_{n2} & \cdots & \sigma_n^2 \end{pmatrix} = \sigma^2 \, \mathbf{\Omega} \,. \qquad (7.27.)$$

σ^2 ist darin ein unbekannter Skalar und $\mathbf{\Omega}$ eine symmetrische und positiv definite Matrix, womit $\mathbf{\Omega}^{-1}$ existiert. Eine Regressionsfunktion mit dieser Annahme (statt Annahme 7) bei Gültigkeit aller anderen Annahmen des klassischen Modells wird **verallgemeinertes lineares Regressionsmodell** genannt.

Sind diese Bedingungen erfüllt, so läßt sich eine nichtsinguläre T·T - Matrix P finden[19], so daß

$$\mathbf{\Omega}^{-1} = P'P \text{ und } PVP = I \qquad (7.28.)$$

19 Ensprechend der bisherigen Symbolik wäre es im Falle von Querschnittsdaten eine n n - Matrix P.

ist. Diese Matrix **P** wird nun zur Transformation der ursprünglichen Regressionsfunktion verwendet, indem $\mathbf{y} = \mathbf{X}\boldsymbol{\beta} + \mathbf{u}$ (2.74.) auf beiden Seiten von links mit **P** multipliziert wird:

$$\mathbf{Py} = \mathbf{PX}\boldsymbol{\beta} + \mathbf{Pu} \quad \text{bzw.} \quad \mathbf{y}^* = \mathbf{X}^*\boldsymbol{\beta} + \mathbf{u}^* \qquad (7.29.)$$

mit $\mathbf{y}^* = \mathbf{Py}$, $\mathbf{X}^* = \mathbf{PX}$ und $\mathbf{u}^* = \mathbf{Pu}$.

Auf (7.29.) die Methode der kleinsten Quadrate angewandt führt zu folgender Schätzung:

$$\begin{aligned}\mathbf{b}^* &= (\mathbf{X}^{*\prime}\mathbf{X}^*)^{-1}\mathbf{X}^{*\prime}\mathbf{y}^* \\ &= (\mathbf{X}'\mathbf{P}'\mathbf{PX})^{-1}\mathbf{X}'\mathbf{P}'\mathbf{Py} \\ &= (\mathbf{X}'\boldsymbol{\Omega}^{-1}\mathbf{X})^{-1}\mathbf{X}'\boldsymbol{\Omega}^{-1}\mathbf{y} \\ &= (\mathbf{X}'\boldsymbol{\Sigma}_U^{-1}\mathbf{X})^{-1}\mathbf{X}'\boldsymbol{\Sigma}_U^{-1}\mathbf{y}. \qquad (7.30.)\end{aligned}$$

(7.30.) liefert beste unverzerrte Schätzungen (BLUE) der Regressionsparameter, denn es ist (mit **U** als Vektor der Zufallsvariablen):

$$E(\mathbf{U}^*) = E(\mathbf{PU}) = \mathbf{P}E(\mathbf{U}) = 0.$$

Die transformierten Störvariablen $\mathbf{U}^*$ erfüllen wieder die Annahme 7:

$$\begin{aligned}E(\mathbf{U}^*\mathbf{U}^{*\prime}) &= E(\mathbf{PUU}'\mathbf{P}') = \mathbf{P}E(\mathbf{UU}')\mathbf{P}' = \mathbf{P}\boldsymbol{\Sigma}_U\mathbf{P}' = \sigma^2\mathbf{P}\boldsymbol{\Omega}\mathbf{P}' = \sigma^2\mathbf{P}(\mathbf{P}'\mathbf{P})^{-1}\mathbf{P}' \\ &= \sigma^2\mathbf{I} = \sigma_U^2\mathbf{I}. \qquad (7.31.)\end{aligned}$$

Somit gilt entsprechend (3.35.)

$$\begin{aligned}\boldsymbol{\Sigma}_B &= \sigma_U^2(\mathbf{X}^{*\prime}\mathbf{X}^*)^{-1} \\ &= \sigma_U^2(\mathbf{X}'\mathbf{P}'\mathbf{PX})^{-1} = \sigma_U^2(\mathbf{X}'\boldsymbol{\Omega}^{-1}\mathbf{X})^{-1} = (\mathbf{X}'\boldsymbol{\Sigma}_U^{-1}\mathbf{X})^{-1} \qquad (7.32.)\end{aligned}$$

Ohne Beweis sei angegeben, daß

$$S^2(\hat{U}^*) = \frac{\hat{U}^{*\prime}\hat{U}^*}{T-m-1} = \frac{\hat{U}'\boldsymbol{\Omega}^{-1}\hat{U}}{T-m-1} \qquad (7.33.)$$

eine erwartungstreue Schätzfunktion von σ_U^2 und damit

$$\mathbf{S}_B = S^2(\hat{\mathbf{U}}^*)\cdot(\mathbf{X}^{*\prime}\mathbf{X}^*)^{-1} = S^2(\hat{\mathbf{U}}^*)\cdot(\mathbf{X}'\boldsymbol{\Omega}^{-1}\mathbf{X})^{-1} \qquad (7.34.)$$

eine unverzerrte Schätzfunktion für $\boldsymbol{\Sigma}_B$ ist.

Die verallgemeinerte Methode der kleinsten Quadrate ist somit eine Schätzung nach der klassischen Methode der kleinsten Quadrate mit den transformierten Variablen (GOLDBERGER [74], S. 134). Der zur Schätzung von **ß** zu minimierende quadratische Ausdruck $\mathbf{u}^{*\prime}\mathbf{u}^{*} = \mathbf{u}'\mathbf{P}'\mathbf{P}\mathbf{u} = \mathbf{u}'\mathbf{\Omega}^{-1}\mathbf{u}$ ist die Summe der gewogenen quadrierten Störvariablenwerte u_t. "Man kann daher im verallgemeinerten Regressionsmodell von einer gewogenen Regression ... sprechen...Dies stellt die relative Bedeutung der einzelnen u_i in Rechnung; u_i mit großer Streuung erhalten ein geringes Gewicht, u_i mit kleiner Streuung dagegen ein hohes Gewicht. Die Gewichte reflektieren die Präzision der einzelnen Zufallsvariablen u_i." (SCHÖNFELD [204]; Bd. I, S. 138).

Nun sieht man sofort ein Problem, das mit der verallgemeinerten Methode der kleinsten Quadrate verbunden ist: man muß Σ_U kennen. Im Fall von Autokorrelation 1. Ordnung der Störvariablen kann Σ_U durch (7.22.) ersetzt werden. Dann ist

$$\mathbf{\Omega}^{-1} = \frac{1}{1-\varrho^2}\begin{pmatrix} 1 & -\varrho & 0 & \dots & 0 & 0 \\ -\varrho & 1+\varrho^2 & -\varrho & \dots & 0 & 0 \\ 0 & -\varrho & 1+\varrho^2 & \dots & 0 & 0 \\ . & . & . & & . & . \\ 0 & 0 & 0 & \dots & 1+\varrho^2 & -\varrho \\ 0 & 0 & 0 & \dots & -\varrho & 1 \end{pmatrix} \tag{7.35.}$$

und unter Vernachlässigung des Faktors $1/(1-\varrho^2)$, da er jedes Element von $\mathbf{\Omega}^{-1}$ betrifft,

$$P = \begin{pmatrix} \sqrt{1-\varrho^2} & 0 & 0 & \dots & 0 & 0 \\ -\varrho & 1 & 0 & \dots & 0 & 0 \\ 0 & -\varrho & 1 & \dots & 0 & 0 \\ . & . & . & & . & . \\ . & . & . & & . & . \\ 0 & 0 & 0 & \dots & -\varrho & 1 \end{pmatrix}. \tag{7.36.}$$

Diese Matrix **P** wird zur Transformation der Ausgangsvariablen entsprechend (7.29.) verwendet:

$$y^{*} = P\,y = \begin{pmatrix} \sqrt{1-\varrho^2} & 0 & 0 & \dots & 0 & 0 \\ -\varrho & 1 & 0 & \dots & 0 & 0 \\ 0 & -\varrho & 1 & \dots & 0 & 0 \\ . & . & . & & . & . \\ . & . & . & & . & . \\ 0 & 0 & 0 & \dots & -\varrho & 1 \end{pmatrix} \begin{pmatrix} y_1 \\ y_2 \\ y_3 \\ . \\ . \\ y_T \end{pmatrix} = \begin{pmatrix} y_1\sqrt{1-\varrho^2} \\ y_2 - \varrho\, y_1 \\ y_3 - \varrho\, y_2 \\ . \\ . \\ y_T - \varrho\, y_{T-1} \end{pmatrix}$$

$$X^* = P\,X = \begin{pmatrix} \sqrt{1-\varrho^2} & 0 & 0 & \dots & 0 & 0 \\ -\varrho & 1 & 0 & \dots & 0 & 0 \\ 0 & -\varrho & 1 & \dots & 0 & 0 \\ . & . & . & & . & . \\ . & . & . & & . & . \\ 0 & 0 & 0 & \dots & -\varrho & 1 \end{pmatrix} \begin{pmatrix} x_{10} & x_{11} & x_{12} & \dots & x_{1,m-1} & x_{1m} \\ x_{20} & x_{21} & x_{22} & \dots & x_{2,m-1} & x_{2m} \\ x_{30} & x_{31} & x_{32} & \dots & x_{3,m-1} & x_{3m} \\ . & . & . & & . & . \\ . & . & . & & . & . \\ x_{T0} & x_{T1} & x_{T2} & \dots & x_{T,m-1} & x_{Tm} \end{pmatrix}$$

$$= \begin{pmatrix} x_{10}\sqrt{1-\varrho^2} & x_{11}\sqrt{1-\varrho^2} & \dots & x_{1m}\sqrt{1-\varrho^2} \\ x_{20} - \varrho\, x_{10} & x_{21} - \varrho\, x_{11} & \dots & x_{2m} - \varrho\, x_{1m} \\ . & . & \dots & . \\ . & . & \dots & . \\ x_{T0} - \varrho\, x_{T-1,0} & x_{T1} - \varrho\, x_{T-1,1} & \dots & x_{Tm} - \varrho\, x_{T-1,m} \end{pmatrix} \qquad (7.37.)$$

Zur Durchführung der Transformation muß der Autokorrelationskoeffizient ϱ bekannt sein. Es besteht nur die Möglichkeit, in einem iterativen Prozeß das Problem zu lösen. Es wird zunächst unter Verwendung der ursprünglichen Variablen die Regressionsfunktion (7.1.) nach der klassischen Methode der kleinsten Quadrate geschätzt, die Residuen ermittelt und mit ihnen ein Schätzwert für (7.23.) bestimmt. Der geschätzte Autokorrelationskoeffizient $\hat{\varrho}$ wird in die Matrix **P** eingesetzt und eine erneute Schätzung der Regressionsfunktion nach der verallgemeinerten Methode der kleinsten Quadrate vorgenommen usw., bis die Veränderungen von **b** und $\hat{\varrho}$ genügend klein sind.

8. Heteroskedastizität

Die Annahme 6 des klassischen Regressionsmodells (Abschnitt 2.6.) besagte, daß die Varianz der Störvariablen U_i (i = 1,..., n) gleich und konstant ist: $Var(U_i) = \sigma_U^2$. Dies wurde als **Homoskedastizität** bezeichnet.

Gibt es wenigstens eine Störvariable U_i mit einer anderen Varianz, ist diese Annahme 6 verletzt und **Heteroskedastizität** gegeben. Unter der Gültigkeit der Annahme 7 (Abwesenheit von Autokorrelation) nimmt die Varianz-Kovarianz-Matrix der Störvariablen somit folgende allgemeine Gestalt an:

$$\Sigma_U = \begin{pmatrix} \sigma_1^2 & 0 & \dots & 0 \\ 0 & \sigma_2^2 & \dots & 0 \\ . & . & & . \\ . & . & & . \\ 0 & 0 & \dots & \sigma_n^2 \end{pmatrix} . \qquad (8.1.)$$

Während die im vorangegangenen Kapitel behandelte Autokorrelation der Störvariablen die Elemente abseits der Diagonalen der Varianz-Kovarianz-Matrix Σ_U berührte, sind durch Heteroskedastizität der Störvariablen die Diagonalelemente dieser Matrix betroffen.

Es ist sofort ersichtlich, daß bei Anwendung der klassischen Methode der kleinsten Quadrate bei Auftretens von Heteroskedastizität in den Störvariablen die gleichen Konsequenzen bezüglich der Schätzung der Varianz der Residuen, der Standardfehler der Stichprobenregressionsparameter, der Standardfehler der Regreßwerte und für ihre Konfidenzintervalle sowie für Testentscheidungen auftreten, wie sie im Abschnitt 7.3. beim Auftreten von Autokorrelation der Störvariablen dargelegt wurden.

Ist Heteroskedastizität in den Störvariablen gegeben, ist somit die verallgemeinerte Methode der kleinsten Quadrate zur Schätzung der Regressionsparameter zu verwenden. Schreibt man anlog zu (7.27.)

$$\Sigma_U = \sigma^2 \boldsymbol{\Omega} = \sigma^2 \begin{pmatrix} \omega_1 & 0 & \dots & 0 \\ 0 & \omega_2 & \dots & 0 \\ . & . & & . \\ . & . & & . \\ 0 & 0 & \dots & \omega_n \end{pmatrix} \qquad (8.2.)$$

mit σ^2 als ein Proportionalitätsfaktor, so ist die Inverse von $\boldsymbol{\Omega}$

$$\Omega^{-1} = \begin{pmatrix} \omega_1^{-1} & 0 & \dots & 0 \\ 0 & \omega_2^{-1} & \dots & 0 \\ \cdot & \cdot & & \cdot \\ \cdot & \cdot & & \cdot \\ 0 & 0 & \dots & \omega_n^{-1} \end{pmatrix}. \qquad (8.3.)$$

Damit ergibt sich die Transformationsmatrix **P** als

$$P = \begin{pmatrix} \frac{1}{\sqrt{\omega_1}} & 0 & \dots & 0 \\ 0 & \frac{1}{\sqrt{\omega_2}} & \dots & 0 \\ \cdot & \cdot & & \cdot \\ \cdot & \cdot & & \cdot \\ 0 & 0 & \dots & \frac{1}{\sqrt{\omega_n}} \end{pmatrix}. \qquad (8.4.)$$

Die Prämultiplikation von $\mathbf{y} = \mathbf{X}\boldsymbol{\beta} + \mathbf{u}$ mit **P** (vgl. (7.29.)) beinhaltet die folgende Transformation der Werte der Ausgangsvariablen und der Störvariablen

$$y_i^* = \frac{y_i}{\sqrt{\omega_i}}, \; x_{ik}^* = \frac{x_{ik}}{\sqrt{\omega_i}}, \; u_i^* = \frac{u_i}{\sqrt{\omega_i}} \quad i = 1, \dots, n; \; k = 1, \dots, m. \qquad (8.5.)$$

Auf die Regressionsfunktion mit den transformierten Variablen (8.5.) kann nun wieder die Methode der kleinsten Quadrate angewandt werden, da die Annahmen des klassischen linearen Regressionsmodells nunmehr erfüllt sind. Eine Schätzung $\mathbf{b}^*$ der Regressionsparameter ergibt sich entsprechend (7.30.).

Will man die verallgemeinerte Methode der kleinsten Quadrate praktisch nutzen, müssen die Varianzen σ_i^2 bekannt sein. Dies ist jedoch nur äußerst selten bei der Untersuchung ökonomischer Zusammenhänge gegeben. Eine gewisse Chance, Varianzstabilität der Residuen zu erreichen, besteht in der Durchführung geeigneter Transformationen der zu erklärenden Variablen Y (siehe Abschnitt 5.1.1.). Dadurch entsteht jedoch oft eine nichtlineare Regressionsfunktion (vgl. auch SCHLITTGEN [196], S. 417 f.).

In der Literatur werden verschiedene Ursachen der Heteroskedastizität beschrieben, auf die hier nicht im einzelnen eingegangen werden kann. Heteroskedastizität wird unter anderem ausführlich von JUDGE et al. [115], HÜBLER [107], SCHÖNFELD [204] behandelt. Weitere Literaturangaben dazu sind im Literaturverzeichnis enthalten.

Heteroskedastizität der Störvariablen kann vor allem bei Verwendung von Querschnittsdaten, aber auch bei Zeitreihendaten auftreten. Bei Querschnittsdaten ist Heteroskedastizität der Störvariablen unter anderem zu erwarten,

- wenn die statistischen Einheiten und damit die beobachteten Werte der erfaßten Variablen nach einem sachlichen Aspekt (zum Beispiel Haushalte nach Haushaltgrößen, Unternehmen nach Klein-, Mittel- und Großunternehmen, Unternehmen nach Wirtschaftszweigen) oder nach einem geographischen Aspekt (z.B. Unternehmen nach Bundesländern) gruppiert werden können (vgl. unter anderem HÜBLER [107], S.155; SCHÖNFELD [204], Bd.1, S. 141 f.).

  Es kann davon ausgegangenen werden, daß die in den Störvariablen zusammengefaßten vielfältigen zufälligen Einflüsse innerhalb der einzelnen Gruppen gleich große Streuung, aber zwischen den Gruppen doch unterschiedliche Streuungen aufweisen. Somit ist dieser Gruppenaspekt eigentlich für die Variable Y_i eine wesentliche erklärende Variable (Haushaltgröße, Wirtschaftszweig usw.). In diesem Sinne deutet also auch Heteroskedastizität der Störvariablen auf eine Fehlspezifikation der Regressionsfunktion hin. Allerdings handelt es sich dabei oft um nominalskalierte Variablen, die sich nicht quantifizieren oder nur schwer in dummy-Variablen erfassen lassen.

  Angenommen die n insgesamt beobachteten statistischen Einheiten lassen sich in L Gruppen unterteilen, mit n_l ($l = 1,\ldots,L$) der Anzahl der statistischen Einheiten der l-ten Gruppe ($\Sigma_l n_l = n$). Innerhalb der Gruppen wird vorausgesetzt, daß die Störvariablen homoskedastisch sind, also die gleiche Varianz der Störvariablen σ_l^2 haben. Dann ergibt sich eine Unterteilung der Matrix **X** und des Vektors **y** in

$$\mathbf{X}' = (\mathbf{X}_1\ \mathbf{X}_2\ \ldots\ \mathbf{X}_L)',\quad \mathbf{y}' = (\mathbf{y}_1\ \mathbf{y}_2\ \ldots\ \mathbf{y}_L)', \tag{8.6.}$$

der Varianz-Kovarianz-Matrix $\mathbf{\Sigma}_U$ und der Matrix $\mathbf{\Omega}^{-1}$ in

$$\mathbf{\Sigma}_U = \begin{pmatrix} \sigma_1^2\, I_1 & 0 & \ldots & 0 \\ 0 & \sigma_2^2\, I_2 & \ldots & 0 \\ . & . & & . \\ . & . & & . \\ 0 & 0 & \ldots & \sigma_L^2\, I_L \end{pmatrix},\quad \mathbf{\Omega}^{-1} = \begin{pmatrix} \omega_1^{-1}\, I_1 & 0 & \ldots & 0 \\ 0 & \omega_2^{-1}\, I_2 & \ldots & 0 \\ . & . & & . \\ . & . & & . \\ 0 & 0 & \ldots & \omega_L^{-1}\, I_L \end{pmatrix} \tag{8.7.}$$

worin I_l eine $n_l \cdot n_l$-Einheitsmatrix ist. Entsprechend (7.30.) erhält man eine Schätzung der Regressionsparameter gemäß

$$b^* = \left(\sum_{l=1}^{L} \frac{1}{\omega_l} X_l' X_l \right)^{-1} \left(\sum_{l=1}^{L} \frac{1}{\omega_l} X_l y_l \right). \qquad (8.8.)$$

Sind die n_l ($l=1,...,L$) jeweils genügend groß, so kann eine Regressionsschätzung für jede Gruppe vorgenommen und mit der Varianz der Residuen s_l eine Schätzung von σ_l gewonnen werden. Diese Schätzungen in (8.7.) eingesetzt, lassen sich die ω^{-1} und anschließend (8.8.) bestimmen.

- wenn aggregierte Beobachtungsdaten für solche eben genannte Gruppen verwendet werden (vgl. ebenda).

Heteroskedastizität wird dann durch die unterschiedliche Anzahl von statistischen Einheiten in den einzelnen Gruppen hervorgerufen. Angenommen alle Störvariablen U_i sind homoskedastisch, so daß $\sigma_i^2 = \sigma_{sl}^2 = \sigma_U^2$ ($i=1,...,n$; $l=1,...,L$; $s=1,...,n_l$). Sind nun zum Beispiel für die L Gruppen nur die Gruppenmittel der Variablen $\overline{y}_l$ und $\overline{x}_{lk}$ ($k=1,...,m$) gegeben, so ist die Regressionsfunktion

$$\overline{y}_l = \beta_0^* \overline{x}_{l0} + \beta_1^* \overline{x}_{l1} + \ldots + \beta_m^* \overline{x}_{lm} + \overline{u}_l, \quad l = 1,...,L. \qquad (8.9.)$$

zu schätzen. Für jede Gruppe l gilt:

$$\overline{U}_l = \frac{1}{n_l} \sum_{s=1}^{n_l} U_{sl}$$

$$Var(\overline{U}_l) = Var\left(\frac{1}{n_l} \sum_s U_{sl}\right) = \frac{1}{n_l^2} \sum_s Var(U_{sl}) = \frac{\sigma_U^2}{n_l} \qquad (8.10.)$$

und somit

$$\Sigma_{\overline{U}} = \sigma_U^2 \begin{pmatrix} \frac{1}{n_1} & 0 & \ldots & 0 \\ 0 & \frac{1}{n_2} & \ldots & 0 \\ . & . & & . \\ . & . & & . \\ 0 & 0 & \ldots & \frac{1}{n_L} \end{pmatrix}, \quad \Omega^{-1} = \begin{pmatrix} n_1 & 0 & \ldots & 0 \\ 0 & n_2 & \ldots & 0 \\ . & . & & . \\ . & . & & . \\ 0 & 0 & \ldots & n_L \end{pmatrix} \qquad (8.11.)$$

Da die n_l verschieden sein können, ergibt sich Heteroskedastizität der Störvariablen U_l.

- wenn die Residuen mit größer (bzw. kleiner) werdenden Werten einer oder mehrerer erklärender X-Variablen zunehmend streuen (siehe Abbildung 2.9.). Dahinter liegt die Tatsache, daß der Einfluß der entsprechenden Variablen auf die zu erklärende Variable Y mit ihren steigenden (bzw. fallenden) Werten nicht mehr so ausgeprägt ist. In diesem Fall hängen die Varianzen der Störgrößen U_i von den Werten einer (oder mehrerer) erklärenden Variablen X_k ab (vgl. HÜBLER [107], S. 161 ff.), zum Beispiel

- die Standardabweichungen σ_i sind proportional zu x_{ik}:

  $\sigma_i = ax_{ik} \quad (i=1,\ldots,n)$

  (vgl. auch SCHNEEWEIß [200], 1971, S. 192, JOHNSTON [113], S. 210 f., GOLDBERGER [74], S. 235 f.),

- die Varianzen σ_i^2 sind proportional zu x_{ik}:

  $\sigma_i^2 = ax_{ik} \quad (i=1,\ldots,n)$

  (vgl. auch JOHNSTON [113], S. 211).

Im Prinzip kann es gleiche Erscheinungen der Heteroskedastizität auch bei Zeitreihendaten geben. Statt der Gruppen liegen dann disjunkte Teilzeiträume innerhalb des untersuchten Gesamtzeitraumes vor, in denen die Varianzen der Störgrößen gleich, zwischen denen die Varianzen aber verschieden sind. Es treten somit Strukturbrüche in den Varianzen der Störgrößen auf.

Ebenso kann es zu größer oder kleiner werdenden Streuungen der Störgrößen über die Zeit kommen, was auf abnehmenden bzw. zunehmenden Einfluß einer in der Regressionsfunktion enthaltenen erklärenden Variablen, aber auch einer in der Regressionsfunktion nicht enthaltenen Variablen zurückzuführen sein kann.

Erste Anhaltspunkte, ob Heteroskedastizität vorliegt, können aus Streuungsdiagrammen analog zu den Abbildungen (2.8.) oder (2.9.) gewonnen werden. Es ist jedoch zu empfehlen, Tests auf Heteroskedastizität heranzuziehen. Bei diesen Tests lautet die Nullhypothese auf Homoskedastizität, das heißt Gleichheit der Varianzen der Störgrößen, und die Alternativhypothese auf Heteroskedastizität, deren konkrete Formulierung jedoch von der vermuteten Art der Heteroskedastizität abhängt. Von der Alternativhypothese ist dann auch die zu verwendende Test-Statistik abhängig. So können unter anderem der BARTLETT-Test oder modifizierte F-Tests (vgl. Abschnitt 5.3.3.) herangezogen werden, wenn der oben geschilderte Gruppenaspekt Ursache der Heteroskedastizität sein kann. Bezüglich der verschiedenen Heteroskedastizitätstests muß jedoch aus Platzgründen auf die angegebene Literatur verwiesen werden.

9. Zusammenfassendes Beispiel

In diesem Kapitel wird die Anwendung der Regressions- und Korrelationsanalyse zur Untersuchung von Abhängigkeiten und Zusammenhängen von ökonomischen Erscheinungen anhand eines Beispiels zusammenfassend demonstriert. Obwohl den verwendeten Variablen ökonomische Inhalte gegeben werden, handelt es sich nicht um eine reale Untersuchung, sondern um ein schematisches Beispiel, denn das Ziel dieses Kapitels besteht in der zusammenfassenden Darlegung der statistischen Vorgehensweise und nicht in einer fachwissenschaftlichen (ökonomischen) Deutung. Dies sollte bei allen folgenden sachlogischen Interpretationen berücksichtigt werden.

In einer Querschnittsanalyse werden 11 Unternehmen einer Branche bezüglich der Abhängigkeit des Umsatzes Y (in Mill. DM) von den Investitionen X_1 (in 1000 DM), den Aufwendungen für Forschung und Entwicklung X_2 (in 1000 DM) und den Werbeaufwendungen X_3 (in 1000 DM) für einen gegebenen Zeitraum untersucht. Es handelt sich dabei um eine Stichprobe vom Umfang n=11 aus der Gesamtheit aller Unternehmen dieser Branche. Die Werte[20] der erklärenden Variablen X_1, X_2, X_3 und der Variablen Y sind in der folgenden Tabelle erfaßt.

Tabelle 9.1.: Ausgangsdaten, Mittelwert, Varianz und Standardabweichung der Variablen Y, X_1, X_2 und X_3

i	y_i	x_{i1}	x_{i2}	x_{i3}
1	12,6	117,0	84,5	3,1
2	13,1	126,3	89,7	3,6
3	15,1	134,4	96,2	2,3
4	15,1	137,5	99,1	2,3
5	14,9	141,7	103,2	0,9
6	16,1	149,4	107,5	2,1
7	17,9	158,4	114,1	1,5
8	21,0	166,5	120,4	3,8
9	22,3	177,1	126,8	3,6
10	21,9	179,8	127,2	4,1
11	21,0	183,8	128,7	1,9
Mittelwert	17,3636	151,991	108,855	2,6545
Varianz	13,0465	518,365	246,239	1.0927
Stand.-abweich.	3,612	22,7676	15,692	1,0453

20 Die Ausgangsdaten für dieses Beispiel wurden MALINVAUD [154], S. 17 entnommen. Alle weiteren Berechnungen erfolgten durch die Autoren.

Mit diesen Ausgangsdaten ergeben sich die folgenden Schätzungen für die einfachen und multiplen linearen Regressionsfunktionen, wobei in den Klammern unter den Regressionsparameter zunächst der Standardfehler und dann der t-Prüfwert angegeben wird. Bei den multiplen Regressionsfunktionen enthält die 3. Klammern unter den Regressionskoeffizienten die standardisierten Regressionskoeffizienten.

I. Einfache lineare Regressionsfunktionen

Für die Berechnungen gibt es einen Bezug auf folgende Formeln: (2.22.), (2.23.), (3.52.), (3.41.), (3.43.), (3.9.), (5.51.), (5.50.), (4.5.), (5.48.).

$$\hat{y}_i = -6{,}0768 + 0{,}1542x_{i1} \qquad s_{\hat{u}}^2 = 0{,}7971 \qquad s_{\hat{u}} = 0{,}8928 \qquad (9.1.)$$
$$(1{,}9039) \quad (0{,}0124) \qquad B_{y1} = 0{,}945$$
$$(-3{,}1917) \quad (12{,}4366) \qquad r_{y1} = 0{,}9721$$

Tabelle 9.2.: Varianztabelle der Regressionsfunktion (9.1.)

Streuungsursache	Summe der quadratischen Abweichungen	Anzahl der Freiheitsgrade	mittlere quadratische Abweichung	Wert der Prüffunktion
erklärende Variable X_1	123,29124	1	123,29124	154,6679
Rest	7,17422	9	0,79714	
Gesamtstreuung	130,46545	10		

$$\hat{y}_i = -7{,}0749 + 0{,}2245x_{i2} \qquad s_{\hat{u}}^2 = 0{,}7059 \qquad s_{\hat{u}} = 0{,}8402 \qquad (9.2.)$$
$$(1{,}8604) \quad (0{,}0169) \qquad B_{y1} = 0{,}9513$$
$$(-3{,}8028) \quad (13{,}2594) \qquad r_{y1} = 0{,}9753$$

Tabelle 9.3.: Varianztabelle der Regressionsfunktion (9.2.)

Streuungsursache	Summe der quadratischen Abweichungen	Anzahl der Freiheitsgrade	mittlere quadratische Abweichung	Wert der Prüffunktion
erklärende Variable X_2	124,11206	1	124,11206	175,8129
Rest	6,35339	9	0,70593	
Gesamtstreuung	130,46545	10		

$$\hat{y}_i = 14,3266 + 1,1441x_{i3} \qquad s_0^2 = 12,9069 \qquad s_0 = 3,5926$$
$$(3,0816) \quad (1,0868) \qquad B_{y1} = 0,1096 \qquad (9.3.)$$
$$(4,649) \quad (1,0527) \qquad r_{y1} = 0,3311$$

Tabelle 9.4.: Varianztabelle der Regressionsfunktion (9.3.)

Streuungs-ursache	Summe der quadratischen Abweichungen	Anzahl der Freiheits-grade	mittlere quadratische Abweichung	Wert der Prüffunk-tion
erklärende Variable X_3	14,303245	1	14,303245	1,10818
Rest	116,16221	9	12,90691	
Gesamt-streuung	130,46545	10		

Zwischenauswertung für die einfachen linearen Regressionsfunktionen: Für eine vorgegebene Irrtumswahrscheinlichkeit von $\alpha = 0,05$ ist der kritische Wert der Prüffunktion (5.48.) $f_{1;9;0,05} = 5,12$ und der kritische Wert der Prüffunktion (5.49.) $t_{9;0,025} = 2,26$. Im Fall der einfachen linearen Regressionsfunktion ist der Test des Bestimmtheitsmaßes und der Test des Regressionskoeffizienten äquivalent, da nur eine erklärende Variable in der Regressionsfunktion enthalten ist. Für die Regressionsfunktionen (9.1.) und (9.2.) wird die Nullhypothese (siehe Abschnitte 5.3.2. und 5.3.3.) auf einem Signifikanzniveau von 5% und der zugrundeliegenden Stichprobe von 11 Unternehmen abgelehnt, für die Regressionsfunktion (9.3.) jedoch nicht. Die Variable X_1 bzw. X_2 hat einen signifikanten Einfluß auf die Variable Y. Unter der Voraussetzung, daß die Abhängigkeit des Umsatzes nur von den Investitionen bzw. nur von den Aufwendungen für Forschung und Entwicklung untersucht wird, ergeben sich für die 11 Unternehmen folgende Interpretationen der Regressionskoeffizienten: Wenn die Investitionen um 1000 DM erhöht werden [in (9.1.)], erhöht sich im Mittel der Umsatz um 154200 DM. Wenn die Aufwendungen für Forschung und Entwicklung um 1000 DM erhöht werden [in (9.2.)], erhöht sich der Umsatz durchschnittlich um 224500 DM.

II. Multiple lineare Regressionsfunktionen

Für die Berechnungen gibt es einen Bezug auf folgende Formeln: (2.42.),(2.45.),(2.46.),(2.57.),(3.52.),(3.45.), (3.46.),(3.47.), (3.37.),(3.16.),(3.12.),(3.24.),(2.63.),(5.49.),(5.48),(7.24.).

$$\hat{y}_i = -7,175 - 0,0181x_{i1} + 0,2507x_{i2} \qquad s_0^2 = 0,793 \qquad s_0 = 0,8905$$
$$(2,1814) \quad (0,1689) \quad (0,2451) \qquad B_{y.12} = 0,9514 \qquad (9.4.)$$
$$(-3,2891) \quad (-0,1073) \quad (1,0230) \qquad \bar{B}_{y.12} = 0,9392$$
$$(-0,1143) \quad (1,0893) \qquad r_{y.12} = 0,9754 \qquad d = 1,1122$$

Tabelle 9.5.: Varianztabelle der Regressionsfunktion (9.4.)

Streuungsursache	Summe der quadratischen Abweichungen	Anzahl der Freiheitsgrade	mittlere quadratische Abweichung	Wert der Prüffunktion
erklärende Variable X_1 und X_2	124,121	2	62,0606	78,2573
erkl.Var.X_1	123,2912	1	123,2912	155,47
erkl.Var.X_2	0,82996	1	0,82996	1,05
Rest	6,344	8	0,79303	
Gesamtstreuung	130,465	10		

$$
\begin{array}{lllllll}
\hat{y}_i = -6{,}955 & + 0{,}1496x_{i1} & + 0{,}5944x_{i3} & s_u^2 & = 0{,}4279 & s_u = 0{,}6541 & \\
(1{,}4261) & (0{,}00922) & (0{,}2008) & B_{y.13} & = 0{,}9738 & & (9.5.) \\
(-4{,}8768) & (16{,}2318) & (2{,}9608) & B_{y.13} & = 0{,}9672 & & \\
 & (0{,}9431) & (0{,}172) & r_{y.13} & = 0{,}9868 & d = 1{,}9606 &
\end{array}
$$

Tabelle 9.6.: Varianztabelle der Regressionsfunktion (9.5.)

Streuungsursache	Summe der quadratischen Abweichungen	Anzahl der Freiheitsgrade	mittlere quadratische Abweichung	Wert der Prüffunktion
erklärende Variable X_1 und X_3	127,042	2	63,5211	148,448
erkl.Var.X_1	123,2912	1	123,2912	288,13
erkl.Var.X_3	3,7510	1	3,751	8,77
Rest	3,4232	8	0,4279	
Gesamtstreuung	130,465	10		

$$
\begin{array}{lllllll}
\hat{y}_i = -8{,}055 & + 0{,}2179x_{i2} & + 0{,}6388x_{i3} & s_u^2 & = 0{,}2502 & s_u = 0{,}5001 & \\
(1{,}1321) & (0{,}01020) & (0{,}1531) & B_{y.23} & = 0{,}9847 & & (9.6.) \\
(-7{,}1150) & (21{,}3628) & (4{,}1711) & B_{y.23} & = 0{,}9808 & & \\
 & (0{,}9468) & (0{,}1849) & r_{y.23} & = 0{,}9923 & d = 2{,}4505 &
\end{array}
$$

Tabelle 9.7.: Varianztabelle der Regressionsfunktion (9.6.)

Streuungs-ursache	Summe der quadratischen Abweichungen	Anzahl der Freiheits-grade	mittlere quadratische Abweichung	Wert der Prüffunk-tion
erklärende Variable X_2 und X_3	128,464	2	64,2321	256,775
erkl.Var.X_2	124,1121	1	124,1121	496,15
erkl.Var.X_3	4,35219	1	4,35219	17,40
Rest	2,0012	8	0,25015	
Gesamt-streuung	130,465	10		

$$
\begin{array}{lllll}
\hat{y}_i = -8{,}6716 & -\ 0{,}1024x_{i1} & +\ 0{,}3657x_{i2} & +\ 0{,}6722x_{i3} & s_0^2 = 0{,}246 \\
\quad (1{,}2631) & (0{,}0961) & (0{,}1391) & (0{,}1551) & s_0 \;\; = 0{,}496 \\
\quad (-6{,}8655) & (-1{,}0654) & (2{,}6298) & (4{,}3347) & \qquad (9.7.) \\
 & (-0{,}6452) & (1{,}5887) & (0{,}1945) &
\end{array}
$$

$B_{y.123} = 0{,}9868 \qquad B_{y.123} = 0{,}9811 \quad r_{y.123} = 0{,}9934 \quad d = 2{,}4929$

Tabelle 9.8.: Varianztabelle der Regressionsfunktion (9.7.)

Streuungs-ursache	Summe der quadratischen Abweichungen	Anzahl der Freiheits-grade	mittlere quadratische Abweichung	Wert der Prüffunk-tion
erklärende Variable X_1, X_2, X_3	128,743	3	42,9145	174,451
erkl.Var.X_1	123,291235	1	123,29124	501,19
erkl.Var.X_2	0,82996	1	0,82996	3,37
erkl.Var.X_3	4,622276	1	4,62228	18,79
Rest	1,72198	7	0,245998	
Gesamt-streuung	130,465	10		

Zwischenauswertung der multiplen linearen Regressionsfunktionen:
Für eine vorgegebene Irrtumswahrscheinlichkeit von $\alpha = 0{,}05$ ist für die Regressionsfunktionen (9.4.) bis (9.6.) der kritische Wert der Prüffunktion (5.48.) $f_{2;8;0,025} = 4{,}46$ und der kritische Wert der Prüf-

funktion (5.49.) $t_{8;0,05} = 2,31$. Für die Regressionsfunktion (9.7.) lauten die kritischen Werte $f_{3;7;0,05} = 4,35$ und $t_{7;0,05} = 2,36$.

Für die vier multiplen Regressionsfunktionen zeigt sich auf einem Signifikanzniveau von 5% und der zugrundeliegenden Stichprobe von 11 Unternehmen, daß die Variablen X_1 und X_2 bzw. X_1 und X_3 bzw. X_2 und X_3 bzw. X_1, X_2 und X_3 *zusammen* einen signifikanten Einfluß auf die Variable Y ausüben.

Der Signifikanztest der einzelnen Regressionskoeffizienten zeitigt auf einem Signifikanzniveau von 5% und auf der Basis einer Stichprobe von 11 Unternehmen folgende Ergebnisse: In der Regressionsfunktion (9.4.) wird für beide Regressionskoeffizienten die Nullhypothese nicht abgelehnt. In den Regressionsfunktionen (9.5.) und (9.6.) wird die Nullhypothese für beide Regressionskoeffizienten abgelehnt. In der Regressionsfunktion (9.7.) wird die Nullhypothese nur für die Regressionskoeffizenten bei den Variablen X_2 und X_3 abgelehnt, jedoch nicht für den Regressionskoeffizienten bei der Variablen X_1.

Während in der einfachen Regressionsfunktion (9.1.) die Investitionen einen signifikanten Einfluß auf den Umsatz haben, dieser signifikante Einfluß auch in (9.5.) zu beobachten ist, ist dies in den multiplen Regressionsfunktionen (9.4.) und (9.7.) nicht mehr der Fall. Außerdem ist in (9.4.) als auch in (9.7.) das Vorzeichen des Regressionskoeffizienten bei den Investitionen ökonomisch nicht plausibel. Worauf könnte dies zurückzuführen sein ? In beiden Fällen tritt als weitere erklärende Variable für den Umsatz die Aufwendungen für Forschung und Entwicklung hinzu. An dieser Stelle sollte man sich die Ausführungen zur Multikollinearität im Kapitel 6. in Erinnerung rufen. Schon eine flüchtige Betrachtung der Datenreihen der beiden Variablen X_1 und X_2 läßt eine deutliche Gleichläufigkeit in den Variationen erkennen.

Der Prüfwert d des DURBIN-WATSON-Autokorrelationstests (7.24.) ist hier angegeben worden, obwohl es sich bei dem Beispiel nicht um eine Zeitreihenregression handelt und die Tabelle 8 im Anhang für einen Stichprobenumfang von n=11 keine Signifikanzpunkte ausweist. Auch bei Querschnittsregressionen kann er zur Einschätzung korrekter bzw. inkorrekter Spezifikation der Regressionsfunktion herangezogen werden und wird deshalb von vielen Softwarepaketen in der Ergebnisliste ausgedruckt. Zieht man die näherungsweise Beziehung zwischen der Prüffunktion D und dem Autokorrelationskoeffizienten 1. Ordnung (7.25.) heran, so signalisiert der Prüfwert d aus (9.4.) eine mögliche Fehlspezifikation der Regressionsfunktion.

III. Beziehungen zwischen den erklärenden Variablen

Es ist jetzt zu prüfen, inwieweit es eine Beziehungen zwischen den erklärenden Variablen gibt. Die Regressionskoeffizienten dieser Regressionsfunktionen werden zur Unterscheidung mit a_0 und a_1 und die Störvariablen mit V bezeichnet.

Für die Berechnungen gibt es einen Bezug auf folgende Formeln: (2.22.),(2.23.),(3.52.),(3.41.),(3.43.),(3.9.),(5.51.),(5.50.), (4.5.), (5.48.).

$$\hat{x}_{i2} = \underset{\substack{(2,5827)\\(1,6959)}}{4,3799} + \underset{\substack{(0,01682)\\(40,8623)}}{0,6874}x_{i1} \qquad s_V^2 = 1,4668 \quad s_V = 1,2111 \quad B_{21} = 0,9946 \quad r_{21} = 0,9973 \tag{9.8.}$$

Tabelle 9.9.: Varianztabelle der Regressionsfunktion (9.8.)

Streuungsursache	Summe der quadratischen Abweichungen	Anzahl der Freiheitsgrade	mittlere quadratische Abweichung	Wert der Prüffunktion
erklärende Variable X_1	2449,1859	1	2449,1859	1669,73
Rest	13,2013	9	1,4668	
Gesamtstreuung	2462,3873	10		

$$x_{i2} = \underset{\substack{(14,018)\\(7,3263)}}{102,699} + \underset{\substack{(4,9438)\\(0,4690)}}{2,3187}x_{i3} \qquad s_V^2 = 267,0708 \quad s_V = 16,3423 \quad B_{23} = 0,0239 \quad r_{23} = 0,1545 \tag{9.9.}$$

Tabelle 9.10.: Varianztabelle der Regressionsfunktion (9.9.)

Streuungsursache	Summe der quadratischen Abweichungen	Anzahl der Freiheitsgrade	mittlere quadratische Abweichung	Wert der Prüffunktion
erklärende Variable X_3	58,7500	1	58,7500	0,21998
Rest	2403,6373	9	267,0708	
Gesamtstreuung	2462,3873	10		

$$x_{i3} = 1,4774 + 0,007745 x_{i1} \qquad s_V^2 = 1,1796 \qquad s_V = 1,0861$$
$$(2,3161) \quad (0,01508) \qquad B_{31} = 0,0285 \qquad (9.10.)$$
$$(0,6379) \quad (0,51339) \qquad r_{31} = 0,1687$$

Tabelle 9.11.: Varianztabelle der Regressionsfunktion (9.10.)

Streuungs-ursache	Summe der quadratischen Abweichungen	Anzahl der Freiheits-grade	mittlere quadratische Abweichung	Wert der Prüffunk-tion
erklärende Variable X_1	0,3109	1	0,3109	0,26357
Rest	10,6164	9	1,1796	
Gesamt-streuung	10,9273	10		

Auf einem Signifikanzniveau von 5% und einer Stichprobe vom Umfang n = 11 Unternehmen besteht nur zwischen den Variablen X_1 und X_2 signifikante lineare Multikollinearität.

Unter Verwendung der Stichproben-Residuen V aus (9.8.), die den um den Einfluß der Variablen X_1 bereinigten Teil der Variablen X_2 beinhalten, ergeben sich folgende weitere Regressionsfunktionen:

$$\hat{y}_i = 17,3636 + 0,2507 v_i \qquad s_{\hat{u}}^2 = 14,4039 \qquad s_{\hat{u}} = 3,7953$$
$$(1,1443) \quad (1,0446) \qquad B_{yv} = 0,0064 \qquad (9.11.)$$
$$(15,1739) \quad (0,2400) \qquad r_{yv} = 0,0798$$

Tabelle 9.12.: Varianztabelle der Regressionsfunktion (9.11.)

Streuungs-ursache	Summe der quadratischen Abweichungen	Anzahl der Freiheits-grade	mittlere quadratische Abweichung	Wert der Prüffunk-tion
erklärende Variable V	0,82996	1	0,82996	0,05762
Rest	129,63549	9	14,40394	
Gesamt-streuung	130,46545	10		

$$\hat{y}_i = -6,0768 + 0,1542 x_{i1} + 0,2507 v_i \qquad s_{\hat{u}}^2 = 0,7930 \qquad s_{\hat{u}} = 0,8905$$
$$(1,8990) \quad (0,01237) \quad (0,2451) \qquad B_{y_k.1v} = 0,9514 \qquad (9.12.)$$
$$(-3,2000) \quad (12,4687) \quad (1,0230) \qquad B_{y.1v} = 0,9392$$
$$(0,9721) \quad (0,3278) \qquad r_{y.1v} = 0,9754 \qquad d = 1,1122$$

Tabelle 9.13.: Varianztabelle der Regressionsfunktion (9.12.)

Streuungsursache	Summe der quadratischen Abweichungen	Anzahl der Freiheitsgrade	mittlere quadratische Abweichung	Wert der Prüffunktion
erklärende Variable X_1 und V	124,1212	2	62,0606	78,2573
erkl.Var.X_1	123,2912	1	123,2912	155,47
erkl.Var.V	0,82996	1	0,82996	1,05
Rest	6,34426	8	0,793032	
Gesamtstreuung	130,4654	10		

$$\hat{y}_i = \underset{\substack{(1,0822)\\(-6,5329)}}{-7,06991} + \underset{\substack{(0,006993)\\(21,3102)\\(-0,9393)}}{0,1490x_{i1}} + \underset{\substack{(0,1391)\\(2,6298)\\(0,1226)}}{0,3657v_i} + \underset{\substack{(0,1551)\\(4,3347)\\(0,1945)}}{0,6722x_{i3}} \qquad s_0^2 = 0,246 \quad s_0 = 0,496 \qquad (9.13.)$$

$B_{y.1v3} = 0,9868 \quad B^*_{y.1v3} = 0,9811 \quad r_{y.1v3} = 0,9934 \quad d = 2,4929$

Tabelle 9.14.: Varianztabelle der Regressionsfunktion (9.13.)

Streuungsursache	Summe der quadratischen Abweichungen	Anzahl der Freiheitsgrade	mittlere quadratische Abweichung	Wert der Prüffunktion
erklärende Variable X_1, V, X_3	128,7434	3	42,9145	174,451
erkl.Var.X_1	123,291235	1	123,29124	501,19
erkl.Var.V	0,82996	1	0,82996	3,37
erkl.Var.X_3	4,622276	1	4,62228	18,79
Rest	1,72198	7	0,245998	
Gesamtstreuung	130,4654	10		

Auswertung der Ergebnisse:

Die Regressionsfunktion (9.12.) ist ein Beispiel von Unkorreliertheit zwischen den erklärenden Variablen (siehe Kapitel 6.). Der partielle Regressionskoeffizient bei der Variablen X_1 entspricht dem einfachen Regressionskoeffizienten bei der Variablen X_1 in (9.1.) und der partielle Regressionskoeffizient bei der Variablen V dem einfachen Regressionskoeffizienten der Variablen V in (9.11.). Die Kovarianz zwischen diesen beiden Regressionskoeffizienten ist auf Grund der Abwesenheit von Multikollinearität zwischen X_1 und V gleich Null. Die Varianzen der Regressionskoeffizienten in (9.12.) haben sich gegenüber den Varianzen der einfachen Regressionskoeffizienten in (9.1.) bzw. (9.11.) nur im Verhältnis der Residualvarianzen verändert.

Die hohe Multikollinearität zwischen X_1 und X_2 ($r_{21} = 0,9973$) bewirkt eine mangelhafte Identifizierbarkeit der Regressionskoeffizienten in der Regressionsfunktion (9.4.). Der Regressionskoeffizient b_1 bei der Variablen X_1 verändert sich durch die Aufnahme der Variablen X_2 gegenüber dem einfachen Regressionskoeffizienten in (9.1.) sehr stark, und es kommt sogar zu einem Wechsel des Vorzeichens (Richtung der Abhängigkeit). Die Unterschiede zwischen dem partiellen Regressionskoeffizienten b_2 bei der Variablen X_2 in (9.4.) gegenüber dem einfachen Regressionskoeffizienten von X_2 in (9.2.) sind dagegen geringer.

Der Regressionskoeffizient b_1 in (9.4.) setzt sich zusammen aus:

b_1	$= b_{y1}$	a_1	$\cdot\ b_2$
-0,0181	= 0,1542	- 0,6874	· 0,2507
in (9.4.)	in (9.1.)	in (9.8.)	in (9.4.)

Weiterhin gilt entsprechend (6.16.) auch

$$b_2 \text{ [in (9.4.)]} = b_{yv} \text{ [in (9.11.)]} \rightarrow 0,2507 = 0,2507;$$

das heißt, der Regressionskoeffizient b_2 erfaßt nicht den partiellen Einfluß von X_2, sondern nur den Einfluß des von X_1 bereinigten Teils von X_2. Die Abbildung 6.1 kann somit für dieses Beispiel wie folgt konkretisiert werden, wobei die Doppellinie den Gesamteinfluß von X_1 auf Y kennzeichnet:

Y
-0,0181 0,2507 0,2507
$X_1 \Longrightarrow \hat{X}_2 + V = X_2$
0,6874

Obwohl das Bestimmtheitsmaß von (9.4.) statistisch auf einem Signifikanzniveau von 5% gesichert ist, läßt sich der Gesamteinfluß von X_1 und X_2 derart ungenau auf die beiden Variablen aufteilen, so daß beide Regressionskoeffizenten nichtsignifikant verschieden von Null sind. Die Standardfehler beider Regressionskoeffizienten sind durch die zwischen den Variablen X_1 und X_2 existierende Multikollinearität "explodiert": bei b_1 von 0,0124 in (9.1.) auf 0,1689 in (9.4.) und bei b_2 von 0,169 in (9.2.) auf 0,2451 in (9.4.). Die negative Kovarianz $s(B_1B_2)$ weist außerdem daraufhin, daß eine Überschätzung (Unterschätzung) von b_1 begleitet ist von einer Unterschätzung (Überschätzung) von b_2.

Die Regressionsschätzung (9.5.) mit den Variablen X_1 und X_3 ergibt signifikante Regressionskoeffizienten bei beiden Variablen, da die Multikollinearität zwischen beiden Variablen mit r_{13} = 0,1687 gering ist, das heißt, der Grad der Multikollinearität ist noch nicht so hoch, daß sie die Identifizierbarkeit der partiellen Einflüsse wesentlich erschwert.

Im Gegenteil, der in (9.3.) nichtsignifikante Regressionskoeffizient der Variablen X_3 wird durch die Aufnahme von X_1 in die Regressionsfunktion signifikant, was vor allem auf die verringerte Residualvarianz (von s_0^2 = 12,9069 in (9.3.) auf s_0^2 = 0,4279 in (9.5.)) zurückzuführen ist, denn der Standardfehler verringert sich fast im Verhältnis der Residualvarianzen.

In analoger Weise kann auch die Regressionsschätzung (9.7.) interpretiert werden. Die hohe Multikollinearität zwischen X_1 und X_2 bewirkt weiterhin die Nichtsignifikanz des Regressionskoeffizienten b_1. Die Gesamtwirkung von X_1 auf Y von 0,1542 (=b_{y1}) teilt sich wiederum sehr ungenau auf: mit b_1 = −0,1024 direkter Beeinflussung von X_1 auf Y, mit (0,6874)(0,3657) = 0,2514 indirekter Beeinflussung über X_2 und (0,007745)(0,6722) = 0,005206 indirekter Wirkung über X_3. Andererseits ist jedoch zu beobachten, daß der Regressionskoeffizient b_2 gegenüber der Schätzung (9.4.) signifikant wurde. Das ist vor allem auf die Aufnahme der Variablen X_3 und die damit verbundene Reduzierung der Residualvarianz zurückzuführen.

Vergleicht man die Regressionsschätzung (9.7.) mit (9.13.), in der statt der Variablen X_2 die Residuen V aus (9.8.) verwendet wurden, so verändern sich die Regressionskoeffizienten der Variablen X_2 bzw. V und der Variablen X_3 nur äußerst geringfügig (was bei der Angabe mit vier Dezimalstellen nicht sichtbar wird). Der Regressionskoeffizient b_1 bei der Variablen X_1 nähert sich jedoch wiederum dem einfachen Regressionskoeffizienten der Variablen X_1 in (9.1.). Die Multikollinearität zwischen X_1 und X_2 konnte durch die Verwendung der Variablen V ausgeschaltet werden. Er entspricht nicht völlig diesem einfachen Regressionskoeffizienten, da eine geringfügige Multikollinearität auch zwischen X_1 und X_3 existiert, die nicht ausgeschaltet wurde. Der Vorzug der Regressionsschätzung (9.13.) liegt aber darin, daß nunmehr auch b_1 signifikant ist. Außerdem werden die relativen Bedeutungen der Variablen im Gesamtzusammenhang (verdeutlicht in den standardisierten Regressionskoeffizienten) wieder richtig gestellt, was in der Schätzung (9.7.) nicht der Fall ist. Es ist aber die Konsequenz für die ökonomische Interpretation des Regressionskoeffizienten b_2 zu beachten. Der Nachteil dieser Schätzung besteht darin, daß sie nicht für Prognoseschätzungen verwendet werden kann, da das Residuum v_p des Prognosepunktes p nicht bekannt ist.

Eine Verminderung der Multikollinearität könnte auch dadurch angestrebt werden, daß statt der Variablen X_2 eine Variable Aufwendungen für Forschung und Entwicklung pro wissenschaftlicher Mitarbeiter oder Aufwendungen für Forschung und Entwicklung pro Einheit Anlagenkapital verwendet wird.

Nachfolgende Tabelle gibt für (9.13.) die beobachteten Y-Werte, die Regreßwerte und die Residuen an.

Tabelle 9.15.: Beobachtete Werte der Variablen Y, Regreßwerte und Residuen der Regressionsschätzung (9.13.)

i	y_i	$\hat{y}_i$	$\hat{u}_i$
1	12,6	12,3381	0,26187
2	13,1	13,6240	-0,52396
3	15,1	14,2981	0,80191
4	15,1	15,0413	0,05869
5	14,9	15,1697	-0,26972
6	16,1	16,7607	-0,66072
7	17,9	17,8498	0,05018
8	21,0	20,8707	0,12034
9	22,3	21,9917	0,30826
10	21,9	22,1978	-0,29776
11	21,0	20,8581	0,14190

Schätzintervalle zum Konfidenzniveau von 95% ergeben sich für die Stichproben-Regressionskoeffizienten in (9.13.) laut (5.16.):

	untere Grenze	obere Grenze
b_0	-9,62964	-4,51018
b_1	0,13248	0,16556
b_2	0,03677	0,69461
b_3	0,30539	1,03896.

10. Interdependente Beziehungen in der Regressionsanalyse

10.1. Allgemeine Einführung

Bei allen bisherigen Überlegungen zur Regressionsanalyse wurde gezeigt, daß durch die Regressionsfunktion

$$\hat{y}_i = f\,(\,x_{i1}, \ldots, x_{im}\,) \tag{2.1.}$$

nur einseitig gerichtete stochastische Beziehungen zwischen den Variablen erfaßt werden können. Es wurde dabei davon ausgegangen, daß die Variable Y von den Variablen X_1, ..., X_m erklärt wird und daß die erklärenden Variablen auf der rechten Seite von (2.1.) nicht von der Variablen Y beeinflußt werden. Diese Tatsache fand ihren Niederschlag in der Annahme 5 des klassischen linearen Regressionsmodells (Formel (2.77.) des Abschnitts 2.6.).

Bei der statistischen Erfassung von Abhängigkeiten im wirtschaftlichen Geschehen wird man jedoch oft vielfältige (unmittelbare oder mittelbare) Wechselbeziehungen zwischen den zu untersuchenden Variablen vorfinden. Will man die ökonomische Praxis adäquat erfassen, müssen diese Wechselbeziehungen zwischen den Variablen bei der Regressionsanalyse Berücksichtigung finden. Sie werden in der Regressionsanalyse als **Interdependenzen** (interdependente oder simultane Beziehungen) bezeichnet.

Durch das Auftreten von interdependenten Beziehungen zwischen den ökonomischen Variablen wird die Auswahl einer zu erklärenden Variablen für eine Regressionsfunktion und damit die Richtung der Minimierungsforderung der Störvariablen (vgl. die Abschnitte 2.3. bzw. 2.4.) bis zu einem gewissen Grade willkürlich. Es erweist sich somit als notwendig, neben der Ausgangsbeziehung (2.1.) weitere ökonomische Beziehungen in Form von Regressionsfunktionen zu formulieren, um der gegenseitigen Beeinflussung der Variablen Rechnung zu tragen. Es ergibt sich somit die Notwendigkeit der Spezifikation und Schätzung nicht nur einer Regressionsfunktion, sondern eines Systems von Regressionsfunktionen. Ein solches System von Regressionsfunktionen wird als Regressionsmodell oder **ökonometrisches Modell** bezeichnet. In der Behandlung der vielfältigen Probleme, die mit der Spezifikation und Schätzung von ökonometrischen Modellen verbunden sind, hat sich in der Schnittmenge von ökonomischer Theorie, Statistik und Wirtschaftsstatistik eine eigenständige Wissenschaft entwickelt: die **Ökonometrie**. Es kann nicht das Ziel eines Kapitels in diesem Buch sein, ein ganzes Wissenschaftsgebiet darzustellen. Vielmehr geht es darum, in einem kurzen Überblick aufzuzeigen, was getan werden kann, wenn die oben genannte Annahme des klassischen linearen Regressionsmodells verletzt wird. Eine Auswahl von Abhandlungen zur Ökonometrie ist im Literaturverzeichnis enthalten. Für die weiteren Darlegungen werden nur lineare Modelle betrachtet.

In der angewandten Ökonometrie wurden bereits Modelle mit mehr als hundert Regressionsfunktionen geschätzt. Zu Demonstrationszwecken soll jedoch das folgende kleine Modell verwendet werden, das unter Vornahme von Vereinfachungen aus HORN, SCHEREMET [105] entnommen wurde:

$$\begin{aligned} NL &= f(P, PR, AQ) \\ P &= f(NL, PR, IMP) \end{aligned} \qquad (10.1.)$$

Die erste Gleichung erklärt die Wachstumsrate der Nominallöhne (NL) in Abhängigkeit von der Wachstumsrate des Preisniveaus des privaten Verbrauchs (P), der Wachstumsrate der Produktivität (PR) und der Arbeitslosenquote (AQ) und die zweite Gleichung die Wachstumsrate des Preisniveaus des privaten Verbrauchs (P) in Abhängigkeit von der Wachstumsrate der Nominallöhne (NL), der Wachstumsrate der Produktivität (PR) und der Wachstumsrate der Importpreise (IMP). Zwischen den beiden zu erklärenden Variablen NL und P besteht eine Interdependenz, da sie in der einen Gleichung erklärt werden und in der anderen Gleichung als erklärende Größe auftreten. Setzt man

Y_1 Wachstumsrate der Nominallöhne (NL),

Y_2 Wachstumsrate des Preisniveaus des privaten Verbrauchs (P),

X_1 Scheinvariable der Regressionskonstanten,

X_2 Wachstumsrate der Produktivität (PR),

X_3 Arbeitslosenquote (AQ),

X_4 Wachstumsrate der Importpreise (IMP),

U_1 die Störvariable der ersten Gleichung,

U_2 die Störvariable der zweiten Gleichung

und wird angenommen, daß für T Perioden die Beobachtungswerte y_{t1}, y_{t2}, x_{t2}, x_{t3} und x_{t4} (t = 1, ..., T) vorliegen, und $x_{t1} = 1$ für alle t gilt, so ergeben sich die folgenden Regressionsbeziehungen:

$$\begin{aligned} y_{t1} &= -\alpha_{12}\, y_{t2} + \beta_{11}\, x_{t1} + \beta_{12}\, x_{t2} + \beta_{13}\, x_{t3} + u_{t1} \\ y_{t2} &= -\alpha_{21}\, y_{t1} + \beta_{21}\, x_{t1} + \beta_{22}\, x_{t2} + \beta_{24}\, x_{t4} + u_{t2}\,. \end{aligned} \qquad (10.2.)$$

Verallgemeinert man diese Überlegungen, so besteht ein lineares Regressionsmodell aus einer Anzahl stochastischer Gleichungen (Regressionsgleichungen):

$$y_{t1} = -\alpha_{12} y_{t2} - \ldots - \alpha_{1i} y_{ti} - \ldots - \alpha_{1g} y_{tg} + \beta_{11} x_{t1} + \ldots + \beta_{1m} x_{tm} + u_{t1}$$

$$\vdots$$

$$y_{ti} = -\alpha_{i1} y_{t1} - \ldots - \alpha_{i,i-1} y_{t,i-1} - \alpha_{i,i+1} y_{t,i+1} - \ldots - \alpha_{ig} y_{ig} + \beta_{i1} x_{t1} + \ldots + \beta_{im} x_{tm} + u_{ti}$$

$$\vdots$$

$$y_{tg} = -\alpha_{g1} y_{t1} - \ldots - \alpha_{gi} y_{ti} - \ldots - \alpha_{g,g-1} y_{t,g-1} + \beta_{g1} x_{t1} + \ldots + \beta_{gm} x_{tm} + u_{tg}$$

(10.3.)

Dabei gibt der erste Index bei den Parametern die Nummer der Gleichung (i = 1, ..., g) und der zweite Index die Variable an, zu der dieser Parameter gehört. Wie leicht zu sehen ist, stellt jede Gleichung von (10.3.) eine Verallgemeinerung von (2.4.) dar, wobei mit Y_i (i = 1, ..., g) diejenigen Variablen bezeichnet werden, die durch das Modell erklärt werden sollen. Damit sind insgesamt in diesen Gleichungen die Beziehungen zwischen den Variablen nicht mehr einseitig gerichtet. Die Variablen X_k (k = 1, ..., m) sind weiterhin diejenigen Variablen, die nur eine einseitig gerichtete Beziehung aufweisen, das heißt, die die Variablen Y_1, ..., Y_g erklären, aber nicht von ihnen erklärt werden. Der Einfachheit halber wurde die Scheinvariable bei der Regressionskonstanten nicht explizit ausgewiesen. Sie sei unter den erklärenden Variablen enthalten, also zum Beispiel X_1 und damit β_1 die Regressionskonstante.

Schreibt man (10.3.) in der Weise, daß alle zu erklärenden Variablen Y_i auf der linke Seite der Gleichungen stehen, so ergibt sich:

$$\alpha_{11} y_{t1} + \ldots + \alpha_{1i} y_{ti} + \ldots + \alpha_{1g} y_{tg} = \beta_{11} x_{t1} + \ldots + \beta_{1m} x_{tm} + u_{t1}$$

$$\vdots$$

$$\alpha_{i1} y_{ti} + \ldots + \alpha_{ii} y_{ti} + \ldots + \alpha_{ig} y_{tg} = \beta_{i1} x_{t1} + \ldots + \beta_{im} x_{tm} + u_{ti}$$

$$\vdots$$

$$\alpha_{g1} y_{t1} + \ldots + \alpha_{gi} y_{ti} + \ldots + \alpha_{gg} y_{tg} = \beta_{g1} x_{t1} + \ldots + \beta_{gm} x_{tm} + u_{tg}.$$

(10.4.)

Die Parameter und Variablen werden in den folgenden Matrizen zusammengefaßt:

- die Matrix **Y** aller zu erklärenden Variablen des Regressionsmodells und die Matrix **A** ihrer Parameter; die Spalten von **Y** enthalten die T Beobachtungswerte der i-ten Variablen (i = 1, ..., g) und die Zeilen von **Y** die Beobachtungswerte aller g Variablen der t-ten Periode (t = 1,..., T); die Spalten von **A** beinhalten die Parameter der i-ten zu erklärenden Variablen in allen g Gleichungen und die Zeilen von **A** die Parameter aller zu erklärenden Variablen in der i-ten Gleichung:

$$Y = \begin{pmatrix} y_{11} & \dots & y_{1i} & \dots & y_{1g} \\ . & & . & & . \\ y_{t1} & \dots & y_{ti} & \dots & y_{tg} \\ . & & . & & . \\ y_{T1} & \dots & y_{Ti} & \dots & y_{Tg} \end{pmatrix} = (y_1 \dots y_i \dots y_g) = \begin{pmatrix} y_1' \\ . \\ y_t' \\ . \\ y_T' \end{pmatrix}$$

(10.5.)

$$\mathbf{A} = \begin{pmatrix} \alpha_{11} & \dots & \alpha_{1i} & \dots & \alpha_{1g} \\ . & & . & & . \\ \alpha_{i1} & \dots & \alpha_{ii} & \dots & \alpha_{ig} \\ . & & . & & . \\ \alpha_{g1} & \dots & \alpha_{gi} & \dots & \alpha_{gg} \end{pmatrix} = (\alpha_1 \dots \alpha_i \dots \alpha_g) = \begin{pmatrix} \alpha_1' \\ . \\ \alpha_i' \\ . \\ \alpha_g' \end{pmatrix}$$

- die Matrix **X** aller erklärenden Variablen des Regressionsmodells und die Matrix **B** ihrer Parameter; die Spalten von **X** enthalten die T Werte der k-ten Variablen (k = 1, ..., m) und die Zeilen von **X** die Werte aller m Variablen der t-ten Periode (t = 1,..., T); die Spalten von **B** beinhalten die Parameter der k-ten erklärenden Variablen in allen g Gleichungen und die Zeilen von **B** die Parameter aller m erklärenden Variablen in der i-ten Gleichung:

$$X = \begin{pmatrix} x_{11} & \dots & x_{1k} & \dots & x_{1m} \\ . & & . & & . \\ x_{t1} & \dots & x_{tk} & \dots & x_{tm} \\ . & & . & & . \\ x_{T1} & \dots & x_{Tk} & \dots & x_{Tm} \end{pmatrix} = (x_1 \dots x_k \dots x_m) = \begin{pmatrix} x_1' \\ . \\ x_t' \\ . \\ x_T' \end{pmatrix}$$

(10.6.)

$$\mathbf{B} = \begin{pmatrix} \beta_{11} & \dots & \beta_{1k} & \dots & \beta_{1m} \\ . & & . & & . \\ \beta_{i1} & \dots & \beta_{ik} & \dots & \beta_{im} \\ . & & . & & . \\ \beta_{g1} & \dots & \beta_{gk} & \dots & \beta_{gm} \end{pmatrix} = (\beta_1 \dots \beta_k \dots \beta_m) = \begin{pmatrix} \beta_1' \\ . \\ \beta_i' \\ . \\ \beta_g' \end{pmatrix}$$

- die Matrix **U** aller Störgrößen des Regressionsmodells; die Spalten von **U** enthalten die T Werte der i-ten Störgröße (i = 1, ..., g) und die Zeilen von **U** die Werte aller g Störgrößen der t-ten Periode (t = 1,..., T):

$$U = \begin{pmatrix} u_{11} & \dots & u_{1i} & \dots & u_{1g} \\ . & & . & & . \\ u_{t1} & \dots & u_{ti} & \dots & u_{tg} \\ . & & . & & . \\ u_{T1} & \dots & u_{Ti} & \dots & u_{Tg} \end{pmatrix} = (u_1 \dots u_i \dots u_g) = \begin{pmatrix} u_1' \\ . \\ u_t' \\ . \\ u_T' \end{pmatrix} . \qquad (10.7.)$$

Damit lassen sich die g Gleichungen der Periode t (10.4.) kurz schreiben als:

$$\mathbf{A}\, y_t = \mathbf{B}\, x_t + u_t\,; \quad t = 1, \ldots, T\,. \tag{10.8.}$$

Ebenso läßt sich die i-te Gleichung für alle T Perioden notieren:

$$Y\, \boldsymbol{\alpha}_i = X\, \boldsymbol{\beta}_i + u_i\,; \quad i = 1, \ldots, g\,. \tag{10.9.}$$

Faßt man schließlich alle g Gleichungen über alle T Perioden zusammen, folgt:

$$\mathbf{YA'} = \mathbf{XB'} + \mathbf{U}\,. \tag{10.10.}$$

Für das Beispiel (10.2.) ergibt sich konkret:

$$\begin{aligned} y_{t1} + \alpha_{12}\, y_{t2} &= \beta_{11}\, x_{t1} + \beta_{12}\, x_{t2} + \beta_{13}\, x_{t3} + u_{t1} \\ \alpha_{21}\, y_{t1} + y_{t2} &= \beta_{21}\, x_{t1} + \beta_{22}\, x_{t2} + \beta_{24}\, x_{t4} + u_{t2}\,. \end{aligned} \tag{10.11.}$$

Entsprechend lauten die Vektoren und Matrizen:

$$Y = \begin{pmatrix} y_{11} & y_{12} \\ . & . \\ y_{t1} & y_{t2} \\ . & . \\ y_{T1} & y_{T2} \end{pmatrix}, \quad \mathbf{A} = \begin{pmatrix} 1 & \alpha_{12} \\ \alpha_{21} & 1 \end{pmatrix}, \quad X = \begin{pmatrix} 1 & x_{12} & x_{13} & x_{14} \\ . & . & . & . \\ 1 & x_{t2} & x_{t3} & x_{t4} \\ . & . & . & . \\ 1 & x_{T2} & x_{T3} & x_{T4} \end{pmatrix}$$

$$\mathbf{B} = \begin{pmatrix} \beta_{11} & \beta_{12} & \beta_{13} & 0 \\ \beta_{21} & \beta_{22} & 0 & \beta_{24} \end{pmatrix}, \quad U = \begin{pmatrix} u_{11} & u_{12} \\ . & . \\ u_{t1} & u_{t2} \\ . & . \\ u_{T1} & u_{T2} \end{pmatrix}.$$

Wie das Beispiel zeigt, treten nicht alle Variablen in allen Gleichungen auf. Es existieren auf Grund des ökonomischen Inhalts des Modells gewisse Restriktionen über die Parameter des Modells, die vor allem Null-Beschränkungen (das heißt, gewisse Variablen treten in bestimmten Gleichungen nicht auf) oder aber allgemeine lineare Beschränkungen der Parameter enthalten. Die Spezifikation des Modells muß notwendig erreichen, daß gewisse Variable aus bestimmten Gleichungen ausgeschlossen sind, da ein Modell, in dem alle Variablen in allen Gleichungen enthalten sind, nicht geschätzt werden kann.

Das Regressionsmodell (10.8.) bzw. (10.10.) hat interdependenten Charakter, da die zu erklärende Variable der einen Gleichung als erklärende Variable in anderen Gleichungen auftritt oder erklärende Variablen in einer oder mehreren Gleichungen in einer anderen Gleichung des Systems zu erklären sind. Die einzelnen Gleichungen des Modells können nicht mehr isoliert voneinander betrachtet werden, sondern müssen gemeinsam oder simultan behandelt werden. Damit versagt die Einteilung der Variablen in zu erklärende und erklärende Variable im Rahmen eines Regressionsmodells, während sie für eine Regressionsfunktion sinnvoll ist. Deshalb muß eine Einteilung der Variablen gefunden werden, die den Ansprüchen eines Regressionsmodells gerecht wird.

10.2. Die Variablen in einem Regressionsmodell

Die Einteilung der Variablen ist ein Problem der Spezifikation der Regressionsmodelle. In welche der nachfolgenden Kategorien die Variablen eingeordnet werden, kann nur anhand der Aufgabenstellung und der zugrundeliegenden ökonomischen Theorie entschieden werden. Sie muß die in der ökonomischen Praxis existierenden Beziehungen adäquat widerspiegeln. Eine Zuordnung der Variablen zu den verschiedenen Kategorien bezieht sich nur auf das jeweilige Regressionsmodell, ist somit nicht eine generelle Charakterisierung der Variablen. Es wird folgende Einteilung der Variablen vorgenommen:

1. **Endogene Variable**

Endogene Variable sind diejenigen ökonomischen Faktoren, die durch das betrachtete Regressionsmodell erklärt werden. Sie können wechselseitig voneinander abhängen, das heißt, sie können sich gegenseitig erklären. Zum anderen hängen sie von den exogenen Variablen (siehe 2. Art der Variablen) und den Störvariablen des Regressionsmodells (siehe 5. Art der Variablen) ab.

In dem Beispiel des Abschnitts 10.1. sind die Wachstumsrate der Nominallöhne und die Wachstumsrate des Preisniveaus des privaten Verbrauchs die endogenen Variablen des Modells (10.11.).

2. **Exogene Variable**

Exogene Variable sind in jeder Periode t extern vorgegebene ökonomische Faktoren. Sie werden also nicht durch das betrachtete Regressionsmodell erklärt, sondern sind durch außerhalb dieses Regressionsmodells liegende ökonomische Bedingungen bestimmt. Die exogenen Variablen erklären die endogenen Variablen, werden aber nicht von den endogenen Variablen beeinflußt. Es bestehen somit zwischen den endogenen und exogenen Variablen nur einseitige stochastische Beziehungen.

Die exogenen Variablen des Modells (10.11.) sind die Wachstumsrate der Produktivität, die Arbeitslosenquote und die Wachstumsrate der Importpreise.

Bei der allgemeinen Interdependenz ökonomischer Erscheinungen ist es sicherlich nicht einfach zu entscheiden, welche der Variablen exogenen Charakter besitzen. Die Beantwortung der Frage, welche der Variablen für ein Regressionsmodell als exogen angesehen werden können, hängt vor allem von dem zu analysierenden ökonomischen Problem ab. Generell werden dabei folgende Möglicheiten gesehen:

- Alle natürlichen und technischen Einflußfaktoren können für ökonomische Untersuchungen als exogen betrachtet werden.
- Demographische und zum Teil auch soziale Faktoren lassen sich als exogene Variable in ein ökonomisches Regressionsmodell aufnehmen.
- Da in einem Regressionsmodell nicht das gesamte wirtschaftliche Geschehen erfaßt werden kann, sondern gewisse Teilzusammenhänge zur Analyse aus dem Gesamtzusammenhang herausgelöst werden müssen, gibt es auch ökonomische Einflußfaktoren, die in dem Regressionsmodell nicht erklärt werden bzw. deren Interdependenz so gering ist, daß sie vernachlässigt werden kann. Auch diese Faktoren können als exogen behandelt werden.

3. **Vorherbestimmte oder prädeterminierte Variable**

Die endogenen und exogenen Variablen können auch als verzögerte Variable (Lag-Variable) auftreten. Unter einer verzögerten Variablen ist eine Variable zu verstehen, deren Werte um eine oder mehrere Perioden zurückliegen (vgl. Kapitel 7.). Jede verzögerte exogene und endogene Variable wird dabei als eine selbständige Variable behandelt.

Da die verzögerten Variablen ebenfalls nicht durch das Regressionsmodell in der Periode t erklärt werden, sondern als exogen gegeben angesehen werden können, ergibt sich eine weitere Klassifikation der Variablen in vorherbestimmte oder prädeterminierte Variablen. Zu den vorherbestimmten Variablen gehören:

- die unverzögerten exogenen Variablen
  Sie sind vorherbestimmt, weil sie nicht durch das Regressionsmodell, sondern durch außerhalb dieses Modells liegende Bedingungen erklärt werden.
- die verzögerten exogenen Variablen
  Sie sind vorherbestimmt, weil sie außerhalb des Modells und zu einem vorangegangenen Zeitpunkt erklärt werden.
- die verzögerten endogenen Variablen
  Ihre Vorherbestimmtheit ergibt sich aus ihrer zeitlich vorangegangenen Erklärung in dem Regressionsmodell; sie werden in einer früheren Periode erklärt, jedoch nicht in der Periode t.

Die vorherbestimmten Variablen werden im weiteren alle mit X_k bezeichnet, wobei keine Unterscheidung in der Symbolik nach den verschiedenen Arten der vorherbestimmten Variablen getroffen wird. Entsprechend dem im vorangegangenen Abschnitt formulierten allgemeinen

Regressionsmodell enthält das Modell m vorherbestimmte Variable, unter denen sich auch die Scheinvariable für die Konstante der Regressionsgleichung befindet. Für die unverzögerten Variablen liegen Beobachtungen für die Perioden $t = 1, \ldots, T$ vor und für die verzögerten endogenen und exogenen Variablen Beobachtungen für die Perioden $t - \tau = 1 - \tau, \ldots, T - \tau$. Dabei bezeichnet $\tau = 1, \ldots, s$ die Größe des Lags.

Die Matrix **X** in (10.10.) bzw. (10.6.) enthält die Beobachtungen der m vorherbestimmten Variablen ohne explizite Kennzeichnung bei auftretenden verzögerten Variablen.

Die Matrix **B** ist die Koeffizientenmatrix der vorherbestimmten Variablen. Da nicht alle vorherbestimmten Variablen in allen Gleichungen des Modells auftreten werden, wird die Matrix **B** an verschiedenen Stellen Koeffizienten gleich Null aufweisen (vgl. das Beispiel im Abschnitt 10.1.). In dem Modell (10.2.) sind die Wachstumsrate der Produktivität, die Arbeitslosenquote und die Wachstumsrate der Importpreise die vorherbestimmten Variablen. Sie stimmen für dieses Beispiel mit den exogenen Variablen überein, da keine verzögerten endogenen und exogenen Variablen auftreten.

4. Gemeinsam abhängige Variable

Die gemeinsam abhängigen Variablen sind die unverzögerten endogenen Variablen, also diejenigen Variablen, die in der Periode t durch das Regressionsmodell erklärt werden. Sie sind gemeinsam abhängig, weil zwischen ihnen wechselseitige Abhängigkeiten auftreten, so daß sie nicht nur durch eine Gleichung des Modells, sondern durch das Modell gleichzeitig und interdependent bestimmt werden. Sie hängen weiterhin von den Werten der vorherbestimmten Variablen und der Störvariablen ab.

Die gemeinsam abhängigen Variablen werden mit Y_i bezeichnet, und ihre Anzahl im Regressionsmodell wird mit g angenommen ($i = 1, \ldots, g$). Die Matrix **Y** in (10.10.) bzw. (10.5.) gibt die Beobachtungswerte der g gemeinsam abhängigen Variablen für alle Perioden an.

Die Matrix **A** enthält die Koeffizienten der gemeinsam abhängigen Variablen. Auch die Koeffizientenmatrix **A** muß nicht vollständig besetzt sein, da nicht jede gemeinsam abhängige Variable in jeder Gleichung vorkommt. Außerdem ist in jeder Gleichung ein α-Koeffizient gleich Eins, da trotz der interdependenten Bestimmung der gemeinsam abhängigen Variablen jede Gleichung die Aufgabe hat, eine der gemeinsam abhängigen Variablen zu erklären, was sich aus ihrem Charakter als Regressionsgleichung ergibt. Durch eine entsprechende Anordnung kann erreicht werden, daß die Koeffizienten, die gleich 1 sind, in der Hauptdiagonale der Matrix **A** stehen.

Im Modell (10.11.) sind die endogenen Variablen Wachstumsrate der Nominallöhne und Wachstumsrate des Preisniveaus des privaten Verbrauchs gemeinsam abhängige Variable, da zwischen ihnen interdependente Beziehungen bestehen.

5. **Störvariable oder latente Variable**
Eine Störvariable repräsentiert diejenigen ökonomischen Faktoren, die in der Periode t nicht in einer Gleichung des Regressionsmodells enthalten sind, aber einen Einfluß auf diejenige gemeinsam abhängige Variable ausüben, die in der Periode t durch diese Regressionsgleichung erklärt wird, sowie zufällige Einflüsse und die Fehler, die zum Beispiel durch die Anwendung eines nicht adäquaten Funktionstyps oder Schätzverfahrens entstehen. Störvariable sind Zufallsvariable. Im Gegensatz zu den gemeinsam abhängigen und den vorherbestimmten Variablen liegen für sie keine empirischen Datenreihen vor. Ihre Werte ergeben sich nach der Schätzung der unbekannten Parameter des Regressionsmodells als Residuen der einzelnen Gleichungen. Wie leicht zu erkennen ist, bleibt die inhaltliche Bestimmung der Störvariablen, wie sie bei einer einzelnen Regressionsfunktionen vorgenommen wurde, erhalten.

Die Störvariablen werden mit U_{ti} $(t = 1, ..., T; i = 1, ..., g)$ und ihre Realisationen (Residuen) mit $\hat{u}_{ti}$ bezeichnet. Somit repräsentiert die Matrix **U** die wahren Werte der Störvariablen der einzelnen Gleichungen für alle Beobachtungsperioden. Da die Störvariablen Zufallsvariable ohne empirische Beobachtungen darstellen, müssen über sie in der Phase der Spezifikation des Regressionsmodells eine Reihe von Annahmen getroffen werden, um das Regressionsmodell einer Schätzung zugänglich zu machen (vgl. Abschnitt 10.5.).

10.3. Arten von Regressionsmodellen

Die Regressionsmodelle können entsprechend dem zu analysierenden ökonomischen Problem und dem Zweck der Untersuchung in verschiedene Arten spezifiziert werden.

- *Strukturform der Regressionsmodelle*

Das in Gleichung (10.8.) angegebene Regressionsmodell

$$\mathbf{A}\mathbf{y}_t = \mathbf{B}\mathbf{x}_t + \mathbf{u}_t \quad (t = 1, ..., T) \qquad (10.8.)$$

wird als die Strukturform bezeichnet. Entsprechend nennt man die Gleichungen dieses Modells (10.8.) Strukturgleichungen und seine Parameter Strukturparameter. Die Strukturform der Regressionsmodelle spiegelt die ein- und wechselseitigen stochastischen Beziehungen zwischen den ökonomischen Variablen in ihrer direkten Form wider.

Sie enthält alle relevanten Informationen über die Abhängigkeiten der ökonomischen Erscheinungen und Prozesse.

Die Strukturgleichungen beschreiben im einzelnen das wirtschaftliche Geschehen in Abhängigkeit von ökonomischen, technologischen, demographischen, soziologischen und sonstigen Faktoren und geben die Einzelwirkungen an, die durch die Veränderung der in ihr enthaltenen Variablen hervorgerufen werden. Sie sind gekennzeichnet durch das Auftreten von einer oder mehreren gemeinsam abhängigen Variablen in einer Gleichung, durch die unbekannten, zu schätzenden Strukturparameter und durch das Vorhandensein von Störvariablen in diesen Gleichungen. Charakteristisch für die Strukturgleichungen ist eine gewisse Autonomie bezüglich der vorherbestimmten Variablen, denn eine Veränderung dieser Variablen und deren Parameter in einer Strukturgleichung muß nicht unbedingt zu Veränderungen in den anderen Strukturgleichungen führen.

Neben diesen Strukturgleichungen kann ein Regressionsmodell auch sogenannte **Definitionsgleichungen** enthalten. Sie sind zur adäquaten Widerspiegelung und zur Erfassung der interdependenten Beziehungen oftmals notwendig, da sie Identitäten zwischen ökonomischen Variablen erfassen. Die Definitionsgleichungen enthalten keine Störvariablen und ihre Parameter sind bekannt (im allgemeinen gleich 1). Sie sind deshalb nicht Gegenstand der Schätzung des Modells und können vorher eliminiert werden.

- Vollständige Regressionsmodelle

Ein Regressionsmodell wird als vollständig bezeichnet, wenn

1. in dem Modell alle diejenigen Variablen erfaßt worden sind, die einen wesentlichen Einfluß auf die gemeinsam abhängigen Variablen ausüben und somit die Störvariablen Zufallscharakter tragen;
2. das Regressionsmodell soviel Gleichungen enthält, wie gemeinsam abhängige Variablen in ihm vorkommen, so daß durch jede Gleichung eine gemeinsam abhängige Variable erklärt werden kann (in dem Gleichungssystem (10.8.) ist die Anzahl der gemeinsam abhängigen Variablen = der Anzahl der Gleichungen = g);
3. das Gleichungssystem eindeutig nach den gemeinsam abhängigen Variablen aufgelöst werden kann, also die Matrix **A** nichtsingulär, das heißt det $\mathbf{A} \neq 0$ ist.

Ein Regressionsmodell muß vollständig sein, wenn mit seiner Hilfe die ökonomische Problemstellung numerisch bestimmt sowie Entscheidungshilfen in Form von Prognosen gegeben werden sollen.

- Reduzierte Form des Regressionsmodells

Wenn ein Regressionsmodell im obigen Sinne vollständig ist, existiert die inverse Matrix $\mathbf{A}^{-1}$. Dadurch ist es möglich, das Gleichungssystem nach den gemeinsam abhängigen Variablen aufzulösen, indem (10.10.) von rechts mit $\mathbf{A}^{-1}$ multipliziert wird:

$$\mathbf{Y} = \mathbf{XB'A'}^{-1} + \mathbf{UA'}^{-1} \tag{10.12.}$$

bzw. für die Periode t (10.8.) von links mit $\mathbf{A}^{-1}$ multipliziert wird:

$$\mathbf{y}_t = \mathbf{A}^{-1}\mathbf{Bx}_t + \mathbf{A}^{-1}\mathbf{u}_t \qquad (t = 1, \ldots, T) \tag{10.13.}$$

Das Modell (10.12.) bzw. (10.13.) heißt reduzierte Form des Regressionsmodells. Wenn für die Koeffizientenmatrix der reduzierten Form

$$\mathbf{\Gamma'} = \mathbf{B'A'}^{-1} \tag{10.14.}$$

und für die Störvariablen der reduzierten Form

$$\mathbf{V} = \mathbf{UA'}^{-1} \quad \text{bzw.} \quad \mathbf{v}_t = \mathbf{A}^{-1}\mathbf{u}_t \tag{10.15.}$$

gesetzt wird, ergibt sich die reduzierte Form zu:

$$\mathbf{Y} = \mathbf{X\Gamma'} + \mathbf{V} \tag{10.16.}$$

$$\mathbf{y}_t = \mathbf{\Gamma x}_t + \mathbf{v}_t. \tag{10.17.}$$

Darin ist $\mathbf{\Gamma}$ eine (g·m)-Matrix, $\mathbf{V}$ eine (T·g)-Matrix und $\mathbf{v}_t$ ein (g·1)-Vektor. Wenn die reduzierte Form (10.17.) in ausführlicher Schreibweise notiert wird

$$\begin{aligned} y_{t1} &= \gamma_{11} x_{t1} + \ldots + \gamma_{1m} x_{tm} + v_{t1} \\ &\vdots \\ y_{ti} &= \gamma_{i1} x_{t1} + \ldots + \gamma_{im} x_{tm} + v_{ti} \\ &\vdots \\ y_{tg} &= \gamma_{g1} x_{t1} + \ldots + \gamma_{gm} x_{tm} + v_{tg}\,, \end{aligned} \tag{10.18.}$$

so zeigt sich deutlich, daß die gemeinsam abhängigen Variablen lineare Funktionen der vorherbestimmten Variablen und der Störvariablen sind.

In (10.14.) kommt zum Ausdruck, daß die Koeffizienten der reduzierten Form ein Konglomerat von Strukturparametern sind. Das soll am Beispiel des Abschnittes 10.1. demonstriert werden. Es wird die reduzierte Form für das Modell (10.11.) gebildet. Es ist

$$\mathbf{A}^{-1} = \begin{pmatrix} \dfrac{1}{1 - \alpha_{12}\alpha_{21}} & \dfrac{-\alpha_{12}}{1 - \alpha_{12}\alpha_{21}} \\ \dfrac{-\alpha_{21}}{1 - \alpha_{12}\alpha_{21}} & \dfrac{1}{1 - \alpha_{12}\alpha_{21}} \end{pmatrix}$$

und damit

$$\Gamma = \begin{pmatrix} \frac{\beta_{11} - \alpha_{12}\beta_{21}}{1 - \alpha_{12}\alpha_{21}} & \frac{\beta_{12} - \alpha_{12}\beta_{22}}{1 - \alpha_{12}\alpha_{21}} & \frac{\beta_{13}}{1 - \alpha_{12}\alpha_{21}} & \frac{-\alpha_{12}\beta_{24}}{1 - \alpha_{12}\alpha_{21}} \\ \frac{\beta_{21} - \alpha_{21}\beta_{11}}{1 - \alpha_{12}\alpha_{21}} & \frac{\beta_{22} - \alpha_{21}\beta_{12}}{1 - \alpha_{12}\alpha_{21}} & \frac{-\alpha_{21}\beta_{13}}{1 - \alpha_{12}\alpha_{21}} & \frac{\beta_{24}}{1 - \alpha_{12}\alpha_{21}} \end{pmatrix},$$

wodurch sich für die reduzierte Form in ausführlicher Schreibweise ergibt:

$$y_{t1} = \frac{\beta_{11} - \alpha_{12}\beta_{21}}{1 - \alpha_{12}\alpha_{21}} x_{t1} + \frac{\beta_{12} - \alpha_{12}\beta_{22}}{1 - \alpha_{12}\alpha_{21}} x_{t2} + \frac{\beta_{13}}{1 - \alpha_{12}\alpha_{21}} x_{t3} + \frac{-\alpha_{12}\beta_{24}}{1 - \alpha_{12}\alpha_{21}} x_{t4} + \frac{u_{t1} - \alpha_{12} u_{t2}}{1 - \alpha_{12}\alpha_{21}}$$

$$y_{t2} = \frac{\beta_{21} - \alpha_{21}\beta_{11}}{1 - \alpha_{12}\alpha_{21}} x_{t1} + \frac{\beta_{22} - \alpha_{21}\beta_{12}}{1 - \alpha_{12}\alpha_{21}} x_{t2} + \frac{-\alpha_{21}\beta_{13}}{1 - \alpha_{12}\alpha_{21}} x_{t3} + \frac{\beta_{24}}{1 - \alpha_{12}\alpha_{21}} x_{t4} + \frac{u_{t2} - \alpha_{21} u_{t1}}{1 - \alpha_{12}\alpha_{21}} .$$

(10.19.)

Wie das Beispiel deutlich zeigt, hängen die Koeffizienten der reduzierten Form von allen Koeffizienten der Matrix **A**, das heißt von allen Strukturkoeffizienten der gemeinsamen abhängigen Variablen, und den Spalten der Matrix **B**, das heißt den Strukturkoeffizienten der jeweiligen vorherbestimmten Variablen in allen Strukturgleichungen, ab. Zum Beispiel setzt sich γ_{11}, der Koeffizient der reduzierten Form bei der Variablen X_1 in der ersten Gleichung, aus allen Koeffizienten der Matrix **A** und den Strukturkoeffizienten β_{11} und β_{21} der Variablen X_1 in den beiden Strukturgleichungen von (10.11.) – den Koeffizienten der 1. Spalte der Matrix **B** – zusammen.

Durch diese Komplexität der Abhängigkeit verlieren die Gleichungen der reduzierten Form ihre Selbständigkeit (Autonomie) bezüglich der vorherbestimmten Variablen, wie sie für die Strukturgleichungen kennzeichnend ist. Ändert sich zum Beispiel γ_{11} auf Grund einer Veränderung des Strukturkoeffizienten β_{11}, so ändert sich zwangsläufig auch γ_{21}, da β_{11} in ihm enthalten ist. Andererseits entsteht aber für jede Gleichung der reduzierten Form eine gewisse Selbständigkeit bezüglich der gemeinsam abhängigen Variablen, da jede dieser Gleichungen nur noch eine dieser Variablen als zu erklärende Variable enthält und diese nur noch durch die vorherbestimmten Variablen erklärt wird. Beim Übergang von der Strukturform zur reduzierten Form gehen also offensichtlich die Interdependenzen der gemeinsam abhängigen Variablen auf die vorherbestimmten Variablen sowie die Störvariablen über. Vergleicht man zum Beispiel die erste Gleichung des Systems

(10.11.) mit der ersten Gleichung von (10.19.), so wird y_{t1} in der reduzierten Form (10.19.) durch **alle** vorherbestimmten Variablen des Modells (10.2.) - das sind X_1, X_2, X_3 und X_4 - sowie durch die Störvariablen **beider** Strukturgleichungen in (10.11.) U_{t1} und U_{t2} erklärt, aber nicht mehr durch Y_2 bestimmt.

Auf Grund dieser Überlegungen werden aber auch die speziellen Aufgaben der reduzierten Form sichtbar. Die Koeffizienten der reduzierten Form geben den Gesamteffekt (direkte und indirekte Wirkung) der vorherbestimmten Variablen auf die gemeinsam abhängigen Variablen an, während die Strukturparameter nur die direkten Wirkungen (Teileffekte) messen. In diesem Sinne ist die ökonomische Interpretation der Koeffizienten der reduzierten Form realistischer als die der Strukturparameter, da die Voraussetzung, "daß sich die anderen erklärenden Variablen nicht verändern" (vgl. die Interpretation der partiellen Regressionskoeffizienten im Abschnitt 2.4.), realistischer ist, weil in der reduzierten Form jede gemeinsam abhängige Variable Y_i nur noch von vorherbestimmten Variablen abhängt. Jede Gleichung der reduzierten Form stellt eine multiple Regressionsfunktion im Sinne des Abschnitts 2.4. dar.

Da die reduzierte Form die gemeinsam abhängigen Variablen nur noch in Abhängigkeit von den vorherbestimmten Variablen darstellt, wird sie zur Prognose verwendet. Liegen die Koeffizienten der reduzierten Form und die Werte der vorherbestimmten Variablen für die zu prognostizierende Periode vor, lassen sich die Prognosewerte der gemeinsam abhängigen Variablen für die gewünschte Periode berechnen. Dagegen ist die Strukturform für die Prognose nicht geeignet, da in den Strukturgleichungen mehrere gemeinsam abhängige Variable vorhanden sind, für die keine Werte für die zu prognostizierende Periode angegeben werden können, da sie erst geschätzt werden sollen. Die reduzierte Form besitzt jedoch einen wesentlichen Nachteil. Von einer numerisch bestimmten reduzierten Form kann nicht in allen Fällen auf die Strukturform geschlossen werden, während bei gegebener numerischer Strukturform stets die reduzierte Form ermittelt werden kann (vgl. Abschnitt 10.4.).

Somit hat sowohl die Strukturform als auch die reduzierte Form ihre spezielle Aussage und Aufgabe, ihre Vor- und Nachteile. Deshalb sollten bei der Verwendung von Regressionsmodellen beide Formen aufgestellt und interpretiert werden.

Für die Darlegung der weiteren Arten der Regressionsmodelle wird von der Strukturform (10.4.) ausgegangen und die Gestalt der Matrix **A** untersucht.

- *Interdependente Modelle*

Ein interdependentes Modell ist ein System von Strukturgleichungen, in dem Variablen auftreten, die mehreren Gleichungen simultan genügen. Die Variablen sind also gegenseitig abhängig. Die Matrix **A** der Strukturparameter der gemeinsam abhängigen Variablen hat beliebige Gestalt. Ebenso hat die Matrix der Varianzen und Kovarianzen der Störvariablen

$$\Sigma_U^{(t)} = E(\mathbf{u}_t \mathbf{u}_t{}')$$

eine beliebige Gestalt.

- *Rekursive Modelle*

Ein rekursives Modell hat folgende Gestalt:

$$\begin{array}{llll} y_{t1} & & & = \beta_{11} x_{t1} + \ldots + \beta_{1m} x_{tm} + u_{t1} \\ \alpha_{21} y_{t1} + & y_{t2} & & = \beta_{21} x_{t1} + \ldots + \beta_{2m} x_{tm} + u_{tm} \\ \vdots & & & \\ \alpha_{g1} y_{t1} + & \alpha_{g2} y_{t2} + & \ldots + y_{tg} & = \beta_{g1} x_{t1} + \ldots + \beta_{gm} x_{tm} + u_{tg}\,. \end{array} \qquad (10.20.)$$

Für ein rekursives Modell gelten folgende Bedingungen:

1. Eine derartige Ordnung der endogenen Variablen und der Strukturgleichungen läßt sich herbeiführen, daß in der ersten Strukturgleichung nur eine endogene Variable auftritt und in den folgenden Gleichungen jeweils eine weitere endogene Variable hinzukommt. So tritt in (10.20.) in der ersten Gleichnung nur Y_1 auf, in der zweiten Gleichung kommt als weitere endogene Variable Y_2 hinzu, in der dritten Gleichun Y_3 usw. Diese Ordnung drückt aus, daß in jeder Strukturgleichung nur einseitig gerichtete Abhängigkeiten zwischen den Variablen bestehen. So hängt in (10.20.) zum Beispiel Y_2 von Y_1 ab, aber Y_2 beeinflußt nicht Y_1, da die Variable Y_2 nicht in der ersten Gleichung vorkommt. Obwohl mehrere endogene Variable in dem Modell enthalten sind, kann nicht mehr von gemeinsam abhängigen Variablen gesprochen werden, da sie sich nicht wechselseitig beeinflussen.

   In einem rekursiven Modell ist die Matrix **A** triangulär, das heißt, sie hat Dreieck-Gestalt und in der Hauptdiagonale befinden sich nur Einsen:

$$\mathbf{A} = \begin{pmatrix} 1 & 0 & \ldots & 0 \\ \alpha_{21} & 1 & \ldots & 0 \\ . & . & \ldots & . \\ \alpha_{g1} & \alpha_{g2} & \ldots & 1 \end{pmatrix} \qquad (10.21.)$$

2. Die Varianz-Kovarianz-Matrix der Störvariablen weist Diagonalgestalt auf:

$$\Sigma_U^{(t)} = \begin{pmatrix} \sigma_{11}^{(t)} & 0 & \dots & 0 \\ 0 & \sigma_{22}^{(t)} & \dots & 0 \\ . & . & \dots & . \\ 0 & 0 & \dots & \sigma_{gg}^{(t)} \end{pmatrix} \qquad (10.22.)$$

Die Störvariablen der verschiedenen Gleichungen in der Periode t sind stochastisch unabhängig voneinander (unkorreliert).

3. Die Störvariablen einer Gleichung sind nicht autokorreliert: $E(u_{ti}u_{t-\tau,i}) = 0$ für alle i = 1, ... g und $\tau \neq 0$.

- *System unabhängiger Gleichungen*

Das System unabhängiger Regressionsgleichungen ist ein Spezialfall des rekursiven Modells. Die Matrix **A** ist eine Einheitsmatrix: **A** = **I**. In jeder Gleichung tritt nur eine endogene Variable als zu erklärende Variable auf, die nicht von den endogenen Variablen der anderen Gleichungen abhängt und diese nicht beeinflußt. Damit ist jede Gleichung unabhängig von den anderen. Die Strukturform eines solchen Modells ist gleich der reduzierten Form.

10.4. Das Identifikationsproblem

Wenn das interdependente Regressionsmodell (10.8.) als gegeben vorausgesetzt wird, ergibt sich die Frage, ob die Strukturparameter des Modells auf Grund der vorliegenden Beobachtungsdaten der gemeinsam abhängigen und der vorherbestimmten Variablen eindeutig bestimmt werden können. Dieses Problem ist als Identifikationsproblem bekannt. Es wird durch die Interdependenz der Variablen hervorgerufen. Ein Regressionsmodell ist identifizierbar, wenn alle Strukturgleichungen identifizierbar sind. Es muß somit jede Strukturgleichung auf ihre Identifizierbarkeit überprüft werden. Dabei ist zu berücksichtigen, daß die Identifikation einer einzelnen Gleichung nicht nur von dieser Gleichung selbst, sondern auch von der Gestalt aller Strukturgleichungen des Modells abhängt. Die Identifizierbarkeit der Strukturgleichungen bedeutet, daß es nicht möglich ist, durch eine Linearkombination einiger oder aller Gleichungen des Modells eine Gleichung herzuleiten, die dem Modell widerspricht, deren Parameter sich aber auf Grund der vorliegenden Datenreihen der gemeinsam abhängigen und vorherbestimmten Variablen nicht von den Parametern der zu prüfenden Sturkturgleichung unterscheiden.

Für ein vollständiges Modell sind die Strukturgleichungen identifizierbar, wenn sich die Parameter der Strukturgleichungen eindeutig aus den Parametern der reduzierten Form berechnen lassen: Zu jeder Strukturform eines Modells gehört nur eine reduzierte Form und einer reduzierten Form ist nur eine Strukturform zugeordnet.

Die reduzierte Form ist unter den Voraussetzungen normalverteilter und unabhängig von den exogenen Variablen verteilter Störvariablen, der Abwesenheit von Autokorrelation der Störvariablen und der Abwesenheit von funktionaler Multikollinearität immer identifizierbar, weil in ihr die Interdependenz der gemeinsam abhängigen Variablen in den einzelnen Gleichungen nicht auftritt. Ist ein Regressionsmodell nicht identifizierbar, können die Parameter des Modells (die Strukturparameter und die Varianz-Kovarianz-Matrix der Störvariablen) nicht geschätzt werden. In diesen Fällen nützt auch keine bessere Datenbasis, sondern nur eine Neuformulierung des Modells bzw. einzelner Gleichungen des Modells.

Für ein vollständiges lineares Regressionsmodell sollen ohne Beweisführung von den möglichen Kriterien der Identifizierbarkeit zwei Kriterien angegeben werden, die auf jede Strukturgleichung anzuwenden sind:

1. Eine notwendige, aber nicht hinreichende Bedingung ist das sogenannte Abzählkriterium. Dieses Abzählkriterium besagt, daß die Anzahl der vorherbestimmten Variablen, die im Modell enthalten, aber aus der betrachteten Strukturgleichung ausgeschlossen sind, mindestens gleich der Anzahl der gemeinsam abhängigen Variablen ist, die in der betrachteten Strukturgleichung auftreten, vermindert um Eins. Wenn
   g die Anzahl der gemeinsam abhängigen Variablen im Modell,
   g_i die Anzahl der gemeinsam abhängigen Variablen, die in der i-ten Strukturgleichung enthalten sind,
   m die Anzahl der vorherbestimmten Variablen des Modells,
   m_i^+ die Anzahl der vorherbestimmten Variablen, die aus der i-ten Strukturgleichung ausgeschlossen sind,
   bedeuten, so kann das Abzählkriterium wie folgt formuliert werden:

   $$m_i^+ \geq g_i - 1. \qquad (10.23.)$$

   Mittels des Abzählkriteriums wird also untersucht, ob die Anzahl der Restriktionen (zum Beispiel Nullrestriktionen) über die Parameter des Modells in den einzelnen Strukturgleichungen ausreicht, um sie zu identifizieren. Das bedeutet also, daß bei

   $$m_i^+ = g_i - 1$$

   die Anzahl der Restriktionen ausreicht, um die Parameter der Strukturgleichungen eindeutig aus ihrer reduzierten Form zu berechnen (gerade identifiziert),

   $$m_i^+ > g_i - 1$$

die Strukturgleichung überidentifiziert ist; es liegen also mehr Restriktionen vor, als zur Identifikation notwendig wären,

$m_i^+ < g_i - 1$

die Strukturgleichung nicht identifizierbar ist, da die Anzahl der Restriktionen nicht ausreicht und sich somit die betreffende Gleichung statistisch nicht von einer anderen Gleichung unterscheidet.

Im ersten Fall ist es möglich, die Methode der kleinsten Quadrate auf die reduzierte Form anzuwenden, wenn die Voraussetzungen über die Störvariablen erfüllt sind. Im zweiten Fall müssen andere Schätzverfahren angewandt werden, zum Beispiel die mehrstufigen Methoden der kleinsten Quadrate oder die Maximum-Likelihood-Methode (vgl. Abschnitt 10.6.). Im dritten Fall ist eine Schätzung der Parameter der Strukturgleichungen nicht möglich.

Das Abzählkritierium wird nun auf das Beispiel des Abschnitts 10.1., das Modell (10.11.), angewandt. In dem Modell sind $g = 2$ gemeinsam abhängige Variable und $m = 4$ vorherbestimmte Variable enthalten. Es wird die Identifizierbarkeit jeder Strukturgleichung von (10.11.) geprüft. Es ist für die erste Strukturgleichung $g_1 - 1 = 1$ und $m_1^+ = 1$. Die erste Gleichung ist gerade identifiziert. Das gleiche gilt für die zweite Strukturgleichung, da $g_2 - 1 = 1$ und $m_2^+ = 1$ sind.

2. Eine notwendige und hinreichende Bedingung ist das Rangkriterium. Für die Anwendung des Rangkriteriums werden die Variablen betrachtet, die aus der untersuchten Gleichung ausgeschlossen sind. Die Koeffizienten, die bei diesen Variablen in den übrigen Gleichungen des Modells stehen, werden zu einer Matrix zusammengestellt. Diese Matrix muß mindestens den Rang $g - 1$ haben.

   In der ersten Gleichung des Modells (10.11.) tritt die Variable X_4 nicht auf. Der Koeffizient, der bei dieser Variablen in der zweiten Gleichtung steht, ist β_{24}. Die Matrix besteht somit nur aus diesem Koeffizienten. Da auf Grund fachwissenschaftlicher Überlegungen angenommen werden kann, daß β_{24} auch nach der Schätzung verschieden von Null ist, beträgt der Rang dieser Matrix 1. Die erste Strukturgleichung ist identifiziert, da der Rang gleich $g - 1 = 1$ ist. Dasselbe gilt für die zweite Strukturgleichung, da in ihr nur X_3 nicht enthalten ist.

   Der Nachteil des Rangkriteriums besteht darin, daß die Parameter als bekannt vorausgesetzt werden. Bei kleinen Modellen kann eventuell auf Grund sachlogischer Überlegungen abgeschätzt werden, ob die Parameter verschieden von Null sind, bei größeren Modellen ist dies aber nicht möglich.

In der praktischen Anwendung der Identifikationskriterien wird man sich meistens mit dem Abzählkriterium begnügen. An dieser Stelle sei noch erwähnt, daß eine Identifizierbarkeit der Strukturgleichungen durch die Annahme herbeigeführt werden kann, daß die Störvariablen unabhängig voneinander verteilt sind. Diese Unabhängigkeit der Störvariablen ist aber eine der Bedingungen des rekursiven Modells. Somit ist das Identifikationsproblem für rekursive Modelle nicht gegeben, da sie immer identifizierbar sind. Das Identifikationsproblem tritt, wie bereits betont, nur in interdependenten Modellen auf, das heißt bei Modellen, die Wechselbeziehungen zwischen den Variablen erfassen.

10.5. Wichtige Modellannahmen

Für die Schätzung von Regressionsmodellen ist es notwendig, Annahmen über die nicht beobachtbaren zufälligen Störvariablen und ihr Verteilungsgesetz zu treffen. Erst wenn diese Annahmen getroffen sind, ist das Modell vollständig spezifiziert. Diese Modellannahmen basieren auf den Voraussetzungen, die zur Schätzung von Regressionsfunktionen aufgestellt wurden. Da diese Voraussetzungen im Abschnitt 2.6. ausführlich besprochen wurden, werden sie hier der Vollständigkeit halber genannt, aber nicht noch einmal erläutert.

Annahme 1: Die Störvariablen sind normalverteilt.
Da es im allgemeinen nicht möglich ist, das gemeinsame Verteilungsgesetz der Störvariablen durch a priori Kenntnisse oder durch Experimente zu bestimmen, muß man sich hier auf Hypothesen beschränken. Im allgemeinen wird als gemeinsames Verteilungsgesetz der Störvariablen eine Multinormalverteilung angenommen, da sie leicht theoretisch zu handhaben ist und bereits durch zwei Parameter (Mittelwert und Varianz) gut charakterisiert ist sowie die Verwendung einfacher Tests ermöglicht.

Annahme 2: Die Störvariablen haben den Erwartungswert Null.

$$E(u_{ti}) = 0 \quad \text{für } i = 1, \ldots, g \text{ und } t = 1, \ldots, T. \qquad (10.24.)$$

Annahme 3: Die Matrix der Varianzen und Kovarianzen der Störvariablen für jede Periode t

$$\Sigma_U^{(t)} = E(u_t u_t') \qquad (10.25.)$$

ist regulär.

Praktisch bedeutet diese Annahme, daß alle Definitionsgleichungen des Modells durch gewisse Umformungen eliminiert wurden und die inverse Matrix von $\Sigma_U^{(t)}$ existiert.

Annahme 4: Die Störvariablen verschiedener Gleichungen sind für jede Periode t stochastisch unabhängig voneinander.

Diese Annahme führt zur Diagonalgestalt der Matrix $\Sigma_U^{(t)}$ [vgl. Formel (10.22.)]. Sie bringt zum Ausdruck, daß die Störvariablen wirklich Zufallscharakter tragen, das heißt, daß alle wesentlichen Einflußvariablen in den einzelnen Strukturgleichungen enthalten sind. Kovarianzen verschieden von Null deuten auf eine Fehlspezifikation der Strukturgleichungen hin. Diese Annahme spielt deshalb eine große Rolle für die Identifizierbarkeit der Strukturgleichungen interdependenter Modelle. Sie ist weiterhin eine der Bedingungen für ein rekursives Modell.

Annahme 5: Das Verteilungsgesetz der Störvariablen ist zeitinvariant.

Diese Annahme impliziert vor allem die zeitliche Konstanz der Varianz-Kovarianz-Matrix, das heißt, die Varianzen und Kovarianzen der Störvariablen sind in allen Perioden gleich:

$$\Sigma_U^{(t)} = \Sigma_U \quad \text{für } t = 1, \ldots, T. \tag{10.26.}$$

Sie stellt eine Verallgemeinerung der Annahme der Homoskedastizität [vgl. (2.78.)] für ein lineares Regressionsmodell dar.

Annahme 6: Die Störvariablen der einzelnen Strukturgleichungen weisen keine Autokorrelation auf:

$$E(u_{ti}u_{t-\tau,i}) = 0 \quad \text{für } \tau \neq 0 \text{ und alle i und t.} \tag{10.27.}$$

Ist $\Sigma_U^{(i)} = E(u_i u_i')$ die Varianz-Kovarianz-Matrix der i-ten Strukturgleichung für die Störvariablen aller Perioden, so nimmt diese Matrix unter der Annahme 6 eine Diagonalgestalt an:

$$\Sigma_U^{(i)} = \begin{pmatrix} \sigma_{11}^{(i)} & 0 & \ldots & 0 \\ 0 & \sigma_{22}^{(i)} & \ldots & 0 \\ . & . & \ldots & . \\ . & . & \ldots & . \\ 0 & 0 & \ldots & \sigma_{TT}^{(i)} \end{pmatrix}. \tag{10.28.}$$

Annahme 7: Die Störvariablen sind stochastisch unabhängig von den vorherbestimmten Variablen derselben Periode.

Diese Annahme gilt für ein festes t, wodurch sie auch für die verzögerten endogenen Variablen Gültigkeit hat.

Für die exogenen Variablen unter den vorherbestimmten Variablen muß noch die strengere Annahme getroffen werden:

Annahme 8: Die Störvariablen aller Perioden sind stochastisch unabhängig von den exogenen Variablen in allen Perioden.

Die Annahme 8 ermöglicht erst die Definition der exogenen Variablen und die Annahmen 7 und 8 zusammen die Definition der vorherbestimmten Variablen (vgl. Abschnitt 10.2.).

Annahme 9: Die exogenen Variablen sind untereinander nicht streng korreliert. Es wird also Abwesenheit von funktionaler Multikollinearität vorausgesetzt.

10.6. Schätzmethoden für Regressionsmodelle

Nachdem einige der wichtigsten Probleme, die mit den Regressionsmodellen zusammenhängen, kurz erläutert wurden, muß noch die Frage der Schätzung der Parameter von Regressionsmodellen behandelt werden. Dazu steht eine Reihe von Schätzmethoden zur Verfügung. Die anzuwendenden Schätzmethoden sind im wesentlichen bereits durch die Art des Modells und die Möglichkeiten der Identifikation bestimmt. Die verschiedenen Schätzmethoden sollen im weiteren nicht in allen Einzelheiten und mit allen Beweisen abgeleitet werden (dazu sei auf die Literatur verwiesen), sondern vor allem bezüglich ihrer Anwendungsmöglichkeiten betrachtet werden.

10.6.1. Methode der kleinsten Quadrate

1. Anwendung auf interdependente Modelle

Für eine multiple Regressionsfunktion im Sinne des Abschnitts 2.4. wurde die Unabhängigkeit zwischen den erklärenden Variablen und den Störvariablen vorausgesetzt (vgl. Formel (2.77.) im Abschnitt 2.6.). Diese Annahme bedeutete gleichzeitig, daβ keine wechselseitigen Abhängigkeiten (weder funktionale noch stochastische) zwischen der zu erklärenden Variablen und den erklärenden Variablen bestehen.

In den einzelnen Gleichungen eines interdependenten Regressionsmodells [vgl. Formel (10.3.)] wird eine Variable Y jedoch durch vorherbestimmte Variablen und durch gemeinsam abhängige Variablen erklärt. Die gemeinsam abhängigen Variablen sind aber mit der Störvariablen derselben Gleichung korreliert. In dem Beispiel-Modell (10.2.) tritt die gemeinsam abhängige Variable Y_2 als eine der erklärenden Größen für Y_1 in der ersten Gleichung auf. Y_2 ist jedoch nicht stochastisch unabhängig von der Störvariablen der ersten Gleichung U_1. Das läβt sich anhand der reduzierten Form des Modells

(10.19.) verdeutlichen. In der zweiten Gleichung von (10.19.) ist U_1 im letzten Ausdruck auf der rechten Seite enthalten. Die Korrelation zwischen Y_2 und U_1 wird durch die interdependenten Beziehungen zwischen Y_1 und Y_2 hervorgerufen. Wenn die Methode der kleinsten Quadrate auf die erste Gleichung von (10.2.) angewandt wird, wird diese Gleichung wie eine multiple Regressionsfunktion im Sinne des Abschnitts 2.4. behandelt. Es erfolgt eine Minimierung von $\Sigma_t u_{t1}^2$ in Richtung auf Y_1, das heißt, es wird unterstellt, daß U_1 nur mit Y_1 korreliert ist. Die gleichzeitige Korrelation von U_1 mit Y_2 und damit die interdependenten Beziehungen zwischen Y_1 und Y_2 werden durch die Methode der kleinsten Quadrate nicht berücksichtigt. Die gemeinsam abhängige Variable Y_2 auf der rechten Seite der ersten Gleichung wird von der Methode der kleinsten Quadrate also wie eine vorherbestimmte Variable behandelt. Analog gelten diese Überlegungen auch für die Anwendung der Methode der kleinsten Quadrate auf die zweite Gleichung von (10.2.). Die Folge ist, daß die nach der Methode der kleinsten Quadrate geschätzten Parameter eines interdependenten Regressionsmodells nicht mehr konsistent sind. Es zeigt sich, daß Modellinhalt (Existenz von interdependenten Beziehungen zwischen den gemeinsam abhängigen Variablen in den einzelnen Gleichungen des Regressionsmodells) und die Voraussetzung der Methode der kleinsten Quadrate (Abwesenheit von wechselseitigen Abhängigkeiten zwischen den Variablen) nicht übereinstimmen.

Trotz dieses Widerspruchs haben praktische Erfahrungen bei der Schätzung interdependenter Regressionsmodelle mit der Methode der kleinsten Quadrate gezeigt, daß durch ihre Anwendung in vielen Fällen eine genügende Genauigkeit der Ergebnisse erreicht werden kann. Zum anderen besitzt sie eine Reihe von Vorteilen (Robustheit gegenüber Multikollinearität und Spezifikationsfehlern, einfache Handhabung, Anwendbarkeit auch bei kurzen Datenreihen usw.), die sie auch im Falle interdependenter Modelle geeignet erscheinen läßt.

Es soll die Anwendung der Methode der kleinsten Quadrate auf interdependente Regressionsmodelle an einem formalen Zahlenbeispiel[21] demonstriert werden. Es wird von folgendem Regressionsmodell ausgegangen:

$$\begin{aligned} y_{t1} + \alpha_{12}\, y_{t2} &= \beta_{12}\, x_{t2} + u_{t1} \\ \alpha_{21}\, y_{t1} + y_{t2} &= \beta_{23}\, x_{t3} + u_{t2}\,. \end{aligned} \qquad (10.29.)$$

Die Beobachtungsdaten der Variablen werden in Abweichungen vom jeweiligen Mittelwert angegeben. Dadurch entfallen die Regressions-

21 Das Zahlenbeispiel wurde etwas verändert aus SCHNEEWEIß [200], 1971, S. 281 entnommen.

konstanten β_{11} und β_{21} in den beiden Gleichungen von (10.29.). Die Datenreihen der Variablen sind in Tabelle 10.1. enthalten.

Tabelle 10.1.: Datenreihen der Variablen des Modells (10.29.), angegeben als Abweichungen von ihrem jeweiligen Mittelwert

t	y_{t1}	y_{t2}	x_{t2}	x_{t3}
1	-10	4	-5	11
2	- 7	5	-2	8
3	- 6	3	-3	2
4	- 4	1	-1	5
5	0	2	0	2
6	3	0	0	- 2
7	5	-2	2	- 5
8	4	-4	2	- 3
9	7	-5	3	- 8
10	8	-4	4	-10

Für die erste Gleichung von (10.29.) ergibt sich nach der Methode der kleinsten Quadrate (und damit aufgefaßt als eine multiple Regressionsfunktion im Sinne des Abschnitts 2.4.) eine Schätzung der Parameter entsprechend (2.57.)

$$\mathbf{b} = (\mathbf{X'X})^{-1}\mathbf{X'y} \qquad (2.57.)$$

mit

$\mathbf{b'} = [a_{12} \quad b_{12}]$; $\mathbf{X} = (\mathbf{y}_2 \quad \mathbf{x}_2)$ und $\mathbf{y} = \mathbf{y}_1$.

Es ist

$$X'X = \begin{pmatrix} \sum y_{t2}^2 & \sum y_{t2}\, x_{t2} \\ \sum x_{t2}\, y_{t2} & \sum x_{t2}^2 \end{pmatrix} = \begin{pmatrix} 116 & -83 \\ -83 & 72 \end{pmatrix} \; ; \; X'y = \begin{pmatrix} \sum y_{t2}\, y_{t1} \\ \sum x_{t2}\, y_{t1} \end{pmatrix} = \begin{pmatrix} -190 \\ 157 \end{pmatrix}$$

$$(X'X)^{-1} = \frac{1}{1463}\begin{pmatrix} 72 & 83 \\ 83 & 116 \end{pmatrix}$$

Diese Zwischenergebnisse in (2.57.) eingesetzt, ergibt die nach der Methode der kleinsten Quadrate geschätzten Regressionsparameter und damit die geschätzte erste Gleichung von (10.29.):

$$y_{t1} = -0{,}444\, y_{t2} + 1{,}669\, x_{t2} + \hat{u}_{t1}\,.$$

Analog wird die zweite Gleichung von (10.29.) geschätzt. Es ist:

$$y_{t2} = -0,374\, y_{t1} + 0,143\, x_{t3} + \hat{u}_{t2}\,.$$

Die geschätzten Parameter geben die Wirkungen der erklärenden Variablen auf Y_1 bzw. Y_2 an (vgl. Abschnitt 2.4.), wobei die bestehenden interdependenten Beziehungen zwischen den Variablen Y_1 und Y_2 nicht berücksichtigt werden. Es ist eine gegenläufige Wirkung zwischen den gemeinsam abhängigen Variablen Y_1 und Y_2 in beiden Gleichungen zu erkennen. Die Wirkung der vorherbestimmten Variablen ist in beiden Fällen gleichläufig.

Das quantitative Ausmaß dieser Wirkungen wird aber verzerrt ausgewiesen, da die interdependenten Beziehungen zwischen Y_1 und Y_2 durch die Methode der kleinsten Quadrate nicht berücksichtigt werden. Das wird die Fortsetzung des Beispiels bei der indirekten Methode der kleinsten Quadrate zeigen.

2. Anwendung auf rekursive Modelle

Es wird von einem rekursiven Modell der Form (10.20.) ausgegangen. Die Anwendung der Methode der kleinsten Quadrate liefert konsistente Schätzergebnisse unter der Voraussetzung, daß eine bestimmte Reihenfolge der Bearbeitung der Gleichungen eingehalten wird. Es muß zuerst die 1. Gleichung geschätzt werden, auf deren rechten Seite nur vorherbestimmte Variablen auftreten. Sind die Parameter der 1. Gleichung ermittelt, werden die Werte y_{t1} der Variablen Y_1 von den Residuen $\hat{u}_{t1}$ bereinigt, das heißt, es werden die Regreßwerte $\hat{y}_{t1}$ berechnet. Diese Regreßwerte werden in der 2. Gleichung für die Werte y_{t1} eingesetzt, wodurch die Variable Y_1 den Charakter einer vorherbestimmten Variablen annimmt. Dann werden die Parameter der 2. Gleichung geschätzt, ebenfalls die Regreßwerte $\hat{y}_{t2}$ berechnet und diese zusammen mit den Regreßwerten $\hat{y}_{t1}$ in die 3. Gleichung eingesetzt usw.

Wird diese Reihenfolge beim Schätzen der Parameter rekursiver Modelle nicht eingehalten, sondern eine beliebige Gleichung herausgegriffen, dann treffen dieselben Überlegungen und Konsequenzen wie bei interdependenten Regressionsmodellen zu: die Methode der kleinsten Quadrate liefert inkonsistente Schätzwerte der Parameter.

3. Anwendung auf das System unabhängiger Gleichungen

Da in diesen Modellen keine wechselseitigen Abhängigkeiten zwischen den endogenen Variablen auftreten, kann jede Gleichung getrennt als multiple Regressionsfunktion mittels der Methode der kleinsten Quadrate behandelt werden. Treffen die weiteren Annahmen des Abschnittes 2.6. zu, dann weisen die geschätzten Parameter die im Abschnitt 2.7. angegebenen Eigenschaften auf.

10.6.2. Indirekte Methode der kleinsten Quadrate

Die Methode der kleinsten Quadrate kann auf interdependente Regressionsmodelle angewandt werden, die vollständig sind und nur gerade identifizierte Strukturgleichungen enthalten. Allerdings kann sie dabei nicht unmittelbar zur Schätzung der Parameter der Strukturgleichungen verwendet werden, da sie die interdependenten Beziehungen zwischen den gemeinsam abhängigen Variablen nicht berücksichtigt. Das Modell muß vorher in seine reduzierte Form überführt werden, was auf Grund der Voraussetzung, daß das Modell vollständig ist, möglich ist. Durch Anwendung der Methode der kleinsten Quadrate auf jede Gleichung der reduzierten Form werden alle Parameter dieser Form geschätzt. Da nach Voraussetzung alle Strukturgleichungen gerade identifiziert sind, können im nächsten Schritt die Strukturparameter eindeutig aus den Parametern der reduzierten Form berechnet werden. Die Strukturparameter werden also indirekt über die Parameter der reduzierten Form geschätzt. In diesem Sinne wird von indirekter Methode der kleinsten Quadrate gesprochen. Wenn die im Abschnitt 2.6. genannten Voraussetzungen gelten, sind die nach der indirekten Methode der kleinsten Quadrate geschätzten Parameter konsistent. Das Verfahren versagt, wenn das Modell überidentifizierte Strukturgleichungen enthält, da dann die Strukturparameter nicht mehr eindeutig aus den Parametern der reduzierten Form berechnet werden können. Diese Tatsache erweist sich als großer Nachteil für die Anwendung der indirekten Methode der kleinsten Quadrate, da in fast allen praktischen Regressionsmodellen auch überidentifizierte Strukturgleichungen enthalten sind.

Es wird nun die indirekte Methode der kleinsten Quadrate auf das Modell (10.29.) angewandt. Die reduzierte Form dieses Modells lautet

$$\begin{aligned} y_{t1} &= \gamma_{12}\, x_{t2} + \gamma_{13}\, x_{t3} + v_{t1} \\ y_{t2} &= \gamma_{22}\, x_{t2} + \gamma_{23}\, x_{t3} + v_{t2}\,. \end{aligned} \qquad (10.30.)$$

Jede Gleichung der reduzierten Form (10.30.) ist getrennt nach der Methode der kleinsten Quadrate gemäß (2.57.) zu schätzen. Es gilt für beide Gleichungen

$$X = (x_2\ x_3)\ ;\ X'X = \begin{pmatrix} \Sigma\, x_{t2}^2 & \Sigma\, x_{t2}\, x_{t3} \\ \Sigma\, x_{t3}\, x_{t2} & \Sigma\, x_{t3}^2 \end{pmatrix} = \begin{pmatrix} 72 & -162 \\ -162 & 420 \end{pmatrix}$$

$$(X'X)^{-1} = \frac{1}{3996} \begin{pmatrix} 420 & 162 \\ 162 & 72 \end{pmatrix}$$

und für die erste Gleichung der reduzierten Form

$$y = y_1 \ ; \ X'y_1 = \begin{pmatrix} \Sigma x_{t2} y_{t1} \\ \Sigma x_{t3} y_{t1} \end{pmatrix} = \begin{pmatrix} 157 \\ -377 \end{pmatrix}$$

und für die zweite Gleichung der reduzierten Form

$$y = y_2 \ ; \ X'y_2 = \begin{pmatrix} \Sigma x_{t2} y_{t2} \\ \Sigma x_{t3} y_{t2} \end{pmatrix} = \begin{pmatrix} -83 \\ 201 \end{pmatrix} .$$

Danach ergibt sich für die reduzierte Form (10.30.):

$$y_{t1} = \ 1,2177 \ x_{t2} - 0,4279 \ x_{t3} + \hat{v}_{t1}$$

$$y_{t2} = -0,5751 \ x_{t2} + 0,2567 \ x_{t3} + \hat{v}_{t2} \ .$$

Da beide Strukturgleichungen gerade identifiziert sind, lassen sich die Parameter der Strukturform eindeutig aus den Parametern der reduzierten Form mittels des umgeformten Gleichungssystems (10.14.), jetzt jedoch mit den geschätzten Parametern angeben,

$$B = AC$$

$$\begin{pmatrix} b_{12} & 0 \\ 0 & b_{23} \end{pmatrix} = \begin{pmatrix} 1 & a_{12} \\ a_{21} & 1 \end{pmatrix} \begin{pmatrix} c_{12} & c_{13} \\ c_{22} & c_{23} \end{pmatrix} = \begin{pmatrix} c_{12} + a_{12}c_{22} & c_{13} + a_{12}c_{23} \\ c_{22} + a_{21}c_{12} & c_{23} + a_{21}c_{13} \end{pmatrix}$$

berechnen. Man erhält:

$$a_{12} = -\frac{c_{13}}{c_{23}} = 1,667 \qquad a_{21} = -\frac{c_{22}}{c_{12}} = 0,472$$

$$b_{12} = c_{12} + a_{12}c_{22} = 0,259 \qquad b_{23} = c_{23} + a_{21}c_{13} = 0,055$$

und damit für die Strukturform (10.29.):

$$y_{t1} + 1,667\, y_{t2} = 0,259\, x_{t2} + \hat{u}_{t1} \quad ; \quad y_{t1} = -1,667\, y_{t2} + 0,259\, x_{t2} + \hat{u}_{t1}$$

$$0,472\, y_{t1} + \quad y_{t2} = 0,055\, x_{t3} + \hat{u}_{t2} \quad ; \quad y_{t2} = -0,472\, y_{t1} + 0,055\, x_{t3} + \hat{u}_{t2} \ .$$

Aus diesen Ergebnissen können folgende Erkenntnisse gewonnen werden:

1. Die Parameter der reduzierten Form (10.30.) geben die Gesamtwirkung der vorherbestimmten Variablen auf die gemeinsam abhängigen Variablen Y_1 und Y_2 an (vgl. Abschnitt 10.3.).

   a) Der Parameter c_{12} = 1,2177 gibt die direkte und indirekte Wirkung von X_2 auf Y_1 und der Parameter c_{23} = 0,2567 die direkte und indirekte Wirkung von X_3 auf Y_2 an.

   b) Weiterhin zeigt sich, daβ durch die bestehenden interdependenten Beziehungen zwischen Y_1 und Y_2 auch X_3 eine Wirkung auf Y1 hat, die gegenläufig ist. Ebenso wirkt X_2 gegenläufig auf Y_2 ein. Diese Wirkungen sind auf Grund der Strukturform des Modells (10.29.) nicht zu erkennen.

2. Die Parameter der Strukturform (10.29.) zeigen die direkten Wirkungen der Variablen. Vergleicht man b_{12} = 0,259 und c_{12} = 1,2177 bzw. b_{23} = 0,055 und c_{23} = 0,2567 miteinander, so wird der Unterschied zwischen direkter und Gesamtwirkung der vorherbestimmten Variablen X_2 bzw. X_3 deutlich sichtbar. Außerdem sind die gegenläufigen Wirkungen zwischen Y_1 und Y_2 in den Parametern a_{12} und a_{21} zu erkennen.
3. Vergleicht man die Ergebnisse nach der indirekten Methode der kleinsten Quadrate mit denen der Methode der kleinsten Quadrate in direkter Anwendung auf die Gleichungen der Strukturform, so sind deutliche Unterschiede bei allen Parametern festzustellen.

Parameter	Methode der kleinsten Quadrate	Indirekte Methode der kleinsten Quadrate
a_{12}	- 0,444	- 1,667
a_{21}	- 0,374	- 0,472
b_{12}	1,669	0,259
b_{23}	0,143	0,055

10.6.3. Zweistufige Methode der kleinsten Quadrate

Resultierend aus den Unzulänglichkeiten der nach der Methode der kleinsten Quadrate geschätzten Parameter eines interdependenten Modells wurde eine Reihe von Schätzmethoden entwickelt, die die wechselseitigen Abhängigkeiten der gemeinsam abhängigen Variablen berücksichtigen sollen. Aus der Vielzahl dieser Schätzmethoden soll nur die häufig verwendete zweistufige Methode der kleinsten Quadrate vorgestellt werden.

Die zweistufige Methode der kleinsten Quadrate (im weiteren kurz mit 2MKQ bezeichnet) stellt eine Verallgemeinerung der Methode der kleinsten Quadrate dar. Die gewöhnliche Methode der kleinsten Quadrate wird zur Schätzung der Parameter einer Strukturgleichung in zwei Stufen angewandt. Es sollen zunächst die Grundgedanken der 2MKQ allgemein dargelegt und anschließend die Anwendung dieser Methode an einem Beispiel gezeigt werden. Den Ausgangspunkt bildet eine Strukturgleichung des Modells (10.9.), die in der folgenden Weise geschrieben werden soll:

$$\mathbf{y}_i = \mathbf{Y}_i\boldsymbol{\alpha}_i + \mathbf{X}_i\boldsymbol{\beta}_i + \mathbf{u}_i. \qquad (10.31.)$$

Hierin sind

$\mathbf{y}_i$ der Vektor der Beobachtungen der durch die i-te Strukturgleichung zu bestimmenden gemeinsam abhängigen Variablen,

$\mathbf{Y}_i$ die Matrix der Beobachtungen der in der i-ten Strukturgleichung außerdem enthaltenen gemeinsam abhängigen Variablen,

α_i der Vektor der Parameter der in der Matrix $\mathbf{Y}_i$ enthaltenen gemeinsam abhängigen Variablen,

$\mathbf{X}_i$ die Matrix der Beboachtungen der vorherbestimmten Variablen, die in der i-ten Strukturgleichung enthalten sind,

β_i der Vektor der Parameter dieser vorherbestimmten Variablen und

$\mathbf{u}_i$ der Vektor der Störvariablen der i-ten Strukturgleichung für alle Beobachtungsperioden.

Es wird angenommen, daß diese Gleichung nach dem Abzählkriterium identifizierbar sei.

Da die in der Matrix $\mathbf{Y}_i$ enthaltenen gemeinsam abhängigen Variablen von den Störvariablen der i-ten Strukturgleichung $\mathbf{u}_i$ nicht stochastisch unabhängig sind, ist eine direkte Anwendung der Methode der kleinsten Quadrate nicht möglich, weil sie zu inkonsistenten Schätzungen führen würde. Der Hauptgedanke der 2MKQ besteht nun darin, die Matrix $\mathbf{Y}_i$ auf der rechten Seite von (10.31.) durch eine geschätzte Matrix $\hat{\mathbf{Y}}_i$ (Matrix der Regreßwere) zu ersetzen. Dadurch würden die in dieser Matrix enthaltenen Variablen den Charakter vorherbestimmter Variablen erhalten und die Methode der kleinsten Quadrate wäre dann auf die Gleichung anwendbar.

Die erste Stufe beinhaltet deshalb, diese Matrix der Regreßwerte $\hat{\mathbf{Y}}_i$ zu bestimmen. Zu diesem Zweck wird die reduzierte Form für die gemeinsam abhängigen Variablen der Matrix $\mathbf{Y}_i$ gebildet:

$$\mathbf{Y}_i = \mathbf{X}\boldsymbol{\Gamma}_i + \mathbf{V}_i \ . \qquad (10.32.)$$

Zur Bildung der reduzierten Form (10.32.) müssen jedoch alle vorherbestimmten Variablen des Modells mit ihren Beobachtungen gegeben sein (vgl. Abschnitt 10.3.).

Die Matrix der Regreßwerte $\tilde{\mathbf{Y}}_i$ ergibt sich aus (10.32.) durch die bekannte Umformung

$$\tilde{\mathbf{Y}}_i = \mathbf{Y}_i - \mathbf{V}_i = \mathbf{X}\boldsymbol{\Gamma}_i \ . \qquad (10.33.)$$

Die Regreßwerte der Matrix $\tilde{\mathbf{Y}}_i$ sind von den Störvariablen der reduzierten und der strukturellen Form unabhängig, da sie lineare Funktionen nur der vorherbestimmten Variablen sind. Damit stellen die einzelnen Gleichungen von (10.33.) multiple Regressionsfunktionen dar, für die (2.77.) des Abschnitts 2.6. zutrifft.

Die Methode der kleinsten Quadrate kann zur Schätzung der Parameter der Matrix Γ_i angewandt werden. Entsprechend (2.57.)[22] ergibt sich:

$$C_i = (X'X)^{-1}X'Y_i \quad . \qquad (10.34.)$$

(10.34.) in (10.33.) eingesetzt, führt zur Matrix der geschätzten Regreßwerte:

$$\hat{Y}_i = X(X'X)^{-1}X'Y_i \quad . \qquad (10.35.)$$

Damit ist das Ziel der ersten Stufe der Anwendung der Methode der kleinsten Quadrate erreicht.

In der zweiten Stufe wird die Matrix Y_i in (10.31.) durch die Matrix $\hat{Y}_i$ ersetzt, wobei zu beachten ist, daß $Y_i = \hat{Y}_i + \hat{V}_i$ ist:

$$y_i = (\hat{Y}_i + \hat{V}_i)\alpha_i + X_i\beta_i + u_i = \hat{Y}_i\alpha_i + X_i\beta_i + u_i + \hat{V}_i\alpha_i$$

bzw. mit

$$w_i = u_i + \hat{V}_i\alpha_i \qquad (10.36.)$$

folgt

$$y_i = \hat{Y}_i\alpha_i + X_i\beta_i + w_i. \qquad (10.37.)$$

In dieser Gleichung stehen auf der rechten Seite nur vorherbestimmte Variablen, denn die Matrix X_i enthält nur vorherbestimmte Variablen und die Regreßwerte der Matrix $\hat{Y}_i$ wurden durch (10.35.) "vorherbestimmt", die nicht mehr mit den Störvariablen w_i korreliert sind. Damit ist (10.37.) eine multiple Regressionsfunktion, für die die Annahme (2.77.) aus Abschnitt 2.6. erfüllt ist. Ihre unbekannten Parameter α_i und β_i können mittels der Methode der kleinsten Quadrate geschätzt werden. Beachtet werden muß, daß die Störvariablen von (10.37.) nicht mehr die Störvariablen der i-ten Strukturgleichung sind [vgl. (10.36.)], womit gleiches für die geschätzten Residuen gilt.

Die zweimalige Anwendung der Methode der kleinsten Quadrate (in der ersten und zweiten Stufe) läßt sich in einer Formel zusammenfassen. Dazu wird das Normalgleichungssystem für die Regressionsgleichung (10.37.) gebildet. Setzt man

$$Z_i = (\hat{Y}_i X_i) \quad \text{und} \quad \delta_i' = [\alpha_i \; \beta_i], \qquad (10.38.)$$

22 Hierbei muß beachtet werden, daß jetzt mehrere multiple Regressionsfunktionen geschätzt werden.

so geht (10.37.) über in

$$y_i = Z_i\delta_i + w_i \tag{10.39.}$$

und man erhält gemäß (2.56.) aus Abschnitt 2.4. das Normalgleichungssystem

$$Z_i'Z_i\delta_i = Z_i'y_i \ . \tag{10.40.}$$

Setzt man nun (10.38.) in (10.40.) ein, so wird

$$\begin{pmatrix} \hat{Y}_i'\hat{Y}_i & \hat{Y}_i'X_i \\ X_i'\hat{Y}_i & X_i'X_i \end{pmatrix} \begin{pmatrix} \alpha_i \\ \beta_i \end{pmatrix} = \begin{pmatrix} \hat{Y}_i'y_i \\ X_i'y_i \end{pmatrix} . \tag{10.41.}$$

Für $\hat{Y}_i$ wird (10.35.) verwendet und nach den unbekannten Parametern aufgelöst:

$$\begin{pmatrix} \alpha_i \\ \beta_i \end{pmatrix} = \begin{pmatrix} Y_i'X(X'X)^{-1}X'Y_i & Y_i'X_i \\ X_i'Y_i & X_i'X_i \end{pmatrix}^{-1} \begin{pmatrix} Y_i'X(X'X)^{-1}X'y_i \\ X_i'y_i \end{pmatrix} . \tag{10.42.}$$

Die Formel (10.42.) ist das Ergebnis der Anwendung der 2MKQ auf die i-te Strukturgleichung eines interdependenten Modells. Sie zeigt, daß die Regreßwerte $\hat{Y}_i$, die das Ergebnis der ersten Stufe bilden, nicht explizit berechnet werden müssen, denn in (10.42.) sind für die Variablen nur die Matrizen bzw. Vektoren der Beobachtungswerte enthalten.

Der Vorteil der 2MKQ besteht darin, daß sie zum einen auch auf überidentifizierte Gleichung anwendbar ist, zum anderen darin, daß die nicht betrachteten Strukturgleichungen des Modells nicht genau spezifiziert sein müssen. Allerdings müssen alle vorherbestimmten Variablen des Modells bekannt und durch ihre Beobachtungsdaten gegeben sein.

Ein Nachteil der 2MKQ ist, daß im Ergebnis der Schätzung nicht die Residuen der i-ten Strukturgleichung u_i vorliegen, sondern $u_i + \hat{V}_i a_i = w_i$ als Residuen der Gleichung der zweiten Stufe.

Beispiel:
Verwendet wird wieder das Beispiel-Modell (10.29.). Es soll die erste Gleichung (i = 1) mit Hilfe der 2MKQ geschätzt werden. Durch die erste Gleichung des Modells (10.29.) soll die Variable Y_1 bestimmt werden. y_i ist somit gleich y_1, der Vektor der Beobachtungen der Variablen Y_1. In der ersten Gleichung ist als weitere gemeinsam abhängige Variable außerdem Y_2 enthalten. Daraus folgt, daß die Matrix Y_i nur den Vektor der Beobachtungen der Variablen Y_2 enthält, also $Y_i = y_2$ ist. Dadurch enthält α_i nur den Parameter α_{12}. In der

ersten Gleichung tritt als vorherbestimmte Variable X_2 auf, so daß die Matrix $\mathbf{X}_i$ nur den Vektor der Beobachtungen der Variablen X_2 enthält, somit $\mathbf{X}_i = \mathbf{x}_2$ ist. Entsprechend besteht $\mathbf{B}_i$ nur aus dem Parameter B_{12}. $\mathbf{u}_i$ wird der Vektor der Störvariablen der ersten Strukturgleichung, also $\mathbf{u}_i = \mathbf{u}_1$. (10.31.) nimmt somit folgende konkrete Form an:

$$\mathbf{y}_1 = \alpha_{12}\mathbf{y}_2 + B_{12}\mathbf{x}_2 + \mathbf{u}_1 \; . \qquad (10.43.)$$

Zur Schätzung der Parameter α_{12} und B_{12} in (10.43.) nach der 2MKQ wird die zusammengefaßte Formel (10.42.) verwendet. Sie lautet für das Beispiel:

$$\begin{pmatrix} \alpha_{12} \\ \beta_{12} \end{pmatrix} = \begin{pmatrix} y_2'X(X'X)^{-1}X'y_2 & y_2'x_2 \\ x_2'y_2 & x_2'x_2 \end{pmatrix}^{-1} \begin{pmatrix} y_2'X(X'X)^{-1}X'y_1 \\ x_2'y_1 \end{pmatrix} . \qquad (10.44.)$$

Auf Grund der Datenreihen der Tabelle 10.1. erhält man folgende Zwischenergebnisse:

$$(X'X)^{-1} = \frac{1}{3996}\begin{pmatrix} 420 & 162 \\ 162 & 72 \end{pmatrix} ; \quad X'y_2 = \begin{pmatrix} -83 \\ 201 \end{pmatrix} ; \quad X'y_1 = \begin{pmatrix} 157 \\ -377 \end{pmatrix}$$

Diese Zwischenergebnisse in (10.44.) eingesetzt, ergibt die folgenden Schätzwerte für die gesuchten Parameter:

$$\begin{pmatrix} a_{12} \\ b_{12} \end{pmatrix} = \begin{pmatrix} 99{,}339 & -83 \\ -83 & 72 \end{pmatrix}^{-1} \begin{pmatrix} -187{,}0841 \\ 157 \end{pmatrix} = \begin{pmatrix} -1{,}6666 \\ 0{,}2593 \end{pmatrix}$$

Damit lautet die nach der 2MKQ geschätzte erste Gleichung des Regressionsmodells (10.29.) in numerischer Form:

$$y_1 = -1{,}6666 \; y_2 + 0{,}2593 \; x_2 + \hat{u}_1 \; .$$

Es zeigt sich, daß diese Gleichung mit der nach der indirekten Methode der kleinsten Quadrate geschätzten übereinstimmt (vgl. Abschnitt 10.6.2.). Das ist darauf zurückzuführen, daß die erste Gleichung des Modells (10.29.) gerade identifiziert ist. Im Falle gerade identifizierter Gleichungen stimmen die Schätzergebnisse nach der indirekten Methode der kleinsten Quadrate mit denen nach der 2MKQ überein.

Analog läßt sich die zweite Gleichung des Modells (10.29.) schätzen, deren Ergebnisse nach der 2MKQ ebenfalls mit den Ergebnissen nach der indirekten Methode der kleinsten Quadrate identisch sind, da diese Gleichung auch gerade identifiziert ist.

Weitere Schätzmethoden, mit denen man versucht, den interdependenten Beziehungen zwischen den gemeinsam abhängigen Variablen Rechnung zu tragen, sind zum Beispiel die dreistufige Methode der kleinsten

Quadrate, die Maximum-Likelihood-Methode bei begrenzter Information, die Maximum-Likelihood-Methode bei voller Information, die k-Klassen-Schätzmethoden, die iterative Instrumental-Variablen-Methode und die Hauptkomponenten-Schätzmethode. Zum Studium dieser Methoden sei auf die einschlägige Literatur verwiesen.

11. Nichtlineare Regression

Sozialökonomische Erscheinungen und Prozesse sind nicht immer linear verbunden. Sie lassen sich nicht immer durch lineare Regressionen oder Korrelationen erfassen. Oft können die Zusammenhänge und Abhängigkeiten zwischen sozialökonomischen Erscheinungen nicht so vereinfacht werden, daß sie durch lineare Beziehungen näherungsweise ausdrückbar sind, wenn nicht unvertretbar große Schätzfehler eintreten sollen. Derartigen Zusammenhängen und Abhängigkeiten liegen folglich nichtlineare Korrelationen und Regressionen zugrunde. Die nichtlineare Verbundenheit der sozialökonomischen Erscheinungen soll mit Hilfe von Regressionsfunktionen und Maßen für die Intensität der Verbundenheit der Erscheinungen charakterisiert werden.

Innerhalb der nichtlinearen Regressionsanalyse werden zwei Arten von Regressionen unterschieden. Bei der nichtlinearen Regression 1. Art drückt sich die Nichtlinearität in der Beziehung zwischen der zu erklärenden Variablen Y und den Einflußgrößen X_k (k=1,...,m) aus. Dies zeigt sich zum Beispiel darin, daß die Veränderungen der Variablen Y mit größer werdenden Werten einer erklärenden Variablen X_k deutlich geringer werden oder aber stark zunehmen. Deshalb versucht man im allgemeinen, geeignete Transformationen einzelner oder aller beobachteten erklärenden Variablen und/oder der beobachteten zu erklärenden Variablen vorzunehmen. Die Regressionsfunktion mit den transformierten Variablen ist dann nichtlinear in den Variablen, jedoch linear in den zu schätzenden Regressionsparametern b_k. Sie kann folglich in der gleichen Weise geschätzt werden, wie im Abschnitt 2.3. bzw. 2.4. beschrieben wurde, wenn die Annahmen des klassischen linearen Regressionsmodells (vgl. Abschnitt 2.6.) erfüllt sind. Diese Art von Regressionsfunktionen wird auch als quasilineare Regressionsfunktionen bezeichnet.

Die nichtlinearen Regressionsfunktionen 2. Art sind Funktionen, bei denen zumindest ein Regressionsparameter nichtlinear ist. Diese Regressionsfunktionen spielen bei der Untersuchung ökonomischer Erscheinungen eine große Rolle. Der Nachteil besteht jedoch darin, daß es für diese nichtlinearen Regressionsfunktionen im allgemeinen schwierig ist, die Methode der kleinsten Quadrate direkt anzuwenden. Die auf die entstehenden nichtlinearen Gleichungssysteme anwendbaren iterativen Lösungsverfahren sind im allgemeinen sehr aufwendig, so daß man versucht, die Parameter näherungsweise zu bestimmen. Das kann oft dadurch erreicht werden, daß die nichtlineare Regressionsfunktion durch eine geeignete Transformation in eine linearisierte Regressionsfunktion überführt wird. Die transformierten Regressionsfunktionen werden dann so behandelt, als wären sie lineare Regressionsfunktionen, indem die transformierten Ausdrücke in die entsprechenden Formeln der linearen Regression eingesetzt werden.

11.1. Einfache nichtlineare Regression

11.1.1. Einfache nichtlineare Regression bei nichtgruppierten Daten

Zur Widerspiegelung einfacher nichtlinearer Regressionen, die wiederum die stochastische einseitige Abhängigkeit einer zu erklärenden Variablen von einer erklärenden Variablen repräsentieren, stehen viele Funktionstypen zur Verfügung. Es kann für eine nichtlineare Regression eine ganze rationale Funktion

$$\hat{y}_i = b_0 + b_1 x_i + b_2 x_i^2 + b_3 x_i^3 + \ldots \qquad (11.1.)$$

angebracht sein. In anderen Fällen kann eine gebrochene rationale Funktion, zum Beispiel

$$\hat{y}_i^* = b_0^* + b_1^* \frac{1}{x_i} \qquad (11.2.)$$

günstiger sein. Aber auch Wurzelfunktionen, Exponentialfunktionen, logarithmische Funktionen und trigonometrische Funktionen können beispielsweise zur Widerspiegelung von Regressionen bei betriebs- oder volkswirtschaftlichen Problemstellungen verwendet werden. Welche Funktion die Abhängigkeit am besten verallgemeinernd wiedergibt, hängt vom Charakter der zu untersuchenden Beziehung ab und ist letztlich durch sachlich-ökonomische Untersuchungen zu entscheiden. So ist zum Beispiel zu klären, ob die zu untersuchende Abhängigkeit an einer bestimmten Stelle ein Extremum erreicht bzw. Wendepunkte aufweist oder einem Sättigungsniveau zustrebt usw. Oft läßt sich die Form der Abhängigkeit zwischen ökonomischen Erscheinungen bereits aus der graphischen Darstellung der Einzelwerte näherungsweise erkennen (X-Y-Streuungsdiagramm). Es sollte aber dennoch stets überprüft werden, ob bei nichtlinearen Regressionen zumindest für den gegebenen Untersuchungsbereich eine lineare Regressionsfunktion genügt. Die Prüfung einer Regression auf mögliche Linearität wurde im Abschnitt 5.4. behandelt. Schließlich ist darauf zu achten, daß mit der gewählten Regressionsfunktion eine genügende Erklärungsfähigkeit erreicht wird. Informationen hierüber liefert das Bestimmtheitsmaß.

Zunächst sollen einfache quasilineare Regressionsfunktionen betrachtet werden. Läßt sich die Abhängigkeit einer Variablen Y von einer anderen Variablen X durch eine ganze rationale Funktion zweiten Grades erfassen, so wird von folgender Funktion

$$\hat{y}_i = b_0 + b_1 x_i + b_2 x_i^2 \, . \qquad (11.3.)$$

bzw. für die empirischen Werte der Variablen Y

$$y_i = b_0 + b_1 x_i + b_2 x_i^2 + \hat{u}_i \, , \quad i = 1, \ldots, n \, . \qquad (11.4.)$$

ausgegangen.

Hierbei ist b_0 eine Ausgleichskonstante, die den Schnittpunkt der Regressionslinie mit der y-Achse angibt; b_1 und b_2 sind die Regressionskoeffizienten, die die Abhängigkeit der Variablen Y von der Variablen X angeben, und die $\hat{u}_i$ sind die Residuen (Restfehler). (11.3.) ist bezüglich der Regressionsparameter linear und bezüglich der erklärenden Variablen X nichtlinear (quadratisch). Deshalb liegt eine quasilineare Regressionsfunktion vor.

Die Anwendung der Methode der kleinsten Quadrate auf (11.3.) impliziert die partielle Differentiation nach den Regressionsparametern b_0, b_1 und b_2 (vgl. Abschnitt 2.3.1.). Es ergeben sich nach einigen Umformungen folgende Normalgleichungen (der Summationsindex läuft von i = 1 bis n):

$$\Sigma y_i = n\, b_0 + b_1 \Sigma x_i + b_2 \Sigma x_i^2 \qquad (11.5.)$$

$$\Sigma x_i y_i = b_0 \Sigma x_i + b_1 \Sigma x_i^2 + b_2 \Sigma x_i^3 \qquad (11.6.)$$

$$\Sigma x_i^2 y_i = b_0 \Sigma x_i^2 + b_1 \Sigma x_i^3 + b_2 \Sigma x_i^4 \qquad (11.7.)$$

Wie bei der einfachen linearen Regression kann b_0 aus (11.5.) ermittelt werden, indem durch n dividiert wird:

$$b_0 = \bar{y} - b_1 \bar{x} - b_2 \overline{x^2}\ . \qquad (11.8.)$$

Setzt man (11.8.) in (11.3.) ein, so erhält man nach einfacher Umformung:

$$\hat{y}_i = \bar{y} + b_1 (x_i - \bar{x}) + b_2 (x_i^2 - \overline{x^2})\ . \qquad (11.9.)$$

Die Regressionsparameter b_1 und b_2 ergeben sich durch Lösung der Normalgleichungen (11.5.) bis (11.7.):

$$b_1 = \frac{(\Sigma x_i y_i - \bar{y}\, \Sigma x_i)(\Sigma x_i^4 - \overline{x^2}\, \Sigma x_i^2) - (\Sigma x_i^2 y_i - \bar{y}\, \Sigma x_i^2)(\Sigma x_i^3 - \overline{x^2}\, \Sigma x_i)}{(\Sigma x_i^2 - \bar{x}\, \Sigma x_i)(\Sigma x_i^4 - \overline{x^2}\, \Sigma x_i^2) - (\Sigma x_i^3 - \bar{x}\, \Sigma x_i^2)(\Sigma x_i^3 - \overline{x^2}\, \Sigma x_i)} \qquad (11.10.)$$

$$b_2 = \frac{(\Sigma x_i^2 - \bar{x}\, \Sigma x_i)(\Sigma x_i^2 y_i - \bar{y}\, \Sigma x_i^2) - (\Sigma x_i^3 - \bar{x}\, \Sigma x_i^2)(\Sigma x_i y_i - \bar{y}\, \Sigma x_i)}{(\Sigma x_i^2 - \bar{x}\, \Sigma x_i)(\Sigma x_i^4 - \overline{x^2}\, \Sigma x_i^2) - (\Sigma x_i^3 - \bar{x}\, \Sigma x_i^2)(\Sigma x_i^3 - \overline{x^2}\, \Sigma x_i)} \qquad (11.11.)$$

Durch Einsetzen der so bestimmten numerischen Werte von b_0, b_1 und b_2 in (11.3.) ist die Regressionsfunktion berechnet. Damit ist die Möglichkeit gegeben, bei einem vertretbaren Bestimmtheitsmaß, die Regreßwerte und Residuen für weiterführende Analysen zu ermitteln. Ergibt sich durch sachliche Überlegungen bzw. aus dem X-Y-Streuungsdiagramm, daß eine Abhängigkeit mit Hilfe einer Hyperbelfunktion nachzubilden ist, so ist die Regressionsfunktion

$$\hat{y}_i^* = b_0^* + b_1^* \frac{1}{x_i} \qquad (11.12.)$$

zu bestimmen.
Durch die Anwendung der Methode der kleinsten Quadrate auf (11.12.) ergeben sich wieder Normalgleichungen, die nach b_0^* und b_1^* aufzulösen sind. Man erhält:

$$b_0^* = \frac{\sum y_i \sum \frac{1}{x_i^2} - \sum \frac{y_i}{x_i} \sum \frac{1}{x_i}}{n \sum \frac{1}{x_i^2} - \left(\sum \frac{1}{x_i} \right)^2}, \qquad (11.13.)$$

$$b_1^* = \frac{n \sum \frac{y_i}{x_i} - \sum \frac{1}{x_i} \sum y_i}{n \sum \frac{1}{x_i^2} - \left(\sum \frac{1}{x_i} \right)^2}, \qquad (11.14.)$$

Damit wurden die Regressionsparameter ermittelt und die Regressionsfunktion kann für die Analyse verwendet werden, wenn sie den Güteanforderungen entspricht.

Quasilineare Regressionsfunktionen, also nichtlineare Funktionen, in denen die Regressionsparameter linear sind, können allgemein wie folgt notiert werden:

$$\hat{y} = b_0 + b_1 F_1(x) + b_2 F_2(x) + \ldots + b_p F_p(x) \ . \qquad (11.15.)$$

$F_1(x)$, $F_2(x)$, ... sind Funktionen der erklärenden Variablen X. Sie dürfen keine weiteren unbekannten Parameter haben. So kann $F_1(x) = \log x$ oder $F_2(x) = 1/x$ sein, aber nicht $F_1(x) = \log (x - k)$ oder $F_2(x) = 1/x^k$.

Durch Differentiation von $\Sigma (y_i - \hat{y}_i)^2$ und Nullsetzen der Ableitungen folgen nach der Methode der kleinsten Quadrate die Normalgleichungen, wenn vorher (11.15.) für $\hat{y}$ eingesetzt wurde:

$$\sum y_i = n\, b_0 + b_1 \sum F_1(x) + b_2 \sum F_2(x) + \ldots \qquad (11.16.)$$

$$\sum y_i F_1(x) = b_0 \sum F_1(x) + b_1 \sum [F_1(x)]^2 + b_2 \sum F_1(x) F_2(x) + \ldots \qquad (11.17.)$$

$$\sum y_i F_2(x) = b_0 \sum F_2(x) + b_1 \sum F_1(x) F_2(x) + b_2 \sum [F_2(x)]^2 + \ldots \qquad (11.18.)$$

Aus diesen Gleichungen läßt sich eine Regel für die Aufstellung der Normalgleichungen ableiten. Wenn man beachtet, daß die Einzelwerte summiert werden, so ist Gleichung (11.16.) analog zur Regressionsfunktion (11.15.) aufgebaut. Die anderen Normalgleichungen (11.17.), (11.18.) usw. ergeben sich, wenn die Regressionsfunktion (11.15.) nacheinander jeweils mit $F_1(x)$, $F_2(x)$ usw. multipliziert und die Einzelwerte addiert werden. Diese Regel läßt sich auch aus den Normalgleichungen der einfachen und der mehrfachen Regression in den Abschnitten 2.3.1. und 2.4. erkennen.

Quasilineare Funktionen lassen sich auch als multiple Regressionsfunktionen darstellen. Soll beispielsweise eine Abhängigkeit durch die Regressionsfunktion

$$\hat{y}_i = b_0^* + b_1^* x_i + b_2^* x_i^2 \qquad (11.19.)$$

widergespiegelt werden, so kann gesetzt werden:

$$x_i = x_{i1}; \quad x_i^2 = x_{i2}; \quad b_0^* = b_0; \quad b_1^* = b_1; \quad b_2^* = b_2. \qquad (11.20.)$$

Mit Hilfe von (11.20.) läßt sich (11.19.) wie folgt schreiben:

$$\hat{y}_i = b_0 + b_1 x_{i1} + b_2 x_{i2} \,. \qquad (11.21.)$$

Damit wurde eine lineare multiple Regressionsfunktion gefunden, die bereits im Abschnitt 2.4. beschrieben wurde. Die im Abschnitt 2.4. für die Ermittlung der multiplen Regressionskoeffizienten b_1 und b_2 entwickelten Formeln lassen sich nun unter Beachtung von (11.20.) auch für die Ermittlung der Parameter der nichtlinearen einfachen Regressionsfunktion verwenden.

In Tabelle 11.1. sind für die Anwendung auf ökonomische Problemstellungen wichtige einfache quasilineare Funktionen zusammengestellt.

Beispiel:
Es soll die Abhängigkeit der Kosten je Stück von der hergestellten Stückzahl eines vergleichbaren Produktes untersucht werden. In 15 Firmen wurden die Daten ermittelt, die in Tabelle 11.2. zusammengestellt sind. Aus der Abbildung 11.1. ist ersichtlich, daß eine nichtlineare Beziehung zwischen den Stückkosten und der Produktionsmenge vorliegt. Unterstellt man als Regressionsfunktion zunächst eine ganze rationale Funktion zweiten Grades und anschließend eine Hyperbelfunktion, so sind für die Berechnung folgende Werte erforderlich:

$\bar{x} = 7{,}2667$; $\overline{x^2} = 65{,}4$; $\Sigma\, x_i = 109$; $\Sigma\, x_i^2 = 981$; $\Sigma\, x_i^3 = 10189$;
$\Sigma\, x_i^4 = 115893$; $\Sigma\, x_i y_i = 363$; $\Sigma\, x_i^2 y_i = 2551$; $\Sigma(1/x_i) = 2{,}744$;
$\Sigma\, (1/x_i^2) = 0{,}6858$; $\Sigma\, (y_i/x_i) = 15{,}6162$; $\bar{y} = 4{,}4$; $\Sigma\, y_i = 66$.

Tabelle 11.1.: Einfache quasilineare Funktionen

Nr.	Funktion	Normalgleichungen
1.	$\hat{y}_i = b_0 + b_1 x_i + b_2 x_i^2$	$\Sigma y_i = nb_0 + b_1 \Sigma x_i + b_2 \Sigma x_i^2$ $\Sigma y_i x_i = b_0 \Sigma x_i + b_1 \Sigma x_i^2 + b_2 \Sigma x_i^3$ $\Sigma y_i x_i^2 = b_0 \Sigma x_i^2 + b_1 \Sigma x_i^3 + b_2 \Sigma x_i^4$
2.	$\hat{y}_i = b_0 + b_1 x_i + b_2 x_i^2 + b_3 x_i^3$	$\Sigma y_i = nb_0 + b_1 \Sigma x_i + b_2 \Sigma x_i^2 + b_3 \Sigma x_i^3$ $\Sigma y_i x_i = b_0 \Sigma x_i + b_1 \Sigma x_i^2 + b_2 \Sigma x_i^3 + b_3 \Sigma x_i^4$ $\Sigma y_i x_i^2 = b_0 \Sigma x_i^2 + b_1 \Sigma x_i^3 + b_2 \Sigma x_i^4 + b_3 \Sigma x_i^5$ $\Sigma y_i x_i^3 = b_0 \Sigma x_i^3 + b_1 \Sigma x_i^4 + b_2 \Sigma x_i^5 + b_3 \Sigma x_i^6$
3.	$\ln \hat{y}_i = b_0 + b_1 x_i$	$\Sigma \ln y_i = n\, b_0 + b_1\, \Sigma\, x_i$ $\Sigma\, x_i \ln y_i = b_0\, \Sigma\, x_i + b_1\, \Sigma\, x_i^2$
4.	$\ln \hat{y}_i = b_0 + b_1 x_i + b_2 x_i^2$	$\Sigma \ln y_i = nb_0 + b_1 \Sigma x_i + b_2 \Sigma x_i^2$ $\Sigma x_i \ln y_i = b_0 \Sigma x_i + b_1 \Sigma x_i^2 + b_2 \Sigma x_i^3$ $\Sigma x_i^2 \ln y_i = b_0 \Sigma x_i^2 + b_1 \Sigma x_i^3 + b_2 \Sigma x_i^4$
5.	$\ln \hat{y}_i = b_0 + b_1 x_i + b_2 x_i^2 + b_3 x_i^3$	*wie bei Funktion* 2., *für* $y_i = \ln y_i$ *setzen.*
6.	$\hat{y}_i = b_0 + b_1 \ln x_i$	$\Sigma\, y_i = n\, b_0 + b_1\, \Sigma \ln x_i$ $\Sigma\, y_i \ln x_i = b_0\, \Sigma \ln x_i + b_1\, \Sigma\, (\ln x_i)^2$
7.	$\ln \hat{y}_i = b_0 + b_1 \ln x_i$	$\Sigma \ln y_i = n\, b_0 + b_1\, \Sigma \ln x_i$ $\Sigma (\ln x_i \ln y_i) = b_0 \Sigma \ln x_i + b_1 \Sigma (\ln x_i)^2$
8.	$\ln \hat{y}_i = b_0 + b_1 \ln x_i + b_2 (\ln x_i)^2$	*wie bei Funktion* 1. , *für* $x_i = \ln x_i\, ;\, x_i^2 = (\ln x_i)^2$ $y_i = \ln y_i$ *setzen* .
9.	$\ln \hat{y}_i = b_0 + b_1 \ln x_i + b_2 (\ln x_i)^2 + b_3 (\ln x_i)^3$	*wie bei Funktion* 2. , *für* $x_i = \ln x_i\, ;\, x_i^2 = (\ln x_i)^2$ $x_i^3 = (\ln x_i)^3$, $y_i = \ln y_i$ *setzen* .
10.	$\hat{y}_i = b_0 + b_1 \frac{1}{x_i}$	$\Sigma\, y_i = n\, b_0 + b_1\, \Sigma\, \frac{1}{x_i}$ $\Sigma\, y_i \frac{1}{x_i} = b_0\, \Sigma\, \frac{1}{x_i} + b_1\, \Sigma\, \frac{1}{x_i^2}$
11.	$\hat{y}_i = b_0 + b_1 \frac{1}{x_i} + b_2 \frac{1}{x_i^2}$	*wie bei Funktion* 1. , *für* $x_i = \frac{1}{x_i}$, $x_i^2 = \frac{1}{x_i^2}$ *setzen* .

Tabelle 11.2.: Kosten je Stück einer Produktes und hergestellte Stückzahl von 15 Firmen

Unternehmen	Stückzahl (in 1000)	Kosten (DM) je Stück
i	x_i	y_i
1	2	8
2	3	10
3	4	7
4	4	6
5	5	5
6	6	5
7	6	4
8	6	3
9	7	4
10	8	5
11	9	3
12	10	2
13	12	1
14	13	1
15	14	2
Summe	109	66

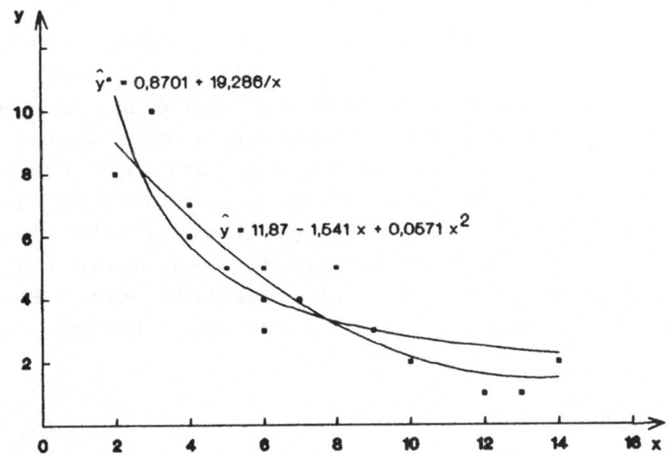

Abbildung 11.1.: Beziehung zwischen Stückkosten und Produktionsvolumen

Zuerst wird die ganze rationale Funktion zweiten Grades unter Verwendung der Formeln (11.10.), (11.11.) und (11.8.) berechnet.

$$b_1 = \frac{(363 - 4{,}4\cdot 109)(115893 - 65{,}4\cdot 981) - (2551 - 4{,}4\cdot 981)(10189 - 65{,}4\cdot 109)}{(981 - 7{,}2667\cdot 109)(115893 - 65{,}4\cdot 981) - (10189 - 7{,}2667\cdot 981)(10189 - 65{,}4\cdot 109)} = -1{,}541 \;;$$

$$b_2 = \frac{(981 - 7{,}2667\cdot 109)(2551 - 4{,}4\cdot 981) - (10189 - 7{,}2667\cdot 981)(363 - 4{,}4\cdot 109)}{(981 - 7{,}2667\cdot 109)(115893 - 65{,}4\cdot 981) - (10189 - 7{,}2667\cdot 981)(10189 - 65{,}4\cdot 109)} = 0{,}0571 \;;$$

$$b_0 = 4{,}4 + 1{,}541\cdot 7{,}2667 - 0{,}0571\cdot 65{,}4 = 11{,}87 \;.$$

Die Regressionsfunktion sieht demnach folgendermaßen aus:

$$\hat{y}_i = 11{,}87 - 1{,}541\cdot x_i + 0{,}0571\cdot x_i^2 \;.$$

Durch sukzessives Einsetzen der x_i-Werte aus Tabelle 11.2. ergeben sich die Regreßwerte:

$\hat{y}_1 = 9{,}02$; $\hat{y}_2 = 7{,}76$; $\hat{y}_3 = 6{,}62$; $\hat{y}_4 = 6{,}62$; $\hat{y}_5 = 5{,}59$;

$\hat{y}_6 = 4{,}68$; $\hat{y}_7 = 4{,}68$; $\hat{y}_8 = 4{,}68$; $\hat{y}_9 = 3{,}88$; $\hat{y}_{10} = 3{,}18$;

$\hat{y}_{11} = 2{,}63$; $\hat{y}_{12} = 2{,}17$; $\hat{y}_{13} = 1{,}60$; $\hat{y}_{14} = 1{,}49$; $\hat{y}_{15} = 1{,}49$.

Die Regressionsfunktion ist in Abbildung 11.1. eingezeichnet. Sie schneidet die y-Achse bei 11,87. Die Regressionsfunktion läßt erkennen, daß bereits bei einer Produktionsmenge von 15000 Stück die Stückkosten, berechnet nach der Regressionsfunktion, wieder ansteigen. Das ist ökonomisch im allgemeinen ebensowenig erklärlich wie die Stückkosten von etwa 11,87 DM, wenn keine Stücke hergestellt werden. Es ist deshalb angebracht, die Abhängigkeit der Stückkosten von der Produktionsmenge mit Hilfe einer anderen Funktion darzustellen. Es wird dafür die Hyperbelfunktion (11.12.) gewählt, deren Parameter nach den Formeln (11.13.) und (11.14.) berechnet werden. Im Ergebnis erhält man:

$b_0^* = 0{,}8748$ und $b_1^* = 19{,}27$.

Die Regressionsfunktion lautet dann:

$$\hat{y}_i^* = 0{,}8748 + 19{,}27/x_i \;.$$

Hiernach ergeben sich folgende Regreßwerte, wenn die x_i-Werte aus der Tabelle 11.2. nacheinander eingesetzt werden:

$\hat{y}_1^* = 10{,}51$; $\hat{y}_2^* = 7{,}30$; $\hat{y}_3^* = 5{,}69$; $\hat{y}_4^* = 5{,}69$; $\hat{y}_5^* = 4{,}73$;

$\hat{y}_6^* = 4{,}09$; $\hat{y}_7^* = 4{,}09$, $\hat{y}_8^* = 4{,}09$; $\hat{y}_9^* = 3{,}63$; $\hat{y}_{10}^* = 3{,}28$;

$\hat{y}_{11}^* = 3{,}01$; $\hat{y}_{12}^* = 2{,}80$; $\hat{y}_{13}^* = 2{,}48$; $\hat{y}_{14}^* = 2{,}35$; $\hat{y}_{15}^* = 2{,}25$.

Diese Regressionsfunktion ist ebenfalls in Abbildung 11.1. eingezeichnet. Je größer x_i, um so mehr nähern sich die Stückkosten dem Wert 0,87 DM; je kleiner x_i wird, desto größer werden die Stückkosten. Diese Regressionsfunktion eignet sich zur allgemeinen Darstellung der Abhängigkeit der Stückkosten von der Produktionsmenge besser als die Regressionsfunktion (11.3.).

Trotzdem muß von Aufgabenstellung zu Aufgabenstellung stets neu geprüft werden, welche der Funktionen sich besser für die Analyse eignet, und das sowohl bezüglich der Interpretierbarkeit als auch bezüglich des Grades der Anpassung. Letztendlich läuft es möglicherweise auf die Berechnung verschiedener nichtlinearer Regressionsfunktionen hinaus. Wie schon Tabelle 11.1. erkennen läßt, sind Potenztransformationen für die Linearisierung von nichtlinearen Beziehungen zwischen den Variablen von großem Nutzen. Solche Potenztransformationen (vgl. hierzu SCHLITTGEN [196], S.152ff. und S. 426 ff.) haben die Form $(x_i + c)^m$ für $m \neq 0$ und $\ln(x_i + c)$ für $m = 0$, mit c als eine Konstante, um positive Variablenwerte zu erhalten (positive Variablenwerte sind für einige der Transformationen erforderlich; zum anderen wird dadurch die Monotonie der Potenztransformation und damit die Erhaltung der Richtung der Abhängigkeit garantiert). In dem Suchprozeß nach einer geeigneten Transformation der Variablen muß die "Leiter der Transformationen" (zusammengestellt aus SCHLITTGEN [196], S. 155 und S. 427) nach der einen oder anderen Richtung durchschritten werden (siehe Tabelle 11.3.). Auch Zwischenwerte von m sind dabei möglich.

Bei ökonomischen Problemstellungen existieren auch Regressionen, die sich nicht durch Funktionen widerspiegeln lassen, deren Regressionsparameter linear sind. Es sind dann nichtlineare Regressionen 2. Art zu berechnen. Es wurde bereits erwähnt, daß in solchen Fällen die Anwendung der Methode der kleinsten Quadrate auf Schwierigkeiten stößt. Oft läßt sich jedoch eine geeignete Transformation finden, so daß die Regressionsfunktion linearisiert werden kann.

Auf die linearisierte Funktion wird dann die Methode der kleinsten Quadrate anwandt.

Tabelle 11.3.: Leiter der Transformationen

m	transformierte Variablenwerte	Kriterium der Auswahl
.	.	
.	.	
3	x_i^3	wenn überproportional
.	.	wachsende Änderungen
.	.	der Y-Werte auftreten
2	x_i^2	
.	.	↑
.	.	
1	x_i	ohne Effekt
.	.	
.	.	
0,5	$x_i^{0.5}$	↓
.	.	
.	.	wenn mit wachsenden
ln	$\ln x_i$	X-Werten die Ände-
.	.	rungen der Y-Werte
.	.	schwächer werden
-0,5	$1/x_i^{0.5}$	
.	.	
.	.	
-1	$1/x_i$	
.	.	
.	.	
-2	$1/x_i^2$	
.	.	

Zum Beispiel läßt sich eine Exponentialfunktion

$$\hat{y}_i = a\, b^{x_i} \tag{11.22.}$$

durch Logarithmieren in eine lineare Regressionsfunktion überführen:

$$\log \hat{y}_i = \log a + x_i \log b\,. \tag{11.23.}$$

Wenn $\log y_i = z_i$, $\log \hat{y}_i = \hat{z}_i$, $\log a = a'$, $\log b = b'$,

$$\log y_i - \log \hat{y}_i = z_i - \hat{z}_i = \hat{v}_i$$

gesetzt wird, so läßt sich (11.23.) folgendermaßen schreiben:

$$\hat{z}_i = a' + b'\, x_i\,. \tag{11.24.}$$

Diese Funktion läßt sich in der gleichen Weise behandeln wie eine einfache lineare Regressionsfunktion (vgl. Abschnitt 2.3.1.).

Allerdings wird jetzt für die Bestimmung der Regressionsparameter a'und b' nach der Methode der kleinsten Quadrate von der Bedingung

$$\Sigma (z_i - \hat{z}_i)^2 = \Sigma \hat{v}_i^2 \rightarrow \min.$$

und nicht von der bisherigen Bedingung

$$\Sigma (y_i - \hat{y}_i)^2 = \Sigma \hat{u}_i^2 \rightarrow \min.$$

ausgegangen. Es wird also diejenige **transformierte** Regressionsfunktion bestimmt, um die die **transformierten** Werte z_i ein Minimum an Streuung aufweisen. Für die Residuen der transformierten (linearisierten) Regressionsfunktion gilt $\Sigma \hat{v}_i = 0$.

Die Regressionsparameter der Exponentialfunktion (11.22.) werden durch Delogarithmierung von a'und b' ermittelt. Für die auf diese Weise numerisch ermittelte Exponentialfunktion gilt nicht zwangsläufig, daß die Streuung der empirischen Werte der Variablen Y um diese Regressionsfunktion ein Minimum ist. Es gilt weiterhin nicht $\Sigma \hat{u}_i = 0$ und $\Sigma y_i = \Sigma \hat{y}_i$.

In analoger Weise können andere nichtlineare Funktionen behandelt werden. Tabelle 11.4. gibt eine Übersicht über wichtige nichtlinearen Regressionsfunktionen 2. Art, die häufig bei ökonomischen Problemstellungen Anwendung finden.

Diese Funktionen spielen vor allem in der Bedarfsforschung eine große Rolle. Allerdings macht die Bestimmung des Parameters a bei der logistischen Funktion und bei der Gompertzfunktion, c bei der Johnsonfunktion und b bei den Törnquistfunktionen II und III gewisse Schwierigkeiten. Da der Parameter a zum Beispiel das Sättigungsniveau bei einem Erzeugnis angibt, muß dieses Sättigungsniveau durch fachwissenschaftliche Überlegungen vorher abgeschätzt werden. Es gibt auch numerische Methoden, mittels derer man diesen Wert berechnen kann (vgl. TINTNER [224], S. 273). Eine andere Möglichkeit, diesen Wert zu ermitteln, besteht darin, daß man das Sättigungsniveau mittels der Törnquistfunktion I bestimmt und diesen Wert in die logistische Funktion einsetzt. Auf jeden Fall müssen aber ökonomische Plausibilitätsbetrachtungen angestellt werden, wenn mit diesen Funktionen gearbeitet wird.

Tabelle 11.4.: Einige nichtlineare Funktionen 2. Art

Bezeichnung	Funktion	Transformation der Funktion
1. Potenzfunktion	$y = a\,x^b$	$\ln y = \ln a + b \ln x$
2. Exponentialfunktion	$y = a\,b^x$	$\ln y = \ln a + x \ln b$
3. kombinierte Exponential-Potenzfunktion	$y = a\,x^b\,c^x$	$\ln y = \ln a + b \ln x + x \ln c$
4. ökologische Funktion	$y = a\,e^{-b^2 (x-c)^2}$	$\ln y = \ln a - b^2 c^2 \ln e$ $+2\,b^2\,c\,(\ln e)\,x - b^2\,(\ln e)\,x^2$
5. Logistische	$y = \frac{a}{1 + b\,e^{-c x}}$	$\ln\left(\frac{a}{y} - 1\right) = \ln b - c\,x \ln e$
Funktion	$y = \frac{a}{1 + e^{b - c x}}$	$\ln\left(\frac{a}{y} - 1\right) = b \ln e - c\,x \ln e$
6. Verzögerte logistische Funktion	$y = \frac{a}{1 + \left(\frac{b}{x}\right)^c}$	$\ln\left(\frac{a}{y} - 1\right) = c \ln b - c \ln x$
7. Gompertzfunktion	$\ln y = \ln a + b\,c^x$	$\ln(\ln y - \ln a) = \ln b + x \ln c$
8. Wurzelfunktion mit quadratischem Radikanten	$y = \sqrt{a + b\,x + c\,x^2}$	$y^2 = a + b\,x + c\,x^2$
9. Hyperbelfunktion	$y = \frac{1}{a + b\,x}$	$\frac{1}{y} = a + b\,x$
10. Reziprokes quadratisches Polynom	$y = \frac{1}{a + b\,x + c\,x^2}$	$\frac{1}{y} = a + b\,x + c\,x^2$
11. Echt gebrochene rationale Funktion	$y = \frac{x}{a + b\,x + c\,x^2}$	$\frac{x}{y} = a + b\,x + c\,x^2$
12. Johnsonfunktion	$\ln y = -\frac{a}{b + x} + c$	$\frac{1}{(\ln y) - c} = -\frac{b}{a} - \frac{1}{a}\,x$
13. Einfache modifizierte Exponentialfunktion	$y = a\,e^{b x}$	$\ln y = \ln a + b\,x \ln e$
14. Törnquistfunktion I	$y = \frac{a\,x}{b + x}$	$\frac{1}{y} = \frac{b}{a}\,\frac{1}{x} + \frac{1}{a}$
15. Törnquistfunktion II	$y = \frac{a\,(x - b)}{x + c}$	$\frac{x - b}{y} = \frac{1}{a}\,x + \frac{c}{a}$
16. Törnquistfunktion III	$y = \frac{a\,x\,(x - b)}{x + c}$	$\frac{x - b}{y} = \frac{1}{a} + \frac{c}{a}\,\frac{1}{x}$

11.1.2. Einfache nichtlineare Regression bei gruppierten Daten

Liegt bei ökonomischen Untersuchungen eine Vielzahl von Einzelwerten vor, so läßt sich die Rechenarbeit zur Ermittlung der Parameter der Regressionsfunktion durch eine sinnvolle Gruppierung des empirischen Zahlenmaterials erleichtern. Meist werden zunächst die Angaben der erklärenden Variablen gruppiert und in den Gruppen die bedingten Mittelwerte $\overline{y}_j$ gebildet. Ausgehend von den Gruppenmitten und den bedingten Mittelwerten bestimmt man dann unter Berücksichtigung der Häufigkeiten die Regressionsparameter. Das im Abschnitt 2.3.2. beschriebene Verfahren wird auch bei der nichtlinearen Regression mit gruppierten Angaben angewandt. Dabei sollen hier nur quasilineare Funktionen betrachtet werden. Für die Regressionsfunktion (11.3.) ergeben sich bei gruppierten Angaben folgende Normalgleichungen (Beachte: $\Sigma\, g_j = n$):

$$\sum_j \overline{y}_j\, g_j = n\, b_0 + b_1 \sum_j x_j\, g_j + b_2 \sum_j x_j^2\, g_j \qquad (11.25.)$$

$$\sum_j \overline{y}_j\, x_j\, g_j = b_0 \sum_j x_j\, g_j + b_1 \sum_j x_j^2\, g_j + b_2 \sum_j x_j^3\, g_j \qquad (11.26.)$$

$$\sum_j \overline{y}_j\, x_j^2\, g_j = b_0 \sum_j x_j^2\, g_j + b_1 \sum_j x_j^3\, g_j + b_2 \sum_j x_j^4\, g_j \qquad (11.27.)$$

In diesen Beziehungen sind entsprechend Abschnitt 2.3.2.: $\overline{y}_j$ die bedingten Mittelwerte, x_j die Gruppenmitten und g_j die Randhäufigkeiten. Die Regressionsparameter lassen sich aus (11.25.) bis (11.27.) berechnen. Auf eine gesonderte Darstellung wird verzichtet.

Mitunter ist es angebracht, der Regression eine logarithmische Regressionsfunktion

$$\breve{y} = \breve{b}_0 + \breve{b}_1 \ln x \qquad (11.28.)$$

zugrunde zu legen. Entsprechend der im Abschnitt 11.1. dargelegten Regel lassen sich folgende Normalgleichungen für gruppierte Angaben aufschreiben:

$$\sum_j \overline{y}_j\, g_j = n\, \breve{b}_0 + \breve{b}_1 \sum_j g_j \ln x_j \qquad (11.29.)$$

$$\sum_j \overline{y}_j\, g_j \ln x_j = \breve{b}_0 \sum_j g_j \ln x_j + \breve{b}_1 \sum_j g_j \ln^2 x_j \qquad (11.30.)$$

Beispiel:
Die Funktionen (11.3.) und (11.28.) werden verwendet, um die Abhängigkeit der Produktion (Y) vom eingesetzten fixen Kapital (X) in 663 Firmen zu untersuchen (vgl. Tabelle 11.5.).

Tabelle 11.5.: Produktion und eingesetztes fixes Kapital in 663 Firmen (Angaben jeweils in 10^5 DM)

Kapital in 10^5 DM (Gruppenmitten)	Produktion in 10^5 DM	Anzahl der Firmen	Regreßwerte (11.28.)	Regreßwerte (11.3.)
x_j	$\overline{y}_j$	g_j	$\breve{y}_j$	$\hat{y}_j$
75	81,3	15	92,2	90,6
85	103,5	13	100,8	99,0
95	114,0	25	108,5	106,8
105	115,2	35	115,3	114,2
115	114,8	55	121,6	121,1
125	128,4	69	127,3	127,6
135	134,3	84	132,5	133,5
145	139,7	70	137,4	138,9
155	146,7	63	142,0	143,9
165	144,6	55	146,3	148,4
175	156,1	31	150,4	152,4
185	158,4	34	154,2	156,0
195	155,9	21	157,8	159,0
205	156,0	28	161,3	161,7
215	158,9	19	164,5	163,8
225	188,8	9	167,6	165,5
235	135,3	12	170,6	166,7
245	180,6	2	173,5	167,3
255	203,4	5	176,3	167,6
265	159,0	5	178,8	167,3
275	177,2	10	181,4	166,5
285	155,3	3	183,9	165,4

Nach Einsetzung der entsprechenden Werte in (11.25.) bis (11.27.) bzw. in (11.29.) und (11.30.) ergeben sich die Regressionsparameter und schließlich folgende Regressionsfunktionen:

$$\hat{y} = 13 + 1{,}214 \cdot x - 0{,}002384 \cdot x^2$$

$$\breve{y} \quad -204 + 158 \cdot \ln x \ .$$

Tabelle 11.5. zeigt, daß die Regressionsfunktion (11.3.) für das Beispiel bei $x_j = 255$ ihr Maximum hat, während die Regressionsfunktion (11.28.) ständig steigt. Welche der beiden Regressionsfunktionen die Abhängigkeit der Produktion vom eingesetzten fixen Kapital am besten widerspiegelt, kann nicht ohne weiteres gesagt werden. Berechnet man das Bestimmtheitsmaß für beide Regressionsfunktionen, so zeigt sich, daß sich die Regressionsfunktion (11.3.) etwas besser den empirischen Daten anpaßt als die Regressionsfunktion (11.28.).

Es ist jedoch durch weitere Untersuchungen zu klären, ob für die Produktion bei gegebenem Kapital überhaupt ein Maximum sachlich-logisch zu erwarten ist. Erst nach Klärung dieser Frage kann endgültig entschieden werden, welcher der beiden Regressionsfunktionen *ökonomisch der Vorzug zu geben ist.*

Nichtlineare Regressionsfunktionen lassen sich auch berechnen, wenn die Angaben der beiden Variablen gruppiert sind, wenn also eine Korrelationstabelle vorliegt. Im Prinzip ist in der gleichen Weise zu verfahren, wie es im Abschnitt 2.3.2. bei der einfachen linearen Regression beschrieben wurde. Bei der Aufstellung der Normalgleichungen ist darauf zu achten, daß die Gruppenmitten y_k mit den entsprechenden Randhäufigkeiten h_k, die Gruppenmitten x_j mit den Randhäufigkeiten g_j und die Produkte $y_k x_j$ mit den bedingten Häufigkeiten h_{kj} multipliziert werden.

11.2. Multiple nichtlineare Regression

Wird untersucht, wie eine ökonomische Variable gleichzeitig von mehreren anderen Variablen abhängt, so können Fälle auftreten, in denen diese Variablen nicht mehr linear verbunden sind. Es sind folglich Funktionen der multiplen nichtlinearen Regression aufzustellen. Auch in diesem Falle werden multiple nichtlineare Regressionen 1. Art (quasilineare Funktionen) von der multiplen nichtlinearen Regression 2. Art unterschieden. Die Ausführungen des Abschnitts 11.1. zu dieser Problematik haben hierfür volle Gültigkeit.

Ausgehend von fachwissenschaftlichen Überlegungen ist die multiple nichtlineare Regression im Prinzip in der gleichen Weise mathematisch zu bearbeiten wie die einfache nichtlineare Regression (vgl. Abschnitt 11.1.). Relativ einfach lassen sich zum Beispiel nichtlineare Regressionsfunktionen der quasilinearen Regression darstellen (hier gezeigt mit zwei erklärenden Variablen):

$$\hat{y} = a + F_1(x_1) + F_2(x_2) \ . \qquad (11.31.)$$

Wenn sich durch sachliche Überlegungen ergibt, daß

$$F_1(x_1) = b_1\,x_1 + c_1\,x_1^2 + d_1\,x_1^3 \qquad (11.32.)$$

und

$$F_2(x_2) = b_2\,x_2 + c_2\,x_2^2 + d_2\,x_2^3 \qquad (11.33.)$$

ist, dann läßt sich (11.31.) wie folgt schreiben:

$$\hat{y} = a + b_1 x_1 + c_1 x_1^2 + d_1 x_1^3 + b_2 x_2 + c_2 x_2^2 + d_2 x_2^3 . \qquad (11.34.)$$

Mit Hilfe der Methode der kleinsten Quadrate lassen sich die Parameter a, b_1, c_1, ..., d_2 ermitteln. Auch in diesem Falle können die Beziehungen der multiplen nichtlinearen Regression relativ leicht in Beziehungen für die multiple lineare Regression umgeschrieben werden, wenn man $x_1^2 = x_3$, $x_1^3 = x_4$, $x_2^2 = x_5$ und $x_2^3 = x_6$ setzt. Auf eine gesonderte Darstellung soll hier verzichtet werden.

Von den multiplen nichtlinearen Regressionsfunktionen 2. Art, die sich linearisieren lassen, sind die Produktionsfunktionen von ökonomischem Interesse. Der Begriff "Produktionsfunktion" ist nicht wörtlich zu nehmen. Die Produktionsfunktionen sind zwar ursprünglich zur Untersuchung der Ursache-Wirkungsbeziehungen im Bereich der Produktion entwickelt worden. Sie lassen sich aber auf andere Bereiche der Ökonomie zur Ursache-Wirkungsforschung übertragen.

Eine Produktionsfunktion ist die Cobb-Douglas-Funktion (vgl. DOUGLAS, COBB [43], S. 139 ff.), die folgendes Aussehen hat:

$$\hat{y} = b_0 \, x_1^{b_1} \, x_2^{b_2} ... x_m^{b_m} . \qquad (11.35.)$$

Y ist die Produktion, das Bruttosozialprodukt usw., X_1, ... , X_m sind die ökonomischen Einflußgrößen und b_1, ..., b_m geben die durch den jeweiligen Einflußfaktor hervorgerufene relative Entwicklung von Y an. Setzt man für Y die Produktion, für X_1 die Arbeitskräfte und für X_2 das fixe Kapital, so erhält man für (11.35.)

$$\hat{y} = b_0 \, x_1^{b_1} \, x_2^{b_2} . \qquad (11.36.)$$

(11.36.) wird logarithmiert

$$\ln \hat{y} = \ln b_0 + b_1 \ln x_1 + b_2 \ln x_2 \qquad (11.37.)$$

Aus (11.37.) sind die Regressionskoeffizienten leicht zu ermitteln. Oft wird die Beziehung $b_1 + b_2 = 1$ gefordert (lineare Homogenität), woraus für $b_1 = 1 - b_2$ folgt. Diesen Ausdruck in (11.36.) eingesetzt, ergibt:

$$\hat{y} = b_0 \, x_1^{(1 - b_2)} \, x_2^{b_2} . \qquad (11.38.)$$

Durch einfache Umformungen kann man zeigen, daß

$$\frac{\hat{y}}{x_1} = b_0 \left(\frac{x_2}{x_1} \right)^{b_2} . \qquad (11.39.)$$

gilt, woraus man nach Logarithmierung von (11.39.) und Anwendung der Formeln aus Abschnitt 2.3.1. b_0 und b_2 ermitteln kann.

Weiterhin wurden die CES-Funktion (vgl. ARROW et al. [13]) und die VES-Funktion (CES - constant elasticity of substitution, VES - variable elasticity of substitution) entwickelt, die ebenfalls linear-homogen sind:

$$\hat{y} = b_0 \, [b_2 \, x_2^{-p} + (1 - b_2) \, x_2^{-p}]^{-\frac{1}{p}} \qquad (11.40.)$$

$$\hat{y} = b_0 \left[b_2 \, x_2^{-p} + (1 - b_2) \, q \left(\frac{x_2}{x_1} \right)^{-s(1+p)} x_1^{-p} \right]^{-\frac{1}{p}} \qquad (11.41.)$$

Hierin sind p, q und s Substitute, die teilweise durch die Differentialrechnung erschlossen werden müssen. Sie werden außerhalb der Ausdrücke (11.40.) und (11.41.) ökonomisch sinnvoll ermittelt, so daß nur die Regressionsparameter b_0 und b_2 zu schätzen sind.

Schließlich soll noch eine Möglichkeit beschrieben werden, die den wissenschaftlich-technischen Fortschritt in der Produktionsfunktion berücksichtigt. Sie ist

$$\hat{y} = b_0 \, x_1^{b_1} \, x_2^{b_2} \, e^{b_3 t} \, . \qquad (11.42.)$$

In dieser Beziehung wird der wissenschaftlich-technische Fortschritt in exponentieller Abhängigkeit von der Zeit betrachtet und seine Wirkung durch den Koeffizienten b_3 erfaßt. Ob dieser Ansatz ökonomisch sinnvoll ist, muß durch umfangreiche Untersuchungen nachgewiesen werden. Allgemein kann man sagen, daß das Wirtschaftsgeschehen so vielgestaltig ist, daß die multiple nichtlineare Regression viel stärker als bisher beachtet wird. Das vor allem auch darum, weil durch die Verfügbarkeit schneller PC's Bearbeitungsschwierigkeiten, die früher wesentlich gegen die breite Anwendung nichtlinearer Funktionen in der Ökonomie sprachen, nicht mehr auftreten.

12. Nichtlineare Korrelation

Sind die zu untersuchenden Erscheinungen nichtlinear miteinander verbunden, so interessiert ebenso wie bei linearer Verbundenheit die Frage, wie eng, wie stark der Zusammenhang zwischen diesen Erscheinungen ist. Dabei ist es wesentlich, ob die zusammenhängenden Erscheinungen untereinander korreliert sind. Dieser Gesichtspunkt wurde bereits im Kapitel 4. erörtert. Er gilt analog auch bei nichtlinearer Korrelation.

Im Kapitel 4. wurde bereits ein Maß für die Intensität des Zusammenhanges entwickelt - der Korrelationskoeffizient -, der aber unter anderem der Bedingung unterliegt, daß die zu untersuchenden Erscheinungen linear verbunden sind. Der Korrelationskoeffizient kann in dieser Form folglich die Intensität eines Zusammenhanges nicht mehr ausdrücken, wenn diese Bedingung nicht existiert. So ist für den Zusammenhang der beiden formalen statistischen Reihen

x_i: 1 2 3 4 5 6 7 8 9 10 11 12 13

y_i: 1 1 2 3 4 5 7 5 4 3 2 1 1

der Korrelationskoeffizient $r_{yx} = 0$, obwohl offensichtlich ein enger Zusammenhang zwischen beiden Reihen vorliegt. Das schließt nicht aus, daß der lineare Korrelationskoeffizient in einigen Fällen der nichtlinearen Reihenverbundenheit zu brauchbaren Ergebnissen führt. Dennoch ist es notwendig, ein Korrelationsmaß zu entwickeln, das bei nichtlinearer Verbundenheit der Erscheinungen Schlüsse auf die Intensität des Zusammenhanges zuläßt. Dieses Korrelationsmaß wird als **allgemeiner Korrelationskoeffizient**, mitunter auch als Korrelationsindex, bezeichnet.

12.1. Einfache nichtlineare Korrelation

12.1.1. Einfache nichtlineare Korrelation bei nichtgruppierten Daten

Die Messung der Intensität eines nichtlinearen Zusammenhanges soll zunächst für den Fall untersucht werden, daß zwischen zwei Erscheinungen eine quasilineare Funktion unterstellt werden kann. Der allgemeine Korrelationskoeffizient für den nichtlinearen Zusammenhang zwischen zwei Variablen wird mit R_{yx} bezeichnet. Ausgehend von der Beziehung (4.12.) im Abschnitt 4.1.3., die auch für nichtlineare Zusammenhänge gilt, ergibt sich:

$$R_{yx} = +\sqrt{B_{yx}} = +\sqrt{\frac{\Sigma\ (\hat{y}_i - \bar{y})^2}{\Sigma\ (y_i - \bar{y})^2}} \quad (12.1.)$$

Für die praktische Berechnung des allgemeinen Korrelationskoeffizienten werden im folgenden einige andere Formeln angegeben. Die rechte Seite von (12.1.) wird unter der Wurzel mit n/n erweitert und man erhält:

$$R_{yx} = \sqrt{\frac{\hat{s}^2(\hat{y})}{\hat{s}_y^2}} \quad (12.2.)$$

(12.1.) kann weiterhin auch in folgender Form geschrieben werden:

$$R_{yx} = \sqrt{1 - U_{yx}} = \sqrt{1 - \frac{\sum (y_i - \hat{y}_i)^2}{\sum (y_i - \bar{y})^2}} = \sqrt{1 - \frac{\hat{s}_u^2}{\hat{s}_y^2}} \quad (12.3.)$$

Auflösen der Klammern in (12.1.) und eine Vereinfachung des Nenners führt zu:

$$R_{yx} = \sqrt{\frac{\sum \hat{y}_i^2 - 2\,\bar{y}\sum\hat{y}_i + n\,\bar{y}^2}{\sum y_i^2 - \bar{y}\sum y_i}} \quad (12.4.)$$

Da auch bei der quasilinearen Regression $\Sigma\, y_i = \Sigma\, \hat{y}_i$ ist, läßt sich (12.4.) weiter vereinfachen:

$$R_{yx} = \sqrt{\frac{\sum \hat{y}_i^2 - \bar{y}\sum y_i}{\sum y_i^2 - \bar{y}\sum y_i}} \quad (12.5.)$$

oder

$$R_{yx} = \sqrt{\frac{n\sum \hat{y}_i^2 - (\sum y_i)^2}{n\sum y_i^2 - (\sum y_i)^2}} \quad (12.6.)$$

(12.4.) bis (12.6.) werden auch als Summonformen des allgemeinen Korrelationskoeffizienten bezeichnet. Der Wert des allgemeinen Korrelationskoeffizienten liegt im dem Intervall:

$$0 \leq R_{yx} \leq 1. \quad (12.7.)$$

Es ist $R_{yx} = 1$, wenn die Varianz $\hat{s}^2(\hat{y})$, die aus der Abhängigkeit der Variablen Y von der Variablen X erklärbar ist, gleich der Gesamtvarianz $\hat{s}_y^2$ ist. In diesen Fällen gilt auch $\hat{y}_i = y_i$ für alle i, das heißt, in diesen Fällen liegt ein funktionaler Zusammenhang zwischen den beobachteten Variablen vor.

Es ist $R_{yx} = 0$, wenn die "nicht erklärte" Varianz der Residuen $\hat{s}_u^2$ gleich der Gesamtvarianz $\hat{s}_y^2$ ist. In diesen Fällen ist $\hat{y}_i = \bar{y}$ [vgl. (12.3.)]. Die Regressionsfunktion ist eine Parallele zur Abszissenachse, woraus zu schließen ist, daß kein Zusammenhang im Sinne der Korrelationsanalyse vorliegt. Je mehr sich der Wert des allgemeinen Korrelationskoeffizienten dem Wert 1 nähert, desto stärker ist der beobachtete Zusammenhang.

Aus (12.1.) ist die Beziehung zwischen dem allgemeinen Korrelationskoeffizienten und dem Bestimmtheitsmaß ersichtlich. Je mehr der allgemeine Korrelationskoeffizient sich dem Wert 1 nähert, desto größer wird auch das Bestimmtheitsmaß, desto höher ist eine Regressionsfunktion bestimmt.

Beispiel:
Es soll die Intensität des Zusammenhanges zwischen den Kosten je Stück und der hergestellten Produktionsmenge aus Abschnitt 11.1.1. berechnet werden. Dabei wird als Regressionsfunktion die ganze rationale Funktion zweiten Grades zugrunde gelegt. Für den allgemeinen Korrelationskoeffizienten ergibt sich nach (12.6.):

$n = 15; \quad \Sigma\, \hat{y}_i^2 = 369{,}9749; \quad \Sigma\, y_i^2 = 384;$

$$R_{yx} = \sqrt{\frac{15 \cdot 369{,}9749 - 66^2}{15 \cdot 384 - 66^2}} = 0{,}922 .$$

Verwendet man die Hyperbelfunktion, für die $\Sigma\, \hat{y}_i^2 = 358{,}6303$ ist, so wird:

$$R_{yx} = \sqrt{\frac{15 \cdot 358{,}6303 - 66^2}{15 \cdot 384 - 66^2}} = 0{,}854 .$$

Der Zusammenhang zwischen den beobachteten Werten ist in dem Beispiel stärker, wenn als Regressionsfunktion eine ganze rationale Funktion zweiten Grades unterstellt wird. Auf der Basis der Einschätzung mittels des allgemeinen Korrelationskoeffizienten ist im gegebenen Bereich diese Regressionsfunktion besser geeignet als die Hyperbelfunktion. Das zeigen auch die Bestimmtheitsmaße von 87,6 Prozent und 73 Prozent. Die Hyperbelfunktion ist dagegen in diesem Beispiel, wie im Abschnitt 11.1.1. bereits erörtert, für eine allgemeine theoretisch-ökonomische Darstellung vorzuziehen.

Der Charakter der Korrelation (positiv oder negativ) ist mittels des allgemeinen Korrelationskoeffizienten nicht zu erkennen. Er ist gesondert zu erschließen. Im vorliegenden Beispiel ist ein negativer nichtlinearer Zusammenhang zu erkennen.

Bei der einfachen linearen Korrelation wurde gezeigt, daß $r_{yx} = r_{xy}$ ist. Es muß ausdrücklich darauf verwiesen werden, daß diese Beziehung beim allgemeinen Korrelationskoeffizienten (nichtlineare Korrelation) nicht gilt. Es ist also $R_{yx} \neq R_{xy}$.

Bereits bei der Behandlung der linearen Regression wurde darauf verwiesen, daß es alternative Regressionsfunktionen gibt, daß folglich eine Regressionsfunktion nicht umkehrbar ist. Das gilt auch für die einfache nichtlineare Regression. Der allgemeine Korrelationskoeffizient geht bekanntlich von einer nichtlinearen Regressionfunktion aus. Er führt folglich zu anderen Ergebnissen, wenn die Regressionsfunktion x = g(y) zugrunde gelegt wird.

Dementsprechend sind auch bei nichtlinearer Verbundenheit der Variablen die Bestimmtheitsmaße verschieden, also $B_{yx} \neq B_{xy}$. Die Formeln für B_{xy} und R_{xy} bei nichtlinearer Korrelation lassen sich leicht gewinnen. In (12.1.) bis (12.6.) braucht man nur jeweils y_i durch x_i, $\hat{y}_i$ durch $\hat{x}_i$ und $\overline{y}$ durch $\overline{x}$ zu ersetzen.

Betrachtet man die nichtlineare Korrelation 2. Art, so behält grundsätzlich die Formel (12.1.) ihre Gültigkeit und der allgemeine Korrelationskoeffizient liegt in den Grenzen $0 \leq R_{yx} \leq 1$. Die Aussage des allgemeinen Korrelationskoeffizienten über die Intensität der nichtlinearen Verbundenheit der Variablen bleibt so lange erhalten, wie versucht wird, die nichtlineare Funktion 2. Art direkt iterativ oder approximativ den empirischen Werten anzupassen. Erfolgt aber eine Transformation einer nichtlinearen Funktion 2. Art zum Zwecke der Anpassung der empirischen Daten an eine linearisierte Funktion, so sagt der allgemeine Korrelationskoeffizient wenig über die Intensität des Zusammenhanges der ursprünglichen Variablen aus. Er liefert dann nur zusammen mit dem Bestimmtheitsmaß eine Information über den Grad der Anpassung der linearisierten Funktion an die empirischen Daten.

12.1.2. Einfache nichtlineare Korrelation bei gruppierten Daten

Liegt gruppiertes Material für einen nichtlinearen Zusammenhang vor, so läßt sich der allgemeine Korrelationskoeffizient aus gruppierten Angaben berechnen. Dabei muß aber in Erinnerung gerufen werden, daß durch die Gruppierung der Daten ein Informationsverlust auftritt, der sich dann in der Höhe des Korrelationskoeffizienten niederschlägt.

Unter Berücksichtigung der Ausführungen zur nichtlinearen Regression bei gruppierten Angaben kann der allgemeine Korrelationskoeffizient für gruppierte Daten leicht aus den Formeln (12.1.) bis (12.6.) hergeleitet werden. So läßt sich zum Beispiel (12.2.) für gruppiertes Material folgendermaßen schreiben:

$$R_{yx} = \sqrt{\frac{\frac{1}{n} \sum_j (\hat{y}_j - \overline{y})^2 g_j}{s_y^2}} \quad . \tag{12.8.}$$

Der allgemeine Korrelationskoeffizient läßt sich auch berechnen, wenn das Zahlenmaterial nach beiden Variablen gruppiert wird, wenn also eine Korrelationstabelle gegeben ist. Die Abweichungen der Gruppenmitten y_k der zu erklärenden Variablen vom Gesamtmittelwert $\overline{y}$ sind dann mit den Randhäufigkeiten h_k zu gewichten. Es ergibt sich für den allgemeinen Korrelationskoeffizienten aus gruppierten Angaben folgende Formel:

$$R_{yx} = \sqrt{\frac{\sum_j (\hat{y}_j - \overline{y})^2 g_j}{\sum_k (y_k - \overline{y})^2 h_k}} . \qquad (12.9.)$$

Es ist (vgl. hierzu Abschnitt 2.3.2.)

$\hat{y}_j$ der Regreßwert, der zur Gruppenmitte x_j gehört, $j = 1, \ldots, t$;

y_k die Gruppenmitte der Gruppe k der zu erklärenden Variablen Y, $k = 1, \ldots, s$;

g_j die Randhäufigkeit der Gruppenmitte x_j;

h_k die Randhäufigkeit der Gruppenmitte y_k;

$\overline{y}$ der Gesamtmittelwert der zu erklärenden Variablen Y.

Für die quasilineare Korrelation läßt sich (12.6.) für gruppiertes Material folgendermaßen schreiben:

$$R_{yx} = \sqrt{\frac{n \sum_j \hat{y}_j^2 g_j - (\sum_k y_k h_k)^2}{n \sum_k y_k^2 h_k - (\sum_k y_k h_k)^2}} . \qquad (12.10.)$$

Analog geht (12.3.) über in:

$$R_{yx} = \sqrt{1 - \frac{\sum_k \sum_j (y_k - \hat{y}_j)^2 h_{kj}}{\sum_k (y_k - \overline{y})^2 h_k}} . \qquad (12.11.)$$

Die Abweichungen der Regreßwerte $\hat{y}_j$ von den Gruppenmitten y_k werden für jedes besetzte Feld der Korrelationstabelle gebildet und mit den Häufigkeiten des entsprechenden Feldes der Korrelationstabelle h_{kj} gewichtet. Auch hier ist zu beachten, daß bei nichtlinearer Korrelation $R_{yx} \neq R_{xy}$ ist.

12.2. Multiple nichtlineare Korrelation

Läßt sich eine nichtlineare Verbundenheit zwischen mehr als zwei Variablen durch eine nichtlineare Regressionfunktion 1. Art ausdrücken, so ist der allgemeine Korrelationskoeffizient nach Formel (12.1.) zu berechnen, mit dem Unterschied, daß sich die Symbolik für den allgemeinen Korrelationskoeffizienten in $R_{y.12...m}$ ändert und daß $\hat{y}_i$ jetzt der Regreßwert in Abhängigkeit von m erklärenden Variablen ist. $R_{y.12...m}$ mißt die Intensität der gleichzeitigen nichtlinearen Abhängigkeit der Variablen Y von den Variablen $X_1, \ldots, X_m$ und gestattet zugleich, die Brauchbarkeit der multiplen nichtlinearen Regressionsfunktion 1. Art zu beurteilen. Hinsichtlich der multiplen nichtlinearen Korrelation 2. Art gilt das gleiche, was unter Abschnitt 12.1.1. zur einfachen nichtlinearen Korrelation 2. Art beschrieben wurde.

12.3. Beziehungen zwischen dem linearen Korrelationskoeffizienten, dem allgemeinen Korrelationskoeffizenten und dem Korrelationsverhältnis

Es sollen noch kurz die Beziehungen zwischen dem allgemeinen Korrelationskoeffizienten, dem linearen Korrelationskoeffizienten und dem Korrelationsverhältnis angesprochen werden.

Die Beziehung zwischem dem linearen und dem allgemeinen Korrelationskoeffizienten ist sehr einfach. Der lineare Korrelationskoeffizient r_{yx} läßt sich in einfacher Weise aus (12.1.) bzw. (12.3.) ableiten, wenn für $\hat{y}_i$ die Formel (2.25.) aus Abschnitt 2.3.1., also eine lineare Regressionsfunktion, eingesetzt und entsprechend umgeformt wird. Der lineare Korrelationskoeffizient ist folglich ein Spezialfall des allgemeinen Korrelationskoeffizienten und für diesen Fall gilt $R_{yx} = R_{xy} = r_{yx} = r_{xy}$. Auf eine gesonderte Darstellung wird verzichtet.

Die Beziehung zwischen dem Korrelationsverhältnis und dem linearen Korrelationskoeffizienten ist nur für gruppiertes Material diskutabel, da das Korrelationsverhältnis nur für gruppierte Daten ermittelt werden kann. Da dem arithmetischen Mittel die quadratische Minimumseigenschaft zukommt, ist die Summe der quadratischen Abweichungen aller Einzelwerte der Variablen Y vom arithmetischen Mittel ein Minimum. Es gilt also:

$$\sum_{i=1}^{n} (y_i - \bar{y})^2 \rightarrow \min. \tag{12.12.}$$

Diese Eigenschaft gilt auch für die Gruppen-Mittelwerte $\bar{y}_j$ innerhalb einer Gruppe j der erklärenden Variablen, so daß gilt:

$$\sum_{i} (y_{ij} - \bar{y}_j)^2 \leq \sum_{i} (y_{ij} - \hat{y}_j)^2 . \tag{12.13.}$$

Diese Beziehung gilt für alle Gruppen der erklärenden Variablen, also für j = 1, 2, ... Unter Berücksichtigung, daß zur Herleitung des Korrelationsverhältnisses eine Aufteilung der Varianz s_y^2 analog der Betrachtungen [vgl. (3.2.ff.) im Abschnitt 3.1. und Abschnitt 4.6.] beim Bestimmtheitsmaß vorgenommen werden kann, läßt sich durch entsprechendes Einsetzen von (3.5.) und einigen Umformungen mit Hilfe von (12.13.) zeigen, daß folgende Beziehung besteht:

$$R_{yx} \leq \eta_{yx} \;. \qquad (12.14.)$$

Beide Korrelationskennziffern sind nur dann gleich, wenn die Regreßwerte $\hat{y}_j$ gleich den Gruppen-Mittelwerten $\bar{y}_j$ sind, wenn also die Regressionsfunktion durch die Gruppen-Mittelwerte geht.

Bei linearer Korrelation liegen die Gruppen-Mittelwerte annähernd auf einer Geraden. In diesem Falle nehmen der Korrelationskoeffizient und das Korrelationsverhältnis annähernd die gleichen Werte an (vgl. Beispiel in Abschnitt 4.6.). Folglich sind bei linearer Korrelation η_{yx} und η_{xy} annähernd gleich groß. Sind η_{yx} und η_{xy} stark voneinander verschieden und unterscheiden sie sich sehr von dem linearen Korrelationskoeffizienten, so weist dies auf einen nichtlinearen Zusammenhang zwischen den Erscheinungen hin. Die Differenz zwischen dem Korrelationsverhältnis und dem linearen Korrelationskoeffizienten liefert somit Anhaltspunkte, um die Linearität einer Korrelation bzw. Regression zu prüfen. Da das Korrelationsverhältnis stets grösser, höchstens gleich dem allgemeinen Korrelationskoeffizienten ist, läßt sich die Differenz zwischen beiden Maßen auch bei nichtlinearem Zusammenhang dazu benutzen, zu untersuchen, inwieweit die gewählte Regressionsfunktion den angenommenen Voraussetzungen entspricht. Ist die Differenz zwischen beiden Maßen sehr groß, so ist zu prüfen, ob eine Regressionsfunktion auf Grund eines anderen Funktionstyps die zu untersuchende Abhängigkeit günstiger widerspiegelt. Die Differenz zwischen dem Korrelationsverhältnis und dem Korrelationskoeffizienten ist jedoch nur ein Hilfsmittel, mit dem die Eignung einer Regressionfunktion eingeschätzt werden kann. Die gegebenen sachlichen Bedingungen und das sich darauf gründende logische Urteil des Fachmannes sind schließlich ausschlaggebend dafür, ob eine gewählte Regressionsfunktion zur Widerspiegelung der Abhängigkeit verwendet werden kann.

13. Messung des Zusammenhanges von nominal- und ordinalskalierten Variablen

In den bisherigen Ausführungen wurden kardinal- (oder metrisch) skalierte Variable in ihren Abhängigkeiten und Zusammenhängen behandelt. Für sie ist kennzeichnend, daß ihre Variablenwerte zahlenmäßig erfaßt werden können, eine Reihenfolge dieser Variablenwerte existiert und Abstände zwischen ihnen lassen sich sinnvoll interpretieren.

Nicht alle Variablen lassen sich jedoch zahlenmäßig erfassen. Es gibt auch Variable, die begrifflich variieren. Wenn für die Ausprägungen der Variablen lediglich festgestellt werden kann, ob sie gleich oder verschieden sind, werden die Variablen als **nominalskaliert** bezeichnet. Den Ausprägungen zugeordnete Zahlen haben nur eine Bezeichnungsfunktion, für die Reihenfolge und Abstand keine inhaltliche Bedeutung haben. Nominalskalierte Variable sind zum Beispiel Familienstand, Geschlecht, Beruf. **Ordinalskalierte Variable** sind solche, deren Ausprägungen unterschieden werden können und einer Reihenfolge unterliegen, d.h. eine Rangordnung der Ausprägungen ist sinnvoll interpretierbar. Den Ausprägungen zugeordnete Zahlen spiegeln diese Rangordnung wider. Abstände zwischen den Ausprägungen der Variablen bzw. den Rangzahlen besitzen keine Aussagefähigkeit. Beispiele für ordinalskalierte Variable sind Leistung (Zensuren), Güteklassen, Lohngruppen. Vor allem sozialwissenschaftlichen Variable sind nominal- bzw. ordinalskaliert.

Die Reihenfolge im Skalenniveau ist: Nominalskala, Ordinalskala, Kardinalskala. Die Maßskala der Variablen ist wesentlich für die Verwendung von Zusammenhangsmaßen. Der lineare Korrelationskoeffizient von Bravais/Pearson ist nur für kardinalskalierte Variablen anwendbar. Für kardinalskalierte Variablen können aber auch die Zusammenhangsmaße, die für die beiden niederen Skalenniveaus definiert sind, angewandt werden, und für ordinalskalierte Variablen können auch Zusammenhangsmaße der Nominalskala verwendet werden. Allgemein: Neben den Zusammenhangsmaßen, die für das jeweilige Skalenniveau definiert sind, können auch die Zusammenhangsmaße für die niedrigeren Skalenniveaus berechnet werden.

Soll der Zusammenhang zwischen unterschiedlich skalierten Variablen gemessen werden, so ist stets das Zusammenhangsmaß für das niedrigste aufgetretene Skalenniveau zu verwenden.

Im folgenden sollen einige Zusammenhangsmaße für ordinal- und nominalskalierte Variable behandelt werden.

13.1. Zusammenhangsmaße für wenigstens ordinalskalierte Variable

13.1.1. Rangkorrelationskoeffizient von Spearman

Bei mindestens ordinalskalierten Variablen werden die Beobachtungen entsprechend ihrer Rangfolge geordnet und den Beobachtungen entsprechend ihrer Reihenplätze Rang- (Ordinal-)zahlen zugeordnet. Werden zwei ordinalskalierte Variablen X und Y beobachtet, für jede Variable getrennt die Rangzahlen bestimmt und die Rangzahlen der Variablen X mit w_i und die Rangzahlen der Variablen Y mit v_i bezeichnet, so erhält man in dieser Vorgehensweise eine Reihe von n Rangpaaren. Um Aussagen über die Stärke des Zusammenhanges der beiden Variablen X und Y zu erhalten, werden die Rangzahlen in den einfachen linearen Korrelationskoeffizient von Bravais-Pearson (4.5.) eingesetzt (vgl. SCHWARZE [206], S. 168 ff.):

$$r_S = \frac{n \sum_{i=1}^{n} w_i v_i - \sum_{i=1}^{n} w_i \sum_{i=1}^{n} v_i}{\sqrt{\left(n \sum_{i=1}^{n} w_i^2 - \sum_{i=1}^{n} w_i \sum_{i=1}^{n} w_i \right) \left(n \sum_{i=1}^{n} v_i^2 - \sum_{i=1}^{n} v_i \sum_{i=1}^{n} v_i \right)}} \; . \qquad (13.1.)$$

Da die Rangzahlen jeder Variablen nur von 1 bis n laufen, ist

$$\begin{aligned} \sum_{i}^{n} w_i &= \sum_{i}^{n} v_i = \frac{1}{2} n (n + 1) \\ \sum_{i}^{n} w_i^2 &= \sum_{i}^{n} v_i^2 = \frac{1}{6} n (n + 1) (2 n + 1) \; . \end{aligned} \qquad (13.2.)$$

Setzt man (13.2.) in (13.1.) ein, so ergibt sich

$$r_S = \frac{n \sum_{i=1}^{n} w_i v_i - \left[\frac{1}{2} n (n + 1) \right]^2}{\sqrt{\left\{ n \frac{1}{6} n (n + 1) (2 n + 1) - \left[\frac{1}{2} n (n + 1) \right]^2 \right\}^2}} \; .$$

Unter Beachtung von

$$\begin{aligned} \sum (w_i - v_i)^2 &= \sum w_i^2 - 2 \sum w_i v_i + \sum v_i^2 \\ \sum w_i v_i &= \frac{1}{2} \left[\sum w_i^2 + \sum v_i^2 - \sum (w_i - v_i)^2 \right] \\ &= \frac{1}{6} n (n + 1) (2 n + 1) - \frac{1}{2} \sum (w_i - v_i)^2 \; , \end{aligned}$$

erhält man schließlich nach einigen Umformungen

$$r_S = 1 - \frac{6 \sum_{i=1}^{n} (w_i - v_i)^2}{n (n^2 - 1)} \; . \qquad (13.3.)$$

Dieses Ergebnis wird als Rangkorrelationskoeffizient von Spearman bezeichnet.

Er liegt wie der einfache lineare Korrelationskoeffizient im Bereich $-1 \leq r_S \leq +1$. Er mißt die Stärke und die Richtung eines **monotonen** Zusammenhanges zwischen den beiden Variablen. Sind die Rangreihen der beiden Variablen X und Y völlig gleichläufig, so ist $w_i = v_i$ für alle i und somit $r_S = +1$. Sind die Rangreihen der beiden Variablen X und Y völlig gegenläufig, so ist $v_i = n+1-w_i$ für alle i und $r_S = -1$.

Wie die Herleitung zeigt, werden die Rangzahlen wie "pseudokardinale" Ausprägungen (BAMBERG, BAUR [17], S. 49) behandelt, als ob der Abstand von Rangplätzen sinnvoll interpretiert werden könnte. Das stellt einen Nachteil dieses Rangkorrelationskoeffizienten dar und muß bei der Interpretation beachtet werden. Vorteilhaft kann der Rangkorrelationskoeffizient von Spearman auf kardinalskalierte Variablen angewandt werden, bei denen keine Normalverteilung vorausgesetzt werden kann (wie dies beim Korrelationskoeffzient von Bravais und Pearson der Fall ist) bzw. die Ausreißer aufweisen (SCHLITTGEN [196], S. 169 ff.). Der lineare Korrelationskoeffizient würde im letzteren Fall die Stärke des Zusammenhanges verzerrt ausgeweisen. Werden die Beobachtungswerte jeder Variablen X bzw. Y jedoch durch Vergabe von Rangzahlen auf eine Ordinalskala zurückgeführt, so haben Ausreißer unter den Beobachtungswerten nicht mehr einen so starken Effekt.

Bei der Festlegung der Rangzahlen ist darauf zu achten, daß gleich große Werte bei einer Variablen Y oder X auch mit gleichen Rangzahlen belegt werden. Dabei wird im allgemeinen so vorgegangen, daß aus den für gleich große Werte zu vergebenden Rangzahlen das arithmetische Mittel gebildet wird. Treten zum Beispiel bei der Variablen Y drei gleich große Werte auf, denen die Rangzahlen 4, 5, 6 zuzuordnen sind, so erhalten alle drei Werte die Rangzahl 5. Dem nächstgrößeren Y-Wert wird dann die Rangzahl 7 zugeordnet. In diesem Zusammenhang spricht man von Bindungen der Rangzahlen. Treten Bindungen auf, so ist dies bei der Berechnung des Rangkorrelationskoeffizienten zu berücksichtigen. Der Rangkorrelationskoeffizient r_s ist dann (vgl. SACHS [191], S. 393)

$$r_S = \frac{\frac{n(n^2-1)}{6} - \sum_{i=1}^{n}(w_i - v_i)^2 - a - c}{\sqrt{\left(\frac{n(n^2-1)}{6} - 2a\right)\left(\frac{n(n^2-1)}{6} - 2c\right)}} . \qquad (13.4.)$$

Hierin ist

$$a = \frac{1}{12}\sum_j (a_j^3 - a_j) , \quad j = 1, \ldots , z \qquad (13.5.)$$

der Korrekturfaktor für die Bindungen in der Rangreihe v der Variablen Y mit j Bezeichnung der laufenden Numerierung der Bindungen innerhalb der Rangzahlen. Tritt nur eine Bindung auf, dann ist j = 1, treten 2 Bindungen auf, dann ist j = 1, 2 usw.;

a_j Anzahl der gleichen Werte der Reihe v innerhalb der Bindung j. Sind zum Beispiel in die 2. Bindung die Werte 11. bis 15. einzubeziehen, so ist $a_2 = 5$;

und der Korrekturfaktor für die Bindungen in der Rangreihe w der Variablen X:

$$c = \frac{1}{12} \sum_k (c_k^3 - c_k) , \quad k = 1, \ldots , p . \tag{13.6.}$$

Beispiel:

Es soll die Intensität des Zusammenhangs zwischen dem Niveau der Produktivität und dem Mechanisierungsgrad der Arbeit in 10 Firmen festgestellt werden. Die Angaben enthält Tabelle 13.1.

Tabelle 13.1.: Niveau der Arbeitsproduktivität (Y) und Mechanisierungsgrad der Arbeit (X) für 10 Firmen (einschließlich Rangzahlen)

i	y_i	x_i	v_i	w_i	$(w_i - v_i)^2$
1	127	43	4	1	9
2	120	51	1	2	1
3	125	55	2	3	1
4	126	57	3	4	1
5	133	60	7	5	4
6	129	62	5	6	1
7	132	65	6	7	1
8	135	68	8,5	8	0,25
9	135	70	8,5	9	0,25
10	140	74	10	10	0
Summe	1302	605	55	55	18,5

Die Rangzahl v_5 zum Beispiel bedeutet, daß die Firma 5 hinsichtlich seines Mechanisierungsgrades an 7. Stelle steht, begonnen mit der Firma mit dem niedrigsten Mechanisierungsgrad. Da in diesem Beispiel eine Bindung in der Rangreihe der Variablen Y vorkommt, wird der Rangkorrelationskoeffizient nach (13.4.) berechnet. Für a mit j = 1 Bindung erhält man $a = (2^3 - 2)/12 = 0,5$. c ist in dem Beispiel 0, da in der Rangreihe der Variablen X keine Bindungen auftreten. a in (13.4.) eingesetzt, ergibt

$$r_S = \frac{\frac{10(10^2 - 1)}{6} - 18,5 - 0,5}{\sqrt{\left(\frac{10(10^2 - 1)}{6} - 2 \cdot 0,5\right)\left(\frac{10(10^2 - 1)}{6}\right)}} = 0,889 .$$

r_s zeigt einen starken positiven Zusammenhang zwischen dem Niveau der Produktivität und dem Mechanisierungsgrad. Zum Vergleich wird der einfache lineare Korrelationskoeffizienten für die Ursprungswerten angegeben: $r_{yx} = 0{,}833$.

Dieses Ergebnis zeigt, daß r_s zwar nicht mit r_{yx}, also dem Korrelationskoeffizienten aus den Ursprungswerten übereinstimmt, daß sich r_s aber wenig von r_{yx} unterscheidet. Der Rangkorrelationskoeffizient gibt im allgemeinen den Grad des Zusammenhangs der Ursprungswerte näherungsweise recht gut wieder. Allerdings darf nicht übersehen werden, daß durch die Verwendung der Rangzahlen für die eigentlich kardinalskalierten Variablen bei der Berechnung des Rangkorrelationskoeffizienten gegenüber dem Korrelationskoeffizienten r_{yx} ein gewisser Informationsverlust eintritt, der dadurch bedingt ist, daß die Relationen zwischen den Ursprungswerten durch die Rangzahlen nicht mehr widergespiegelt werden. Der Rangkorrelationskoeffizient nähert sich dem Korrelationskoeffizienten um so mehr, je mehr die Ursprungswerte einer linearen Korrelation unterliegen und je stärker die Korrelation ist. Für normalverteile Gesamtheiten besteht zwischem dem Korrelationskoeffizienten und dem Rangkorrelationskoeffizienten folgende Beziehung, die für wachsendes n asymptotisch gilt. Sie sollte ab $n \geq 30$ verwendet werden.

$$r_{xy} = 2 \sin\left(\frac{\pi}{6} r_s \right) . \qquad (13.7.)$$

Stammen die Beobachtungen der Variablen X und Y aus einer Stichprobe, so kann analog zum einfachen linearen Korrelationskoeffizienten ein Signifikanztest des Rangkorrelationskoeffizienten von Spearman vorgenommen werden. Wenn in der Grundgesamtheit $\rho_S = 0$ ist, dann läßt sich zeigen, daß der Rangkorrelationskoeffizient R_S ab einem Stichprobenumfang von n = 10 unter der Nullhypothese t-verteilt ist mit $f = n - 2$ Freiheitsgraden. Als Prüffunktion wird

$$T = R_S \sqrt{\frac{n-2}{1-R_S^2}} \qquad (13.8.)$$

verwendet. Ist $t > t_{\alpha;f}$, dann wird die Nullhypothese H_0: $\rho_S = 0$ auf dem vorgegebenen Signifikanzniveau α abgelehnt; im Fall $t \leq t_{\alpha;f}$ wird sie nicht abgelehnt.

13.1.2. Rangkorrelationskoeffizient von Kendall

Ein anderer Rangkorrelationskoeffizient τ stammt von Kendall und setzt **mindestens** die Eigenschaften einer **Ordinalskala** voraus. Ausgangspunkt der Berechnung ist wiederum, daß den Beobachtungen der Variablen X bzw. Y Rangzahlen zugewiesen werden (wobei für die folgende Abhandlung vorausgesetzt wird, daß keine Bindungen auftreten). Die Ordnung der Rangpaare erfolgt derart, daß die Rangzahlen 1,2,. .., n einer der Variablen in natürlicher Folge geordnet sind. In der Folge der Rangzahlen der zweiten Variablen wird dann für jede Rangzahl i festgestellt, wieviele der nachfolgenden Rangzahlen größer als die Rangzahl i sind (diese Anzahl wird mit p_i bezeichnet) und wieviele der nachfolgenden Rangzahlen kleiner sind (diese Anzahl wird mit q_i symbolisiert). Die p_i bzw. q_i geben dabei an, wieviel der Rangzahlen bei dieser Variablen gleichläufig bzw. gegenläufig sind. Die Summe aller größeren Rangzahlen ist $P = \Sigma_i p_i$, die Summe aller kleineren Rangzahlen $Q=\Sigma_i q_i$ und die Differenz zwischen beiden Summen $S= P - Q$. Die Gesamtzahl aller zu vergleichenden Ränge dieser Variablen, das heißt die maximale Differenz S_{max} zwischen P und Q, ist gleich der Anzahl der Kombinationen von 2 Rängen aus n verschiedenen Rängen ohne Wiederholung:

$$S_{max} = \binom{n}{2} = \frac{n(n-1)}{2} \quad . \qquad (13.9.)$$

Sie ergibt sich, wenn auch die zweite Variable in natürlicher Folge angeordnet ist.

Der Rangkorrelationskoeffizient τ von Kendall ist das Verhältnis der Differenz zwischen der Summe der Rangpaare mit aufsteigender Ordnung (P) und der Summe der Rangpaare mit absteigender Ordnung (Q) zur Gesamtzahl der Rangpaare (S_{max}):

$$\tau = \frac{S}{S_{max}} = \frac{2S}{n(n-1)} = \frac{2(P-Q)}{n(n-1)} \qquad (13.10.)$$

bzw. wegen $S_{max} = P + Q$

$$\tau = 1 - \frac{4Q}{n(n-1)} = \frac{4P}{n(n-1)} - 1 \quad . \qquad (13.11.)$$

τ liegt in den Grenzen von $-1 \leq \tau \leq +1$. Wie (13.11.) erkennen läßt, genügt es, mit einer der Größen Q oder P zu rechnen. Man wählt diejenige Größe, die wahrscheinlich die kleinste ist.

Beispiel:
Zwei Mitglieder einer Kommission werden aufgefordert, die 10 Bewerber einer Stellenausschreibung (i = 1, ..., 10) unabhängig voneinander in eine Rangfolge zu bringen. Die Rangreihe des 1. Mitgliedes w ist in natürlicher Folge aufgelistet und die Ränge des 2. Mitgliedes v werden entsprechend zugeordnet (siehe Tabelle 13.2.). Die Rangzahlenreihe, die keine natürliche Folge aufweist, ist v. An erster Stelle steht die Rangzahl $v_1 = 4$, hinter dieser Rangzahl stehen 6 Ränge, die größer sind als 4, und 3 Ränge, die kleiner sind als 4; an 2. Stelle steht die Rangzahl $v_2 = 1$, hinter dieser Rangzahl

Tabelle 13.2.: Rangreihen zweier Kommissionsmitglieder für 10 Bewerber

i	w_i	v_i	p_i	q_i	n - i
1	1	4	6	3	9
2	2	1	8	0	8
3	3	2	7	0	7
4	4	3	6	0	6
5	5	7	3	2	5
6	6	5	4	0	4
7	7	6	3	0	3
8	8	8	2	0	2
9	9	9	1	0	1
10	10	10	0	0	0
Summe	55	55	p = 40	q = 5	s_{max} = 45

folgen 8 Ränge, die größer sind als 1 und 0 Ränge, die kleiner sind; an 5. Stelle steht die Rangzahl $v_5 = 7$, hinter dieser Rangzahl folgen 3 Ränge, die größer sind, und 2 Ränge, die kleiner sind. Die mögliche Anzahl der Anordnungen des Ranges i ist $(p_i + q_i) = n - i$, zum Beispiel ist für die 1. Stelle $(p_1 + q_1) = 10 - 1 = 9$, für die 2. Stelle $(p_2 + q_2) = 10 - 2 = 8$.

Der Rangkorrelationskoeffizient von Kendall ergibt sich somit zu:

$$\hat{\tau} = \frac{2 \cdot 35}{10\,(10 - 1)} = 1 - \frac{4 \cdot 5}{90} = \frac{4 \cdot 40}{90} - 1 = 0{,}778 \,.$$

Dieser Rangkorrelationskoeffizient $\hat{\tau} = 0{,}778$ läßt auf eine gute Übereinstimmung zwischen den Rangreihen der beiden Kommissionsmitglieder schließen.

Der Rangkorrelationskoeffizient τ von Kendall wird für Stichproben ab einem Umfang von n = 10 mittels folgender Prüffunktion geprüft, wobei die Nullhypothese $H_0 : \tilde{\tau} = 0$ lautet:

$$\Lambda = \frac{\tau}{\sqrt{\dfrac{2\,(2n + 5)}{9n\,(n - 1)}}} \qquad (13.12.)$$

(13.12.) ist unter der Nullhypothese asymptotisch normalverteilt. Ist bei gegebener Irrtumswahrscheinlichkeit α der Prüfwert $\lambda > \lambda_\alpha$, so wird die Nullhypothese auf dem vorgegebenen Signifikanzniveau α und auf der Basis der Stichprobe vom Umfang n abgelehnt; ist $\lambda \leq \lambda_\alpha$, so wird die Nullhypothese nicht abgelehnt. Wenn im obigen Beispiel die Beobachtungen einer Stichprobe entstammen, kann der Test angewandt werden, da n=10 ist. Aus der Tafel der Standardnormalverteilung findet man für eine Irrtumswahrscheinlichkeit $\alpha = 0,05$ einen kritischen Wert $\lambda_{0,05} = 1,96$. Als Prüfwert resultiert auf der Basis von (13.12.):

$$\lambda = \frac{0,778}{\sqrt{\frac{2\ (2 \cdot 10 + 5)}{9 \cdot 10\ (10 - 1)}}} = 3,131 .$$

Auf einem Signifikanzniveau von 95 % und auf der Basis einer Stichprobe vom Umfang 10 wird die Nullhypothese abgelehnt. Es besteht eine wesentliche Übereinstimmung zwischen den Rangreihen der beiden Kommissionsmitgliedern.

13.1.3. Konkordanzkoeffizient von Kendall

Wenn im Beispiel des vorangegangenen Abschnittes mehr als 2 Kommissionsmitglieder die Bewerber in eine Rangfolge einordnen sollen, so ist der Rangkorrelationskoeffizient von Kendall nicht mehr anwendbar, da er nur für die Messung des Zusammenhanges von zwei Rangreihen definiert ist. Kendall hat jedoch auch für den allgemeineren Fall ein Zusammenhangsmaß angegeben, den Konkordanzkoeffizient W für m Rangreihen. Der Konkordanzkoeffizient, der ebenfalls **mindestens** die Eigenschaften **ordinalskalierter** Variablen voraussetzt, ist wie folgt definiert:

$$W = \frac{12 \sum_{i=1}^{n} D_i^2}{m^2\ (n^3 - n)} . \qquad (13.13.)$$

Der Konkordanzkoeffizient W liegt in den Grenzen $0 \leq W \leq 1$.
Wenn Bindungen zwischen den Rängen auftreten, ist W:

$$W = \frac{12 \sum_{i=1}^{n} D_i^2}{m^2\ (n^3 - n) - m\,C} . \qquad (13.14.)$$

Hierin ist

$$D_i = \sum_{j=1}^{m} R_{ij} - \frac{\sum_{j=1}^{m} \sum_{i=1}^{n} R_{ij}}{n} ; \qquad i = 1, \ldots, n ; \qquad j = 1, \ldots, m$$

die Summe aller Ränge des Objektes i minus dem Mittelwert aus allen Rängen aller Objekte (Rangplatzsummendifferenz);

m Anzahl der Rangreihen;

n Anzahl der Objekte (Anzahl der Ränge innerhalb einer Rangreihe);

$$C = \sum_{k=1}^{p} (\,C_k^3 - C_k\,)$$

die Summe der Bindungen in allen Rangreihen und p die Anzahl der

Bindungen. Tritt zum Beispiel eine Bindung zwischen den Rängen 8 bis 11 auf, dann ist $C_k = 4$.

Beispiel:
Es soll die Qualität eines Erzeugnisses durch 3 Experten in 6 Betrieben eingeschätzt werden. Die Ergebnisse der Einstufung der Rangzahlen sind in Tabelle 13.3. enthalten.

Tabelle 13.3.: Qualität eines Erzeugnisses in 6 Betrieben

Betrieb	Experte j			Rangsumme		
i	1.	2.	3.	$\sum_{j=1}^{3} R_{ij}$	D_i	D_i^2
1	1	2	1	4	-6,5	42,25
2	2	1	3	6	-4,5	20,25
3	4	4,5	3	11,5	1,0	1,00
4	5	4,5	6	15,5	5,0	25,00
5	3	3	3	9	-1,5	2,25
6	6	6	5	17	6,5	42,25
Summe	21	21	21	63		133,00

Die Rangsumme für jeden Betrieb i ist in der 5. Spalte errechnet. Zur Bildung von D wird der Mittelwert aus den Rängen aller 3 Experten und aller 6 Betriebe benötigt:

$$\frac{\sum_{j=1}^{3} \sum_{i=1}^{6} R_{ij}}{6} = \frac{63}{6} = 10,5 \; .$$

Dieser Mittelwert wird von jeder Rangsumme i subtrahiert und ergibt die Rangplatzsummendifferenz D_i in der 6. Spalte. Die Summe der Quadrate dieser Differenzen ist der Zähler von (13.14.). Vom Nenner fehlt zur Bestimmung von W noch die Größe C. Sie ist mit p = 2

$$C = (2^3 - 2) + (3^3 - 3) = 30.$$

Die Anzahl der Objekte (Betriebe) beträgt n = 6, die Zahl der Rangreihen (Experten) m = 3. Die Größen in (13.14.) eingesetzt, ergibt:

$$W = \frac{12 \cdot 133}{3^2\,(6^3 - 6) - 3 \cdot 30} = 0,8867 \; .$$

Der Koeffizient W = 0,887 drückt aus, daß die Einschätzung der Qualität durch die 3 Experten gut übereinstimmt.

Der Konkordanzkoeffizienten W kann nach FRIEDMAN [64] mittels folgender Prüffunktion geprüft werden:

$$\chi^2 = m\,(n-1)\,W. \qquad (13.15.)$$

(13.15.) genügt unter der Nullhypothese einer χ^2-Verteilung mit f = n - 1 Freiheitsgraden. Die Prüfung erfolgt in der üblichen Weise. Wenn die sechs Betriebe im obigen Beispiel als eine Stichprobe aufgefaßt werden, dann soll der Konkordanzkoeffizient mit einer Irrtumswahrscheinlichkeit von α = 0,05 gegen Null geprüft werden. Aus der Tafel 5 (Anhang) findet man für α = 0,05 und f = 5 Freiheitsgrade einen kritischen Wert von $\chi^2_{0,05;5}$ = 11,07. Es ergibt sich ein Prüfwert von

$$\chi^2 = 3\,(6-1)\,0{,}8867 = 13{,}3\,.$$

Da $\chi^2 = 13{,}3 > \chi^2_{0,05;5} = 11{,}07$ ist, wird mit einer Irrtumswahrscheinlichkeit von 5 % und auf der Basis einer Zufallsstichprobe vom Umfang n = 6 die Nullhypothese verworfen. Die Einschätzung der Qualität durch die drei Experten kann als übereinstimmend angesehen werden.

13.2. Zusammenhangsmaße für nominalskalierte Variable

Auch bei **nominalskalierten** Variablen kann untersucht werden, ob ein Zusammenhang zwischen diesen Variablen gegeben ist. Eine geeignete tabellarische Darstellung der Häufigkeit des Auftretens der Ausprägungspaare zweier nominalskalierter Variablen ist die (zweidimensionale) **Kontigenztabelle**. Es wird davon ausgegangen, daß die Variable X sich in p Ausprägungen (i = 1,..., p) und die Variable Y in q Ausprägungen (j = 1,..., q) realisieren kann.

Tabelle 13.4.: Allgemeine Kontingenztabelle

X \ Y	$y_1 \;\dots\; y_j \;\dots\; y_q$	RV X
x_1	$h_{11} \;\dots\; h_{1j} \;\dots\; h_{1q}$	$h_{1.}$
.	. . .	.
.	. . .	.
.	. . .	.
x_i	$h_{i1} \;\dots\; h_{ij} \;\dots\; h_{iq}$	$h_{i.}$
.	. . .	.
.	. . .	.
.	. . .	.
x_p	$h_{p1} \;\dots\; h_{pj} \;\dots\; h_{pq}$	$h_{p.}$
RV Y	$h_{.1} \;\dots\; h_{.j} \;\dots\; h_{.q}$	$h_{.2}$

Darin sind

h_{ij} die absolute Häufigkeit des Auftretens der Realisation x_i und der Realisation y_j

$$h_{ij} = h(X=x_i;\ Y=y_j);\ i = 1,\ldots,p;\ j = 1,\ldots,q;$$

$h_{i.}$ die Randhäufigkeit von $X = x_i$, d.h. die Gesamtzahl des Auftretens der Realisation x_i

$$h_{i.} = h(X = x_i) = \sum_{j=1}^{q} h_{ij}\ ;\quad i = 1,\ldots,p\ ;$$

$h_{.j}$ die Randhäufigkeit von $Y = y_j$, d.h. die Gesamtzahl des Auftretens der Realisation y_j

$$h_{.j} = h(Y = y_j) = \sum_{i=1}^{p} h_{ij}\ ;\quad j = 1,\ldots,q\ ;$$

n die Anzahl der beobachteten Realisationspaare von X und Y (Stichprobenumfang)

$$n = \sum_{i=1}^{p} \sum_{j=1}^{q} h_{ij} = \sum_{i=p}^{p} h_{i.} = \sum_{j=1}^{q} h_{.j}\ .$$

Im Innern der Kontingenztabelle 13.4. ist die beobachtete Häufigkeitsverteilung der Variablen X und Y angegeben. Die letzte Spalte enthält die Randverteilung (RV) der Variablen X und die letzte Zeile die Randverteilung der Variablen Y.

Da nominalskalierte Variable kein Ordnungsprinzip aufweisen, könnte natürlich die Reihenfolge der Realisationen von X und auch die Reihenfolge der Realisationen von Y in der Kontingenztabelle eine andere sein.

Die Kontingenztabelle bildet die Grundlage für einige Zusammenhangsmaße für nominalskalierte Variable. Dafür wird zunächst untersucht, wie die Häufigkeitsverteilung aussehen würde, wenn die beiden Variablen X und Y **unabhängig** wären. Analog zur Wahrscheinlichkeitsrechnung gilt auch für die beobachteten relativen Häufigkeiten f_{ij}, daß im Fall von Unabhängigkeit der Variablen X und Y

$$f^*_{ij} = f_{i.} \cdot f_{.j}\ ;\quad i = 1,\ldots,p\ ;\ j = 1,\ldots,q\ ;$$

$$h^*_{ij} = \frac{h_{i.} \cdot h_{.j}}{n} \qquad (13.16.)$$

gilt.

Die beobachtete Häufigkeitsverteilung wird mit der so ermittelten Häufigkeitsverteilung bei Unabhängigkeit verglichen. Für jedes Tabellenfeld ij wird die relative quadratische Abweichung ermittelt:

$$\frac{(h_{ij} - h_{ij}^*)^2}{h_{ij}^*} = \frac{\left(h_{ij} - \frac{h_{i.} \cdot h_{.j}}{n}\right)^2}{\frac{h_{i.} \cdot h_{.j}}{n}} \quad . \qquad (13.17.)$$

Die Summe aller relativen quadratischen Abweichungen (13.17.) ergibt die sogenannte χ^2-Größe (Chi-Quadrat-Größe):

$$\chi^2 = \sum_{i=1}^{p} \sum_{j=1}^{q} \frac{\left(h_{ij} - \frac{h_{i.} \cdot h_{.j}}{n}\right)^2}{\frac{h_{i.} \cdot h_{.j}}{n}} \quad . \qquad (13.18.)$$

Sie liefert bereits eine Aussage darüber, ob ein Zusammenhang zwischen X und Y existiert. Im Fall $h_{ij} = h_{ij}^*$ für alle i und j ist sie gleich 0, zwischen X und Y besteht kein Zusammenhang, sondern Unabhängigkeit. Sie kann jedoch keine Aussage geben, wie stark dieser Zusammenhang ist, da keine normierte Obergrenze für χ^2 existiert, denn sie kann in Abhängigkeit von n unterschiedliche Werte annehmen, was deutlich in folgender Formel für χ^2 zu erkennen ist:

$$\chi^2 = n \sum_{i=1}^{p} \sum_{j=1}^{q} \frac{(f_{ij} - f_{i.} \cdot f_{.j})^2}{f_{i.} \cdot f_{.j}} \quad . \qquad (13.19.)$$

Wenn mittels der Untersuchung auch Rückschlüsse auf den Zusammenhang der beiden Variablen X und Y in der Grundgesamtheit vorgenommen werden sollen, so sind die relativen Häufigkeiten Schätzwerte für die entsprechenden Wahrscheinlichkeiten

$f_{ij} \approx P(X=x_i;Y=y_j)$; $f_{i.} \approx P(X=x_i)$; $f_{.j} \approx P(Y=y_j)$

und χ^2 ist eine Zufallsvariable. Sie ist unter der Nullhypothese

H_0: $P(X=x_i;Y=y_j) = P(X=x_i) \cdot P(Y=y_j)$ für alle i und j

chi-quadrat-verteilt mit $f = (p - 1)(q - 1)$ Freiheitsgraden.

χ^2 kann somit als Prüffunktion verwendet werden, um zu prüfen, ob ein Zusammenhang zwischen X und Y besteht (**Chi-Quadrat-Unabhängigkeitstest**). Für eine vorgegebene Irrtumswahrscheinlichkeit α wird die Nullhypothese verworfen, wenn $\chi^2_{\alpha;f} < \chi^2$ ist, mit $\chi^2_{\alpha;f}$ als kritischer Wert aus der Chi-Quadrat-Verteilung.

Um den Chi-Quadrat-Unabhängigkeitstest durchführen zu können, muß als Approximationsbedingung $h_{ij}^* = h_{i.}h_{.j}/n \geq 5$ gelten. Ist dies nicht erfüllt, müssen benachbarte Zeilen und Spalten geeignet zusammengefaßt werden. Die Anzahl der Freiheitsgrade für χ^2 ist dann auf der Basis der zusammengefaßten Kontingenztabelle zu bestimmen.

13.2.1. Kontingenzkoeffizient

Ein Maß für den Zusammenhang zwischen zwei nominalskalierten Variablen X und Y ist der Kontingenzkoeffizient, der auf der eben dargestellten χ^2-Größe basiert:

$$C = \sqrt{\frac{\chi^2}{\chi^2 + n}} \,. \tag{13.20.}$$

Der Kontingenzkoeffizient nimmt den Wert Null an, wenn die beiden Variablen unabhängig voneinander sind. Der maximale Wert von C hängt von der Größe der Kontingenztabelle in folgender Weise ab:

$$C_{max} = \sqrt{\frac{c^* - 1}{c^*}} \; ; \qquad c^* = min\{p, q\} \,. \tag{13.21.}$$

Um im Fall eines eindeutigen Zusammenhanges (in diesem Fall sind nur die Diagonalelemente der Kontingenztabelle 13.4. besetzt) sicherzustellen, daß der Kontingenzkoeffizient den Wert Eins annimmt, und um Vergleiche von Kontingenztabellen unterschiedlicher Größe zu ermöglichen, wird der Kontingenzkoeffizient korrigiert:

$$C_{korr} = \frac{C}{C_{max}} = \sqrt{\frac{\chi^2}{\chi^2 + n} \; \frac{c^*}{c^* - 1}} \,. \tag{13.22.}$$

C_{korr} liegt in den Grenzen $0 \leq C_{korr} \leq 1$.

Beispiel:
Es soll anhand einer Stichprobe untersucht werden, ob ein Konservierungsmittel Einfluß auf die Haltbarkeit von Lebensmitteln nimmt. Dabei soll mit einer Irrtumswahrscheinlichkeit von 5 % geprüft werden. Es wurden von 1000 Packungen einer Lebensmittelart 300 Packungen ohne Zusatz, 500 Packungen mit schwachem Zusatz und 200 Packungen mit starkem Zusatz des Konservierungsmittels versehen.

Tabelle 13.5.: Beziehung zwischen Zusatz an Konservierungsmittel und Haltbarkeit einer Lebensmittelart

X \ Y	schlecht	mittel	gut	sehr gut	RV X
ohne Zusatz	51 *29,4*	175 *129,6*	74 *115,8*	0 *25,2*	300
schwacher Zusatz	45 *49*	210 *216*	191 *193*	54 *42*	500
starker Zusatz	2 *19,6*	47 *86,4*	121 *77,2*	30 *16,8*	200
RV Y	98	432	386	84	1000

Bezüglich der Haltbarkeit wurde in schlechte, mittlere, gute und sehr gute Haltbarkeit unterschieden. Die beiden Variablen, X:"Zusatzes von Konservierungsmittel" mit p=3 Realisationen und Y:"Haltbarkeit" mit q=4 Realisationen, sind nominalskalierte Variablen. Die Untersuchungsergebnisse sind in der Kontingenztabelle 13.5. enthalten.

Würde ein eindeutiger Zusammenhang zwischen dem Zusatz von Konservierungsmittel und Haltbarkeit bestehen, so dürften nur die Diagonalfelder der Kontingenztabelle 13.5. besetzt sein. Das ist offensichtlich nicht der Fall. Somit wird mittels der χ^2-Größe geprüft, ob überhaupt ein Zusammenhang zwischen diesen Variablen vorliegt. Die bei Unabhängigkeit der Variablen auftretenden absoluten Häufigkeiten h_{ij}^* nach (13.16.) sind in Tabelle 13.5 in der jeweiligen unteren Hälfte eines Tabellenfeldes kursiv angegeben. In der Tafel 5 (Anhang) findet man für $\chi^2_{0,05;6} = 12,592$.

Als Realisation der Prüffunktion χ^2 ergibt sich aus der konkreten Stichprobe:

$$\chi^2 = \frac{(51 - 29,4)^2}{29,4} + \ldots + \frac{(30 - 16,8)^2}{16,8} = 144,997 .$$

Läge kein Zusammenhang zwischen Zusatz von Konservierungsmittel und Haltbarkeit vor, so würde χ^2 nicht wesentlich von 0 abweichen. Für das Beispiel ist f = (3 - 1) (4 - 1) = 6. Da $\chi^2 > \chi^2_{0,05;6}$ ist, kann auf einem Signifikanzniveau von 5 % und auf der Basis der Stichprobe vom Umfang 1000 der Schluß gezogen werden, daß das Konservierungsmittel die Haltbarkeit der Lebensmittel beeinflußt.

Um die Stärke des Zusammenhangs festzustellen, wird der Kontingenzkoeffizienten berechnet. Nach (13.20.) ist

$$C = \sqrt{\frac{144,997}{144,997 + 1000}} = 0,356$$

und nach (13.21.)

$$C_{max} = \sqrt{\frac{3 - 1}{3}} = 0,8165 ,$$

so daß sich für den korrigierten Kontingenzkoeffizienten

$$C_{korr} = \frac{0,356}{0,8165} = 0,436$$

ergibt. Der Kontingenzkoeffizient deutet auf einen mittelstarken Zusammenhang zwischen dem Zusatz an Konservierungsmitteln und der Haltbarkeit hin.

13.2.2. Assoziationsmaß

Ein Spezialfall nominalskalierter Variablen liegt vor, wenn zwei Variable jeweils nur zwei Realisationen aufweisen, das heißt, für jede Variable die Gesamtheit dichotom oder wenigstens hinsichtlich der Fragestellung dichotomisierbar ist (ja, nein; gut, schlecht; eingetreten, nicht eingetreten usw). Diesen Realisationen der Variablen können die Zahlen 0 bzw. 1 zugeordnet werden.

Bei gleichzeitiger Betrachtung beider Variablen gibt es somit vier Möglichkeiten des Auftretens von Realisationen der Variablen X und der Variablen Y. Die beobachteten Häufigkeiten der erfaßten Realisationskombinationen lassen sich in 4 Feldern einer Tabelle erfassen, 2x2-Felder-Tafel oder Vierfeldertafel genannt (siehe Tabelle 13.6.).

Tabelle 13.6.: Vierfeldertafel

X \ Y	y_1 (=0)	y_2 (=1)	RV X
x_1 (=0)	h_{11}	h_{12}	$h_{1.}$
x_2 (=1)	h_{21}	h_{22}	$h_{2.}$
RV Y	$h_{.1}$	$h_{.2}$	n

Verwendet man unter Beachtung dieser Symbolik formal den einfachen linearen Korrelationskoeffizienten (4.9.) für gruppierte Daten, wobei statt der absoluten Häufigkeiten die relativen Häufigkeiten eingesetzt werden, so folgt nach wenigen Umformungen

$$r_{xy} = \frac{\sum_{i=1}^{2} \sum_{j=1}^{2} (x_i - \bar{x})(y_j - \bar{y}) f_{ij}}{\sqrt{\sum_{i=1}^{2} ((x_i - \bar{x})^2 f_{i.} \sum_{j=1}^{2} (y_j - \bar{y})^2 f_{.j}}}$$

$$= \frac{\frac{h_{22}}{n} - \frac{h_{2.}}{n}\frac{h_{.2}}{n}}{\sqrt{\frac{h_{1.}}{n}\frac{h_{2.}}{n}\frac{h_{.1}}{n}\frac{h_{.2}}{n}}} . \qquad (13.23.)$$

Eine andere Darstellung folgt, wenn (4.10.) als Ausgangspunkt der Umformungen dient:

$$r_{xy} = \frac{h_{11}\, h_{22} - h_{12}\, h_{21}}{\sqrt{h_{1.}\, h_{2.}\, h_{.1}\, h_{.2}}} . \qquad (13.24.)$$

Der Korrelationskoeffizient nimmt Werte in dem Intervall $-1 \le r_{xy} \le +1$ an. Es ist $r_{xy} = -1$, wenn $h_{11} = h_{22} = 0$ ist, $r_{xy} = +1$ tritt ein, wenn $h_{12} = h_{21} = 0$ ist. Der Fall $h_{11} = h_{12} = 0$ oder $h_{21} = h_{22} = 0$ interessiert für die Untersuchung des Zusammenhangs nicht, da in diesen Fällen keine Assoziationstabelle entsteht.

Da nominalskalierte Variablen keine Ordnungsstruktur aufweisen, ist auch die Zuordnung der Zahlen 0 und 1 zu den Realisationen willkürlich. Wird bei einer der beiden Variablen diese Zuordnung verändert, entspricht dies einer Vertauschung der Zeilen (bezüglich der Variablen X) bzw. der Vertauschung der Spalten (bezüglich der Variablen Y). Dadurch ändert sich aber lediglich das Vorzeichen des Korrelationskoeffizienten (13.23.) bzw. (13.24.).

Um dieser Willkür vorzubeugen, wird der vorzeichenfreie quadrierte Korrelationskoeffizient berechnet und als Assoziationsmaß Φ die Wurzel aus r_{xy}^2 verwendet:

$$\Phi^2 = \frac{\left(\frac{h_{22}}{n} - \frac{h_{2.}}{n}\frac{h_{.2}}{n}\right)^2}{\frac{h_{1.}}{n}\frac{h_{2.}}{n}\frac{h_{.1}}{n}\frac{h_{.2}}{n}} = \frac{(h_{11}h_{22} - h_{12}h_{21})^2}{h_{1.}h_{2.}h_{.1}h_{.2}}. \qquad (13.25.)$$

$$\Phi = \sqrt{\Phi^2}. \qquad (13.26.)$$

Die Verbindung zur Prüfgröße χ^2 ist durch

$$\chi^2 = n\,\Phi^2 \qquad (13.27.)$$

gegeben. χ^2 hat für eine Assoziationstabelle nur f = 1 Freiheitsgrad.

Beispiel:
Es soll auf der Basis einer Stichprobe vom Umfang n=510 und mit einer Irrtumswahrscheinlichkeit von α =0,05 geprüft werden, ob zwischen der Untertage- und Übertagearbeit einerseits und einer in einem Bergbaubetrieb relativ häufig aufgetretenen Krankheit andererseits ein Zusammenhang angenommen werden kann. Die Angaben enthält Tabelle 13.7.

Tabelle 13.7.: Zahl der Erkrankungen bei Über- und Untertagearbeitern

X \ Y	Zahl der Arbeiter		RV X
	Untertage	Übertage	
erkrankt	137	72	209
nicht erkrankt	152	149	301
RV Y	289	221	510

Entsprechend (13.25.) und (13.27.) folgt für das Beispiel:

$$\Phi^2 = \frac{(137 \cdot 149 - 72 \cdot 152)^2}{209 \cdot 301 \cdot 289 \cdot 221} = 0{,}02232$$

$$\Phi = \sqrt{0{,}02232} = 0{,}1494$$

$$\chi^2 = 510 \cdot 0{,}02232 = 11{,}3832 \ .$$

$\Phi = 0{,}149$ läßt erkennen, daß nur ein sehr schwacher Zusammenhang zwischen der Erkrankung und der Über- und Untertagearbeit besteht. Wenn auf der Basis einer Stichprobe Aussagen über den Zusammenhang in der Grundgesamtheit getroffen werden soll, wird die Nullhypothese auf Unabhängigkeit der beiden Variablen in der Grundgesamtheit formuliert. Zur Überprüfung dieses Schlusses wird die Prüfgröße χ^2 verwendet. In der Tafel 5 (Anhang) findet man für f = 1 Freiheitsgrad und $\alpha = 0{,}05$ $\chi^2_{0,05;1} = 3{,}841$. Wegen $\chi^2 > \chi^2_{0,05;1}$ wird die Nullhypothese mit einer Irrtumswahrscheinlichkeit von 5 % und auf der Basis einer Zufallsstichprobe vom Umfang 510 verworfen, so daß angenommen werden kann, daß zwischen den betrachteten Variablen ein statistisch gesicherter Zusammenhang vorliegt, der aber, wie $\Phi = 0{,}149$ zeigt, nur sehr schwach ist.

13.2.3. Zweizeilen-Korrelation

Bei ökonomischen und soziologischen Analysen kommt es immer wieder vor, daß der Zusammenhang zwischen zwei Variablen untersucht werden soll, wobei eine Variable (X) kardinalskaliert und die andere Variable (Y) nominalskaliert mit dichotomen Realisationen ist.

Ein Zusammenhang zwischen derartigen Erscheinungen wird als Zweizeilen-Korrelation oder **biseriale Korrelation** bezeichnet. Diejenige Zweizeilen-Korrelation, bei der die Variable Y lediglich aus Vereinfachungsgründen nur mit zwei unterschiedlichen Realisationen auftritt, zwischen denen aber tatsächlich weitere Realisationen möglich sind, wird als stetige Zweizeilen-Korrelation bezeichnet. Der Koeffizient der biserialen Korrelation ist:

$$r_{bis} = \frac{n_0}{n} \, \frac{\overline{x}_0 - \overline{x}}{s_x \, \varphi(\lambda)} \ . \qquad (13.28.)$$

Hierin ist

n_0 die Zahl der Fälle in der schwächer besetzten Spalte,

n die Gesamtzahl der Fälle,

$\overline{x}_0$ das arithmetische Mittel der Spalte mit der kleineren Anzahl von Fällen,

$\overline{x}$ das arithmetische Mittel für die Gesamtzahl der Fälle,

s_x die Standardabweichung aller Werte um $\bar{x}$,

$\varphi(\lambda)$ der Wert der Dichtefunktion der Normalverteilung der Abszisse, die zum Wert $F(\lambda) = 1 - n_0/n$ gehört.

Der Koeffizient r_{bis} liegt in folgendem Intervall: $-1 \leq r_{bis} \leq +1$.

Liegt dagegen eine echte dichotome Variable vor, das heißt, sind bei einer Variablen tatsächlich nur zwei Realisationen möglich (zum Beispiel Geschlecht), so handelt es sich um eine diskrete Zweizeilen-Korrelation. Sie wird mitunter auch als **punktbiseriale Korrelation** bezeichnet. Die Intensität des Zusammenhanges läßt sich mittels folgenden Koeffizienten messen:

$$r_{p\,bis} = \frac{\overline{x_0} - \overline{x_1}}{n\, s_x} \sqrt{n_0\, n_1} = \frac{\overline{x_0} - \overline{x}}{s_x} \sqrt{\frac{n_0}{n_1}} \,. \qquad (13.29.)$$

x_1 ist das arithmetische Mittel der stärker besetzten Gruppe und n_1 die Anzahl der Fälle in der stärker besetzten Gruppe.

Bei beiden Korrelationen muß vorausgesetzt werden, daß die Variable X normalverteilt ist. Ist für die Variable Y nichts über deren Verteilung bekannt, so wird der punktbiseriale Korrelationskoeffizient $r_{p\,bis}$ berechnet. Kann auch für die Variable Y Normalverteilung unterstellt werden, so wird der biseriale Korrelationskoeffizient r_{bis} ermittelt.

Beispiel:
Es wird untersucht, ob zwischen der Einstufung in eine Lohngruppe (X) und der Lohnzufriedenheit der Arbeitnehmer (Y) eine Beziehung besteht. Das Urteil eines Arbeitnehmers über seine Einstufung in die Lohngruppe wird als Lohnzufriedenheit bezeichnet. Es wurden n = 50 Arbeitnehmer befragt und die Antworten in Tabelle 13.8. zusammengestellt.

Tabelle 13.8.: Lohngruppe und Lohnzufriedenheit von 50 Arbeitnehmern

Lohngruppe	Lohnzufriedenheit		Summe
	nein	ja	
3	2	0	2
4	5	2	7
5	8	6	14
6	6	10	16
7	1	7	8
8	0	3	3
Summe	22	28	50

Es ist:

$n = 50$; $n_0 = 22$; $\overline{x}_0 = 4,95$; $\overline{x}_1 = 6,11$; $\overline{x} = 5,6$; $s_x = 1,2$;

$n_0/n = 0,44$; $F(\lambda) = 1 - 0,44 = 0,56$.

Für $F(\lambda) = 0,56$ ist $\lambda = 0,15$ (vgl. Tafel 2, Anhang) und zu $\lambda = 0,15$ gehört ein $\varphi(\lambda) = \varphi(0,15) = 0,3945$ (vgl. Tafel 1, Anhang).

Man kann annehmen, daß eine stetige Zweizeilen-Korrelation vorliegt, da das Merkmal Lohnzufriedenheit zwischen den Antworten Ja und Nein noch eine ganze Skala von Zufriedenheitsgraden aufweist, die lediglich vereinfacht in den beiden alternativen Antworten erfaßt wurde. Für das Beispiel ist r_{bis} entsprechend (13.28.):

$$r_{bis} = \frac{22}{50} \cdot \frac{4,95 - 5,60}{1,2 \cdot 0,3945} = -0,604 .$$

Es kann somit angenommen werden, daß zwischen Lohngruppe und Lohnzufriedenheit der Arbeitnehmer ein relativ starker Zusammenhang besteht.

Wird hier der Einfachheit halber unterstellt, daß in dem Beispiel Y eine echte dichotome Variable ist, dann wird der punktbiseriale Korrelationskoeffizienten nach (13.29.) berechnet:

$$r_{p\,bis} = \frac{4,95 - 5,60}{1,2} \sqrt{\frac{22}{28}} = -0,48 .$$

Da keine Normalverteilung vorausgesetzt wird, wird der Zusammenhang zwischen Lohngruppe und Lohnzufriedenheit etwas schwächer ausgewiesen als beim biserialen Korrelationskoeffizienten.

Die Assoziation und Kontingenz bergen eine Vielzahl von speziellen Problemen in sich, die an dieser Stelle nicht behandelt werden konnten. Viele weitere Koeffizienten werden in diesem Zusammenhang in der Literatur angegeben. Hier kam es in erster Linie darauf an, auf die Assoziation und Kontingenz hinzuweisen und zu zeigen, daß auch hier die Messung von Zusammenhängen grundsätzlich möglich ist.

Anhang

Tafel 1 **Dichtefunktion der Standardnormalverteilung**

Ordinaten der Normalkurve $\Phi(\lambda)$ für $0 \leq \lambda \leq 3,9$

λ	0,00	0,01	0,02	0,03	0,04	0,05
0,0	.39894	.39892	.39886	.39876	.39862	.39844
0,1	.39695	.39654	.39608	.39559	.39505	.39448
0,2	.39104	.39024	.38940	.38853	.38762	.38667
0,3	.38139	.38023	.37903	.37780	.37654	.37524
0,4	.36827	.36678	.36526	.36371	.36213	.36053
0,5	.35207	.35029	.34849	.34667	.34482	.34294
0,6	.33322	.33121	.32918	.32713	.32506	.32297
0,7	.31225	.31006	.30785	.30563	.30339	.30114
0,8	.28969	.28737	.28504	.28269	.28034	.27798
0,9	.26609	.26369	.26129	.25888	.25647	.25406
1,0	.24197	.23955	.23713	.23471	.23230	.22988
1,1	.21785	.21546	.21307	.21069	.20831	.20594
1,2	.19419	.19186	.18954	.18724	.18494	.18265
1,3	.17137	.16915	.16694	.16474	.16256	.16038
1,4	.14937	.14764	.14556	.14350	.14146	.13943
1,5	.12952	.12758	.12566	.12376	.12188	.12051
1,6	.11092	.10915	.10741	.10567	.10396	.10226
1,7	.09405	.09246	.09089	.08933	.08780	.08628
1,8	.07895	.07754	.07614	.07477	.07341	.07206
1,9	.06562	.06438	.06316	.06195	.06077	.05959
2,0	.05399	.05292	.05186	.05082	.04980	.04879
2,1	.04398	.04307	.04217	.04128	.04041	.03955
2,2	.03547	.03470	.03394	.03319	.03246	.03174
2,3	.02833	.02768	.02705	.02643	.02582	.02522
2,4	.02239	.02186	.02134	.02083	.02033	.01984
2,5	.01753	.01709	.01667	.01625	.01585	.01545
2,6	.01358	.01323	.01289	.01256	.01223	.01191
2,7	.01042	.01014	.00987	.00961	.00935	.00909
2,8	.00792	.00770	.00748	.00727	.00707	.00687
2,9	.00595	.00578	.00562	.00545	.00530	.00514
λ	0,0	0,1	0,2	0,3	0,4	0,5
3,0	.00443	.00327	.00238	.00172	.00123	.00087

0,06	0,07	0,08	0,09	λ
.39822	.39797	.39767	.39733	0,0
.39387	.39322	.39253	.39181	0,1
.38568	.38466	.38361	.38251	0,2
.37391	.37255	.37115	.36973	0,3
.35889	.35723	.35553	.35381	0,4
.34105	.33912	.33718	.33521	0,5
.32086	.31874	.31659	.31443	0,6
.29887	.29659	.29431	.29200	0,7
.27562	.27324	.27086	.26848	0,8
.25164	.24923	.24681	.24439	0,9
.22747	.22506	.22265	.22025	1,0
.20357	.20121	.19886	.19652	1,1
.18037	.17810	.17585	.17360	1,2
.15822	.15608	.15395	.15183	1,3
.13742	.13542	.13344	.13147	1,4
.11816	.11632	.11450	.11270	1,5
.10059	.09893	.09728	.09566	1,6
.08478	.08329	.08183	.08038	1,7
.07074	.06943	.06814	.06687	1,8
.05844	.05730	.05618	.05508	1,9
.04780	.04682	.04586	.04491	2,0
.03871	.03788	.03706	.03626	2,1
.03103	.03034	.02965	.02898	2,2
.02463	.02406	.02349	.02294	2,3
.01936	.01889	.01842	.01797	2,4
.01506	.01468	.01431	.01394	2,5
.01160	.01130	.01000	.01071	2,6
.00885	.00861	.00837	.00814	2,7
.00668	.00649	.00631	.00613	2,8
.00499	.00485	.00471	.00457	2,9
0,6	0,7	0,8	0,9	λ
.00061	.00042	.00029	.00020	3,0

Tafel 2a **Verteilungsfunktion der Standardnormalverteilung**

Flächen unter der Normalkurve $F(\lambda) = \int_{-\infty}^{\lambda} \Phi(z)dz$; für $-3,9 \leq \lambda \leq 0$

λ	0,00	-0,01	-0,02	-0,03	-0,04	-0,05
0,0	.500000	.496011	.492022	.488034	.484047	.480062
-0,1	.460172	.456205	.452242	.448283	.444330	.440382
-0,2	.420740	.416834	.412936	.409046	.405165	.401294
-0,3	.382089	.378280	.374384	.370700	.366928	.363169
-0,4	.344578	.340903	.337243	.333598	.329969	.326969
-0,5	.308538	.305026	.301532	.297056	.294598	.291160
-0,6	.274253	.270931	.267629	.264347	.261086	.257846
-0,7	.241964	.238852	.235762	.232695	.229650	.226627
-0,8	.211855	.208970	.206108	.203269	.200454	.197662
-0,9	.184060	.181411	.178786	.176186	.173609	.171056
-1,0	.158655	.156248	.153864	.151505	.149170	.146859
-1,1	.135666	.133500	.131357	.129238	.127143	.125072
-1,2	.115070	.113139	.111232	.109349	.107488	.105650
-1,3	.096800	.095098	.093418	.091759	.090123	.088508
-1,4	.080757	.079270	.077804	.076358	.074934	.073529
-1,5	.066807	.065522	.064256	.063008	.061780	.060571
-1,6	.054799	.053699	.052616	.051551	.050503	.049472
-1,7	.044566	.043633	.042716	.041815	.040930	.040059
-1,8	.035930	.035148	.034380	.033625	.032884	.032157
-1,9	.028717	.028067	.027429	.026803	.026190	.025588
-2,0	.022750	.022216	.021692	.021178	.020675	.020182
-2,1	.017864	.017429	.017003	.016586	.016177	.015778
-2,2	.013903	.013553	.013209	.012874	.012546	.012224
-2,3	.010724	.010444	.010170	.009903	.009642	.009387
-2,4	.008198	.007976	.007760	.007549	.007344	.007143
-2,5	.006210	.006037	.005868	.005703	.005543	.005386
-2,6	.004661	.004527	.004396	.004269	.004145	.004025
-2,7	.003467	.003364	.003264	.003167	.003078	.002980
-2,8	.002555	.002477	.002401	.002327	.002256	.002186
-2,9	.001866	.001807	.001750	.001695	.001641	.001589
λ	**0,0**	**0,1**	**0,2**	**0,3**	**0,4**	**0,5**
-3,0	.001350	.000968	.000687	.000483	.000337	.000243

-0,06	-0,07	-0,08	-0,09	λ
.476078	.472097	.468119	.464144	-0,0
.436440	.432505	.428576	.424655	-0,1
.397432	.393580	.389739	.385908	-0,2
.359424	.355691	.351973	.348268	-0,3
.322758	.319178	.315614	.312067	-0,4
.287740	.284339	.280957	.277595	-0,5
.254627	.251429	.248252	.245097	-0,6
.223627	.220650	.217695	.214764	-0,7
.194894	.192150	.189430	.186733	-0,8
.168528	.166023	.163543	.161087	-0,9
.144572	.142310	.140071	.137857	-1,0
.123024	.121000	.119000	.117023	-1,1
.103835	.102042	.100273	.098525	-1,2
.086915	.085344	.083793	.082264	-1,3
.072145	.070781	.069437	.068111	-1,4
.059380	.058208	.057053	.055917	-1,5
.048457	.047460	.046479	.045514	-1,6
.039204	.038364	.037538	.036727	-1,7
.031443	.030742	.030054	.029379	-1,8
.024998	.024419	.023862	.023296	-1,9
.019699	.019226	.018763	.018309	-2,0
.015386	.015003	.014629	.014262	-2,1
.011911	.011604	.011304	.011011	-2,2
.009138	.008894	.008656	.008424	-2,3
.006947	.006756	.006569	.006387	-2,4
.005234	.005085	.004940	.004799	-2,5
.003907	.003793	.003681	.003573	-2,6
.002890	.002803	.002718	.002635	-2,7
.002118	.002052	.001988	.001926	-2,8
.001538	.001489	.001441	.001395	-2,9
0,6	0,7	0,8	0,9	λ
.000159	.000108	.000072	.000048	-3,0

Tafel 2b **Verteilungsfunktion der Standardnormalverteilung**

Flächen unter der Normalkurve $F(\lambda) = \int_{-\infty}^{\lambda} \Phi(z)dz$; für $0 \leq \lambda \leq 3,9$

λ	0,00	0,01	0,02	0,03	0,04	0,05
0,0	.500000	.503989	.507978	.511966	.515953	.519938
0,1	.539828	.543795	.547758	.551717	.555670	.559618
0,2	.579260	.583166	.587064	.590954	.594835	.598706
0,3	.617911	.621720	.625616	.629300	.633072	.636831
0,4	.655422	.659097	.662757	.666402	.670031	.673645
0,5	.691462	.694974	.698468	.702944	.705402	.708840
0,6	.725747	.729069	.732371	.735653	.738914	.742154
0,7	.758036	.761148	.764238	.767305	.770350	.773373
0,8	.788145	.791030	.793892	.796731	.799546	.802338
0,9	.815940	.818589	.821214	.823814	.826391	.828944
1,0	.841345	.843752	.846136	.848495	.850830	.853141
1,1	.864334	.866500	.868643	.870762	.872857	.874928
1,2	.884930	.886861	.888768	.890651	.892512	.894350
1,3	.903200	.904902	.906582	.908241	.909877	.911492
1,4	.919243	.920730	.922196	.923642	.925066	.926471
1,5	.933193	.934478	.935744	.936922	.938220	.939429
1,6	.945201	.946301	.947384	.948449	.949497	.950528
1,7	.955434	.956367	.957284	.958185	.959070	.959941
1,8	.964070	.964852	.965620	.966375	.967116	.967843
1,9	.971283	.971933	.972571	.973197	.973810	.974412
2,0	.977250	.977784	.978308	.978822	.979325	.979818
2,1	.982136	.982571	.982997	.983414	.983823	.984222
2,2	.986097	.986447	.986791	.987126	.987454	.987776
2,3	.989276	.989556	.989830	.990097	.990358	.990613
2,4	.991802	.992024	.992240	.992451	.992656	.992857
2,5	.993790	.993963	.994132	.994297	.994457	.994614
2,6	.995339	.995473	.995604	.995731	.995855	.995975
2,7	.996533	.996636	.996736	.996833	.996928	.997020
2,8	.997445	.997523	.997599	.997673	.997744	.997814
2,9	.998134	.998193	.998250	.998305	.998359	.998411
λ	**0,0**	**0,1**	**0,2**	**0,3**	**0,4**	**0,5**
3,0	.998650	.999032	.999313	.999517	.999663	.999767

0,06	0,07	0,08	0,09	λ
.523922	.527903	.531881	.535856	0,0
.563560	.567495	.571424	.575345	0,1
.602568	.606420	.610261	.614092	0,2
.640576	.644309	.648027	.651732	0,3
.677242	.680822	.684386	.687933	0,4
.712260	.715661	.719043	.722405	0,5
.745373	.748571	.751748	.754903	0,6
.776373	.779350	.782305	.785236	0,7
.805106	.807850	.810570	.813267	0,8
.831472	.833977	.836457	.838913	0,9
.855428	.857690	.859929	.862143	1,0
.867976	.879000	.881000	.882977	1,1
.896165	.897958	.899727	.901475	1,2
.913085	.914656	.916207	.917736	1,3
.927855	.929219	.930563	.931889	1,4
.940620	.941792	.942947	.944083	1,5
.951543	.952540	.953521	.954486	1,6
.960796	.961636	.962462	.963273	1,7
.968557	.969258	.969946	.970621	1,8
.975002	.975581	.976138	.976704	1,9
.980301	.980774	.981237	.981691	2,0
.984614	.984997	.985371	.985738	2,1
.988089	.988396	.988690	.988989	2,2
.990862	.991106	.991344	.991576	2,3
.993053	.993244	.993431	.993613	2,4
.994766	.994915	.995060	.995201	2,5
.996093	.996207	.996319	.996427	2,6
.997110	.997197	.997282	.997365	2,7
.997882	.997948	.998012	.998074	2,8
.998462	.998511	.998559	.998605	2,9

0,6	0,7	0,8	0,9	λ
.999841	.999892	.999928	.999952	3,0

Tafel 3 **Signifikanzgrenzen $F_{1-\alpha}$ der F-Verteilung**
α = 5 % und α = 1 % (kursiv gedruckt)

f_2	f_1 = Freiheitsgrade für die größere Varianz											
	1	2	3	4	5	6	7	8	9	10	11	12
1	161	200	216	225	230	234	237	239	241	242	243	244
	4052	*4999*	*5403*	*5625*	*5764*	*5859*	*5928*	*5981*	*6022*	*6056*	*6082*	*6106*
2	18,51	19,00	19,16	19,25	19,30	19,33	19,36	19,37	19,38	19,39	19,40	19,41
	98,49	*99,00*	*99,17*	*99,25*	*99,30*	*99,33*	*99,34*	*99,36*	*99,38*	*99,40*	*99,41*	*99,42*
3	10,13	9,55	9,28	9,12	9,01	8,94	8,88	8,84	8,81	8,78	8,76	8,74
	34,12	*30,82*	*29,46*	*28,71*	*28,24*	*27,91*	*27,67*	*27,49*	*27,34*	*27,23*	*27,13*	*27,05*
4	7,71	6,94	6,59	6,39	6,26	6,16	6,09	6,04	6,00	5,96	5,93	5,91
	21,20	*18,00*	*16,69*	*15,98*	*15,52*	*15,21*	*14,98*	*14,80*	*14,66*	*14,54*	*14,45*	*14,37*
5	6,61	5,79	5,41	5,19	5,05	4,95	4,88	4,82	4,78	4,74	4,70	4,68
	16,26	*13,27*	*12,06*	*11,39*	*10,97*	*10,67*	*10,45*	*10,27*	*10,15*	*10,05*	*9,96*	*9,89*
6	5,99	5,14	4,76	4,53	4,39	4,28	4,21	4,15	4,10	4,06	4,03	4,00
	13,74	*10,92*	*9,78*	*9,15*	*8,75*	*8,47*	*8,26*	*8,10*	*7,98*	*7,87*	*7,79*	*7,72*
7	5,59	4,74	4,35	4,12	3,97	3,87	3,79	3,73	3,68	3,63	3,60	3,57
	12,25	*9,55*	*8,45*	*7,85*	*7,46*	*7,19*	*7,00*	*6,84*	*6,71*	*6,62*	*6,54*	*6,47*
8	5,32	4,46	4,07	3,84	3,69	3,58	3,50	3,44	3,39	3,34	3,31	3,28
	11,26	*8,65*	*7,59*	*7,01*	*6,63*	*6,37*	*6,19*	*6,03*	*5,91*	*5,82*	*5,74*	*5,67*
9	5,12	4,26	3,86	3,63	3,48	3,37	3,29	3,23	3,18	3,13	3,10	3,07
	10,56	*8,02*	*6,99*	*6,42*	*6,06*	*5,80*	*5,62*	*5,47*	*5,35*	*5,26*	*5,18*	*5,11*
10	4,96	4,10	3,71	3,48	3,33	3,22	3,14	3,07	3,02	2,97	2,94	2,91
	10,04	*7,56*	*6,55*	*5,99*	*5,64*	*5,39*	*5,21*	*5,06*	*4,95*	*4,85*	*4,78*	*4,71*
11	4,84	3,98	3,59	3,36	3,20	3,09	3,01	2,95	2,90	2,86	2,82	2,79
	9,65	*7,20*	*6,22*	*5,67*	*5,32*	*5,07*	*4,88*	*4,74*	*4,63*	*4,54*	*4,46*	*4,40*
12	4,75	3,88	3,49	3,26	3,11	3,00	2,92	2,85	2,80	2,76	2,72	2,69
	9,33	*6,93*	*5,95*	*5,41*	*5,06*	*4,82*	*4,65*	*4,50*	*4,39*	*4,30*	*4,22*	*4,16*
13	4,67	3,80	3,41	3,18	3,02	2,92	2,84	2,77	2,72	2,67	2,63	2,60
	9,07	*6,70*	*5,74*	*5,20*	*4,86*	*4,62*	*4,44*	*4,30*	*4,19*	*4,10*	*4,02*	*3,96*
14	4,60	3,74	3,34	3,11	2,96	2,85	2,77	2,70	2,65	2,60	2,56	2,53
	8,86	*6,51*	*5,56*	*5,03*	*4,69*	*4,46*	*4,28*	*4,14*	*4,03*	*3,94*	*3,86*	*3,80*
15	4,54	3,68	3,29	3,06	2,90	2,79	2,70	2,64	2,59	2,55	2,51	2,48
	8,68	*6,36*	*5,42*	*4,89*	*4,56*	*4,32*	*4,14*	*4,00*	*3,89*	*3,80*	*3,73*	*3,67*
16	4,49	3,63	3,24	3,01	2,85	2,74	2,66	2,59	2,54	2,49	2,45	2,42
	8,53	*6,23*	*5,29*	*4,77*	*4,44*	*4,20*	*4,03*	*3,89*	*3,78*	*3,69*	*3,61*	*3,55*
17	4,45	3,59	3,20	2,96	2,81	2,70	2,62	2,55	2,50	2,45	2,41	2,38
	8,40	*6,11*	*5,18*	*4,67*	*4,34*	*4,10*	*3,93*	*3,79*	*3,68*	*3,59*	*3,52*	*3,45*
18	4,41	3,55	3,16	2,93	2,77	2,66	2,58	2,51	2,46	2,41	2,37	2,34
	8,28	*6,01*	*5,09*	*4,58*	*4,25*	*4,01*	*3,85*	*3,71*	*3,60*	*3,51*	*3,44*	*3,37*

f_1 = Freiheitsgrade für die größere Varianz												f_2
14	16	20	24	30	40	50	75	100	200	500	∞	
245	246	248	249	250	251	252	253	253	254	254	254	1
6142	*6169*	*6208*	*6234*	*6258*	*6286*	*6302*	*6323*	*6334*	*6352*	*6361*	*6366*	
19,42	19,43	19,44	19,45	19,46	19,47	19,47	19,48	19,49	19,49	19,50	19,50	2
99,43	*99,44*	*99,45*	*99,46*	*99,47*	*99,48*	*99,48*	*99,49*	*99,49*	*99,49*	*99,50*	*99,50*	
8,71	8,69	8,66	8,64	8,62	8,60	8,58	8,57	8,56	8,54	8,54	8,53	3
26,92	*26,83*	*26,69*	*26,60*	*26,50*	*26,41*	*26,35*	*26,27*	*26,23*	*26,18*	*26,14*	*26,12*	
5,87	5,84	5,80	5,77	5,74	5,71	5,70	5,68	5,66	5,65	5,64	5,63	4
14,24	*14,15*	*14,02*	*13,93*	*13,83*	*13,74*	*13,69*	*13,61*	*13,57*	*13,52*	*13,48*	*13,46*	
4,64	4,60	4,56	4,53	4,50	4,46	4,44	4,42	4,40	4,38	4,37	4,36	5
9,77	*9,68*	*9,55*	*9,47*	*9,38*	*9,29*	*9,24*	*9,17*	*9,13*	*9,07*	*9,04*	*9,02*	
3,96	3,92	3,87	3,84	3,81	3,77	3,75	3,72	3,71	3,69	3,68	3,67	6
7,60	*7,52*	*7,39*	*7,31*	*7,23*	*7,14*	*7,09*	*7,02*	*6,99*	*6,94*	*6,90*	*6,88*	
3,52	3,49	3,44	3,41	3,38	3,34	3,32	3,29	3,28	3,25	3,24	3,23	7
6,35	*6,27*	*6,15*	*6,07*	*5,98*	*5,90*	*5,85*	*5,78*	*5,75*	*5,70*	*5,67*	*5,65*	
3,23	3,20	3,15	3,12	3,08	3,05	3,03	3,00	2,98	2,96	2,94	2,93	8
5,56	*5,48*	*5,36*	*5,28*	*5,20*	*5,11*	*5,06*	*5,00*	*4,96*	*4,91*	*4,88*	*4,86*	
3,02	2,98	2,93	2,90	2,86	2,82	2,80	2,77	2,76	2,73	2,72	2,71	9
5,00	*4,92*	*4,80*	*4,73*	*4,64*	*4,56*	*4,51*	*4,45*	*4,41*	*4,36*	*4,33*	*4,31*	
2,86	2,82	2,77	2,74	2,70	2,67	2,64	2,61	2,59	2,56	2,55	2,54	10
4,60	*4,52*	*4,41*	*4,33*	*4,25*	*4,17*	*4,12*	*4,05*	*4,01*	*3,96*	*3,93*	*3,91*	
2,74	2,70	2,65	2,61	2,57	2,53	2,50	2,47	2,45	2,42	2,41	2,40	11
4,29	*4,21*	*4,10*	*4,02*	*3,94*	*3,86*	*3,80*	*3,74*	*3,70*	*3,66*	*3,62*	*3,60*	
2,64	2,60	2,54	2,50	2,46	2,42	2,40	2,36	2,35	2,32	2,31	2,30	12
4,05	*3,98*	*3,86*	*3,78*	*3,70*	*3,61*	*3,56*	*3,49*	*3,46*	*3,41*	*3,38*	*3,36*	
2,55	2,51	2,46	2,42	2,38	2,34	2,32	2,28	2,26	2,24	2,22	2,21	13
3,85	*3,78*	*3,67*	*3,59*	*3,51*	*3,42*	*3,37*	*3,30*	*3,27*	*3,21*	*3,18*	*3,16*	
2,48	2,44	2,39	2,35	2,31	2,27	2,24	2,21	2,19	2,16	2,14	2,13	14
3,70	*3,62*	*3,51*	*3,43*	*3,34*	*3,26*	*3,21*	*3,14*	*3,11*	*3,06*	*3,02*	*3,00*	
2,43	2,39	2,33	2,29	2,25	2,21	2,18	2,15	2,12	2,10	2,08	2,07	15
3,56	*3,48*	*3,36*	*3,29*	*3,20*	*3,12*	*3,07*	*3,00*	*2,97*	*2,92*	*2,89*	*2,87*	
2,37	2,33	2,28	2,24	2,20	2,16	2,13	2,09	2,07	2,04	2,02	2,01	16
3,45	*3,37*	*3,25*	*3,18*	*3,10*	*3,01*	*2,96*	*2,89*	*2,86*	*2,80*	*2,77*	*2,75*	
2,33	2,29	2,23	2,19	2,15	2,11	2,08	2,04	2,02	1,99	1,97	1,96	17
3,35	*3,27*	*3,16*	*3,08*	*3,00*	*2,92*	*2,86*	*2,79*	*2,76*	*2,70*	*2,67*	*2,65*	
2,29	2,25	2,19	2,15	2,11	2,07	2,04	2,00	1,98	1,95	1,93	1,92	18
3,27	*3,19*	*3,07*	*3,00*	*2,91*	*2,83*	*2,78*	*2,71*	*2,68*	*2,62*	*2,59*	*2,57*	

Tafel 3 **Fortsetzung**

f_2	f_1 = Freiheitsgrade für die größere Varianz											
	1	2	3	4	5	6	7	8	9	10	11	12
19	4,38	3,52	3,13	2,90	2,74	2,63	2,55	2,48	2,43	2,38	2,34	2,31
	8,18	*5,93*	*5,01*	*4,50*	*4,17*	*3,94*	*3,77*	*3,63*	*3,52*	*3,43*	*3,36*	*3,30*
20	4,35	3,49	3,10	2,87	2,71	2,60	2,52	2,45	2,40	2,35	2,31	2,28
	8,10	*5,85*	*4,94*	*4,43*	*4,10*	*3,87*	*3,71*	*3,56*	*3,45*	*3,37*	*3,30*	*3,23*
21	4,32	3,47	3,07	2,84	2,68	2,57	2,49	2,42	2,37	2,32	2,28	2,25
	8,02	*5,78*	*4,87*	*4,37*	*4,04*	*3,81*	*3,65*	*3,51*	*3,40*	*3,31*	*3,24*	*3,17*
22	4,30	3,44	3,05	2,82	2,66	2,55	2,47	2,40	2,35	2,30	2,26	2,23
	7,94	*5,72*	*4,82*	*4,31*	*3,99*	*3,76*	*3,59*	*3,45*	*3,35*	*3,26*	*3,18*	*3,12*
23	4,28	3,42	3,03	2,80	2,64	2,53	2,45	2,38	2,32	2,28	2,24	2,20
	7,88	*5,66*	*4,76*	*4,26*	*3,94*	*3,71*	*3,54*	*3,41*	*3,30*	*3,21*	*3,14*	*3,07*
24	4,26	3,40	3,01	2,78	2,62	2,51	2,43	2,36	2,30	2,26	2,22	2,18
	7,82	*5,61*	*4,72*	*4,22*	*3,90*	*3,67*	*3,50*	*3,36*	*3,25*	*3,17*	*3,09*	*3,03*
25	4,24	3,38	2,99	2,76	2,60	2,49	2,41	2,34	2,28	2,24	2,20	2,16
	7,77	*5,57*	*4,68*	*4,18*	*3,86*	*3,63*	*3,46*	*3,32*	*3,21*	*3,13*	*3,05*	*2,99*
26	4,22	3,37	2,98	2,74	2,59	2,47	2,39	2,32	2,27	2,22	2,18	2,15
	7,72	*5,53*	*4,64*	*4,14*	*3,82*	*3,59*	*3,42*	*3,29*	*3,17*	*3,09*	*3,02*	*2,96*
27	4,21	3,35	2,96	2,73	2,57	2,46	2,37	2,30	2,25	2,20	2,16	2,13
	7,68	*5,49*	*4,60*	*4,11*	*3,79*	*3,56*	*3,39*	*3,26*	*3,14*	*3,06*	*2,98*	*2,93*
28	4,20	3,34	2,95	2,71	2,56	2,44	2,36	2,29	2,24	2,19	2,15	2,12
	7,64	*5,45*	*4,57*	*4,07*	*3,76*	*3,53*	*3,36*	*3,23*	*3,11*	*3,03*	*2,95*	*2,90*
29	4,18	3,33	2,93	2,70	2,54	2,43	2,35	2,28	2,22	2,18	2,14	2,10
	7,60	*5,42*	*4,54*	*4,04*	*3,73*	*3,50*	*3,33*	*3,20*	*3,08*	*3,00*	*2,92*	*2,87*
30	4,17	3,32	2,92	2,69	2,53	2,42	2,34	2,27	2,21	2,16	2,12	2,00
	7,56	*5,39*	*4,51*	*4,02*	*3,70*	*3,47*	*3,30*	*3,17*	*3,06*	*2,98*	*2,90*	*2,84*
32	4,15	3,30	2,90	2,67	2,51	2,40	2,32	2,25	2,19	2,14	2,10	2,07
	7,50	*5,34*	*4,46*	*3,97*	*3,66*	*3,42*	*3,25*	*3,12*	*3,01*	*2,94*	*2,86*	*2,80*
34	4,13	3,28	2,88	2,65	2,49	2,38	2,30	2,23	2,17	2,12	2,08	2,05
	7,44	*5,29*	*4,42*	*3,93*	*3,61*	*3,38*	*3,21*	*3,08*	*2,97*	*2,89*	*2,82*	*2,76*
36	4,11	3,26	2,86	2,63	2,48	2,36	2,28	2,21	2,15	2,10	2,06	2,03
	7,39	*5,25*	*4,38*	*3,89*	*3,58*	*3,35*	*3,18*	*3,04*	*2,94*	*2,86*	*2,78*	*2,72*
38	4,10	3,25	2,85	2,62	2,46	2,35	2,26	2,19	2,14	2,09	2,05	2,02
	7,35	*5,21*	*4,34*	*3,86*	*3,54*	*3,32*	*3,15*	*3,02*	*2,91*	*2,82*	*2,75*	*2,69*
40	4,08	3,23	2,84	2,61	2,45	2,34	2,25	2,18	2,12	2,07	2,04	2,00
	7,31	*5,18*	*4,31*	*3,83*	*3,51*	*3,29*	*3,12*	*2,99*	*2,88*	*2,80*	*2,73*	*2,66*
42	4,07	3,22	2,83	2,59	2,44	2,32	2,24	2,17	2,11	2,06	2,02	1,99
	7,27	*5,15*	*4,29*	*3,80*	*3,49*	*3,26*	*3,10*	*2,96*	*2,86*	*2,77*	*2,70*	*2,64*

f_1 = Freiheitsgrade für die größere Varianz												f_2
14	16	20	24	30	40	50	75	100	200	500	∞	
2,26	2,21	2,15	2,11	2,07	2,02	2,00	1,96	1,94	1,91	1,90	1,88	19
3,19	*3,12*	*3,00*	*2,92*	*2,84*	*2,76*	*2,70*	*2,63*	*2,60*	*2,54*	*2,51*	*2,49*	
2,23	2,18	2,12	2,08	2,04	1,99	1,96	1,92	1,90	1,87	1,85	1,84	20
3,13	*3,05*	*2,94*	*2,86*	*2,77*	*2,69*	*2,63*	*2,56*	*2,53*	*2,47*	*2,44*	*2,42*	
2,20	2,15	2,09	2,05	2,00	1,96	1,93	1,89	1,87	1,84	1,82	1,81	21
3,07	*2,99*	*2,88*	*2,80*	*2,72*	*2,63*	*2,58*	*2,51*	*2,47*	*2,42*	*2,38*	*2,36*	
2,18	2,13	2,07	2,03	1,98	1,93	1,91	1,87	1,84	1,81	1,80	1,78	22
3,02	*2,94*	*2,83*	*2,75*	*2,67*	*2,58*	*2,53*	*2,46*	*2,42*	*2,37*	*2,33*	*2,31*	
2,14	2,10	2,05	2,00	1,96	1,91	1,88	1,84	1,82	1,79	1,77	1,76	23
2,97	*2,89*	*2,78*	*2,70*	*2,62*	*2,53*	*2,48*	*2,41*	*2,37*	*2,32*	*2,28*	*2,26*	
2,13	2,09	2,02	1,98	1,94	1,89	1,86	1,82	1,80	1,76	1,74	1,73	24
2,93	*2,85*	*2,74*	*2,66*	*2,58*	*2,49*	*2,44*	*2,36*	*2,33*	*2,27*	*2,23*	*2,21*	
2,11	2,06	2,00	1,96	1,92	1,87	1,84	1,80	1,77	1,74	1,72	1,71	25
2,89	*2,81*	*2,70*	*2,62*	*2,54*	*2,45*	*2,40*	*2,32*	*2,29*	*2,23*	*2,19*	*2,17*	
2,10	2,05	1,99	1,95	1,90	1,85	1,82	1,78	1,76	1,72	1,70	1,69	26
2,86	*2,77*	*2,66*	*2,58*	*2,50*	*2,41*	*2,36*	*2,28*	*2,25*	*2,19*	*2,15*	*2,13*	
2,08	2,03	1,97	1,93	1,88	1,84	1,80	1,76	1,74	1,71	1,68	1,67	27
2,83	*2,74*	*2,63*	*2,55*	*2,47*	*2,38*	*2,33*	*2,25*	*2,21*	*2,16*	*2,12*	*2,10*	
2,06	2,02	1,96	1,91	1,87	1,81	1,78	1,75	1,72	1,69	1,67	1,65	28
2,80	*2,71*	*2,60*	*2,52*	*2,44*	*2,35*	*2,30*	*2,22*	*2,18*	*2,13*	*2,09*	*2,06*	
2,05	2,00	1,94	1,90	1,85	1,80	1,77	1,73	1,71	1,68	1,65	1,64	29
2,77	*2,68*	*2,57*	*2,49*	*2,41*	*2,32*	*2,27*	*2,19*	*2,15*	*2,10*	*2,06*	*2,03*	
2,04	1,99	1,93	1,89	1,84	1,79	1,76	1,72	1,69	1,66	1,64	1,62	30
2,74	*2,66*	*2,55*	*2,47*	*2,38*	*2,29*	*2,24*	*2,16*	*2,13*	*2,07*	*2,03*	*2,01*	
2,02	1,97	1,91	1,86	1,82	1,76	1,74	1,69	1,67	1,64	1,61	1,59	32
2,70	*2,62*	*2,51*	*2,42*	*2,34*	*2,25*	*2,20*	*2,12*	*2,08*	*2,02*	*1,98*	*1,96*	
2,00	1,95	1,89	1,84	1,80	1,74	1,71	1,67	1,64	1,61	1,59	1,57	34
2,66	*2,58*	*2,47*	*2,38*	*2,30*	*2,21*	*2,15*	*2,08*	*2,04*	*1,98*	*1,94*	*1,91*	
1,98	1,93	1,87	1,82	1,78	1,72	1,69	1,65	1,62	1,59	1,56	1,55	36
2,62	*2,54*	*2,43*	*2,35*	*2,26*	*2,17*	*2,12*	*2,04*	*2,00*	*1,94*	*1,90*	*1,87*	
1,96	1,92	1,85	1,80	1,76	1,71	1,67	1,63	1,60	1,57	1,54	1,53	38
2,59	*2,51*	*2,40*	*2,32*	*2,22*	*2,14*	*2,08*	*2,00*	*1,97*	*1,90*	*1,86*	*1,84*	
1,95	1,90	1,84	1,79	1,74	1,69	1,66	1,61	1,59	1,55	1,53	1,51	40
2,56	*2,49*	*2,37*	*2,29*	*2,20*	*2,11*	*2,05*	*1,97*	*1,94*	*1,88*	*1,84*	*1,81*	
1,94	1,89	1,82	1,78	1,73	1,68	1,64	1,60	1,57	1,54	1,51	1,49	42
2,54	*2,46*	*2,35*	*2,26*	*2,17*	*2,08*	*2,02*	*1,94*	*1,91*	*1,85*	*1,80*	*1,78*	

Tafel 3 **Fortsetzung**

f_2	f_1 = Freiheitsgrade für die größere Varianz											
	1	2	3	4	5	6	7	8	9	10	11	12
44	4,06	3,21	2,82	2,58	2,43	2,31	2,23	2,16	2,10	2,05	2,01	1,98
	7,24	*5,12*	*4,26*	*3,78*	*3,46*	*3,24*	*3,07*	*2,94*	*2,84*	*2,75*	*2,68*	*2,62*
46	4,05	3,20	2,81	2,57	2,42	2,30	2,22	2,14	2,09	2,04	2,00	1,97
	7,21	*5,10*	*4,24*	*3,76*	*3,44*	*3,22*	*3,05*	*2,92*	*2,82*	*2,73*	*2,66*	*2,60*
48	4,04	3,19	2,80	2,56	2,41	2,30	2,21	2,14	2,08	2,03	1,99	1,96
	7,19	*5,08*	*4,22*	*3,74*	*3,42*	*3,20*	*3,04*	*2,90*	*2,80*	*2,71*	*2,64*	*2,58*
50	4,03	3,18	2,79	2,56	2,40	2,29	2,20	2,13	2,07	2,02	1,98	1,95
	7,17	*5,06*	*4,20*	*3,72*	*3,41*	*3,18*	*3,02*	*2,88*	*2,78*	*2,70*	*2,62*	*2,56*
55	4,02	3,17	2,78	2,54	2,38	2,27	2,18	2,11	2,05	2,00	1,97	1,93
	7,12	*5,01*	*4,16*	*3,68*	*3,37*	*3,15*	*2,98*	*2,85*	*2,75*	*2,66*	*2,59*	*2,53*
60	4,00	3,15	2,76	2,52	2,37	2,25	2,17	2,10	2,04	1,99	1,95	1,92
	7,08	*4,98*	*4,13*	*3,65*	*3,34*	*3,12*	*2,95*	*2,82*	*2,72*	*2,63*	*2,56*	*2,50*
65	3,99	3,14	2,75	2,51	2,36	2,24	2,15	2,08	2,02	1,98	1,94	1,90
	7,04	*4,95*	*4,10*	*3,62*	*3,31*	*3,09*	*2,93*	*2,79*	*2,70*	*2,61*	*2,54*	*2,47*
70	3,98	3,13	2,74	2,50	2,35	2,23	2,14	2,07	2,01	1,97	1,93	1,89
	7,01	*4,92*	*4,08*	*3,60*	*3,29*	*3,07*	*2,91*	*2,77*	*2,67*	*2,59*	*2,51*	*2,45*
80	3,96	3,11	2,72	2,48	2,33	2,21	2,12	2,05	1,99	1,95	1,91	1,88
	6,96	*4,88*	*4,04*	*3,56*	*3,25*	*3,04*	*2,87*	*2,74*	*2,64*	*2,55*	*2,48*	*2,41*
100	3,94	3,09	2,70	2,46	2,30	2,19	2,10	2,03	1,97	1,92	1,88	1,85
	6,90	*4,82*	*3,98*	*3,51*	*3,20*	*2,99*	*2,82*	*2,69*	*2,59*	*2,51*	*2,43*	*2,36*
125	3,92	3,07	2,68	2,44	2,29	2,17	2,08	2,01	1,95	1,90	1,86	1,83
	6,84	*4,78*	*3,94*	*3,47*	*3,17*	*2,95*	*2,79*	*2,65*	*2,56*	*2,47*	*2,40*	*2,33*
150	3,91	3,06	2,67	2,43	2,27	2,16	2,07	2,00	1,94	1,89	1,85	1,82
	6,81	*4,75*	*3,91*	*3,44*	*3,14*	*2,92*	*2,76*	*2,62*	*2,53*	*2,44*	*2,37*	*2,30*
200	3,89	3,04	2,65	2,41	2,26	2,14	2,05	1,98	1,92	1,87	1,83	1,80
	6,76	*4,71*	*3,88*	*3,41*	*3,11*	*2,90*	*2,73*	*2,60*	*2,50*	*2,41*	*2,34*	*2,28*
400	3,86	3,02	2,62	2,39	2,23	2,12	2,03	1,96	1,90	1,85	1,81	1,78
	6,70	*4,66*	*3,83*	*3,36*	*3,06*	*2,85*	*2,69*	*2,55*	*2,46*	*2,37*	*2,29*	*2,23*
1000	3,85	3,00	2,61	2,38	2,22	2,10	2,02	1,95	1,89	1,84	1,80	1,76
	6,66	*4,62*	*3,80*	*3,34*	*3,04*	*2,82*	*2,66*	*2,53*	*2,43*	*2,34*	*2,26*	*2,20*
∞	3,84	2,99	2,60	2,37	2,21	2,09	2,01	1,94	1,88	1,83	1,79	1,75
	6,64	*4,60*	*3,78*	*3,32*	*3,02*	*2,80*	*2,64*	*2,51*	*2,41*	*2,32*	*2,24*	*2,18*

f$_1$ = Freiheitsgrade für die größere Varianz												f$_2$
14	16	20	24	30	40	50	75	100	200	500	∞	
1,92	1,88	1,81	1,76	1,72	1,66	1,63	1,58	1,56	1,52	1,50	1,48	44
2,52	*2,44*	*2,32*	*2,24*	*2,15*	*2,06*	*2,00*	*1,92*	*1,88*	*1,82*	*1,78*	*1,75*	
1,91	1,87	1,80	1,75	1,71	1,65	1,62	1,57	1,54	1,51	1,48	1,46	46
2,50	*2,42*	*2,30*	*2,22*	*2,13*	*2,04*	*1,98*	*1,90*	*1,86*	*1,80*	*1,76*	*1,72*	
1,90	1,86	1,79	1,74	1,70	1,64	1,61	1,56	1,53	1,50	1,47	1,45	48
2,48	*2,40*	*2,28*	*2,20*	*2,11*	*2,02*	*1,96*	*1,88*	*1,84*	*1,78*	*1,73*	*1,70*	
1,90	1,85	1,78	1,74	1,69	1,63	1,60	1,55	1,52	1,48	1,46	1,44	50
2,46	*2,39*	*2,26*	*2,18*	*2,10*	*2,00*	*1,94*	*1,86*	*1,82*	*1,76*	*1,71*	*1,68*	
1,88	1,83	1,76	1,72	1,67	1,61	1,58	1,52	1,50	1,46	1,43	1,41	55
2,43	*2,35*	*2,23*	*2,15*	*2,06*	*1,96*	*1,90*	*1,82*	*1,78*	*1,71*	*1,66*	*1,64*	
1,86	1,81	1,75	1,70	1,65	1,59	1,56	1,50	1,48	1,44	1,41	1,39	60
2,40	*2,32*	*2,20*	*2,12*	*2,03*	*1,93*	*1,87*	*1,79*	*1,74*	*1,68*	*1,63*	*1,60*	
1,85	1,80	1,73	1,68	1,63	1,57	1,54	1,49	1,46	1,42	1,39	1,37	65
2,37	*2,30*	*2,18*	*2,09*	*2,00*	*1,90*	*1,84*	*1,76*	*1,71*	*1,64*	*1,60*	*1,56*	
1,84	1,79	1,72	1,67	1,62	1,56	1,53	1,47	1,45	1,40	1,37	1,35	70
2,35	*2,28*	*2,15*	*2,07*	*1,98*	*1,88*	*1,82*	*1,74*	*1,69*	*1,62*	*1,56*	*1,53*	
1,82	1,77	1,70	1,65	1,60	1,54	1,51	1,45	1,42	1,38	1,35	1,32	80
2,32	*2,24*	*2,11*	*2,03*	*1,94*	*1,84*	*1,78*	*1,70*	*1,65*	*1,57*	*1,52*	*1,49*	
1,79	1,75	1,68	1,63	1,57	1,51	1,48	1,42	1,39	1,34	1,30	1,28	100
2,26	*2,19*	*2,06*	*1,98*	*1,89*	*1,79*	*1,73*	*1,64*	*1,59*	*1,51*	*1,46*	*1,43*	
1,77	1,72	1,65	1,60	1,55	1,49	1,45	1,39	1,36	1,31	1,27	1,25	125
2,23	*2,15*	*2,03*	*1,94*	*1,85*	*1,75*	*1,68*	*1,59*	*1,54*	*1,46*	*1,40*	*1,37*	
1,76	1,71	1,64	1,59	1,54	1,47	1,44	1,37	1,34	1,29	1,25	1,22	150
2,20	*2,12*	*2,00*	*1,91*	*1,83*	*1,72*	*1,66*	*1,56*	*1,51*	*1,43*	*1,37*	*1,33*	
1,74	1,69	1,62	1,57	1,52	1,45	1,42	1,35	1,32	1,26	1,22	1,19	200
2,17	*2,09*	*1,97*	*1,88*	*1,79*	*1,69*	*1,62*	*1,53*	*1,48*	*1,39*	*1,33*	*1,28*	
1,72	1,67	1,60	1,54	1,49	1,42	1,38	1,32	1,28	1,22	1,16	1,13	400
2,12	*2,04*	*1,92*	*1,84*	*1,74*	*1,64*	*1,57*	*1,47*	*1,42*	*1,32*	*1,24*	*1,19*	
1,70	1,65	1,58	1,53	1,47	1,41	1,36	1,30	1,26	1,19	1,13	1,08	1000
2,09	*2,01*	*1,89*	*1,81*	*1,71*	*1,61*	*1,54*	*1,44*	*1,38*	*1,28*	*1,19*	*1,11*	
1,69	1,64	1,57	1,52	1,46	1,40	1,35	1,28	1,24	1,17	1,11	1,00	∞
2,07	*1,99*	*1,87*	*1,79*	*1,69*	*1,59*	*1,52*	*1,41*	*1,36*	*1,25*	*1,15*	*1,00*	

Tafel 4: t - Verteilung

$$F(t) = P(T \leq t) = 1 - \alpha$$

f	1 - α 0,75	0,90	0,95	0,975	0,99	0,995	0,999	0,9995
1	1,00	3,08	6,31	12,71	31,82	63,70	318,31	637,00
2	.816	1,88	2,92	4,30	6,97	9,92	22,33	31,60
3	.765	1,64	2,35	3,18	4,54	5,84	10,22	12,90
4	.741	1,53	2,13	2,78	3,75	4,60	7,17	8,61
5	.727	1,48	2,01	2,57	3,37	4,03	5,89	6,86
6	.718	1,44	1,94	2,45	3,14	3,71	5,21	5,96
7	.711	1,41	1,89	2,36	3,00	3,50	4,79	5,40
8	.706	1,40	1,86	2,31	2,90	3,36	4,50	5,04
9	.703	1,38	1,83	2,26	2,82	3,25	4,30	4,78
10	.700	1,37	1,81	2,23	2,76	3,17	4,14	4,59
11	.697	1,36	1,80	2,20	2,72	3,11	4,03	4,44
12	.695	1,36	1,78	2,18	2,68	3,05	3,93	4,32
13	.694	1,35	1,77	2,16	2,65	3,01	3,85	4,22
14	.692	1,35	1,76	2,14	2,62	2,98	3,79	4,14
15	.691	1,34	1,75	2,13	2,60	2,95	3,73	4,07
16	.690	1,34	1,75	2,12	2,58	2,92	3,69	4,01
17	.689	1,33	1,74	2,11	2,57	2,90	3,65	3,96
18	.688	1,33	1,73	2,10	2,55	2,88	3,61	3,92
19	.688	1,33	1,73	2,09	2,54	2,86	3,58	3,88
20	.687	1,33	1,73	2,09	2,53	2,85	3,55	3,85
21	.686	1,32	1,72	2,08	2,52	2,83	3,53	3,82
22	.686	1,32	1,72	2,07	2,51	2,82	3,51	3,79
23	.685	1,32	1,71	2,07	2,50	2,81	3,49	3,77
24	.685	1,32	1,71	2,06	2,49	2,80	3,47	3,74
25	.684	1,32	1,71	2,06	2,49	2,79	3,45	3,72
26	.684	1,32	1,71	2,06	2,48	2,78	3,44	3,71
27	.684	1,31	1,70	2,05	2,47	2,77	3,42	3,69
28	.683	1,31	1,70	2,05	2,47	2,76	3,41	3,67
29	.683	1,31	1,70	2,05	2,46	2,76	3,40	3,66
30	.683	1,31	1,70	2,04	2,46	2,75	3,39	3,65
40	.681	1,30	1,68	2,02	2,42	2,70	3,31	3,55
60	.679	1,30	1,67	2,00	2,39	2,66	3,23	3,46
120	.677	1,29	1,66	1,98	2,36	2,62	3,17	3,37
∞	.674	1,28	1,64	1,96	2,33	2,58	3,09	3,29

Tafel 5: **Chi - Quadrat - Verteilung**

Irrtumswahrscheinlichkeit 0,10; 0,05; 0,01; 0,001

f	α = 0,10	α = 0,05	α = 0,01	α = 0,001	f
1	2,71	3,841	6,635	10,827	1
2	4,61	5,991	9,210	13,815	2
3	6,25	7,815	11,345	16,268	3
4	7,78	9,488	13,277	18,465	4
5	9,24	11,070	15,086	20,517	5
6	10,6	12,592	16,812	22,457	6
7	12,0	14,067	18,475	24,322	7
8	13,4	15,507	20,090	26,125	8
9	14,7	16,919	21,666	27,877	9
10	16,0	18,307	23,209	29,588	10
11	17,3	19,675	24,725	31,264	11
12	18,5	21,026	26,217	32,909	12
13	19,8	22,362	27,688	34,528	13
14	21,1	23,685	29,141	36,123	14
15	22,3	24,996	30,578	37,697	15
16	23,5	26,296	32,000	39,252	16
17	24,8	27,587	33,409	40,790	17
18	26,0	28,869	34,805	42,312	18
19	27,2	30,144	36,191	43,820	19
20	28,4	31,410	37,566	45,315	20
21	29,6	32,671	38,932	46,797	21
22	30,8	33,924	40,289	48,268	22
23	32,0	35,172	41,638	49,728	23
24	33,2	36,415	42,980	51,179	24
25	34,4	37,652	44,314	52,620	25
26	35,6	38,885	45,642	54,052	26
27	36,7	40,113	46,963	55,476	27
28	37,9	41,337	48,278	56,893	28
29	39,1	42,557	49,588	58,302	29
30	40,3	43,773	50,892	59,703	30
40	51,8	55,8	63,7	73,4	40
50	63,2	67,5	76,2	86,7	50
60	74,4	79,1	88,4	99,6	60
70	85,5	90,5	100,4	112,3	70
80	96,6	101,9	112,3	124,8	80
90	107,6	113,1	124,1	137,2	90
100	118,5	124,3	135,8	149,4	100

Tafel 6: **Zufallshöchstwerte des Korrelationskoeffizienten**

Freiheitsgrade	Irrtumswahrscheinlichkeit α	
	5 %	1 %
f	Zufallshöchstwert von r	
1	1,00	1,00
2	0,95	0,99
3	0,88	0,96
4	0,81	0,92
5	0,75	0,87
10	0,58	0,71
15	0,48	0,61
20	0,42	0,53
25	0,38	0,49
30	0,35	0,45
35	0,32	0,42
40	0,30	0,39
50	0,27	0,35
60	0,25	0,33
70	0,23	0,30
80	0,22	0,28
90	0,21	0,26
100	0,19	0,25
120	0,18	0,23
150	0,16	0,21
200	0,14	0,18
300	0,11	0,15
400	0,10	0,13
500	0,09	0,11
700	0,07	0,10
900	0,06	0,09
1000 und mehr	kleiner als 0,06	kleiner als 0,09

Tafel 7: **Verteilung des zyklischen Autokorrelationskoeffizienten für Lag 1**

f	Positiv		Negativ	
	5 %	1 %	5 %	1 %
5	0,253	0,297	-0,753	-0,798
6	0,345	0,447	0,708	0,863
7	0,370	0,510	0,674	0,799
8	0,371	0,531	0,625	0,764
9	0,366	0,533	0,593	0,737
10	0,360	0,525	0,564	0,705
11	0,353	0,515	0,539	0,679
12	0,348	0,505	0,516	0,655
13	0,341	0,495	0,497	0,634
14	0,335	0,485	0,479	0,615
15	0,328	0,475	0,462	0,597
20	0,299	0,432	0,399	0,524
25	0,276	0,398	0,356	0,473
30	0,257	0,370	0,325	0,433
35	0,242	0,347	0,300	0,401
40	0,229	0,329	0,279	0,376
45	0,218	0,314	0,262	0,356
50	0,208	0,301	0,248	0,339
55	0,199	0,289	0,236	0,324
60	0,191	0,278	0,225	0,310
65	0,184	0,268	0,216	0,298
70	0,178	0,259	0,207	0,287
75	0,173	0,250	-0,199	-0,276

Tafel 8a: **Autokorrelation nach Durbin-Watson bei einer Irrtumswahrscheinlichkeit von 5 %**

T	m = 1		m = 2		m = 3		m = 4		m = 5	
	d_u	d_o	d_u	d_o	d_u	d_o	d_u	d_o	d_u	d_o
15	1,08	1,36	0,95	1,54	0,82	1,75	0,69	1,97	0,56	2,21
16	1,10	1,37	0,98	1,54	0,86	1,73	0,74	1,93	0,62	2,15
17	1,13	1,38	1,02	1,54	0,90	1,71	0,78	1,90	0,67	2,10
18	1,16	1,39	1,05	1,53	0,93	1,69	0,82	1,87	0,71	2,06
19	1,18	1,40	1,08	1,53	0,97	1,68	0,86	1,85	0,75	2,02
20	1,20	1,41	1,10	1,54	1,00	1,68	0,90	1,83	0,79	1,99
21	1,22	1,42	1,13	1,54	1,03	1,67	0,93	1,81	0,83	1,96
22	1,24	1,43	1,15	1,54	1,05	1,66	0,96	1,80	0,86	1,94
23	1,26	1,44	1,17	1,54	1,08	1,66	0,99	1,79	0,90	1,92
24	1,27	1,45	1,19	1,55	1,10	1,66	1,01	1,78	0,93	1,90
25	1,29	1,45	1,21	1,55	1,12	1,66	1,04	1,77	0,95	1,89
26	1,30	1,46	1,22	1,55	1,14	1,65	1,06	1,76	0,98	1,88
27	1,32	1,47	1,24	1,56	1,16	1,65	1,08	1,76	1,01	1,86
28	1,33	1,48	1,26	1,56	1,18	1,65	1,10	1,75	1,03	1,85
29	1,34	1,48	1,27	1,56	1,20	1,65	1,12	1,74	1,05	1,84
30	1,35	1,49	1,28	1,57	1,21	1,65	1,14	1,74	1,07	1,83
31	1,36	1,50	1,30	1,57	1,23	1,65	1,16	1,74	1,09	1,83
32	1,37	1,50	1,31	1,57	1,24	1,65	1,18	1,73	1,11	1,82
33	1,38	1,51	1,32	1,58	1,26	1,65	1,19	1,73	1,13	1,81
34	1,39	1,51	1,33	1,58	1,27	1,65	1,21	1,73	1,15	1,81
35	1,40	1,52	1,34	1,58	1,28	1,65	1,22	1,73	1,16	1,80
36	1,41	1,52	1,35	1,59	1,29	1,65	1,24	1,73	1,18	1,80
37	1,42	1,53	1,36	1,59	1,31	1,66	1,25	1,72	1,19	1,80
38	1,43	1,54	1,37	1,59	1,32	1,66	1,26	1,72	1,21	1,79
39	1,43	1,54	1,38	1,60	1,33	1,66	1,27	1,72	1,22	1,79
40	1,44	1,54	1,39	1,60	1,34	1,66	1,29	1,72	1,23	1,79
45	1,48	1,57	1,43	1,62	1,38	1,67	1,34	1,72	1,29	1,78
50	1,50	1,59	1,46	1,63	1,42	1,67	1,38	1,72	1,34	1,77
55	1,53	1,60	1,49	1,64	1,45	1,68	1,41	1,72	1,38	1,77
60	1,55	1,62	1,51	1,65	1,48	1,69	1,44	1,73	1,41	1,77
65	1,57	1,63	1,54	1,66	1,50	1,70	1,47	1,73	1,44	1,77
70	1,58	1,64	1,55	1,67	1,52	1,70	1,49	1,74	1,46	1,77
75	1,60	1,65	1,57	1,68	1,54	1,71	1,51	1,74	1,49	1,77
80	1,61	1,66	1,59	1,69	1,56	1,72	1,53	1,74	1,51	1,77
85	1,62	1,67	1,60	1,70	1,57	1,72	1,55	1,75	1,52	1,77
90	1,63	1,68	1,61	1,70	1,59	1,73	1,57	1,75	1,54	1,78
95	1,64	1,69	1,62	1,71	1,60	1,73	1,58	1,75	1,56	1,78
100	1,65	1,69	1,63	1,72	1,61	1,74	1,59	1,76	1,57	1,78

Tafel 8b: **Autokorrelation nach Durbin-Watson bei einer Irrtumswahrscheinlichkeit von 2,5 %**

T	m = 1		m = 2		m = 3		m = 4		m = 5	
	d_u	d_o	d_u	d_o	d_u	d_o	d_u	d_o	d_u	d_o
15	0,95	1,23	0,83	1,40	0,71	1,61	0,59	1,84	0,48	2,09
16	0,98	1,24	0,86	1,40	0,75	1,59	0,64	1,80	0,53	2,03
17	1,01	1,25	0,90	1,40	0,79	1,58	0,68	1,77	0,57	1,98
18	1,03	1,26	0,93	1,40	0,82	1,56	0,72	1,74	0,62	1,93
19	1,06	1,28	0,96	1,41	0,86	1,55	0,76	1,72	0,66	1,90
20	1,08	1,28	0,99	1,41	0,89	1,55	0,79	1,70	0,70	1,87
21	1,10	1,30	1,01	1,41	0,92	1,54	0,83	1,69	0,73	1,84
22	1,12	1,31	1,04	1,42	0,95	1,54	0,86	1,68	0,77	1,82
23	1,14	1,32	1,06	1,42	0,97	1,54	0,89	1,67	0,80	1,80
24	1,16	1,33	1,08	1,43	1,00	1,54	0,91	1,66	0,83	1,79
25	1,18	1,34	1,10	1,43	1,02	1,54	0,94	1,65	0,86	1,77
26	1,19	1,35	1,12	1,44	1,04	1,54	0,96	1,65	0,88	1,76
27	1,21	1,36	1,13	1,44	1,06	1,54	0,99	1,64	0,91	1,75
28	1,22	1,37	1,15	1,45	1,08	1,54	1,01	1,64	0,93	1,74
29	1,24	1,38	1,17	1,45	1,10	1,54	1,03	1,63	0,96	1,73
30	1,25	1,38	1,18	1,46	1,12	1,54	1,05	1,63	0,98	1,73
31	1,26	1,39	1,20	1,47	1,13	1,55	1,07	1,63	1,00	1,72
32	1,27	1,40	1,21	1,47	1,15	1,55	1,08	1,63	1,02	1,71
33	1,28	1,41	1,22	1,48	1,16	1,55	1,10	1,63	1,04	1,71
34	1,29	1,41	1,24	1,48	1,17	1,55	1,12	1,63	1,06	1,70
35	1,30	1,42	1,25	1,48	1,19	1,55	1,13	1,63	1,07	1,70
36	1,31	1,43	1,26	1,49	1,20	1,56	1,15	1,63	1,09	1,70
37	1,32	1,43	1,27	1,49	1,21	1,56	1,16	1,62	1,10	1,70
38	1,33	1,44	1,28	1,50	1,23	1,56	1,17	1,62	1,12	1,70
39	1,34	1,44	1,29	1,50	1,24	1,56	1,19	1,63	1,13	1,69
40	1,35	1,45	1,30	1,51	1,25	1,57	1,20	1,63	1,15	1,69
45	1,39	1,48	1,34	1,53	1,30	1,58	1,25	1,63	1,21	1,69
50	1,42	1,50	1,38	1,54	1,34	1,59	1,30	1,64	1,26	1,69
55	1,45	1,52	1,41	1,56	1,37	1,60	1,33	1,64	1,30	1,69
60	1,47	1,54	1,44	1,57	1,40	1,61	1,37	1,65	1,33	1,69
65	1,49	1,55	1,46	1,59	1,43	1,62	1,40	1,66	1,36	1,69
70	1,51	1,57	1,48	1,60	1,45	1,63	1,42	1,66	1,39	1,70
75	1,53	1,58	1,50	1,61	1,47	1,64	1,45	1,67	1,42	1,70
80	1,54	1,59	1,52	1,62	1,49	1,65	1,47	1,67	1,44	1,70
85	1,56	1,60	1,53	1,63	1,51	1,65	1,49	1,68	1,46	1,71
90	1,57	1,61	1,55	1,64	1,53	1,66	1,50	1,69	1,48	1,71
95	1,58	1,62	1,56	1,65	1,54	1,67	1,52	1,69	1,50	1,71
100	1,59	1,63	1,57	1,65	1,55	1,67	1,53	1,70	1,51	1,72

Tafel 8c: Autokorrelation nach Durbin-Watson bei einer Irrtumswahrscheinlichkeit von 1 %

T	m = 1		m = 2		m = 3		m = 4		m = 5	
	d_u	d_o	d_u	d_o	d_u	d_o	d_u	d_o	d_u	d_o
15	0,81	1,07	0,70	1,25	0,59	1,46	0,49	1,70	0,39	1,96
16	0,84	1,09	0,74	1,25	0,63	1,44	0,53	1,66	0,44	1,90
17	0,87	1,10	0,77	1,25	0,67	1,43	0,57	1,63	0,48	1,85
18	0,90	1,12	0,80	1,26	0,71	1,42	0,61	1,60	0,52	1,80
19	0,93	1,13	0,83	1,26	0,74	1,41	0,65	1,58	0,56	1,77
20	0,95	1,15	0,86	1,27	0,77	1,41	0,68	1,57	0,60	1,74
21	0,97	1,16	0,89	1,27	0,80	1,41	0,72	1,55	0,63	1,71
22	1,00	1,17	0,91	1,28	0,83	1,40	0,75	1,54	0,66	1,69
23	1,02	1,19	0,94	1,29	0,86	1,40	0,77	1,53	0,70	1,67
24	1,04	1,20	0,96	1,30	0,88	1,41	0,80	1,53	0,72	1,66
25	1,05	1,21	0,98	1,30	0,90	1,41	0,83	1,52	0,75	1,65
26	1,07	1,22	1,00	1,31	0,93	1,41	0,85	1,52	0,78	1,64
27	1,09	1,23	1,02	1,32	0,95	1,41	0,88	1,51	0,81	1,63
28	1,10	1,24	1,04	1,32	0,97	1,41	0,90	1,51	0,83	1,62
29	1,12	1,25	1,05	1,33	0,99	1,42	0,92	1,51	0,85	1,61
30	1,13	1,26	1,07	1,34	1,01	1,42	0,94	1,51	0,88	1,61
31	1,15	1,27	1,08	1,34	1,02	1,42	0,96	1,51	0,90	1,60
32	1,16	1,28	1,10	1,35	1,04	1,43	0,98	1,51	0,92	1,60
33	1,17	1,29	1,11	1,36	1,05	1,43	1,00	1,51	0,94	1,59
34	1,18	1,30	1,13	1,36	1,07	1,43	1,01	1,51	0,95	1,59
35	1,19	1,31	1,14	1,37	1,08	1,44	1,03	1,51	0,97	1,59
36	1,21	1,32	1,15	1,38	1,10	1,44	1,04	1,51	0,99	1,59
37	1,22	1,32	1,16	1,38	1,11	1,45	1,06	1,51	1,00	1,59
38	1,23	1,33	1,18	1,39	1,12	1,45	1,07	1,52	1,02	1,58
39	1,24	1,34	1,19	1,39	1,14	1,45	1,09	1,52	1,03	1,58
40	1,25	1,34	1,20	1,40	1,15	1,46	1,10	1,52	1,05	1,58
45	1,29	1,38	1,24	1,42	1,20	1,48	1,16	1,53	1,11	1,58
50	1,32	1,40	1,28	1,45	1,24	1,49	1,20	1,54	1,16	1,59
55	1,36	1,43	1,32	1,47	1,28	1,51	1,25	1,55	1,21	1,59
60	1,38	1,45	1,35	1,48	1,32	1,52	1,28	1,56	1,25	1,60
65	1,41	1,47	1,38	1,50	1,35	1,53	1,31	1,57	1,28	1,61
70	1,43	1,49	1,40	1,52	1,37	1,55	1,34	1,58	1,31	1,61
75	1,45	1,50	1,42	1,53	1,39	1,56	1,37	1,59	1,34	1,62
80	1,47	1,52	1,44	1,54	1,42	1,57	1,39	1,60	1,36	1,62
85	1,48	1,53	1,46	1,55	1,43	1,58	1,41	1,60	1,39	1,63
90	1,50	1,54	1,47	1,56	1,45	1,59	1,43	1,61	1,41	1,64
95	1,51	1,55	1,49	1,57	1,47	1,60	1,45	1,62	1,42	1,64
100	1,52	1,56	1,50	1,58	1,48	1,60	1,46	1,63	1,44	1,65

Literaturverzeichnis

[1] Acton, F.S. (1959), Analysis of straight-line data. J. Wiley & Sons, New York

[2] Aitken, A.C. (1935), On least squares and linear combination of observations. Proceedings of the Royal Society Edinburgh, 55, S. 42-48

[3] Aitken, A.C. (1957), Statistical Mathematics. 8.ed., Oliver and Boyd, Edinburgh, London

[4] Allen, R.G.D. (1957), Statistics for Economists. 8.ed., Hutchinson University Library, London

[5] Amemiya, T. (1983), Non-linear regression models. In: Griliches Z., Intriligator, M.D., Handbook of Econometrics. Vol.1, North-Holland, Amsterdam, S. 333-389

[6] Amemiya, T. (1985), Advanced Econometrics. Blackwell, Oxford

[7] Anderson, R.L. (1952), Bancroft, T.A., Statistical Theory in Research. McGraw-Hill, New York, London

[8] Anderson, O. (1929), Die Korrelationsrechnung in der Konjunkturforschung. Schroeder-Verlag, Bonn

[9] Anderson, O. (1954), Probleme der statistischen Methodenlehre in den Sozialwissenschaften. Physica-Verlag, Würzburg

[10] Anderson, O. (1963), Ausgewählte Schriften, Band I, II. J.C.B. Mohr (Paul Siebeck), Tübingen

[11] Arbeitsgruppe "ökonometrisches Modell" bei der Gemeinschaftsdiagnose der Arbeitsgemeinschaft wirtschaftswissenschaftlicher Forschungsinstitute (1985), Das ökonometrische Konjunkturmodell der Wirtschaftsforschungsinstitute (Version 1984/4). Vierteljahreshefte zur Wirtschaftsforschung, Heft 3/4, S. 281-291

[12] Arminger, G. (1979), Faktorenanalyse. Teubner, Stuttgart

[13] Arrow, K.J., Chenery, H.B., Minhas, B.S., Solow, R.M. (1961), Capital-labour Substitution and Economic Efficiency. The Review of Economics and Statistics, 8

[14] Assenmacher, W. (1984), Einführung in die Ökonometrie. R. Oldenbourg Verlag, München, Wien

[15] Autorenkollektiv (1976), Methoden der Regressionsrechnung im Verkehrswesen. Transpress Verlag, Berlin

[16] Bamberg, G., Schittko, U.K. (1979), Einführung in die Ökonometrie. Fischer-Verlag, Stuttgart, New York

[17] Bamberg, G., Baur, F. (1989), Statistik. R.Oldenbourg Verlag, München, Wien

[18] Baranow, L.v. (1950), Grundbegriffe moderner statistischer Methodik, Teil I, II. Hirzel-Verlag, Stuttgart

[19] Bates, D.M., Watts, D.G. (1988), Nonlinear Regression Analysis and its Application. Wiley, New York

[20] Bleymüller, J., Gehlert, G., Gülicher, H. (1989), Statistik für Wirtschaftswissenschaftler. Verlag Franz Vahlen, München

[21] Berry, W.D. (1987), Multiple Regression in practice. Sage, Beverly Hills

[22] Bohley, P. (1989), Statistik: einführendes Lehrbuch für Wirtschafts- und Sozialwissenschaftler. Oldenbourg, München, Wien

[23] Bortz, J. (1985), Lehrbuch der Statistik für Sozialwissenschaftler. Springer-Verlag, Berlin, Heidelberg, New York

[24] Bosch, K. (1984), Elementare Einführung in die angewandte Statistik. Friedrich Vieweg & Sohn, Braunschweig, Wiesbaden

[25] Broemeling, L.D., Tsurumi, H (1987), Econometrics and structural change. Dekker, New York

[26] Bryant, E.C.(1960), Statistical Analysis. McGraw-Hill, New York

[27] Caroll, R.J., Ruppert, D. (1988), Transformation and weighting in regression. Chapman & Hall, New York, London

[28] Chatterjee, S., Price, B. (1977), Regression Analysis by Example. J. Wiley & Sons, New York et al.

[29] Chatterjee, S., Hadi, A.S. (1988), Sensitivity Analysis in Linear Regression. J. Wiley & Sons, New York

[30] Chow, G.C. (1960), Tests of Equality between Sets of Coefficients in Two Linear Regressions. Econometrica, 28, S. 591-605

[31] Chow, G.C. (1983), Econometrics. MacGraw-Hill, Hamburg et al.

[32] Christ, C.F. (1966), Econometric Models and Methods. John Wiley & Sons, New York

[33] Clauß, G., Ebner, H. (1974), Grundlagen der Statistik für Psychologen, Pädagogen und Soziologen. Volk und Wissen Verlag, Berlin

[34] Common, M.S. (1980), Ökonometrie - Ein Grundriß für Studenten. Gustav Fischer Verlag, Stuttgart, New York

[35] Cramêr, H. (1949), Mathematical Methods of Statistics. Almquist Verlag, Uppsala

[36] Cramer, J.S. (1975), Empirical Econometrics. North-Holland, Amsterdam, London

[37] Croxton, F.E., Cowden, D.Y. (1955), Applied General Statistics. Prentice Hall, New York

[38] Danzer, K., Heike, H.-D. (1982), Formulierung des Bankensektors in einem ökonometrischen Modell mit Hilfe der optimalen Kontrollrechnung. Statistische Hefte, 23, S.12-25

[39] Dhrymes, P.J. (1971), Distributed Lags: Problems of Estimation and Formulation. Holden-Day, San Francisco

[40] Dhrymes, P.J. (1974), Econometrics, Statistical Foundations and Applications. Harper & Row London, Evanston New York

[41] Dillmann, R. (1990), Statistik I und II. Physika-Verlag, Heidelberg

[42] Doran, H.E. (1989), Applied Regression Analysis in Econometrics. Dekker, New York

[43] Douglas, P.H., Cobb, C.W. (1928), A Theory of Production. American Economic Review, 18, S. 139 ff.

[44] Draper, N.R., Smith, H. (1981), Applied Regression Analysis. McGraw-Hill Book Comp., New York, San Francisco, Toronto

[45] Dubbelman, C. (1978), Disturbances in the Linear Model: Estimation and Hypotheses Testing. Nijhoff, Leiden et al.

[46] Duesenberry, J.S., Fromm, G., Klein, L.R., Kuh, E. (Hrsg.) (1965), The Brookings Quarterly Econometric Model of the United States. Rand McNally/North-Holland Publ. Comp., Chicago, Amsterdam

[47] Duesenberry, J.S., Fromm, G., Klein, L.R., Kuh, E. (Hrsg.) (1969), The Brookings Model: Some Further Results. Rand McNally/North-Holland Publ. Comp., Chicago, Amsterdam

[48] Edwards, A.L. (1984), An introduction to linear regression and correlation. Freeman, New York

[49] Egermayer, F., Novák, I. (1964), Regresni a korelačni analyza pro ekonomy. SNTL-SVTL, Praha

[50] Elderton, W.P. (1953), Frequency Curves and correlation. University Press, Cambridge

[51] Elpelt, B., Hartung, J. (1984), On the estimation of parameters in general linear regression models. In: Hammer, G., Pallaschke, D. (eds.), Contributions to mathematical economics and operations research. Athenäum, Königstein (Taunus)

[52] Exner, F.M. (1913), Über die Korrelationsmethode. Gustav-Fischer-Verlag, Jena

[53] Ezekiel, M., Fox, K.A. (1959), Methods of Correlation and Regression Analysis, Linear and Curvilinear. J. Wiley & Sons, New York

[54] Fahrmeir, L., Hamerle, A. (Hrsg.) (1984), Multivariate statistische Verfahren. Walter de Gruyter, Berlin, New York

[55] Fair, R.C. (1984), Specification, Estimation and Analysis of Macroeconomic Models. Cambridge (Mass.), London

[56] Farebrother, R.W. (1988), Linear Least Squares Computations. Dekker, New York

[57] Finney, D.J. (1952), Probitanalysis. University Press, Cambridge

[58] Fisher, R.A. (1956), Statistische Methoden für die Wissenschaft. Oliver and Boyd, Edinburgh, London

[59] Fisz, M. (1958,1966), Wahrscheinlichkeitsrechnung und mathematische Statistik. VEB Deutscher Verlag der Wissenschaften, Berlin

[60] Flaskämper, P. (1956), Allgemeine Statistik. Verlag von Richard Meiner, Hamburg

[61] Förster, E., Egermayer, F. (1966), Korrelations- und Regressionsanalyse. Verlag Die Wirtschaft, Berlin

[62] Förster, E., Rönz, B. (1979), Methoden der Korrelations- und Regressionsanalyse - Ein Leitfaden für Ökonomen. Verlag Die Wirtschaft, Berlin

[63] Fomby, T.B., Hill, R.C., Johnson S.R. (1984), Advanced Econometric Methods. Springer-Verlag, Berlin et al.

[64] Friedman, M. (1973), The use of ranks.... Journal of the American Statistical Association, 32, S. 675 ff.

[65] Frisch, R. (1934), Statistical Confluence Analysis by Means of Complete Regression Systems. Universitetet, Oslo

[66] Frisch, R. (1951), Correlation and Scatter in Statistical Variables. Universitetet, Oslo

[67] Fröhlich, W.D. (1959), Forschungsstatistik. H. Bouvier und Co., Bonn

[68] Frohn, J. (1980), Grundausbildung in Ökonometrie. Verlag Walter de Gruyter, Berlin, New York; Springer-Verlag, Berlin

[69] Gallant, A.R. (1987), Nonlinear statistical models. Wiley, New York

[70] Galton, F. (1889), Natural inheritance. Macmillan and Co., London, New York

[71] Geer, S.A. van (1988), Regression Analysis and Empirical Processes. Centre for Mathematics and Computer Science, Amsterdam

[72] Gerfin, H. (1964), Langfristige Wirtschaftsprognose. J.C.B. Mohr, Tübingen, Polygraphischer Verlag Zürich

[73] Gibson, W.M., Jowett, G.H. (1957), Three-group Regression Analysis, Applied Statistics

[74] Goldberger, A.S. (1964), Econometric Theory. J. Wiley & Sons, Inc., New York, London, Sydney

[75] Goldberger, A.S. (1968), Topics in Regression Analysis. Macmillan, New York, London

[76] Goldfeld, S.M.,Quandt, R.E. (1972), Nonlinear Methods in Econometrics. North-Holland, Amsterdam

[77] Gollnick, H. (1968), Einführung in die Ökonometrie. Verlag Eugen Ulmer, Stuttgart

[78] Gollnick, H., Thiel, N. (1980), Ökonometrie. Ulmer, Stuttgart

[79] Graf, M., Henning, H.-J., Stange, K. (1966), Formeln und Tabellen der mathematischen Statistik. Springer-Verlag, Berlin, Heidelberg, New York

[80] Graybill, F.A. (1961), An Introduction to Linear Statistical Models. MacGraw-Hill, New York, Toronto, London

[81] Greene, W.H. (1990), Econometric Analysis. Macmillan, New York

[82] Grenzdörfer, K. (1969), Vergleich einiger in der Ökonometrie verwendeter Schätzverfahren mittels Simulation von Drei-Gleichungssystemen. Physica-Verlag, Würzburg, Wien

[83] Griliches, Z., Intriligator, M.D. (1983, 1984, 1986), Handbook of Econometrics. North-Holland, Vol. 1, Amsterdam 1983, Vol. 2, Amsterdam 1984, Vol. 3, Amsterdam 1986

[84] Gruber, J. (1968), Ökonometrische Modelle des Cowles-Commission-Typ: Bau und Interpretation. Paul Parey-Verlag, Hamburg, Berlin

[85] Gruber, J. (1978), Ökonometrie. Fernstudienmaterial, FernUniversität-Gesamthochschule Hagen

[86] Gruber, J. (1982), Regressionsanalyse I. Fernstudienmaterial, FernUniversität-Gesamthochschule Hagen

[87] Gruber, J. (1983), Econometric Decision Models. Springer-Verlag, Berlin et al.

[88] Gruber, M.H.J. (1990), Regression Estimators. A comparative study. Akademic Press Inc., Harcourt Brace Jovanovich publishers, Boston

[89] Gujarati, D. (1978), Basic Econometrics. McGraw-Hill Book Company, New York et. al.

[90] Hackl, P. (1980), Testing the constancy of regression models over time. Vandenhoeck & Ruprecht, Göttingen

[91] Haller-Wedel, E. (1973), Die Einflußgrößenrechnung in Theorie und Praxis. Hanser, München

[92] Hansen, G. (1967), Ein ökonometrisches Modell für die Bundesrepublik 1951-1964: Versuch der Erklärung von Wachstum und Konjunktur. Wirtschaftspolitische Studien Nr. 9, Göttingen

[93] Hartung, J., Elpelt, B., Klösener, K.-H. (1987), Statistik. R. Oldenbourg Verlag, München, Wien

[94] Hartung, J., Elpelt, B.(1989), Multivariate Statistik. R. Oldenbourg Verlag, München, Wien

[95] Heil, J. (1984), Einführung in die Ökonometrie. R. Oldenbourg Verlag, München, Wien

[96] Hellwig, Z. (1963), Linear regression and its application to economics. Pergamon Press, Oxford

[97] Henrysson, St., Haseloff, O.W., Hoffmann, H.J. (1960), Kleines Lehrbuch der Statistik. Walter de Gruyter & Co., Berlin

[98] Hild, C. (1977), Schätzen und Testen in einem Regressionsmodell mit stochastischen Koeffizienten. Hain, Meisenheim

[99] Hoben, Th. (1989), Distribution of correlation coefficients. Springer, Berlin, Heidelberg

[100] Hochstädter, D., Uebe, G. (1970), Ökonometrische Methoden. Lecture Notes in Operations Research and Mathematical Systems No. 26. Springer-Verlag, Berlin, Heidelberg, New York

[101] Hochstädter, D. (1989), Einführung in die statistische Methodenlehre. Verlag Harri Deutsch, Frankfurt/M.

[102] Hoel, P.G. (1958), Introduction to Mathematical Statistics. J. Wiley & Sons, New York

[103] Hofstätter, P.R., Wendt, D. (1967), Quantitative Methoden der Psychologie. Joh. Ambrosius Barth, München

[104] Hood, W.C., Koopmans, T.C. (Hrsg.) (1953), Studies in Econometric Methods. Cowles Commission Monograph 14. J. Wiley & Sons, New York

[105] Horn, G.A., Scheremet, W. (1990), Ursachen struktureller Arbeitslosigkeit. Konjunkturpolitik, 36, S. 278-308

[106] Hübler, O. (1982), Arbeitsmarktpolitik und Beschäftigung: Ökonometrische Methoden und Modelle. Frankfurt a.M., New York

[107] Hübler, O. (1989), Ökonometrie. Gustav Fischer Verlag, Stuttgart, New York

[108] Hüttner, M. (1986), Prognoseverfahren und ihre Anwendung. de Gruyter, Berlin, New York

[109] Hugershoff, R. (1948), Ausgleichsrechnung, Kollektivmaßlehre und Korrelationsrechnung im Dienste von Technik, Wissenschaft und Wirtschaft. Wichmann-Verlag, Berlin

[110] Intriligator, M.D. (1978), Econometric Models, Techniques and Applications. Prentice-Hall, Inc., Englewood Cliffs, New Yersey

[111] Jahn, W., Vahle, H. (1970), Die Faktorenanalyse. Verlag Die Wirtschaft, Berlin

[112] Jöhnk, M.-D. (1981), Nichtlineare Regression: Parameterschätzung in linearisierbaren Regressionsmodellen. In: Büning/Naeve (Hrsg.), Computational Statistics. De Gruyter, Berlin, New York, S. 137-149

[113] Johnston, J. (1963), Econometric Methods. McGraw Hill Book Company, Inc., New York, San Francisco, Toronto, London; [McGraw-Hill Book Company, Kogakusha, Ltd., Tokyo u.a. 1972, 1984]

[114] Judge, G.G., Griffiths, W.E., Hill, R.C., Lütkepohl, H., Lee, T.C. (1980, 1985), The Theory and Practice of Econometrics. J. Wiley & Sons, New York

[115] Judge, G.G., Hill, R.C., Griffiths, W.E., Lütkepohl, H., Lee, T.C. (1988), Introduction to the Theory and Practice of Econometrics. John Wiley & Sons, New York, Toronto, Singapore

[116] Katzenbeisser, W. (1981), Simultaneous Inference in Econometric Models. Hain, Königstein (Ts.)

[117] Kellerer, H. (1960), Statistik im modernen Wirtschafts- und Sozialleben. Rowohlt-Verlag, Hamburg

[118] Kendall, M.G., Stuart, A. (1946, 1961), The advanced Theory of Statistics. Vol. I, II, Ch. Griffin & Co., London

[119] Kendall, M.G. (1962), Rank Correlation Methods. Ch.Griffin & Co., London

[120] Kirchen, A. (1988), Schätzung zeitveränderlicher Strukturparameter in ökonometrischen Prognosemodellen. Athenäum, Frankfurt

[121] Klein, L.R. (1953), A Textbook of Econometrics. Row, Perterson, Evanston

[122] Klein, L.R., Goldberger, A.S. (1955), An Econometric Model of the United States 1929-1952. North-Holland Publ. Comp., Amsterdam

[123] Klein, L.R. (1958), The estimation of distributed lags. Econometrica, 26, S. 553-565

[124] Klein, L.R. (1962), An Introduction to Econometrics. Prentice-Hall, Inc., Englewood Cliffs, New York

[125] Klein, L.R. (1983), Lectures in Econometrics. North-Holland, Amsterdam

[126] Klein, L.R. (1985), Economic Theory and Econometrics, Blackwell, Oxford

[127] Kleinbaum, D.G., Kupper, L.L., Muller, K.E. (1988), Applied Regression Analysis and Other Multivariate Methods. PWS-Kent, Boston

[128] Kmenta, J. (1986), Elements of Econometrics. Macmillan Publishing Company, New York

[129] Kockläuner, G. (1988), Angewandte Regressionsanalyse mit SPSS. Vieweg, Braunschweig, Wiesbaden

[130] Koopmans, T.C. (Hrsg.) (1950), Statistical Inference in Dynamic Economic Models. Cowles Commission Monograph 10, J. Wiley & Sons, New York

[131] Koutsoyiannis, A. (1973), Theory of Econometrics. Macmillan, London, Basingstoke

[132] Koyck, L. (1954), Distributed Lags and Investment Analysis. North-Holland Publ. Comp., Amsterdam

[133] Krämer, W. (1980), Eine Rehabilitation der gewöhnlichen Kleinst-Quadrate-Methode als Schätzverfahren in der Ökonometrie. Haag & Herchen, Frankfurt/M.

[134] Krämer, W., Sonnberger, H. (1986), The Linear Regression Model under Test. Physica-Verlag, Heidelberg, Wien

[135] Krämer, W. (1989), Econometrics of Structural Change. Physica-Verlag, Heidelberg

[136] Krelle, Beckerhoff, Langer, Fuss (1969), Ein Prognosesystem für die wirtschaftliche Entwicklung der BR Deutschland, Hain, Meisenheim

[137] Krelle, W. (Hrsg.) (1974), Erfahrungen mit einem ökonometrischen Prognosemodell für die Bundesrepublik Deutschland. Hain, Meisenheim

[138] Kreyszig, E. (1975), Statistische Methoden und ihre Anwendungen. Vandenhoeck & Ruprecht, Göttingen

[139] Lange, O. (1968), Einführung in die Ökonometrie. Akademie-Verlag Berlin, PWN Warszawa

[140] Lange, W. (1981), Simultane Schätzverfahren für in Variablen und Koeffizienten nichtlineare interdependente ökonometrische Modelle. Athenäum, Königstein/Ts.

[141] Lawrence, K.D., Arthur, J.L. (1990), Robust Regression: analysis and applications. Dekker, Basel

[142] Leser, C.E.V. (1966), Econometric Techniques and Problems. Griffin's Statistical Monographs and Courses No.20, London

[143] Leserer, M. (1980), Grundlagen der Ökonometrie. Vandenhoeck & Ruprecht, Göttingen, Zürich

[144] Liebetrau, A.M. (1983), Measures of association. Sage, Beverly Hills

[145] Linder, A. (1960), Statistische Methoden für Naturwissenschaftler, Mediziner und Ingenieure. Birkhäuser, Basel, Stuttgart

[146] Linnik, J.W. (1961), Die Methode der kleinsten Quadrate in moderner Darstellung. VEB Deutscher Verlag der Wissenschaften, Berlin

[147] Lomba, J.T. (1990), Estimation of Dynamic Econometric Models with Errors in Variables, Springer-Verlag, Berlin, Heidelberg, New York

[148] Lorenz, C. (1951), Forschungslehre der Sozialstatistik. Bd.1, Duncker & Humblot, Berlin

[149] Lüdeke, D. (1964), Schätzprobleme in der Ökonometrie. Physica-Verlag, Würzburg, Wien

[150] Lüdeke, D. (1969), Ein ökonometrisches Vierteljahresmodell für die Bundesrepublik Deutschland. Siebeck, Tübingen

[151] Lyle, P. (1957), Regression Analysis of Production Costs and Factory Operations. Oliver and Boyd, Edinburgh, London

[152] Maaß, S., Mürdter, H., Rieß, H. (1983), Statistik für Wirtschafts- und Sozialwissenschaftler II: Induktive Statistik. Springer-Verlag, Berlin, Heidelberg, New York, Tokyo

[153] Maddala, G.S. (1977), Econometrics. McGraw-Hill Book Company, New York et. al.

[154] Malinvaud, E. (1976), Statistical Methods of Econometrics. North-Holland Publ. Comp., Amsterdam

[155] Manski, C.F. (1988), Analog estimation methods in econometrics. Chapman and Hall, London

[156] Menges, G. (1961), Ökonometrie. Betriebswirtschaftlicher Verlag Gabler, Wiesbaden

[157] Menges, G. (1968), Grundriß der Statistik, Teil 1: Theorie. Westdeutscher Verlag, Köln und Opladen

[158] Menges, G. (1982), Die Statistik. Betriebswirtschaftlicher Verlag Dr.Th. Gabler GmbH, Wiesbaden

[159] Mills, F.C. (1955), Statistical Methods. Columbia University, New York

[160] Mises, R. (1951), Wahrscheinlichkeit, Statistik und Wahrheit. Springer-Verlag, Wien

[161] Montgomery, D.C., Peck, E.A. (1982), Introduction to Linear Regression Analysis. J. Wiley & Sons, New York et al.

[162] Mosbaek, E.J., Wold, H.O. (Hrsg.) (1970), Interdependent Systems, Structure and Estimation. North-Holland Publ.Comp. Amsterdam, London

[163] Müller, P.H. (1975), Lexikon der Stochastik. Akademie-Verlag, Berlin

[164] Müller, P.H., Neumann, P., Storm, R. (1973), Tafeln der mathematischen Statistik. Fachbuchverlag, Leipzig

[165] Myers, R. H. (1990), Classical and Modern Regression with Applications. PWS-Kent Publishing Company, Boston

[166] Nakhaeizadeh, G., Vollmer, K.H. (Hrsg.) (1990), Neuere Entwicklungen in der angewandten ökonometrie. Physica-Verlag, Heidelberg

[167] Neter, J., Wasserman, W., Kutner, M.H. (1989), Applied linear Regression Models. Irwin, Homewood, Ill.

[168] Newbold, P., Bos, Th. (1985), Stochastic Parameter Regression Models. Sage, Beverly Hills

[169] Niklas, H., Miller, M. (1940), Korrelationsrechnung und ihre Anwendung auf Statistik, Versuchswesen, Vererbungslehre, Wirtschaft und Technik. Helingsche Verlagsanstalt, Leipzig

[170] Neurath, P. (1966), Statistik für Sozialwissenschaftler. Ferdinand Enke Verlag, Stuttgart

[171] Nollau, V. (1975), Statistische Analysen. Fachbuchverlag, Leipzig

[172] Pauly, R. (1983), ökonometrische Analyse der Einkommensbesteuerung. Frankfurt, New York

[173] Pesaran, H.M., Slater, L.J. (1980), Dynamic Regression, Theory and Algorithms. Hoorwood, Chichester

[174] Pflanzagl, J. (1972, 1974), Allgemeine Methodenlehre der Statistik. Bd. I, II, Sammlung Göschen, Bd. 747, 747a, Walter de Gruyter & Co., Berlin, New York

[175] Pindyck, R.S., Rubinfeld, D.L. (1981), Econometric Models and Economic Forecast. MacGraw-Hill, Düsseldorf et al.

[176] Pohl, R., Zwiener, R. (1989), Revision des monetären Sektors des ökonometrischen Konjunkturmodells der Wirtschaftsinstitute. Vierteljahreshefte zur Wirtschaftsforschung, Heft 1, S. 5-23

[177] Rao, C.R. (1973), Lineare statistische Methoden und ihre Anwendungen. Akademie-Verlag, Berlin

[178] Rao, P., Miller, R.L. (1971), Applied Econometrics. Belmont

[179] Rasch, D. (1968), Elementare Einführung in die mathematische Statistik. VEB Deutscher Verlag der Wissenschaften, Berlin

[180] Rasch, D., Enderlein, G., Herrendörfer, G. (1973), Biometrie. VEB Deutscher Landwirtschaftsverlag, Berlin

[181] Ratkowsky, D.A. (1990), Handbook of nonlinear regression models. Dekker, Basel

[182] Rawling, J.O. (1988), Applied Regressions Analysis: a research tool. Wadsworth & Brooks, Pacific Grove, Ca.

[183] Reichardt, H. (1976), Statistische Methodenlehre für Wirtschaftswissenschaftler. Gabler-Verlag, Wiesbaden

[184] Reiersöl, O. (1956), A Note in the Signs of Cross Correlation Coefficients. Universitetet, Oslo

[185] Richter, K.-J. (1971), Kybernetische Analyse verkehrsökonomischer Systeme - Verkehrsökonometrie. Transpress Verlag, Berlin

[186] Richter, K-.J. (1966), Transportökonometrie. Transpress Verlag, Berlin

[187] Rinne, H. (1976), Ökonometrie. Kohlhammer, Stuttgart et al.
[188] Röhr, M. (1987), Kanonische Korrelationsanalyse. Akademie-Verlag, Berlin
[189] Rönz, B. (1977), Regressionsschätzungen mit trendbehafteten Variablen bei der Untersuchung demographischer Prozesse. In: Khalatbari, P. (Hrsg.), Die Demographie und ihre Methode. Akademie-Verlag, Berlin, S. 257-266
[190] Sachs, L. (1968), Statistische Auswertungsmethoden. Springer-Verlag, Berlin, Heidelberg, New York
[191] Sachs, L. (1974), Angewandte Statistik. Springer-Verlag, Berlin, Heidelberg, New York
[192] Salvatore, D. (1982), Statistics and Econometrics. MacGraw-Hill, New York
[193] Schach, S., Schäfer, Th. (1978), Regressions- und Varianzanalyse. Springer-Verlag, Berlin, Heidelberg, New York
[194] Schaich, E., Brachinger, H.W. (1990), Studienbuch Ökonometrie. Springer-Verlag, Berlin et al.
[195] Schelling, H. (1931), Die wirtschaftlichen Zeitreihen als Problem der Korrelationsrechnung. K. Schroeder Verlag, Bonn
[196] Schlittgen, R. (1990), Einführung in die Statistik. R. Oldenbourg Verlag München, Wien
[197] Schmetterer, L. (1956), Einführung in die mathematische Statistik. Springer-Verlag, Wien
[198] Schmid, F. (1983), Kleinste-Quadrate-Schätzer in nichtlinearen Regressionsmodellen. Vandenhoeck & Ruprecht, Göttingen, Zürich
[199] Schmidt. P. (1976), Econometrics. Dekker, New York, Basel
[200] Schneeweiß, H. (1971, 1978, 1990), Ökonometrie. Physica-Verlag, Würzburg, Wien
[201] Schneeweiß, H., Mittag, H.-J. (1982), Regressionsmodelle mit Fehlern in den Variablen. Physica-Verlag, Würzburg, Wien
[202] Schneeweiß, H., Strecker, H. (Hrsg.) (1985), Contributions to Econometrics and Statistics Today. Springer-Verlag, Berlin
[203] Schneeweiß, H., Mittag, H.-J. (1986), Lineare Modelle mit fehlerbehafteten Daten. Physica-Verlag, Berlin, Heidelberg
[204] Schönfeld, P. (1969, 1971), Methoden der Ökonometrie. Bd. 1: Lineare Regressionsmodelle. Verlag Franz Vahlen GmbH, Berlin und Frankfurt/M.. Bd. 2: Stochastische Regressoren und simultane Gleichungen. Verlag Franz Vahlen GmbH, München
[205] Schönfeld, P. (1978), On the relationship between different estimation principles in linear regression models. Quantitative Wirtschaftsforschung, Vol. 40, S. 617-625
[206] Schwarze, J. (1988), Grundlagen der Statistik I: Beschreibende Verfahren. Verlag Neue Wirtschaftsbriefe, Herne, Berlin
[207] Seber, G.A.F. (1977), Linear regression analysis. John Wiley & Sons, New York
[208] Seber, G.A.F., Wild, C.J. (1989), Nonlinear Regression. Wiley, New York

[209] Seifert, H.G. (1982), Die Begründung makroökonometrischer Prognosen. Frankfurt/M.

[210] Seiler, G. (1959), Ökonometrische Konjunkturmodelle. Gustav Fischer Verlag, Stuttgart

[211] Singh, B., Nagar, A.L., Choudry, N.K. (1976), On the estimation of structural change: A generalization of the random coefficients regression model. International Economic Review, 17, S. 340-361

[212] Stahlecker, P. (1987), A priori-Information und Minimax-Schätzung im Linearen Regressionsmodell. Frankfurt/M.

[213] Sticker, K. (1980), Stichprobenverteilungen partieller Rangkorrelationskoeffizienten. Lang, Frankfurt/M., Bern

[214] Stöwe, H. (1959), Ökonometrie und makroökonomische Theorie. Gustav Fischer Verlag, Stuttgart

[215] Stöwe, H. (1977), Ökonometrie. Eine einführende Darstellung. Hain, Meisenheim/Glan

[216] Strotz, R.H., Wold, H.O.A. (1960), Recursive vs. nonrecursive systems: an attempt at synthesis. Econometrica, 28, S. 417-427

[217] Theil, H., Economic Forecasts and Policy. North-Holland Publ. Comp., Amsterdam 1961

[218] Theil, H. (1966), Applied Economic Forecasting. North-Holland Publ. Com., Amsterdam

[219] Theil, H. (1971), Principles of Econometrics. John Wiley & Sons,Inc, New York, London, Sydney, Toronto

[220] Theil, H.(1978), Introduction to Econometrics. Prentice Hall, Englewood Cliffs

[221] Tiede, M. (1987), Statistik: Regressions- und Korrelationsanalyse. Oldenbourg-Verlag, München, Wien

[222] Tinbergen, J. (1952), Einführung in die Ökonometrie. Humboldt-Verlag, Wien, Stuttgart

[223] Tintner, G. (1952), Econometrics. J Wiley & Sons, New York

[224] Tintner, G. (1960), Handbuch der Ökonometrie. Springer-Verlag, Berlin, Göttingen, Heidelberg

[225] Toutenburg, H. (1975), Vorhersage in linearen Modellen. Akademie-Verlag, Berlin

[226] Trenkler, G. (1981), Biased Estimation in the Linear Regression Model. Hain, Königstein/Ts.

[227] Tschuprow, A.A. (1925), Grundbegriffe und Grundprobleme der Korrelationstheorie. Teubner-Verlag, Leipzig, Berlin

[228] Überla, K. (1974), Faktorenanalyse - Eine systematische Einführung für Psychologen, Mediziner, Wirtschafts- und Sozialwissenschaftler. Springer-Verlag, Berlin, Heidelberg, New York

[229] Urban, D. (1982), Regressionstheorie und Regressionstechnik. Teubner, Stuttgart

[230] Waerden, B.L. van der (1957), Mathematische Statistik. Springer-Verlag, Berlin

[231] Walelu, O. A', Horn, G.-A., Zwiener, R. (1989), Zu den Stabilitätseigenschaften ausgewählter ökonometrischer Schätzfunktionen. Vierteljahrshefte zur Wirtschaftsforschung, Heft 2/3, S. 214-236

[232] Walker, H.M. (1954), Statistische Methoden für Psychologen und Pädagogen. Verlag Julius Beltz, Weinheim, Berlin

[233] Wallis, W.A., Roberts, H.V. (1960), Methoden der Statistik. Rudolf Haufe Verlag, Freiburg i.Br.

[234] Waschkau, H. (1974), Statistische Elastizitätsfunktionen. Verlag Die Wirtschaft, Berlin

[235] Weber, E.(1972), Grundriß der biologischen Statistik. Gustav Fischer Verlag, Jena

[236] Weisberg, S. (1985), Applied linear regression. Wiley, New York

[237] Wesolowsky, G.O. (1976), Multiple Regression and Analysis of Variance. J. Wiley & Sons, New York et al.

[238] Williams, E.J. (1959), Regression Analysis. J. Wiley & Sons, New York

[239] Winkler, W. (1951), Grundfragen der Ökonometrie. Springer-Verlag, Wien

[240] Wold, H., Jureen, L. (1952, 1953), Demand Analysis. A Study in Econometrics. Almquist, Stockholm, J. Wiley & Sons, New York

[241] Wold, H. (1964), Econometric Model Building. North-Holland Publ.Comp., Amsterdam

[242] Wolters, J. (1987), Ökonometrische Modelle bei Zeitreihendaten versus multivariate Zeitreihenmodelle - eine Übersicht. Statistische Hefte, 28, S. 1-25

[243] Wonnacott, R.J., Wonnacott T.H. (1979), Econometrics. Wiley, New York, London, Sidney, Toronto

[244] Yule, G.U., Kendall, M.G. (1958), An Introduction to the Theory of Statistics. Griffin, London

[245] Zellner, A., Theil, H. (1962), Three-stage least-squares: simultaneous estimation of simultaneous equations. Econometrica, 30, S. 54-7

[246] Zschocke, D. (1974), Betriebsökonometrie. Physica-Verlag, Würzburg, Wien

[247] Zwiener, R. (1989), Die Einkommensverteilungseffekte der Staatsverschuldung in einer unterbeschäftigten Wirtschaft. Analyse anhand eines ökonometrischen Konjunkturmodells für die Bundesrepublik Deutschland. Deutsches Institut für Wirtschaftsforschung, Beiträge zur Strukturforschung, Heft 110, Duncker & Humblot, Berlin

[248] Zwiener, R. (1990), Gesamtwirtschaftliche Effekte von Wechselkursveränderungen. Vierteljahrshefte zur Wirtschaftsforschung, Heft 1

Die Literatur zu den nachfolgenden Problemkreisen ist bereits sehr umfangreich. Es kann sich hier nur um eine Auswahl für einen tieferen Einstieg in diese Probleme handeln. Grundsätzliche Ausführungen sind in allen Fachbüchern der Ökonometrie zu finden, wo in der Regel auch weitere Literaturhinweise enthalten sind.

Literatur zur Multikollinearität

[249] Arrow, K.J., Hoffenberg, M. (1959), Time Series Analysis of Interindustry Demands. North-Holland Publ. Comp., Amsterdam

[250] Belsley, D.A., Kuh, E., Welsch, R.E. (1980), Regressions Diagnostics: Identifying Influential Data and Sources of Collinearity. J. Wiley & Sons, New York

[251] Durbin, J. (1953), A Note on Regression when there is Extraneous Information about One of the Coefficients. Journal of the American Statistical Association, 48, S. 799-808

[252] Farrar, D.E., Glauber, R.R. (1967), Multicollinearity in Regression Analysis: The Problem Revisited. Review of Economics and Statistics, 49, S. 92-107

[253] Fox, K.A. (1968), Intermediate Economic Statistics. J.Wiley & Sons, Inc., New York, London

[254] Friedmann, R. (1982), Multikollinearity and Ridge Regression. Allgemeines Statistisches Archiv, 66, S. 120-128

[255] Gruber, J. (Hrsg.) (1984), Multicollinearity and biased estimation. Proceedings of a conference at the Univ. of Hagen, Sept. 8-10, 1980. Vandenhoeck & Ruprecht, Göttingen

[256] Hoerl, A.E., Kennard, R.W. (1970), Ridge Regression: Biased Estimation of Nonorthogonal Problems. Technometrics, 12, S.55-67

[257] Haavelmo, F., Staehle, H. (1951), The Elements of Frisch's Confluence Analysis. Universitetet, Oslo

[258] Hansen, G. (1987), Multikollinearität und Prognosefehler. Jahrbuch für Nationalökonomie und Statistik, 203, 5-6, S. 517-531

[259] Hoerl, A.E., Kennard, R.W. (1970), Ridge regression: biased estimation of nonorthogonal problems. Technometrics, 12, S. 55-67

[260] Hoerl, A.E., Kennard, R.W., Baldwin, K.F. (1975), Ridge Regression: Some Simulations. Communications in Statistics A4, S. 105-123

[261] Judge, G.C., Takayama, T. (1966), Inequality Restrictions in Regression Analysis. Journal of the American Statistical Association, 61, S. 166-181

[262] Klein, L.R., Nakamura, M. (1962), Singularity in the equation system of econometrics: some aspects of the problem of multicollinearity. International Economic Review, 3

[263] Lawless, J.F., Wang, P. (1976), A Simulation Study of Ridge and Other Regression Estimators. Communications in Statistics A5, S. 307-323

[264] Lovell, M.C., Prescott, E. (1970), Multiple Regression with Inequality Constraints: Pretesting Bias, Hypothesis Testing and Efficiency. Journal of the American Statistical Association, 65, S. 913-925

[265] Meyer, J., Kuh, E. (1957), How Extraneous are Extraneous Estimates. Review of Economics and statistics, 39, S. 380-393

[266] Neeleman, D. (1973), Multicollinearity in Linear Economic Models. University Press, Tilburg

[267] Rinne, H. (1979), Multikollinearität. In: Handwörterbuch der Mathematischen Wirtschaftswissenschaften. Bd. 2: Ökonometrie und Statistik. Betriebswirtschaftlicher Verlag Dr. Th. Gabler HG, Wiesbaden

[268] Rothenberg, T.J. (1968), Estimation with Inequality Restrictions. CORE Discussion Paper No. 6825, Dec., Louvain

[269] Silvey, S.D. (1969), Multikollinearity and Imprecise Estimation. Journal of the Royal Statistical Society, Series B,31, S. 539-552

[270] Theil, H. (1957), Specification Errors and the Estimation of Economic Relationships. Review of the International Statistical Institute, 25, S. 41-51

[271] Theil, H., Goldberger, A.S. (1960), On Pure and Mixed Statistical Estimatation in Economics. International Economic Review, 2, S. 65-78

[272] Theil, H. (1963), On the Use of Incomplete Prior Information in Regression analysis. Journal of the American Statistical Association, 58, S. 401-414

[273] Trenkler, D. (1986), Verallgemeinerte Ridge Regression. Hain, Meisenheim

[274] Zellner, A. (1961), Linear Regression with Inequality Constraints on the Coefficients: An Application of Quadratic Programming and Linear Decision Rules. Rotterdam Econometric Institute Report 6109

Literatur zur Autokorrelation

[275] Ahlborn, W. (1982), Prüfung auf Autokorrelation der Störvariablen in linearen Regressionsmodellen mit verzögerten endogenen Variablen als Regressoren. Schwartz, Göttingen

[276] Anderson, R.L. (1942), Distribution of the serial correlation coefficient. Annals of Mathematical Statistics, 13, 1

[277] Beach, C.M., MacKinnon, J.G. (1978), Full maximum likelihood estimation of second-order autoregressive error models. Journal of Econometrics, 7, S. 187-198

[278] Büning, H., Trenkler, G. (1978), Nichtparametrische statistische Methoden. De Gruyter, Berlin, New York

[279] Cochran, D., Orcutt, G.H. (1949); Application of least squares regressions to relationships containing autocorrelated error terms. Journal of the American Statistical Association, 44, S. 32-61

[280] Durbin, J., Watson, G.S. (1950, 1951, 1971), Testing for serial correlation in least squares regression. I, II, III, Biometrika, 37, S.409-428, 38, S. 159-178, 58, S. 1-19

[281] Durbin, J., (1960), Estimation of parameters in time series regression models. Journal of the Royal Statistical Society B, S. 139-153

[282] Durbin, J. (1970), Testing for serial correlation in least squares regression when some of the regressors are lagged dependent variables. Econometrica, 38, S. 410-421

[283] Farebrother, R.W. (1980), The Durbin-Watson test for serial correlation when is no intercept in the regression. Econometrica, 48, S. 1553-1563

[284] Frohn, J. (1977), Eine Simulationsstudie zum Vergleich zweier Schätzverfahren im verallgemeinerten linearen Regressionsmodell bei Autokorrelation zweiter Ordnung der Residuen. Allgemeines Statistisches Archiv, 61, S. 158-177

[285] Gastwirth, J.L., Selwyn, M.R. (1980), The robustness properties of two tests for serial correlation. Journal of the American Statistical Association, 75, S. 138-141

[286] Geary, R.C. (1970), Relative efficiency of count of sign changes for assessing residuals autoregression in least squares regression. Biometrica, 57, S. 123-127

[287] Godfrey, L.G., (1978), Testing for higher order serial correlation in regression equations when regressors include lagged dependent variables. Econometrica, 46, S. 1303-1310

[288] Griliches, Z., Rao, P. (1969), Small sample properties of several two-stage regression methods in the context of autocorrelated errors. Journal of the American Statistical Association, 64, S. 253-273

[289] Habibagahi, H., Pratschke, J.L. (1972), A comparison of the power of the von Neumann ratio, Durbin-Watson and Geary tests. The Review of Economics and Statistics, 54, S. 179-185

[290] Henshaw, R.C. (1966), Testing single-equation least-squares regression models for autocorrelated distrubances. Econometrica, 34, S. 646-660

[291] Kenkel, J.L. (1974), Some small properties of Durbin's tests for serial correlation in regression models containing lagged dependent variables. Econometrica, 42, S. 763-769

[292] Kenkel, J.L. (1975), Small sample tests for serial correlation in models containing lagged dependent variables. The Review of Economics and Statistics, 57, S. 383-386

[293] King, M.L. (1981), The Durbin-Watson test for serial correlation: bounds for regressions with trend and/or seasonal dummy variables. Econometrica, 49, S. 1571-1581

[294] Kmenta, J., Gilbert, R.F. (1970); Estimation of seemingly unrelated regressions with autoregressive disturbances. Journal of the American Statistical Association, 65, S., 186-196

[295] L'Esperance, W.L., Taylor, D. (1975), The power of four tests of autocorrelation in the linear regression model. Journal of Econometrics, 3, S. 1-21

[296] Neumann, J.v. (1941), Distribution of the ratio of the mean square successive difference to the variance. Annals of Mathematical Statistics, S. 367-395

[297] Park, S.B. (1975), On the small sample power of Durbin's h test. Journal of the American Statistical Association, 70, S. 60-63

[298] Schmidt, P., Guilkey, D.K. (1975), Some further evidence on the power of the Durbin-Watson and Geary tests. The Review of Economics and Statistics, 57, S. 379-382

[299] Spencer, B.G. (1975), The small sample bias of Durbin's tests for serial correlation. Journal of Econometrics, 3, S. 249-254

[300] Theil, H., Nagar, A.L. (1961), Testing the independence of regression disturbances. Journal of the American Statistical Association, 56, S. 793-806

[301] Wallis, K.F. (1972), Testing for fourth order autocorrelation in quarterly regression equations. Econometrica, 40, S. 617-636

Literatur zur Heteroskedastizität

[302] Breusch, T.S., Pagan, A.R. (1979), A Simple Test for Heteroscedasticity and Random Coefficient Variation. Econometrica, 47, S. 1287-1294

[303] Chew, V. (1970), Covariance matrix estimation in linear models. Journal of the American Statistical Association, 65, S. 173-181

[304] Goldfeld, S.M., Quandt, R.E. (1965), Some Tests for Homoskedasticity. Journal of the American Statistical Association, 60, S. 539-547

[305] Harrison, M.J., McCabe, B.P.M. (1979), A Test for Heteroscedasticity Based on Ordinary Least Squares Residuals. Journal of the American Statistical Association, 74, S. 494-499

[306] Harvey, A.C., Phillips, G.D.A. (1974), A comparison of the power of some tests for heteroscedasticity in the general linear model. Jounal of Econometrics, 2, S. 312-320

[307] Koenker, R. (1981), A note on studentizing a test for heteroscedasticity. Journal of Econometrics, 17, S. 107-112

[308] Park, R.E.(1966), Estimation with heteroscedastic error terms. Econometrica, 34, Nr. 4, S. 888 ff.

[309] Ramsey, J.B. (1969), Tests for specification error in classical linear least squares regression analysis. Journal of the Royal Statistical Society, B 31, S. 350-371

[310] Rao, C.R. (1970), Estimation of heteroscedastic variances in linear models. Journal of the American Statistial Association, 65, S. 161-172

[311] Rao, J.N.K. (1973), On the estimation of heteroscedastic variances. Biometrics, 29, S. 11-24

[312] Rutemiller, H.C., Bowers, D.A. (1968), Estimation in a heteroscedastic regression model. Journal of the American Statistical Association, 63, S. 552-557

[313] Szroeter, J. (1978), A class of parametric tests for heteroscedasticity in linear econometric models. Econometrica, 46, S. 1311-1327

[314] White, H. (1980), A heteroscedasticity-consistent covariance matrix estimator and a direct test for heteroscedasticity. Econometrics, 48, S. 817-838

[315] Wiegert, R. (1980), Schätzung bei Heteroskedastizität. Mohr, Tübingen

Literatur zum Test auf Normalverteilung

[316] Adichie, J.N.(1984), Rank Tests in Linear Models. In:Krishnaiah, P.R., Sen, P.K., Handbook of Statistics, Vol. 4, North-Holland, Amsterdam, S. 229-257

[317] Bera, A.K., John, S. (1983), Tests for multivariate normality with Pearson alternatives. Communications in Statistics A 12

[318] Bera, A.K., Jarque, C.M. (1981), An efficient large-sample test for normality of observations and regression residuals. Australian National University Working Papers in Econometrics, No. 40, Canberra

[319] Cremers, H., Fieger, W. (1983), Äquivariante Schätzfunktionen und Normalverteilungsannahme im linearen Modell. In: Bühler, W., Fleischmann, B., Schuster, K.-P., Streitferdt, L., Zander, H. (eds.), Operations Research Proceedings 1982, Springer-Verlag, Berlin, S. 551-557

[320] Franck, W.E. (1981), The most powerful invariant test of normal versus Cauchy with applications to stable alternatives. Journal of the American Statistical Association, 76, S. 1002-1005

[321] Gastwirth, J.L., Owens, M.E.B. (1977), On classical tests of normality. Biometrika, 64, S. 135-139

[322] Kiefer, N.M., Salmon, M. (1983), Testing Normality in Econometric Models. Econometrics Letters, 11, S. 123-128

[323] Locke,C., Spurrier, J.S. (1977), The use of U-statistics for testing normality against alternatives with both tails heavy or both tails light. Biometrika, 64, S. 638-640

[324] Mardia, K.V. (19), Tests of univariate and multivariate normality. In: Krishnaiah, P.R. (ed.), Handbook of Statistics, Vol. 1, North-Holland Publishing Company, Amsterdam, S. 279-320

[325] Pearson, E.S., D'Agostino, R.B., Bowman, K.O. (1977), Tests for departure from normality: Comparison of powers. Biometrika, 64, S. 231-246

[326] Saniga, E.M., Miles, J.A. (1979), Power of some standard goodness-of-fit tests of normality against asymmetric stable alternatives. Journal of the American Statistical Association, 74, S. 861-865

[327] Spiegelhalter, D.J. (1977), A test for normality against symmetric alternatives. Biometrica, 64, S. 415-418

[328] White, H., MacDonald, G.M. (1980), Some Large-Sample Tests for Normality in the Linear Regression Model. Journal of the American Statistical Association, 75, S. 16-28

Stichwortverzeichnis